普通高等教育“十二五”规划教材

工科数学精品丛书

海军院校重点教材

工程数学

（下）

（第二版）

主　编　戴明强　刘子瑞

副主编　任耀峰　王胜兵

金裕红　艾小川

科学出版社

北京

内容简介

本书共6篇30章，分为上、下两册．上册包括线性代数、概率论、数理统计等基本内容，下册包括复变函数、积分变换、数理方程与特殊函数等基本内容．全书选材适当、结构合理，每章有小结、重要词汇中英文对照，在应用性较强的章节后还配有数学实验基础知识，便于教师教学和读者自学．

本书可作为高等学校本科工学、管理学等专业教材，也可作为教研工作者的参考书．

图书在版编目（CIP）数据

工程数学．下/戴明强，刘子瑞主编．—2版．—北京：科学出版社，2015.7
（工科数学精品丛书）
普通高等教育“十二五”规划教材　海军院校重点教材
ISBN 978-7-03-045208-5

Ⅰ.①工…　Ⅱ.①戴…②刘…　Ⅲ.①工程数学—高等学校—教材　Ⅳ.①TB11

中国版本图书馆CIP数据核字(2015)第164501号

责任编辑：王雨舸／责任校对：董艳辉
责任印制：彭　超／封面设计：苏　波

科学出版社 出版
北京东黄城根北街16号
邮政编码：100717
http://www.sciencep.com
武汉市首壹印务有限公司印刷
科学出版社发行　各地新华书店经销
*
2009年8月第　一　版　开本：787×1092　1/16
2015年8月第　二　版　印张：18
2018年7月第二次印刷　字数：443 200
定价：58.00元
（如有印装质量问题，我社负责调换）

《工科数学精品丛书》序

工科学生毕业多年后时常感言，数学知识很多似乎没有派上用处，但数学训练、数学思想和精神，却无时无刻不在发挥着积极的作用，成为取得成功的最重要因素之一.

数学是一门高度抽象的学科，但是它非人类精神纯粹自由创造和想像，而是源于自然和工程问题.系统传授数学知识当然是工科数学教学的基本任务与责任，同时，掌握了数学的思想方法和精神实质，就可以由不多的几个公式演绎出千变万化的生动结论，显示出无穷无尽的威力.工科数学创新教学，增强数学应用背景的讲授，拓宽学生的知识面，了解数学学科在科学研究领域的重要性，为学生打开数学与应用的窗口，等等，能培养学生的创新意识与精神，提高数学思维与素养，真正达到工科数学教学的目的.

工科数学精品教材的编写与成熟，在开放的视野与背景下，得到认同，自然成为纸质教材与数字出版的精品，从而得到广泛认可和使用.

在学会、领导和专家的关怀和指导下，本区域若干所全军重点、一本和省重点高校，其工科数学教材，在科学出版社出版和再版.10余年以来，教学和教材理念从素质教育，到分类分层教学改革，到数学思想、方法与创新教育，历经各校几届班子和责任教授的共同努力，逐渐成熟，成为具有较高质量的核心精品.

教材转型与数字出版如火如荼，大趋势赫然在前，教材又重新经历新的考验.《工科数学精品丛书》正是按此理念和要求，直面开放的视野与背景，将改革与创新的成果汇集起来，重新审视和操作，精益求精，以赢得内容先机，修订版和新编教材均是如此.

修订和新编的核心理念，一是体现数学思维，将数学思想和方法(如数学建模)融入教材体系、内容及其应用；二是深化改革与创新，面向开放和数字出版的大平台，赢得先机，营造精品.

《工科数学精品丛书》为工科数学课程教材：高等数学、线性代数、概率论与数理统计、数学建模、数学实验、复变函数与积分变换、数值分析、数学物理方程、离散数学、模糊数学、运筹学等.上述各课程大多为全军级、海军级优质课程和省部级精品课程，对应教材为相应的一、二级获奖教材.

丛书注重质量，讲究适用和教学实践性，体系相对完整与系统，加强应用性，按照先进、改革与创新等编写原则和基本要求安排教材框架、结构和内容.

丛书具有明确的指导思想：

(1) 遵循高等院校教学指导委员会关于课程的教学基本要求，知识体系相对完整，结构严谨，内容精炼，循序渐进，推理简明，通俗易懂.

(2) 注重教学创新，加强教学知识与内容的应用性，注重数学思想和方法的操作与应用及其实用性.增强数学应用背景的介绍，拓宽学生的知识面，了解数学学科在科学研究领域的重要性，为学生打开数学与应用的窗口，培养学生的创新意识与精神，提高数学思维与素养，真正达到工科数学教学的目的.

（3）融入现代数学思想（如数学建模），分别将 Mathematic、Matlab、Sas、Sps 等软件的计算方法，恰当地融入课程教学内容中，培养学生运用数学软件的能力.

（4）强化学生的实验训练和动手能力，可将实验训练作为模块，列入附录，供教学选用或学生自学自练，使用者取舍也方便.

（5）教材章后均列出重要概念的英文词汇，布置若干道英文习题，要求学生用英文求解，以适应教育面向世界的需要，也为双语教学打下基础.

（6）为使学生巩固知识和提高应用能力，章末列出习题，形式多样. 书后配测试题，书末提供解题思路或参考答案.

丛书为科学出版社普通高等教育“十二五”规划教材.

《工科数学精品丛书》编委会

2015 年 1 月

前　言

《工程数学》是继《高等数学》之后的又一门重要的基础课程，它包括线性代数、概率论、数理统计、复变函数、积分变换和数理方程等内容.

本教材曾于1995年在海军工程大学内部出版，在使用了五年后进行过一次改编. 2009年正式出版又经过一次内容有较大幅度调整的改编，在编写过程中，我们吸收了国内外同类教材的优点，并结合多年教学实践的经验，注意了理论知识实际背景的介绍、学科发展历程的叙述和数学应用软件的简介，增强了实用性. 在内容取舍、例题选择、习题配备以及叙述方式上，注意反映教学的特点和要求. 在应用性较强的章节后配备了相应的数学软件知识和程序实例，为同步进行的数学实验打下基础，帮助读者更好地体会数学的工具作用. 重要的词汇给出了中英文对照，留下延伸阅读的接口. 每章后进行了简明扼要的小结，可以帮助读者理清基本内容纲要，并便于教学和自学. 第一版于2013年获海军优秀教材一等奖. 第二版的编写融入我们近五年工科数学教学实践的体会，在保留原书基本框架和特色的基础上，主要改编了第三篇第13章和第五篇，并根据教学的需要，更新了其余篇章的部分内容、例题和习题.

本书努力打造鲜明的特色，体现如下：

1. 根据教学大纲要求，在整体框架方面，保证了基本概念、基本理论和基本方法的完整. 在具体内容取舍上，则结合教学实际，侧重于工程数学的基本方法，同时又兼顾了理论上的系统性和逻辑上的严谨性.

2. 概念、理论和方法的引入，注重说明它们的实际背景，体现实践、理论、再实践的认识论原则。精心组编的教学内容，由一层知识到另一层知识，力求体现事物的矛盾运动。读者用心读完这套教材，不仅可以学到相关知识和科学思维方式，也能受到严密逻辑的训练.

3. 讲基础联系前沿，讲近代不忘历史. 在介绍工程数学主体知识的同时，注意选择结合点，用少量的笔墨介绍有关的科学发展的史实，或点缀一下发展前沿的成就，用以开阔读者视野，激发求知欲望。

4. 全书融入编者多年的教学实践经验，在基本知识内容编排上注重读者理解和掌握，在延伸知识编排上注重读者继续学习的需要.

本书的编写大纲由戴明强拟定，戴明强、刘子瑞任主编，任耀峰、王胜兵、金裕红、艾小川任副主编. 全书共 6 篇 30 章，第一篇由戴明强编写，第二篇由任耀峰编写，第三篇由金裕红编写，第四篇由刘子瑞编写，第五篇由艾小川编写，第六篇由王胜兵编写. 全书由戴明强、刘子瑞统稿。

本书被海司院校部列为海军级重点教材，它的出版得到了海军工程大学各级领导和机关的关心和支持. 熊萍、瞿勇、孙慧玲、王玉琢、袁昊劼等同事在教材编写过程中提供了热情的帮助，在此表示衷心的感谢。本书编写参考了大量资料，对于书末所列参考书目的作者们也要表示由衷的敬意和真诚的感谢.

由于编者水平有限，不足之处在所难免，敬请批评指正.

编　者

2015 年 4 月

目 录

第四篇 复变函数

第五篇　积分变换

第六篇 数理方程与特殊函数

第四篇 GONG CHENG SHU XUE

复 变 函 数

高等数学的研究对象是自变量为实数，函数值亦为实数的实函数，从映射的观点看，实函数是实数到实数的映射，理论的探讨和生产实践的发展，又提出了对复变函数的研究也即复数到复数之间的映射，研究复变数之间的相互依赖关系，就是复变函数的主要任务.

意大利数学家卡尔达诺(H. Cardano，1545 年)在解代数方程时，首先产生了复数开方的思想，出现了 $\sqrt{-15}$，但这只不过是一种纯形式的表示，当时谁也不知道这样的表述有什么好处，用类似形式的数进行计算又得到一些矛盾，因而长期以来都被视为不能接受的虚数，一直到 17 世纪和 18 世纪，随着微积分的发明与发展，情况才逐渐有了改变，负数开方以及所对应的复数逐渐被人们所认识.

关于复数理论最系统的论述,是由瑞士数学家欧拉(L. Euler)作出的.他在1777年系统地建立了复数理论,发现了复指数函数和三角函数之间的关系,创立了复变函数论的一些基本定理,用符号"i"作为虚数单位,也是他首创的,此后复数才被人们广泛承认和使用.

在19世纪,复变函数的理论经过法国数学家柯西(A. Cauchy)、德国数学家黎曼(B. Riemann)和魏尔斯特拉斯(K. Weierstrass)的巨大努力,形成了非常系统的理论,并且深刻地渗入到代数学、数论、微积分方程等数学分支,同时,它在热力学、流体力学、电学等方面也有很多应用.

20世纪以来,复变函数已被广泛地应用在理论物理、弹性理论、天体力学等方面,与数学中其他分支的联系也日益密切,致使经典的复变函数理论,如整函数与亚纯函数理论、解析函数的边值问题等有了新的发展和应用,并且开辟了一些新的方向,如多元复变函数论、广义解析函数论等.

复变函数研究的中心对象是解析函数,因此,复变函数论又称为解析函数论.

由于实数是复数的特殊情况,因此复变函数理论中的许多结论与实函数中是类似的.在学习复变函数中,我们应注意与高等数学中关于实函数中的概念和性质进行比较,找出其共同点,但更重要的是找出其不同点,这样便于我们从更高的角度认识问题、研究问题.这也是学好复变函数课程行之有效的方法.

第 15 章　复数与复变函数

本章介绍复数的概念、复数的运算以及复数的几种不同表示方法，使读者对复数有一些基本的了解，同实变数一样，每一个复变数都有自己的变化范围，由此引入区域的概念并在此基础上引入复变函数的概念以及复变函数的极限及连续性等概念，它们是高等数学中函数、极限及连续概念的推广.

15.1　复数及其代数运算

复数的概念来源于解代数方程，例如方程 $x^2=-1$ 在实数范围内无解，若令 $i^2=-1$，则 $i=\sqrt{-1}$ 为方程 $x^2=-1$ 的解，称 i 为虚数单位.

形如 $z=x+iy$ 或 $z=x+yi$ 的数，称为复数，其中 x 和 y 是任意实数，分别称为复数 z 的**实部**和**虚部**，常记为

$$x=\mathrm{Re}(z),\quad y=\mathrm{Im}(z)$$

两个复数 $z_1=x_1+iy_1$，$z_2=x_2+iy_2$ 的加、减、乘法运算定义如下：

$$(x_1+iy_1)\pm(x_2+iy_2)=(x_1\pm x_2)+i(y_1\pm y_2)$$

$$(x_1+iy_1)(x_2+iy_2)=(x_1x_2-y_1y_2)+i(x_1y_2+x_2y_1)$$

以上两式分别称为复数 z_1 与 z_2 的和、差与积.

称满足 $z_2\cdot z=z_1(z_2\neq 0)$ 的复数 z 为 z_1 与 z_2 的商，记为$\dfrac{z_1}{z_2}$，由乘法定义，得

$$z=\frac{z_1}{z_2}=\frac{x_1+iy_1}{x_2+iy_2}=\frac{x_1x_2+y_1y_2}{x_2^2+y_2^2}+i\,\frac{x_2y_1-x_1y_2}{x_2^2+y_2^2}$$

容易验证复数的加法满足交换律和结合律，复数的乘法满足交换律与结合律，且满足乘法对于加法的分配律.

实部为 0 的复数称为纯虚数，复数 $x+iy$ 与 $x-iy$ 称为**共轭复数**，即 $x+iy$ 是 $x-iy$ 的共轭复数，或 $x-iy$ 是 $x+iy$ 的共轭复数. 复数 z 的共轭复数记为$\bar{z}$，于是

$$x-iy=\overline{x+iy}$$

共轭复数满足以下运算性质：

性质 1　$\overline{z_1\pm z_2}=\bar{z}_1\pm\bar{z}_2$，$\overline{z_1z_2}=\bar{z}_1\bar{z}_2$，$\overline{\left(\dfrac{z_1}{z_2}\right)}=\dfrac{\bar{z}_1}{\bar{z}_2}$

性质 2　$\bar{\bar{z}}=z$

性质 3　$z\cdot\bar{z}=[\mathrm{Re}(z)]^2+[\mathrm{Im}(z)]^2$

性质 4　$z+\bar{z}=2\mathrm{Re}(z)\quad z-\bar{z}=2i\mathrm{Im}(z)$

全体复数并引进上述算术运算后就称为复数域.实数域和复数域都是代数中所研究的"域"的实例.和实数域不同的是,在复数域中不能规定复数的大小.

注:在计算$\frac{z_1}{z_2}$时,常利用共轭复数的性质3,分子分母同乘以分母的共轭复数.

例 15.1 设 $z_1 = 5-5\mathrm{i}$, $z_2 = -3+4\mathrm{i}$,求$\frac{z_1}{z_2}$及$\overline{\left(\frac{z_1}{z_2}\right)}$.

解
$$\frac{z_1}{z_2} = \frac{5-5\mathrm{i}}{-3+4\mathrm{i}} = \frac{(5-5\mathrm{i})(-3-4\mathrm{i})}{(-3+4\mathrm{i})(-3-4\mathrm{i})}$$
$$= \frac{(-15-20)+(15-20)\mathrm{i}}{25} = -\frac{7}{5}-\frac{1}{5}\mathrm{i}$$
$$\overline{\left(\frac{z_1}{z_2}\right)} = -\frac{7}{5}+\frac{1}{5}\mathrm{i}$$

例 15.2 设 $z = -\frac{1}{\mathrm{i}}-\frac{3\mathrm{i}}{1-\mathrm{i}}$,求 $\mathrm{Re}(z)$, $\mathrm{Im}(z)$与 $z\bar{z}$.

解 $z = -\frac{1}{\mathrm{i}}-\frac{3\mathrm{i}}{1-\mathrm{i}} = -\frac{\mathrm{i}}{\mathrm{i}\cdot\mathrm{i}}-\frac{3\mathrm{i}(1+\mathrm{i})}{(1-\mathrm{i})(1+\mathrm{i})} = \mathrm{i}-\left(-\frac{3}{2}+\frac{3}{2}\mathrm{i}\right) = \frac{3}{2}-\frac{1}{2}\mathrm{i}$

所以
$$\mathrm{Re}(z) = \frac{3}{2},\quad \mathrm{Im}(z) = -\frac{1}{2},\quad z\bar{z} = \left(\frac{3}{2}\right)^2+\left(-\frac{1}{2}\right)^2 = \frac{5}{2}$$

例 15.3 设 $z_1 = x_1+\mathrm{i}y_1$, $z_2 = x_2+\mathrm{i}y_2$,证明:$z_1\bar{z}_2+z_2\bar{z}_1 = 2\mathrm{Re}(z_1\bar{z}_2)$

证 $z_1\bar{z}_2+z_2\bar{z}_1 = z_1\bar{z}_2+\overline{z_1\bar{z}_2} = 2\mathrm{Re}(z_1\bar{z}_2)$.

15.2 复数的几何表示

1. 复平面

由于任一复数 $z = x+\mathrm{i}y$ 与一对有序实数(x, y)成一一对应,所以,对于平面上给定的直角坐标系,复数 $z = x+\mathrm{i}y$ 可以用该平面上坐标为(x, y)的点来表示,x 轴称为实轴,y 轴称为虚轴,两轴所在的平面称为复平面或 z 平面.这样复数与复平面上的点成一一对应,所以常把点 z 称为复数 z.

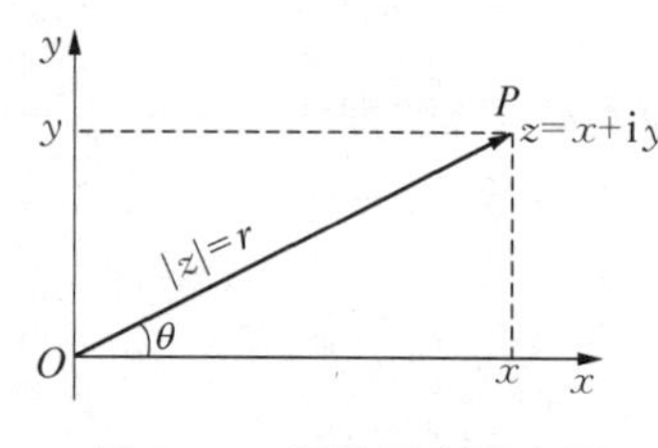

图 15.1 复数的向量表示

复数 z 还能用从原点指向点(x, y)的平面向量来表示(图 15.1),向量的长度称为 z 的**模**或**绝对值**,记为
$$|z| = r = \sqrt{x^2+y^2}$$

以下各式的成立是显然的
$$|x|\leqslant|z|,\quad |y|\leqslant|z|,\quad |z|\leqslant|x|+|y|,\quad z\bar{z} = |z|^2 = |z^2|$$

在 $z\neq 0$ 的情况下,表示 z 的向量与 x 轴正向间的交角 θ 称为 z 的**辐角**,记为$\mathrm{Arg}\,z$.

显然

$$\tan(\operatorname{Arg} z) = \tan\theta = \frac{y}{x}$$

若 θ 是 $z \neq 0$ 的辐角，则 $\theta + 2k\pi$（k 为整数）也是 z 的辐角.

$$\operatorname{Arg} z = \theta + 2k\pi \text{ 为 } z \text{ 的全部辐角 } (k = 0, \pm 1, \pm 2, \cdots).$$

在 z 的辐角中，我们把满足 $-\pi < \theta_0 \leqslant \pi$ 的 θ_0 称为 $\operatorname{Arg} z$ 的主值，记为 $\arg z$.

当 $z = 0$ 时，$|z| = 0$，此时 z 的辐角不确定.

两个复数 z_1 与 z_2 的加、减法运算和相应向量的加减法运算一致.

利用直角坐标和极坐标的关系 $\begin{cases} x = r\cos\theta, \\ y = r\sin\theta, \end{cases}$ 可以把 z 表示成下面的形式

$$z = r(\cos\theta + i\sin\theta) \quad \text{（该形式称为复数的三角表示法）}$$

利用高等数学中介绍过的欧拉公式

$$e^{i\theta} = \cos\theta + i\sin\theta$$

得 $z = re^{i\theta}$，把该形式称为复数的指数表示法.

复数的各种表示法可以相互转换，下面是一些例子.

例 15.4 将下列复数化成三角表示式与指数表示式.

(1) $z = -\sqrt{12} - 2i$ (2) $z = 1 - \cos\varphi + i\sin\varphi \ (0 \leqslant \varphi \leqslant \pi)$

解 (1) $r = |z| = \sqrt{12 + 4} = 4$，$\tan\theta = \dfrac{y}{x} = \dfrac{-2}{-\sqrt{12}} = \dfrac{\sqrt{3}}{3}$

由于 z 在第三象限，所以 $\theta = -\dfrac{5}{6}\pi$. 由此得 z 的三角表示式

$$z = 4\left[\cos\left(-\frac{5}{6}\pi\right) + i\sin\left(-\frac{5}{6}\pi\right)\right]$$

z 的指数表示式为 $z = 4e^{-\frac{5}{6}\pi i}$.

(2)
$$\begin{aligned} & 1 - \cos\varphi + i\sin\varphi \\ &= 2\sin^2\frac{\varphi}{2} + i \cdot 2\sin\frac{\varphi}{2}\cos\frac{\varphi}{2} = 2\sin\frac{\varphi}{2}\left(\sin\frac{\varphi}{2} + i\cos\frac{\varphi}{2}\right) \\ &= 2\sin\frac{\varphi}{2}\left[\cos\left(\frac{\pi}{2} - \frac{\varphi}{2}\right) + i\sin\left(\frac{\pi}{2} - \frac{\varphi}{2}\right)\right] = 2\sin\frac{\varphi}{2}e^{i\left(\frac{\pi}{2} - \frac{\varphi}{2}\right)} \end{aligned}$$

例 15.5 求下列方程所表示的曲线.

(1) $|z - i| = 2$ (2) $|z - 2i| = |z + 2|$ (3) $\operatorname{Im}(i + \bar{z}) = 4$

解 (1) 从几何上可以看出，$|z - i| = 2$ 表示以 i 为中心，半径为 2 的圆周(图 15.2(a)).

事实上该圆周的直角坐标方程为：$\sqrt{x^2 + (y-1)^2} = 2$，即

$$x^2 + (y-1)^2 = 4$$

(2) 该方程表示到点 $2i$ 和 -2 距离相等的点的轨迹，所表示的曲线就是连接点 $2i$ 和

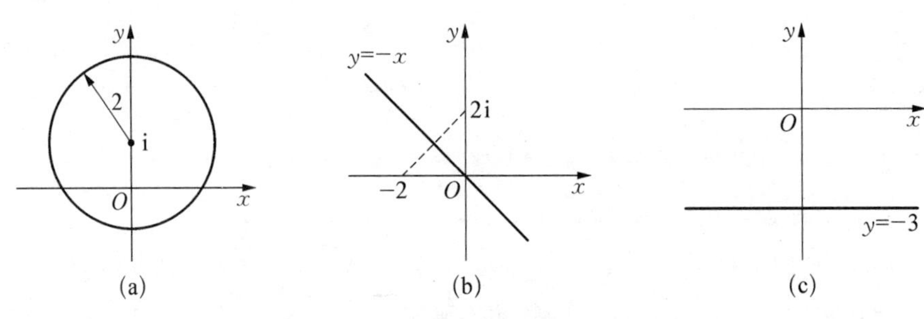

图 15.2 复数方程表示曲线

−2 的线段的垂直平分线(图 15.2(b))，它的方程为 $y=-x$.

(3) 设 $z=x+\mathrm{i}y$，则 $\mathrm{i}+\bar{z}=x+(1-y)\mathrm{i}$，所以 $\mathrm{Im}(\mathrm{i}+\bar{z})=1-y$ 从而可求得曲线方程为 $y=-3$，即一条平行于 x 轴的直线(图 15.2(c)).

2. 复球面

除了用平面内的点或向量来表示复数外，还可以用球面上的点来表示复数，下面介绍此方法.

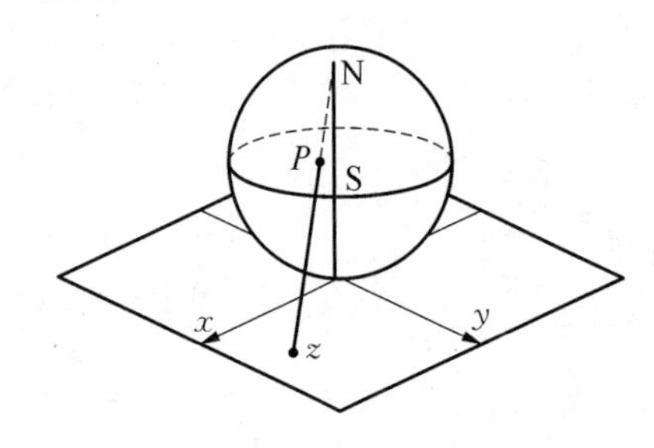

图 15.3 复球面

取一个与复平面切于原点 $z=0$ 的球面，球面上的一点 S 与原点重合，通过 S 作垂直于复平面的直线与球面相交于 N 点. 我们称 N 为北极，S 为南极(图 15.3).

考虑起点在北极 N 并通过球面上任意点 P 的射线，它与 xOy 平面相交于一点，记作 z；反之，起点在北极 N 并通过 xOy 平面上任一点 z 的射线与球面也只交于一点. 这样，xOy 平面上所有的点与球面上所有的点(除了北极 N 以外)就建立了一一对应关系. 由前述可知，复数可以视为复平面内的点，所以我们就可以用球面上的点来表示复数.

但是，对于球面上的北极 N，还没有复平面内的一个点与它对应. 为了使复平面与球面上的点都能一一对应起来，规定：复平面上有一个唯一的"无穷远点"，它与球面上的北极 N 相对应. 相应地，我们又规定：复数中有一个唯一的"无穷大"与复平面上的无穷远点相对应，并把它记为∞，因而球面上的北极 N 就是复数无穷大∞的几何表示. 这样，球面上的每一个点，就有唯一的复数与它对应，这样的球面称之为复球面.

复平面再加上无穷远点称为扩充复平面. 对复数∞而言，实部、虚部与辐角的概念均无意义. 注意，这里的无穷远点∞不像在微积分中把它视为符号，而是视为一个确定的点. 这个点的引入既是为了今后理论上的需要，也是为了能够更好地反映客观事物.

关于∞的四则运算作以下规定(设 z 是复数)

$$\infty+z=z+\infty=\infty,\quad \infty-z=z-\infty=\infty$$

$$\infty\cdot z=z\cdot\infty=\infty\quad (z\neq 0)$$

$$\frac{z}{\infty}=0,\quad \frac{\infty}{z}=\infty\quad (z\neq\infty,\ z\neq 0)$$

而对于$\infty\pm\infty$，$0\cdot\infty$，$\frac{\infty}{\infty}$，$\frac{0}{0}$则没有定义.

无特殊声明,所谓“平面”一般仍指有限平面,所谓“点”仍指有限平面上的点.

数学实验基础知识

基本命令	功　能
real(z)	返回复数 z 的实部
imag(z)	返回复数 z 的虚部
complex(a, b)	返回复数 $a+bi$
conj(z)	返回复数 z 的共轭复数
abs(z)	返回复数 z 的模(绝对值)
angle(z)	返回复数 z 的辐角

例　求复数 $z=3+6\mathrm{i}$ 的实部、虚部、模、辐角和共轭复数.

```
≫z=3+6i;
≫re=real(z);
≫im=imag(z);
≫ab=abs(z);
≫an=angle(z);
≫ag=conj(z)
```

15.3　复数的乘幂与方根

设有两个复数 $z_1=r_1(\cos\theta_1+\mathrm{i}\sin\theta_1)$，$z_2=r_2(\cos\theta_2+\mathrm{i}\sin\theta_2)$，则

$$\begin{aligned} z_1z_2&=r_1r_2(\cos\theta_1+\mathrm{i}\sin\theta_1)(\cos\theta_2+\mathrm{i}\sin\theta_2)\\ &=r_1r_2[\cos(\theta_1+\theta_2)+\mathrm{i}\sin(\theta_1+\theta_2)]\end{aligned}$$

所以

$$|z_1z_2|=|z_1||z_2|,\qquad \mathrm{Arg}(z_1z_2)=\mathrm{Arg}\,z_1+\mathrm{Arg}\,z_2$$

由于辐角的多值性,该等式应理解为对于左端的任一个值,右端必有一个值和它相等,反过来也一样.

因此,两个复数乘积的模等于它们模的乘积,两个复数乘积的辐角等于它们的辐角之和.另外复数相乘的几何意义是将复数 z_1 的模放大$|z_2|$倍,然后将其辐角按逆时针方向旋转一个角度 $\mathrm{Arg}\,z_2$,即先作一个相似变换,然后再作一个旋转变换.

n 个相同复数 z 的乘积称为 z 的 n 次幂,记为 z^n,即 $z^n=\underbrace{z\cdot z\cdot\cdots\cdot z}_{n\text{个}}$.

设 $z=r(\cos\theta+\mathrm{i}\sin\theta)$，由复数的乘法运算，可得

$$z^n = r^n(\cos n\theta + \mathrm{i}\sin n\theta)$$

如果定义 $z^{-n} = \dfrac{1}{z^n}$，可证上式当为 n 负整数时也成立.

例 15.6 求复数 $z = r\mathrm{e}^{\mathrm{i}\theta}$ 的正整数次幂 z^n

解 $z^n = \underbrace{z \cdot z \cdot \cdots \cdot z}_{n个} = \underbrace{r\mathrm{e}^{\mathrm{i}\theta} \cdot r\mathrm{e}^{\mathrm{i}\theta} \cdots r\mathrm{e}^{\mathrm{i}\theta}}_{n个} = r^n \mathrm{e}^{\mathrm{i}n\theta} = r^n(\cos n\theta + \mathrm{i}\sin n\theta)$

特别地，取 $r = 1$，上面的等式就是

$$(\cos\theta + \mathrm{i}\sin\theta)^n = \cos n\theta + \mathrm{i}\sin n\theta$$

这就是著名的棣莫弗(De Moivre)公式.

例 15.7 求证：

$$\cos 3\theta = \cos^3\theta - 3\cos\theta\sin^2\theta, \quad \sin 3\theta = 3\cos^2\theta\sin\theta - \sin^3\theta$$

证 根据棣莫弗公式

$$\begin{aligned}&\cos 3\theta + \mathrm{i}\sin 3\theta \\ =\ &(\cos\theta + \mathrm{i}\sin\theta)^3 = \cos^3\theta + 3\cos^2\theta(\mathrm{i}\sin\theta) + 3\cos\theta(\mathrm{i}^2\sin^2\theta) + (\mathrm{i}\sin\theta)^3 \\ =\ &(\cos^3\theta - 3\cos\theta\sin^2\theta) + \mathrm{i}(3\cos^2\theta\sin\theta - \sin^3\theta)\end{aligned}$$

比较上式两端的实部与虚部即得证.

按照商的定义，当 $z_1 \neq 0$ 时，有 $z_2 = \dfrac{z_2}{z_1} \cdot z_1$，由复数的乘法法则

$$|z_2| = \left|\frac{z_2}{z_1}\right| |z_1|, \quad \mathrm{Arg}\, z_2 = \mathrm{Arg}\left(\frac{z_2}{z_1}\right) + \mathrm{Arg}\, z_1$$

于是

$$\left|\frac{z_2}{z_1}\right| = \frac{|z_2|}{|z_1|}, \quad \mathrm{Arg}\left(\frac{z_2}{z_1}\right) = \mathrm{Arg}\, z_2 - \mathrm{Arg}\, z_1$$

由此得：两个复数商的模等于它们模的商，两个复数商的辐角等于它们辐角之差.

用指数形式表示复数 $z_1 = r_1\mathrm{e}^{\mathrm{i}\theta_1}$，$z_2 = r_2\mathrm{e}^{\mathrm{i}\theta_2}$，上面的结论可以表示成

$$\frac{z_2}{z_1} = \frac{r_2}{r_1}\mathrm{e}^{\mathrm{i}(\theta_2 - \theta_1)} \quad (r_1 \neq 0)$$

设 n 是自然数，$z \neq 0$，定义复数 z 的 n 次方根 $\sqrt[n]{z}$ 为一个自乘 n 次后等于 z 的复数，设此复数为 ω，则 ω 满足方程

$$\omega^n = z \quad 或 \quad \omega = \sqrt[n]{z}$$

为此解方程求 ω，令

$$z = r(\cos\theta + \mathrm{i}\sin\theta), \ \omega = \rho(\cos\varphi + \mathrm{i}\sin\varphi)$$

代入 $\omega^n = z$，得

$$\rho^n(\cos n\varphi + \mathrm{i}\sin n\varphi) = r(\cos\theta + \mathrm{i}\sin\theta)$$

于是

$$\rho^n = r, \quad \cos n\varphi = \cos\theta, \quad \sin n\varphi = \sin\theta$$

因此，$\rho = r^{1/n}$，$n\varphi = \theta + 2k\pi$ $(k = 0, \pm 1, \pm 2, \cdots)$.

因 ρ 是复数的模，所以只取算术根. 即得 $\begin{cases} \rho = r^{1/n}, \\ \varphi = \dfrac{\theta + 2k\pi}{n}. \end{cases}$ 所以

$$\omega = \sqrt[n]{z} = r^{1/n}\left(\cos\frac{\theta + 2k\pi}{n} + \mathrm{i}\sin\frac{\theta + 2k\pi}{n}\right) \quad (k = 0, 1, 2, \cdots, n-1)$$

就几何方面说，这 n 个根是以原点 O 为中心，$\sqrt[n]{r}$ 为半径的圆的内接正 n 边形的 n 个顶点.

$z = 1$ 时特别重要，若令

$$\omega = \cos\frac{2\pi}{n} + \mathrm{i}\sin\frac{2\pi}{n}$$

则 1 的 n 次方根为 $1, \omega, \omega^2, \cdots, \omega^{n-1}$.

注意，在实数范围内和在复数范围内，记号 $\sqrt[n]{\ }$ 的意义有所不同. 在实数范围内，$\sqrt{1}$ 只表示 1 的算术根 1，在复数范围内 $\sqrt{1}$ 就表示 1 的两个平方根 ± 1. 又如，在实数范围内，$\sqrt[3]{-1}$ 只表示实数 -1，但在复数范围内，$\sqrt[3]{-1}$ 就表示 -1 的三个立方根 $-1, -\omega, -\omega^2$ $\left(此处\ \omega = \dfrac{-1+\sqrt{3}\mathrm{i}}{2}\right)$.

例 15.8　解方程 $z^4 + 1 = 0$.

解　因 $z^4 + 1 = 0$，故

$$\begin{aligned} z &= \sqrt[4]{-1} = \sqrt[4]{\cos\pi + \mathrm{i}\sin\pi} \\ &= \cos\frac{2k\pi + \pi}{4} + \mathrm{i}\sin\frac{2k\pi + \pi}{4} \quad (k = 0, 1, 2, 3) \end{aligned}$$

因此

$$z_0 = \cos\frac{\pi}{4} + \mathrm{i}\sin\frac{\pi}{4} = \frac{\sqrt{2}}{2}(1 + \mathrm{i})$$

$$z_1 = \cos\frac{3\pi}{4} + \mathrm{i}\sin\frac{3\pi}{4} = \frac{\sqrt{2}}{2}(-1 + \mathrm{i})$$

$$z_2 = \cos\frac{5\pi}{4} + \mathrm{i}\sin\frac{5\pi}{4} = \frac{\sqrt{2}}{2}(-1 - \mathrm{i})$$

$$z_3 = \cos\frac{7\pi}{4} + \mathrm{i}\sin\frac{7\pi}{4} = \frac{\sqrt{2}}{2}(1 - \mathrm{i})$$

数学实验基础知识

基本命令	功能
sqrt(z)	返回复数 z 的平方根
exp(z)	返回复数 z 的以 e 为底的指数函数值
log(z)	返回复数 z 的以 e 为底的对数函数值

例 求方程 $z^3+8=0$ 的所有根.

```
≫solve('z^3+8=0')
```

输出结果为：

```
[-2]
[1-i*3^(1/2)]
[1+i*3^(1/2)]
```

15.4 区 域

以上，我们讨论了复数、复数的表示方法以及复数的一些运算，为了研究复变函数，同实函数一样，首先要研究函数的定义域，在复变函数中，函数的定义域通常是所谓的区域.

1. 区域的概念

先介绍与区域概念相关联的邻域、集合的内点与开集的概念.

平面上以 z_0 为中心，$\delta>0$ 为半径的圆 $|z-z_0|<\delta$ 的内部点的集合称为 z_0 的 δ 邻域，而 $0<|z-z_0|<\delta$ 为 z_0 的去心邻域.

设 G 为一平面点集，z_0 为 G 中任意一点，若存在 z_0 的一个邻域，该邻域内的所有的点都属于 G，那么称 z_0 为 G 的内点. 若 G 内的每个点都是内点，称 G 为开集.

平面点集 D 称为一个**区域**，若满足下面两条：

(1) D 是一个开集.

(2) D 是连通的，就是说 D 中任意两点都可以用完全属于 D 的一条折线连接起来.

设 D 为一点集，P 为一点，若在点 P 的任一邻域内既有属于 D 的点，也有不属于 D 的点，则点 P 称为 D 的边界点. D 的所有边界点组成 D 的边界（以上几个概念的图示见图 15.4）.

区域 D 与它的边界一起构成闭区域，记为 $\overline{D}$.

若区域 D 可以被包含在一个以原点为中心的圆里面，称 D 是有界的，否则称为无界的.

例如，$|z|<1$，$|z-1|>2$ 都是区域，它们的边界分别为 $|z|=1$ 和 $|z-1|=2$.

又如，整个复平面也是一个区域，且是一个无边界的区域.

满足 $r_1<|z-z_0|<r_2$ 的所有点构成一个区域，称为**圆环域**（图 15.5）.

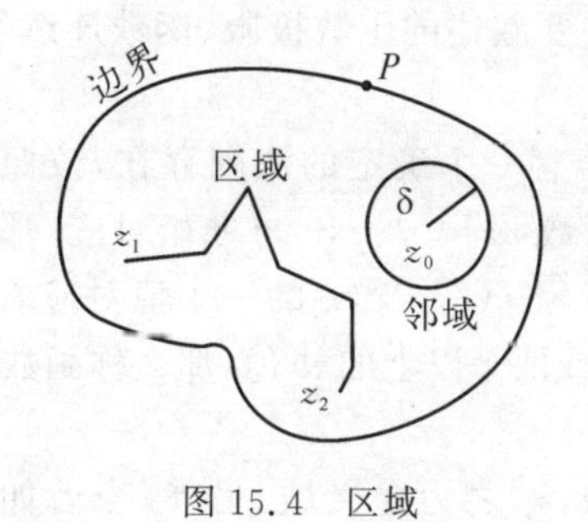

图 15.4 区域

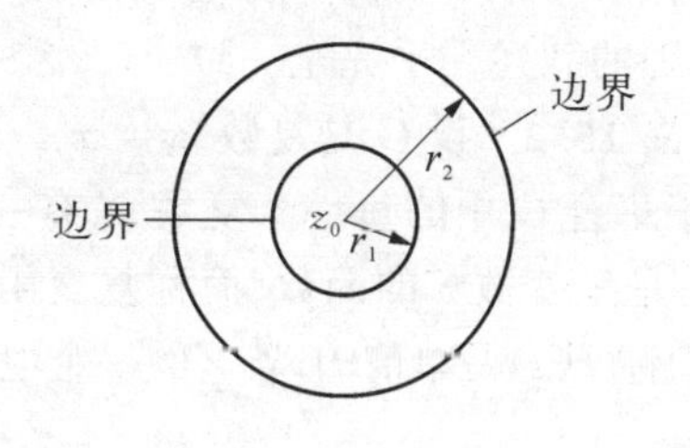

图 15.5 圆环域

2. 单连通域与多连通域

先介绍几个有关平面曲线的概念.

设 $\begin{cases} x = x(t), \\ y = y(t) \end{cases}$ $(a \leqslant t \leqslant b)$ 是实变量 t 的两个实函数,在$[a, b]$上连续,这样一对函数在平面上决定一个点集,称为**连续曲线**. 若令 $z(t) = x(t) + \mathrm{i}y(t)$, 这就是平面曲线的复数表示式. 当连续曲线的起点与终点相重合,即 $z(a) = z(b)$ 时,就称为**闭连续曲线**.

凡是 t 的两个不同数值(a, b 除外),总对应曲线上两个不同的点时,则该曲线称为**约当**(Jordan)**曲线**(**或简单曲线**). 终点与起点重合的约当曲线称为**约当闭曲线**.

关于约当曲线,有以下重要结论:

一个约当闭曲线把平面分为两个不相连的区域,这两个区域以此曲线为公共边界.

这两个区域,一个是有界的,称为内部区域;另一个是无界的,称为外部区域.

上述结论从几何直观看,是非常明显的,但是几何直观不能代替数学的严格证明,实际上这个结论的证明非常繁难,属于拓扑学的范围,所以在此不加证明,但下面将要用到它.

定义 15.1 给定复平面上的一个区域 D,若在其中任作一条简单闭曲线,而曲线的内部总属于 D,就称 D 为单连通域. 一个区域若不是**单连通域**,就称为**多连通域**.

单连通域 D 的特征: 属于 D 的任何一条简单闭曲线,在 D 内可以经过连续的变形而缩成一点,并且该点属于 D,而多连通域就不具有这个特征.

单连通域的图例见图 15.6(a),多连通域的图例见图 15.6(b).

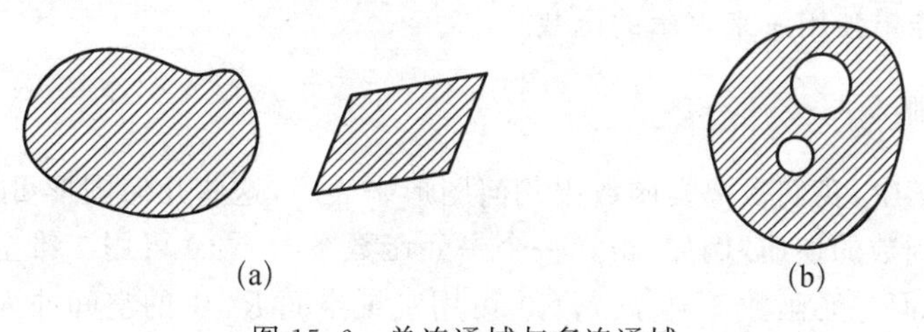

图 15.6 单连通域与多连通域

15.5 复变函数

1. 复变函数的定义

复变量函数的基本概念几乎是实函数中相应概念逐字逐句的推广. 这种定义上的相

似导致在某些章节上许多理论的相似. 例如,本章将要叙述的函数极限、函数连续等,甚至一些定理的叙述几乎完全一致.

定义 15.2 设 G 是复数 $z=x+\mathrm{i}y$ 的集合,若有一个确定的法则存在,按照这一法则,对于集合 G 中的每一个复数 z,有一个或几个复数 $w=u+\mathrm{i}v$ 与之相对应,那么称复变数 w 是复变数 z 的函数(简称复变函数),记为 $w=f(z)$. 若 z 的一个值对应着一个 w 值,我们称 $f(z)$是单值的;若 z 的一个值对应着两个或两个以上的 w 值,那么称函数 $f(z)$是多值的.

在以后的讨论中,集合 G 常常是一个平面区域,称之为定义域. 另外,今后如无特殊声明,所讨论的函数均为单值函数.

例如,函数 $w=z^2$ 是单值的,而 $w=\mathrm{Arg}\,z$ 是多值的.

给定复数 $z=x+\mathrm{i}y$,相当于给定了两个实数 x 和 y,而复变数 $w=u+\mathrm{i}v$ 也同样对应一对实数 u 和 v,所以复变函数 w 和复变数 z 之间的关系 $w=f(z)$ 相当于两个二元函数关系:$\begin{cases}u=u(x,\ y),\\ v=v(x,\ y).\end{cases}$

它确定实变量 u 和 v 为自变量 x 和 y 的函数. 因此,定义一个复变函数 $w=f(z)$ 相当于定义两个二元实函数 $u=u(x,\ y)$ 与 $v=v(x,\ y)$.

例如,若 $w=z^2$,令 $z=x+\mathrm{i}y$,$w=u+\mathrm{i}v$,则得到

$$u+\mathrm{i}v=(x+\mathrm{i}y)^2=(x^2-y^2)+2xy\mathrm{i}$$

因此,$\begin{cases}u(x,\ y)=x^2-y^2,\\ v(x,\ y)=2xy.\end{cases}$

因此,复变函数 $f(z)$通常写成 $u(x,\ y)+\mathrm{i}v(x,\ y)$的形式.

又例如,$w=3x+\mathrm{i}y$,因

$$x=\frac{1}{2}(z+\bar{z}),\quad y=\frac{1}{2\mathrm{i}}(z-\bar{z})$$

则 $w=2z+\bar{z}$.

从此例可以看出,函数 w 不能化为单独依赖 z 的形式. 但在复变函数中真正重要的函数却是那些能单独用 z 来表示的函数.

2. 映射的概念

在高等数学中,我们常把实函数用几何图形来表示,这些几何图形可以形象而直观地帮助我们研究函数的性质. 例如,给定一个一元函数 $y=f(x)$ 可用二维空间 R^2 中一条平面曲线来表示,而二元函数 $z=f(x,\ y)$ 可用三维空间 R^3 中的空间曲面来表示. 复变函数 $w=f(z)$ 或 $u=u(x,\ y)$, $v=v(x,\ y)$ 反映了 4 个变量 $x,\ y,\ u,\ v$ 之间的关系,在三维空间中无法画出其图形,只能视为两个复平面之间的对应关系.

如果用 z 平面上的点表示自变量 z,用另一平面 w 平面上的点表示函数 w,那么函数 $w=f(z)$ 在几何上可以视为把 z 平面上一个点集 G 变到 w 平面上的一个点集 G^* 的映射(或变换),这个映射通常称为由函数 $w=f(z)$ 所构成的映射. 如果 G 中的点 z 被映射 $w=f(z)$ 映射成 G^* 中的点 w,那么 w 称为 z 的像,而 z 称为 w 的原像(图 15.7).

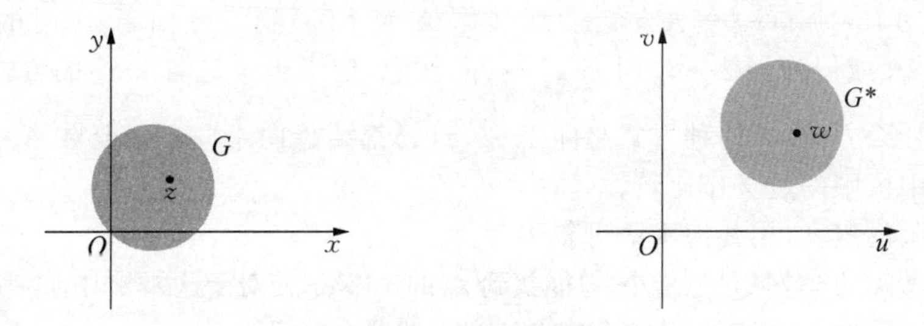

图 15.7 像与原像

例如，函数 $w=\bar{z}$ 所构成的映射，显然把 z 平面上的点 $z=a+ib$ 映射成 w 平面上的点 $a-ib$；$z_1=2+3i$ 映射成 $\omega=2-3i$，$z_2=1-2i$ 映射成 $\omega=1+2i$.

z 平面上$\triangle ABC$ 上的点映射成 w 平面上$\triangle A'B'C'$上的点(图 15.8).

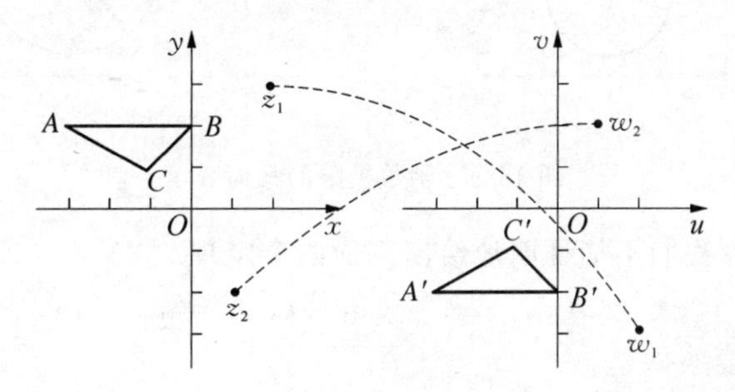

图 15.8 映射

例 15.9 研究函数 $w=z^2$ 所确定的映射，把 z 平面上曲线族 $x^2-y^2=C_1$，$2xy=C_2$ 映射成 w 平面上什么曲线？它把 z 平面上角形区域 $0\leqslant\theta\leqslant\alpha$ 映成 w 平面上什么区域？

解 函数 $w=z^2$ 写成 $w=u+iv=(x^2-y^2)+i\cdot 2xy$，因此它将 z 平面上双曲线族 $x^2-y^2=C_1$ 映成 w 平面上直线族 $u=C_1$，把 $2xy=C_2$ 映成 w 平面上直线族 $v=C_2$.

通过映射 $w=z^2$，z 的辐角增加了一倍，因此 z 平面上的角形区域 $0\leqslant\theta\leqslant\alpha$ 映成 w 平面上的角形区域 $0\leqslant\theta\leqslant 2\alpha$.

同实函数一样，复变函数也有反函数的概念. 假定函数的定义集合为 z 平面上的集合 G，函数值集合为 w 平面上的集合 G^*，那么 G^* 中的每一个点必将对应着 G 中一个或几个点，按照函数的定义，在 G^* 上就确定了某一函数 $z=\varphi(w)$，称它为函数 $w=f(z)$ 的反函数，也称为映射 $w=f(z)$ 的逆映射.

从反函数的定义知，当函数 $w=f(z)$ 为单值函数时，对于任意的 $w\in G^*$ 有 $w=f[\varphi(w)]$，当反函数为单值函数时，也有 $z=f[\varphi(z)]$，$z\in G$.

15.6 函数的极限与函数的连续性

定义 15.3 设函数 $w=f(z)$ 定义在 z_0 的去心邻域 $0<|z-z_0|<\rho$ 内. 若有一确定的复数 A 存在，对于任意给定的 $\varepsilon>0$，相应地必有一正数 δ，使得当 $0<|z-z_0|<\delta$

时($0<\delta\leqslant\rho$)有 $|f(z)-A|<\varepsilon$，那么称 A 为 $f(z)$ 当 z 趋向于 z_0 时的**极限**，记为 $\lim\limits_{z\to z_0}f(z)=A$，或记为当 $z\to z_0$ 时 $f(z)\to A$. 注意，定义中 z 趋向于 z_0 的方式是任意的，即无论 z 从什么方向，以何种方式趋向于 z_0，$f(z)$ 都要趋向于同一个复数 A. 此定义可以和二元函数中极限的定义作比较，本质一致.

函数极限的定义，用几何术语可叙述为：

若无论取 A 的 ε 邻域是怎样小，总能找到 z_0 的 δ 邻域，使对于这邻域内的一切点(点 z_0 本身可以除外)，函数 $f(z)$ 的对应值都落在点 A 的 ε 邻域之内(图 15.9).

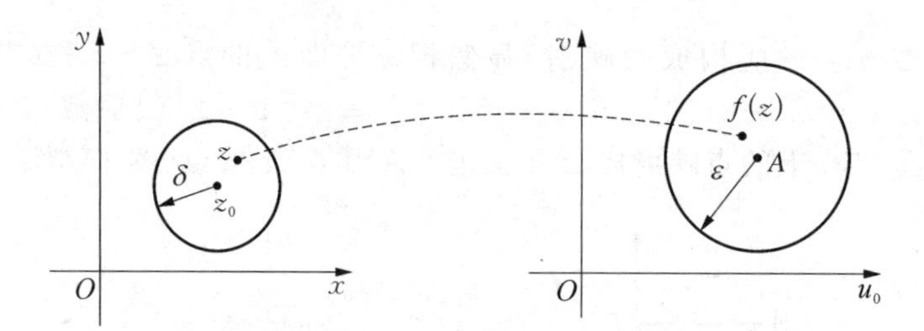

图 15.9　函数极限的几何表示

关于极限的计算我们不加证明地给出下面两个定理.

定理 15.1　设 $f(z)=u(x,y)+\mathrm{i}v(x,y)$，$A=u_0+\mathrm{i}v_0$，$z_0=x_0+\mathrm{i}y_0$，那么 $\lim\limits_{z\to z_0}f(z)=A$ 的充要条件是

$$\lim_{\substack{x\to x_0\\y\to y_0}}u(x,y)=u_0,\quad \lim_{\substack{x\to x_0\\y\to y_0}}v(x,y)=v_0$$

定理 15.2　如果 $\lim\limits_{z\to z_0}f(z)=A$，$\lim\limits_{z\to z_0}g(z)=B$，则以下结论成立：

(1) $\lim\limits_{z\to z_0}[f(z)\pm g(z)]=A\pm B$

(2) $\lim\limits_{z\to z_0}f(z)g(z)=AB$

(3) $\lim\limits_{z\to z_0}\dfrac{f(z)}{g(z)}=\dfrac{A}{B}\quad(B\neq 0)$

由极限定义知，要使 $\lim\limits_{z\to z_0}f(z)$ 存在，变量 z 必须以任意方式趋于 z_0 时极限存在且相等. 如果 z 以某种方式趋于 z_0 时极限不存在，或沿某两种方式趋向于 z_0 时极限不相等，则可断定极限 $\lim\limits_{z\to z_0}f(z)$ 不存在.

例 15.10　证明下列函数当 $z\to 0$ 时极限不存在.

(1) $f(z)=\dfrac{1}{2\mathrm{i}}\left(\dfrac{z}{\bar{z}}-\dfrac{\bar{z}}{z}\right)$　(2) $g(z)=\dfrac{\mathrm{Re}(z)}{|z|}$

证　(1) $f(z)=\dfrac{1}{2\mathrm{i}}\cdot\dfrac{z^2-\bar{z}^2}{z\bar{z}}=\dfrac{(z+\bar{z})(z-\bar{z})}{2\mathrm{i}|z|^2}=\dfrac{2\mathrm{Re}(z)\mathrm{Im}(z)}{|z|^2}$

令 $z=x+\mathrm{i}y$，则有 $f(z)=\dfrac{2xy}{x^2+y^2}$，由此得

$$u(x, y)=\frac{2xy}{x^2+y^2},\quad v(x, y)=0$$

考虑 z 沿 $y=kx$ 趋向于 0，有

$$\lim_{\substack{x\to 0\\y\to 0}} u(x, y)=\lim_{\substack{x\to 0\\(y=kx\to 0)}}\frac{2xy}{x^2+y^2}=\lim_{x\to 0}\frac{2kx^2}{x^2+k^2x^2}=\frac{2k}{1+k^2}$$

故 $\lim\limits_{\substack{x\to 0\\y\to 0}} u(x, y)$ 不存在，由定理 15.1 知 $\lim\limits_{z\to 0} f(z)$ 不存在.

(2) 令 $z=x+\mathrm{i}y$，　则 $g(z)=\dfrac{x}{\sqrt{x^2+y^2}}$. 让 z 沿 $y=kx$ 趋向于 0，有

$$\lim_{z\to 0} g(z)=\lim_{\substack{x\to 0\\(y=kx\to 0)}}\frac{x}{\sqrt{1+k^2}\,|x|}$$

极限不存在.

定义 15.4　若函数 $w=f(z)$ 在点 z_0 的某邻域中定义，且 $\lim\limits_{z\to z_0} f(z)=f(z_0)$，则称函数 $f(z)$ 在点 z_0 处是连续的.

上述连续定义和实变量函数的连续性定义完全一样，所以在高等数学中有关连续函数的和、差、积、商(要求分母不为 0)的定理，以及连续函数的复合函数的定理，对于复变函数来说仍是有效的. 即有：

(1) 在 z_0 处连续的两个函数 $f(z)$ 与 $g(z)$ 的和、差、积、商(分母在 z_0 不为 0)在 z_0 处仍连续.

(2) 若函数 $h=g(z)$ 在 z_0 处连续，函数 $w=f(h)$ 在 $h_0=g(z_0)$ 处连续，那么复合函数 $w=f[g(z)]$ 在 z_0 处连续.

根据复变函数的特点，我们很容易得到以下结论：

(3) 函数 $f(z)=u(x, y)+\mathrm{i}v(x, y)$，在 $z_0=x_0+\mathrm{i}y_0$ 处连续的充要条件是：$u(x, y)$ 和 $v(x, y)$ 在 (x_0, y_0) 处连续.

例如，函数 $f(z)=\ln(x^2+y^2)+\mathrm{i}(x^2-y^2)$ 在复平面内除原点外处处连续，因为 $u=\ln(x^2+y^2)$ 除原点外处处连续，而 $v=x^2-y^2$ 处处连续.

* * * * *

本章引进了复数 $z=x+\mathrm{i}y$ 的概念，其中 $x=\mathrm{Re}(z)$ 称为复数 z 的实部；$\mathrm{Im}(z)$ 称为复数 z 的虚部；$\mathrm{i}=\sqrt{-1}$. 给出了复数的模及辐角的概念以及除了 $z=x+\mathrm{i}y$ 以外复数的四种表示式，即把复数 $z=x+\mathrm{i}y$ 视为：① 平面上的点 $P(x, y)$；② 起点在原点，终点在点 $P(x, y)$ 的一个平面向量；③ 复数的三角表示式；④ 复数的指数表示式. 此外，复数可以用球面上的点来表示，并由此引进一个无穷远点.

引进了复数的几种运算：相等、加法、减法、乘法、乘幂、除法、开方、共轭.

给出了复变函数及复变函数的极限与连续的定义，指出了它们与实函数中相应的概念有很多共同之处，但也有差别. 读者在学习中应注意其共同之处，但更应注意其差别.

本章引入了区域概念,特别是单连通域和多连通域的概念,学习中应注意深入理解.

本章常用词汇中英文对照

复数	complex number	共轭复数	conjugate complex number
虚数	imaginary number	复平面	complex plane
模	module, modulus	辐角	argument
复球面	complex sphere	开集	open set
区域	domain; region	单连通域	simply connected domain
约当曲线	Jordan curve	映射	mapping

习 题 15

1. 求下列复数 z 的实部与虚部、模与辐角.

(1) $\dfrac{1}{3+2\mathrm{i}}$　　(2) $\dfrac{1}{\mathrm{i}}-\dfrac{3\mathrm{i}}{1-\mathrm{i}}$

(3) $\dfrac{(3+4\mathrm{i})(2-5\mathrm{i})}{2\mathrm{i}}$　　(4) $\mathrm{i}^8-4\mathrm{i}^{21}+\mathrm{i}$

2. 当 x 和 y 等于什么实数时,等式 $\dfrac{x+1+\mathrm{i}(y-3)}{5+3\mathrm{i}}=1+\mathrm{i}$ 成立?

3. 证明:

(1) $|z|^2=z\bar{z}$　　(2) $\overline{z_1z_2}=\bar{z}_1\bar{z}_2$　　(3) $\bar{\bar{z}}=z$

(4) $\mathrm{Re}(z)=\dfrac{1}{2}(\bar{z}+z)$　　(5) $\mathrm{Im}(z)=\dfrac{1}{2\mathrm{i}}(z-\bar{z})$

4. 对任何 z, $z^2=|z|^2$ 是否成立?如果是,就给出证明.如果不是,对哪些 z 值才成立?

5. 当 $|z|\leqslant 1$ 时,求 $|z^n+a|$ 的最大值,其中 n 为正整数,a 为复数.

6. 将下列复数化为三角表示式和指数表示式.

(1) i　　(2) 1　　(3) $1+\sqrt{3}\mathrm{i}$　　(4) $\dfrac{2\mathrm{i}}{-1+\mathrm{i}}$　　(5) $\dfrac{(\cos 5\varphi+\mathrm{i}\sin 5\varphi)^2}{(\cos 3\varphi+\mathrm{i}\sin 3\varphi)^3}$

7. 一个复数乘以 $-\mathrm{i}$,它的模与辐角有何变化?

8. 如果 $z=\mathrm{e}^{\mathrm{i}t}$,证明:

(1) $z^n+\dfrac{1}{z^n}=2\cos nt$　　(2) $z^n-\dfrac{1}{z^n}=2\mathrm{i}\sin nt$

9. 求下列各式的值:

(1) $(\sqrt{3}-\mathrm{i})^5$　　(2) $(1+\mathrm{i})^6$　　(3) $\sqrt[6]{-1}$　　(4) $(1-\mathrm{i})^{1/3}$

10. 判定下列命题的真假.

(1) 若 C 为实常数,则 $C=\overline{C}$;

(2) 若 z 为纯虚数,则 $z\neq\bar{z}$;

(3) $\mathrm{i}<2\mathrm{i}$;

(4) 0 的辐角是 0;

(5) 仅存在一个数 z,使得 $\dfrac{1}{z}=-z$;

(6) $|z_1+z_2|=|z_1|+|z_2|$.

11. 求方程 $z^3+8=0$ 的所有根.

12. 在平面上任意选一点 z,然后在复平面上画出下列各点的位置.

$$-z \quad \bar{z} \quad -\bar{z} \quad \frac{1}{z} \quad \frac{1}{\bar{z}} \quad -\frac{1}{\bar{z}}$$

13. 指出下列各题中点 z 的轨迹或所在范围,并作图.

(1) $|z-5|=6$　　(2) $|z+2i|\geqslant 1$

(3) $\text{Re}(z+2)=-1$　　(4) $\text{Re}(i\bar{z})=3$

(5) $\text{Im}(z)\leqslant 2$　　(6) $0<\text{Arg}\,z<\pi$

(7) $\arg(z-i)=\dfrac{\pi}{4}$

14. 描绘下列不等式所确定的区域,并指明它是有界的还是无界的,单连通的还是多连通的.

(1) $\text{Im}(z)>0$　　(2) $|z-1|>4$

(3) $0<\text{Re}(z)<1$　　(4) $2\leqslant |z|\leqslant 3$

(5) $|z-1|<|z+3|$　　(6) $-1<\text{Arg}\,z<-1+\pi$

(7) $|z-2|+|z+2|\leqslant 6$

15. 证明复平面上的直线方程可写成:$a\bar{z}+\bar{a}z=C$($a\neq 0$ 为复常数,C 为实常数).

16. 将下列方程(t 为实参数)用直角坐标方程表出.

(1) $z=t(1+i)$　　(2) $z=a\cos t+ib\sin t$

(3) $z=a\,\text{ch}\,t+ib\,\text{sh}\,t$　　(4) $z=ae^{it}+be^{-it}$

(5) $z=e^{\alpha t}$　($\alpha=a+bi$ 为复数)

17. 已知映射 $w=z^3$,求:

(1) 点 $z_1=1+i$, $z_2=\sqrt{3}+i$ 在 w 平面上的像;

(2) 区域 $0<\text{Arg}\,z<\dfrac{\pi}{3}$ 在 w 平面上的像.

18. 证明复平面上的圆的方程可写成:$z\bar{z}+a\bar{z}+\bar{a}z+C=0$,其中 a 为复常数,C 为实常数.

19. 试证 $\arg z$ 在原点和负实轴上不连续.

第16章　解析函数

解析函数是复变函数的主要研究对象，在理论和实际中有着广泛的应用.本章在引入复变函数导数的基础上，着重研究一类在理论和应用中都极为重要的函数——解析函数.由于复变函数的导数定义和实函数是类似的，因而导数的定义形式是相同的，但复变函数在一点解析比一元函数在一点可导的要求要高很多，也因此，解析函数比一元可导函数有许多更为优越的独特性质.

16.1　解析函数的概念

1. 复变函数的导数

复变函数的导数的定义形式与微积分中实函数导数定义的形式是一样的.

定义16.1　设函数 $w=f(z)$ 在 $z=z_0$ 的邻域 $\delta(z_0)$ 上有定义，考虑比值

$$\frac{\Delta w}{\Delta z}=\frac{f(z)-f(z_0)}{z-z_0}$$

若 $\lim\limits_{z\to z_0}\frac{\Delta w}{\Delta z}$ 存在，则称这个极限值为函数 $f(z)$ 在 $z=z_0$ 处的**导数**，记为 $f'(z_0)$，并说函数 $f(z)$ 在 $z=z_0$ 处可导，即

$$\lim_{z\to z_0}\frac{f(z)-f(z_0)}{z-z_0}=f'(z_0)$$

与高等数学中所介绍的导数概念相同.上述导数定义又可以写成

$$f'(z_0)=\lim_{\Delta z\to 0}=\frac{f(z_0+\Delta z)-f(z_0)}{\Delta z}$$

应当注意，定义中 $z_0+\Delta z\to z_0$（即 $\Delta z\to 0$）的方式是任意的，对于函数的这一限制比对实函数的类似限制要严格得多，从而使复变可导函数具有许多独特的性质和应用.

如果 $f(z)$ 在区域 D 内处处可导，我们就说 $f(z)$ 在 D 内可导.

例16.1　证明：函数 $f(z)=z$ 在 z 平面上处处可导且导数为1.

证　对任意点 z_0，有

$$\lim_{z\to z_0}\frac{\Delta w}{\Delta z}=\lim_{z\to z_0}\frac{z-z_0}{z-z_0}=1$$

例16.2　证明：函数 $f(z)=z^n$ 在平面上处处可导且导数为 nz^{n-1}（其中 n 为自然数）.

证　对任意点 z_0，有

$$f'(z_0)=\lim_{z\to z_0}\frac{\Delta w}{\Delta z}=\lim_{z\to z_0}\frac{z^n-z_0^n}{z-z_0}=\lim_{z\to z_0}\frac{(z-z_0)(z^{n-1}+z^{n-2}z_0+\cdots+z_0^{n-1})}{z-z_0}=nz_0^{n-1}$$

由 z_0 的任意性，知 $f'(z)=nz^{n-1}$.

例 16.3 问 $f(z)=x+2y\mathrm{i}$ 是否可导？

解

$$\lim_{\Delta z\to 0}\frac{f(z+\Delta z)-f(z)}{\Delta z}=\lim_{\Delta z\to 0}\frac{(x+\Delta x)+2(y+\Delta y)\mathrm{i}-x-2y\mathrm{i}}{\Delta z}$$

$$=\lim_{\Delta z\to 0}\frac{\Delta x+2\Delta y\mathrm{i}}{\Delta x+\Delta y\mathrm{i}}$$

设 $z+\Delta z$ 沿着平行于 x 轴的方向趋向于 z，因而 $\Delta y=0$，这时极限

$$\lim_{\Delta z\to 0}\frac{\Delta x+2\Delta y\mathrm{i}}{\Delta x+\Delta y\mathrm{i}}=\lim_{\Delta x\to 0}\frac{\Delta x}{\Delta x}=1$$

而 $z+\Delta z$ 沿着平行于 y 轴的方向趋向于 z，因而 $\Delta x=0$，此时

$$\lim_{\Delta z\to 0}\frac{\Delta x+2\Delta y\mathrm{i}}{\Delta x+\Delta y\mathrm{i}}=\lim_{\Delta y\to 0}\frac{2\Delta y\mathrm{i}}{\Delta y\mathrm{i}}=2$$

所以，$f(z)=x+2y\mathrm{i}$ 的导数不存在.

在实函数中，函数可导推出函数连续，反之不成立. 在复函数中，若知道函数 $f(z)$ 在 z_0 可导，亦可得函数 $f(z)$ 在 z_0 连续，但观察例 16.3 我们知道处处连续的函数却处处不可导.

由于复变函数中导数的定义与实函数中导数的定义形式上完全相同，而且复函数中的极限运算法则也和实函数中一样，因而，复变函数的求导法与实函数的求导法则完全相同，而且证法也完全一样. 下面是几个常用求导公式与求导法则：

(1) $(C)'=0$ （C 为复常数）

(2) $(z^n)'=nz^{n-1}$ （n 为正整数）

(3) $[f(z)\pm g(z)]'=f'(z)\pm g'(z)$

(4) $[f(z)g(z)]'=f'(z)g(z)+f(z)g'(z)$

(5) $\left[\dfrac{f(z)}{g(z)}\right]'=\dfrac{g(z)f'(z)-f(z)g'(z)}{g^2(z)}$

(6) $[f[g(z)]]'=f'(w)g'(z)$，其中 $w=g(z)$；

(7) $f'(z)=\dfrac{1}{\varphi'(w)}$，其中 $w=f(z)$ 与 $z=\varphi(w)$ 是两个互为反函数的单值函数，且 $\varphi'(w)\neq 0$.

2. 微分的概念

复变函数的微分概念在形式上与一元实变函数的微分概念完全一样.

定义 16.2 设 $w=f(z)$ 在 $z_0\in D$ 的函数的增量满足

$$\Delta w = f(z_0 + \Delta z) - f(z_0) = A\Delta z + \rho(\Delta z)\Delta z$$

其中，A 为复常数，$\lim\limits_{\Delta z \to 0} \rho(\Delta z) = 0$，则称 $f(z)$ 在 z_0 可微分，$A\Delta z$ 称为 $f(z)$ 在 z_0 处的**微分**，记为 $\mathrm{d}w$.

与实函数类似，函数 $f(z)$ 在 z_0 处可微的充要条件为 $f(z)$ 在 z_0 处可导，且 $\mathrm{d}w = f'(z_0)\mathrm{d}z$（其中 $\mathrm{d}z = \Delta z$），当 $f(z)$ 在 z_0 可导时，

$$\Delta w = f'(z_0)\Delta z + \rho(\Delta z)\Delta z, \quad \mathrm{d}w = f'(z_0)\mathrm{d}z$$

$$f'(z_0) = \left.\frac{\mathrm{d}w}{\mathrm{d}z}\right|_{z=z_0}$$

即函数的导数等于函数微分与自变量的微分之商. 如果函数 $f(z)$ 在区域 D 内处处可微，则称 $f(z)$ 在 D 内**可微**.

3. 解析函数的概念

在很多理论及实际问题中，需要研究的是区域内的解析函数，下面给出定义：

定义 16.3 若函数 $w = f(z)$ 在 $z = z_0$ 的某个邻域 $\delta(z_0)$ 上处处有定义，且在此邻域内函数 $f(z)$ 处处有导数，则称函数 $w = f(z)$ 在 $z = z_0$ 解析. 若函数 $w = f(z)$ 在区域 D 内处处有导数，则称函数 $w = f(z)$ 的区域 D 内**解析**，或称 $f(z)$ 是区域 D 内的**解析函数**.

如果 $f(z)$ 在 z_0 不解析，那么称 z_0 为 $f(z)$ 的**奇点**.

容易看出，函数在区域内处处可导与函数在区域内处处解析的说法是等价的. 以后可以看到，区域内的解析函数有一系列的重要性质及一整套的理论. 例如，区域内解析函数的导数仍是此区域内的解析函数等等，这样的结果在微积分学中是没有的，这些都是以后要研究的内容. 读者在今后的学习过程中，一方面要注意复变函数与实函数的性质有哪些类似之处；另一方面，还要注意它们之间有什么不同，以及从实函数推广到复变函数后所带来的变化.

例 16.4 研究函数 $f(z) = z^2$，$h(z) = |z|^2$ 的解析性.

解 由解析函数的定义以及求导法则(2)知，$f(z) = z^2$ 在复平面内是解析的，下面研究 $h(z) = |z|^2$ 的解析性.

$$\begin{aligned}
\lim_{\Delta z \to 0} \frac{h(z_0 + \Delta z) - h(z_0)}{\Delta z} &= \lim_{\Delta z \to 0} \frac{|z_0 + \Delta z|^2 - |z_0|^2}{\Delta z} \\
&= \lim_{\Delta z \to 0} \frac{(z_0 + \Delta z)(\bar{z}_0 + \overline{\Delta z}) - z_0 \bar{z}_0}{\Delta z} \\
&= \lim_{\Delta z \to 0} \left(\bar{z}_0 + \overline{\Delta z} + z_0 \frac{\overline{\Delta z}}{\Delta z} \right)
\end{aligned}$$

(1) $z_0 = 0$ 时，上述极限是 0.

(2) $z_0 \neq 0$ 时，令 $z_0 + \Delta z$ 沿直线 $y - y_0 = k(x - x_0)$ 趋于 z_0，由于 k 的任意性，

$$\frac{\overline{\Delta z}}{\Delta z}=\frac{\Delta x-\Delta y\mathrm{i}}{\Delta x+\Delta y\mathrm{i}}=\frac{1-\dfrac{\Delta y}{\Delta x}\mathrm{i}}{1+\dfrac{\Delta y}{\Delta x}\mathrm{i}}=\frac{1-k\mathrm{i}}{1+k\mathrm{i}}$$

所以$\lim\limits_{\Delta z\to 0}\dfrac{\overline{\Delta z}}{\Delta z}$不存在.

因而 $\lim\limits_{\Delta z\to 0}\dfrac{h(z_0+\Delta z)-h(z_0)}{\Delta z}$ 不存在.

因此，$h(z)=|z|^2$ 在 $z=0$ 处可导，而在其他点都不可导，根据解析性定义，它在复平面内处处不解析.

例 16.5 研究函数 $w=\dfrac{1}{z}$ 的解析性.

解 容易证明，函数 $w=\dfrac{1}{z}$ 在复平面内除点 $z=0$ 外，有 $\dfrac{\mathrm{d}w}{\mathrm{d}z}=\dfrac{-1}{z^2}$，所以在除 $z=0$ 外的复平面内，函数 $w=\dfrac{1}{z}$ 处处解析，$z=0$ 是它的奇点.

根据求导法则，容易证明以下两个定理：

定理 16.1 设函数 $w=f_1(z)$ 及 $w=f_2(z)$ 都在区域 D 内解析，则函数$f_1(z)\pm f_2(z)$，$f_1(z)f_2(z)$及$\dfrac{f_1(z)}{f_2(z)}$(在 $f_2(z)\neq 0$ 时)也都在 D 内解析.

定理 16.2 设函数 $w=f(z)$ 在区域 D 内解析，且函数 $w_1=g(w)$ 在区域 G 内解析. 若对于 D 内任一点 z，其对应的函数值 w 位于区域 G 内，则函数 $w_1=g[f(z)]$ 在 D 内有定义且解析.

由上面定理立即可得，所有多项式函数在复平面内是处处解析的，任何有理分式函数 $\dfrac{P(z)}{Q(z)}$，P, Q 为多项式，在不含分母为 0 的点的区域内是解析的，分母为 0 的点是它的奇点.

数学实验基础知识

基本命令	功 能
limit(f, x, a)	计算$\lim\limits_{x\to a}f(x)$，f 为符号表达式.
diff(s)	求符号表达式 s 的导数.
diff(s,'v')	对自变量 v 求符号表达式 s 的导数.
diff(s, n)	求符号表达式 s 的 n 阶导数

例 求 $\ln(1+\sin z)$ 在 $z=\dfrac{\mathrm{i}}{2}$ 处的一阶和三阶导数.

```
≫syms z
≫f=log(1+sin(z));
```

```
≫df=diff(f, z)
df=cos(z)/(1+sin(z))
≫vdf=subs(df, z, i/2)
vdf=0.8868-0.4621i
≫df3=diff(f,3)
df3=-cos(z)/(1+sin(z))+3*sin(z)/(1+sin(z))^2*cos(z)
    +2*cos(z)^3/(1+sin(z))^3
≫vdf3=subs(df3, z, i/2)
vdf3=0.5081-0.7269i
```

16.2 函数解析的充要条件

在上一节看到，并不是每一个复变函数都是解析函数，判断一个函数是否解析仅凭定义是困难的.因此需要找判断函数解析的简便方法，黎曼（Riemann）将复变函数作为一对实函数来研究，得到复变函数解析的必要和充分条件.

考虑函数 $f(z)=u(x, y)+\mathrm{i}v(x, y)$，设 $f(z)$ 在区域 D 内有定义，且在 D 内一点 z_0 可导，则

$$\Delta w = f(z_0+\Delta z)-f(z_0)=f'(z_0)\Delta z+\rho(\Delta z)\Delta z$$

其中，$\lim\limits_{\Delta z\to 0}\rho(\Delta z)=0$. 令

$$\Delta w = f(z_0+\Delta z)-f(z_0)=\Delta u+\mathrm{i}\Delta v \quad f'(z_0)=a+b\mathrm{i} \quad \rho(\Delta z)=\rho_1+\mathrm{i}\rho_2$$

则得到

$$\begin{aligned}\Delta u+\mathrm{i}\Delta v &= (a+\mathrm{i}b)(\Delta x+\mathrm{i}\Delta y)+(\rho_1+\mathrm{i}\rho_2)(\Delta x+\mathrm{i}\Delta y)\\ &=(a\Delta x-b\Delta y+\rho_1\Delta x-\rho_2\Delta y)+\mathrm{i}(b\Delta x+a\Delta y+\rho_2\Delta x+\rho_1\Delta y)\end{aligned}$$

从而有

$$\Delta u = a\Delta x-b\Delta y+\rho_1\Delta x-\rho_2\Delta y \quad \Delta v = b\Delta x+a\Delta y+\rho_2\Delta x+\rho_1\Delta y$$

因 $\lim\limits_{\Delta z\to 0}\rho(\Delta z)=0$，所以 $\lim\limits_{\Delta z\to 0}\rho_1(\Delta z)=\lim\limits_{\Delta z\to 0}\rho_2(\Delta z)=0$，即

$$\lim_{\substack{\Delta x\to 0\\ \Delta y\to 0}}\rho_1=\lim_{\substack{\Delta x\to 0\\ \Delta y\to 0}}\rho_2=0$$

从而

$$\lim_{\substack{\Delta x\to 0\\ \Delta y\to 0}}\frac{\rho_1\Delta x}{\sqrt{(\Delta x)^2+(\Delta y)^2}}=\lim_{\substack{\Delta x\to 0\\ \Delta y\to 0}}\frac{\rho_2\Delta y}{\sqrt{(\Delta x)^2+(\Delta y)^2}}=0$$

由二元函数可微的定义知 $u(x, y)$，$v(x, y)$ 在 (x_0, y_0) 处可微，且

$$a=\left.\frac{\partial u}{\partial x}\right|_{(x_0, y_0)}=\left.\frac{\partial v}{\partial y}\right|_{(x_0, y_0)}, \quad -b=\left.\frac{\partial u}{\partial y}\right|_{(x_0, y_0)}=-\left.\frac{\partial v}{\partial x}\right|_{(x_0, y_0)}$$

这就是函数在区域内一点 z_0 可导的必要条件，实际上该条件也是充分的.

定理 16.3 设 $f(z)=u(x, y)+\mathrm{i}v(x, y)$ 在区域 D 内有定义,则 $f(z)$ 在 D 内解析的充要条件是: $u(x, y)$ 和 $v(x, y)$ 在 D 内任一点 $z=x+\mathrm{i}y$ 可微,而且满足柯西(Cauchy)-黎曼(Riemann)方程

$$\frac{\partial u}{\partial x}=\frac{\partial v}{\partial y}, \quad \frac{\partial u}{\partial y}=-\frac{\partial v}{\partial x}$$

并且有

$$f'(z)=\frac{\partial u}{\partial x}+\mathrm{i}\frac{\partial v}{\partial x}=\frac{1}{\mathrm{i}}\frac{\partial u}{\partial y}+\frac{\partial v}{\partial y}$$

必要性已证,充分性证明略.

柯西-黎曼方程常常简称为**C-R方程**或**C-R条件**.

根据这个定理,如果函数 $f(z)=u+\mathrm{i}v$ 在区域 D 内不满足柯西-黎曼方程,那么,$f(z)$ 在 D 内不解析. 如果在 D 内满足柯西-黎曼方程,而且 u 和 v 有一阶连续偏导数(因而 u 和 v 在 D 内可微),那么,$f(z)$ 在 D 内解析.

在上述定理中,只要把"D 内任一点"改为"D 内某一点",那么定理中的条件也是函数 $f(z)$ 在 D 内某一点可导的充要条件,因而它也可以用来判断一个函数在某一点是否可导.

上述定理不但提供了判断函数 $f(z)$ 在 D 内是否解析的常用方法,而且还给出了一个简洁的导数公式.

例 16.6 判断下列函数在何处可导,在何处解析.

(1) $f(z)=\mathrm{e}^x(\cos y+\mathrm{i}\sin y)$ (2) $g(z)=\dfrac{1}{z}$

(3) $h(z)=(x^2-y^2-x)+\mathrm{i}(2xy-y^2)$

解 判断函数解析主要有两种方法: ① 利用定义;② 利用C-R条件.

(1) $u(x, y)=\mathrm{e}^x\cos y$, $v(x, y)=\mathrm{e}^x\sin y$ 在整个复平面内有一阶连续的偏导数. 又

$$\frac{\partial u}{\partial x}=\mathrm{e}^x\cos y=\frac{\partial v}{\partial y}, \quad \frac{\partial u}{\partial y}=-\mathrm{e}^x\sin y=-\frac{\partial v}{\partial x}$$

所以该函数在整个复平面处处解析.

(2) 利用导数运算法则知该函数除原点 $z=0$ 外,处处可导,因此该函数除原点外处处解析,$z=0$ 为唯一奇点.

(3) $u=x^2-y^2-x$, $v=2xy-y^2$, 所以

$$\frac{\partial u}{\partial x}=2x-1, \quad \frac{\partial u}{\partial y}=-2y, \quad \frac{\partial v}{\partial x}=2y, \quad \frac{\partial v}{\partial y}=2x-2y$$

这4个偏导数处处连续,故 $u(x, y)$, $v(x, y)$ 处处可微,要C-R条件成立,必须满足

$$2x-1=2x-2y, \quad 即 \quad y=\frac{1}{2}$$

故 $h(z)$ 仅在直线 $y=\dfrac{1}{2}$ 上可导,而在复平面上处处不解析.

例 16.7 设函数 $f(z)=x^2+axy+by^2+\mathrm{i}(cx^2+dxy+y^2)$，问常数 a,b,c,d 取何值时，$f(z)$在复平面内处处解析？

解 由于

$$\frac{\partial u}{\partial x}=2x+ay,\quad \frac{\partial u}{\partial y}=ax+2by$$

$$\frac{\partial v}{\partial x}=2cx+dy,\quad \frac{\partial v}{\partial y}=dx+2y$$

要使 $\frac{\partial u}{\partial x}=\frac{\partial v}{\partial y}$，$\frac{\partial u}{\partial y}=-\frac{\partial v}{\partial x}$，需要

$$2x+ay=dx+2y,\quad 2cx+dy=-ax-2by$$

因此，当 $a=2$，$b=-1$，$c=-1$，$d=2$ 时，此函数在复平面内处处解析.

例 16.8 若 $f'(z)$在区域 D 内处处为零，那么 $f(z)$在 D 内为一常数.

证 设 $f(z)=u+\mathrm{i}v$，因为 $f'(z)=\frac{\partial u}{\partial x}+\mathrm{i}\frac{\partial v}{\partial x}=\frac{\partial v}{\partial y}-\mathrm{i}\frac{\partial u}{\partial y}=0$，故

$$\frac{\partial u}{\partial x}=\frac{\partial u}{\partial y}=\frac{\partial v}{\partial x}=\frac{\partial v}{\partial y}=0$$

所以 $u=$常数，$v=$常数，因而 $f(z)$在 D 内是常数.

在第 15 章中已经提到并不是任何一个由 $w=u(x,y)+\mathrm{i}v(x,y)$ 给出的函数都能单独用 z 来表示，但是对于解析函数有下例中的结论.

例 16.9 如果 $w=u(x,y)+\mathrm{i}v(x,y)$ 为区域 D 内的解析函数，那么它一定能单独用 z 来表示.

证 因 $z=x+\mathrm{i}y$，$\bar{z}=x-\mathrm{i}y$，所以

$$x=\frac{1}{2}(z+\bar{z}),\quad y=\frac{1}{2\mathrm{i}}(z-\bar{z})$$

代入 $w=u(x,y)+\mathrm{i}v(x,y)$，此时 w 可视为两个变量 z 与$\bar{z}$的函数. 要证明 w 仅依赖于 z，只要证明 $\frac{\partial w}{\partial \bar{z}}=0$ 即可.

由复合函数求导的链式法则，

$$\begin{aligned}\frac{\partial w}{\partial \bar{z}}&=\frac{\partial u}{\partial x}\frac{\partial x}{\partial \bar{z}}+\frac{\partial u}{\partial y}\frac{\partial y}{\partial \bar{z}}+\mathrm{i}\left(\frac{\partial v}{\partial x}\frac{\partial x}{\partial \bar{z}}+\frac{\partial v}{\partial y}\frac{\partial y}{\partial \bar{z}}\right)\\&=\frac{1}{2}\left(\frac{\partial u}{\partial x}-\frac{\partial v}{\partial y}\right)+\frac{1}{2}\left(\frac{\partial v}{\partial x}+\frac{\partial u}{\partial y}\right)\mathrm{i}\end{aligned}$$

因 w 为解析函数，由 C-R 条件，上式中括号里的值均为 0，所以 $\frac{\partial w}{\partial \bar{z}}=0$，即

$$w=u(x,y)+\mathrm{i}v(x,y)$$

能单独用 z 来表示.

16.3 初等解析函数

本节将实变函数中一些常用的基本初等函数推广到复变函数中，并研究这些初等函数的解析性及其性质.

1. 指数函数

高等数学中，指数函数 e^x 有许多好的性质，例如 $(e^x)' = e^x$. 要想把实指数函数 e^x 推广到复变函数的情况，必须也保留这些基本性质. 由此可作如下推广：

设 $f(z)$ 是定义在整个复平面上的复函数，它满足三个条件：

(1) $f(z)$ 在复平面内处处解析；

(2) $f'(z) = f(z)$；

(3) 当 $\operatorname{Im}(z) = 0$ 时，$f(z) = f(x) = e^x$ $(x = \operatorname{Re}(z))$.

我们将这样定义的函数称为**复指数函数**.

由例 16.6(1)知道，函数 $f(z) = e^x(\cos y + i\sin y)$ 是复平面上处处解析的函数，且 $f'(z) = f(z)$，当 $\operatorname{Im}(z) = 0$ 时，$f(z) = e^x$，以后称 $f(z) = e^x(\cos y + i\sin y)$ 为复指数函数，仍用 e^z 表示，即

$$e^z = e^x(\cos y + i\sin y)$$

当 $z = iy$ $(x = 0)$ 时，我们得到 $e^{iy} = \cos y + i\sin y$，这就是著名的欧拉公式.

下面我们就从复变量的指数函数出发，导出它的一些重要性质.

性质 1 指数函数 e^z 在有限平面内都有定义，且处处不为 0.

因为对于任意一对实变量 x 与 y，函数 e^x 与 $\cos y$, $\sin y$ 都有定义，所以 e^z 在有限平面内任一点 $z = x + iy$ 处都不等于 0.

性质 2 $e^{z_1+z_2} = e^{z_1} \cdot e^{z_2}$

设 $z_1 = x_1 + iy_1$, $z_2 = x_2 + iy_2$，则

$$\begin{aligned} e^{z_1+z_2} &= e^{x_1+x_2}[\cos(y_1 + y_2) + i\sin(y_1 + y_2)] \\ &= e^{x_1}(\cos y_1 + i\sin y_1)e^{x_2}(\cos y_2 + i\sin y_2) = e^{z_1} \cdot e^{z_2} \end{aligned}$$

性质 3 指数函数是以 $2\pi i$ 为周期的周期函数，即 $e^{z+2\pi i} = e^z$.

事实上

$$e^{z+2\pi i} = e^z \cdot e^{2\pi i} = e^z(\cos 2\pi + i\sin 2\pi) = e^z$$

由此还推出，对于任意的整数 n, $2n\pi i$ 也是它的周期. 当 $n = 2$ 时，有

$$e^{z+4\pi i} = e^{(z+2\pi i)+2\pi i} = e^{z+2\pi i} = e^z$$

但 $|2\pi i| = 2\pi$ 是 e^z 的周期的模的最小值，$2\pi i$ 称为它的基本周期.

因此，我们通常说 e^z 是以 $2\pi i$ 为周期的周期函数.

2. 对数函数

对数函数定义为指数函数的反函数.

若 $z \neq 0$，由等式 $z = e^{w}$ 所确定的 w 称为 z 的**对数函数**，用符号 $\mathrm{Ln}\,z$ 表示，即

$$w = \mathrm{Ln}\,z$$

令 $w = u + \mathrm{i}v,\ z = r\mathrm{e}^{\mathrm{i}\theta}$. 那么 $\mathrm{e}^{u+\mathrm{i}v} = r\mathrm{e}^{\mathrm{i}\theta}$，所以 $u = \ln r,\ v = \theta$. 因此

$$w = \ln |z| + \mathrm{i}\,\mathrm{Arg}\,z$$

由于 $\mathrm{Arg}\,z$ 为多值函数，所以对数函数 $w = f(z)$ 为多值函数，并且每两个值相差 $2\pi\mathrm{i}$ 的整数倍，记为 $\mathrm{Ln}\,z = \ln |z| + \mathrm{i}\,\mathrm{Arg}\,z$.

若规定 $\mathrm{Arg}\,z$ 取主值 $\arg z$，那么 $\mathrm{Ln}\,z$ 为一单值函数，记为 $\ln z$，称为 $\mathrm{Ln}\,z$ 的主值，这样，有 $\ln z = \ln |z| + \mathrm{i}\arg z$，因此

$$\mathrm{Ln}\,z = \ln z + 2k\pi\mathrm{i} \quad (k = 0, \pm 1, \pm 2, \cdots)$$

对于每一个固定的 k，上式为一单值函数，称为 $\mathrm{Ln}\,z$ 的一个分支.

特别，当 $z = x > 0$ 时，$\mathrm{Ln}\,z$ 的主值 $\ln z = \ln x$，就是通常的对数函数.

例 16.10 求 $\ln 1$ 与 $\mathrm{Ln}\,1$；$\ln(-1)$ 与 $\mathrm{Ln}(-1)$.

解 因为 1 的模等于 1，而其辐角的主值等于 0，所以

$$\ln 1 = 0, \quad \mathrm{Ln}\,1 = 2k\pi\mathrm{i} \quad (k = 0, \pm 1, \pm 2, \cdots)$$

因为 -1 的模等于 1，而其辐角的主值等于 π，所以 $\ln(-1) = \ln 1 + \pi\mathrm{i}$，而

$$\mathrm{Ln}(-1) = \pi\mathrm{i} + 2k\pi\mathrm{i} = (2k+1)\pi\mathrm{i} \quad (k = 0, \pm 1, \pm 2, \cdots)$$

例 16.11 计算 $\ln\mathrm{i}$ 和 $\mathrm{Ln}\,\mathrm{i}$.

解 因为数 i 的模等于 1，而其辐角的主值等于 $\dfrac{\pi}{2}$，所以

$$\ln\mathrm{i} = \ln 1 + \frac{\pi}{2}\mathrm{i} = \frac{\pi}{2}\mathrm{i} \quad \mathrm{Ln}\,\mathrm{i} = \frac{\pi}{2}\mathrm{i} + 2k\pi\mathrm{i}\ (k = 0, \pm 1, \pm 2, \cdots)$$

例 16.12 求 $\ln(3+4\mathrm{i})$ 和 $\mathrm{Ln}(3+4\mathrm{i})$.

解 因为 $3+4\mathrm{i}$ 的模等于 $\sqrt{3^2+4^2} = 5$，而其辐角的主值为 $\arctan\dfrac{4}{3}$，所以

$$\ln(3+4\mathrm{i}) = \ln 5 + \mathrm{i}\arctan\frac{4}{3}$$

$$\mathrm{Ln}(3+4\mathrm{i}) = \ln 5 + \mathrm{i}\arctan\frac{4}{3} + 2k\pi\mathrm{i} \quad (k = 0, \pm 1, \pm 2, \cdots)$$

比较实数域上的对数函数与复数域上的对数函数，可发现有两点不同：第一，实数域的对数函数的定义域是正实数的全体，而复数域的对数函数的定义域是除了 $z = 0$ 外的全体复数（有限值）；第二，实数域的对数函数是单值函数，即当 x 是正实数时，方程 $\mathrm{e}^{y} = x$

只有一个解 $y=\ln x$，而复数域中的对数函数是多值函数，即如果 $z\neq 0,\infty$，方程 $e^w=z$ 有无穷多个解

$$w=\mathrm{Ln}\,z=\ln|z|+\mathrm{i}(\arg z+2k\pi)\quad (k=0,\pm 1,\pm 2,\cdots)$$

利用辐角的相应性质，不难证明，复变数对数函数保持了实变数对数函数的基本性质

$$\mathrm{Ln}(z_1z_2)=\mathrm{Ln}\,z_1+\mathrm{Ln}\,z_2,\quad \mathrm{Ln}\frac{z_1}{z_2}=\mathrm{Ln}\,z_1-\mathrm{Ln}\,z_2$$

注意，这些等式右端必须取适当的分支才能等于左端的某一分支.

下面讨论对数函数的解析性，就主值 $\ln z$ 而言，其中 $\ln|z|$ 除原点外在其他点都是连续的，而 $\arg z$ 在原点与负实轴上都不连续，所以，除去原点与负实轴，在复平面内其他点 $\ln z$ 处处连续. 综上所述，$z=e^w$ 在区域 $-\pi<\arg z<\pi$ 内的反函数 $w=\ln z$ 是单值的，由反函数的求导法则，可知

$$\frac{\mathrm{d}\ln z}{\mathrm{d}z}=\frac{1}{\frac{\mathrm{d}e^w}{\mathrm{d}w}}=\frac{1}{z}$$

所以，$\ln z$ 在除去原点及负实轴的平面内解析，且 $\mathrm{Ln}\,z$ 的各个分支在除去原点及负实轴的平面内也解析，并且有相同的导数值.

今后，我们在应用对数函数 $\mathrm{Ln}\,z$ 时，都是指除去原点及负实轴的平面内的某一单值分支.

3. 幂函数

在高等数学里，我们知道，当 $a>0$，b 为任一实数时 $a^b=e^{b\ln a}$，利用这一结论，可将乘幂推广到复数情况.

对任意的复数 a，当 $z\neq 0$ 时，定义

$$z^a\overset{\Delta}{=}e^{a\mathrm{Ln}\,z}=e^{a(\ln|z|+\mathrm{i}\arg z+2k\pi\mathrm{i})}\quad (k\text{ 为任意整数})$$

由于 $\mathrm{Ln}\,z$ 的多值性，一般说来，z^a 是多值函数. 当 $z=0$ 时，只有在 a 是正实数时，才规定 $z^a=0$.

幂函数有下列性质：

(1) 当 $a=n$，n 是正整数时，z^a 是单值函数，且 $z^a=z^n$，它就是 z 自乘 n 次而得到的函数. 事实上

$$z^n\overset{\Delta}{=}e^{n\mathrm{Ln}\,z}=e^{n(\ln|z|+\mathrm{i}\arg z+2k\pi\mathrm{i})}=e^{n(\ln|z|+\mathrm{i}\arg z)}=|z|^ne^{\mathrm{i}n\arg z}=z^n$$

(2) 当 $a=-n$，n 是正整数时，$z^a=\dfrac{1}{z^n}$，此处 $z\neq 0$，可用同上方法证明.

(3) 当 $a=\dfrac{1}{n}$，n 是正整数时，z^a 就是根式函数 $\sqrt[n]{z}$. 事实上

$$z^a\overset{\Delta}{=}e^{\frac{1}{n}\mathrm{Ln}\,z}=e^{\frac{1}{n}(\ln|z|+\mathrm{i}\arg z+2k\pi\mathrm{i})}=e^{\frac{1}{n}\ln|z|+\mathrm{i}\frac{\arg z+2k\pi}{n}}=|z|^{\frac{1}{n}}e^{\mathrm{i}\frac{\arg z+2k\pi}{n}}$$

它只在 $k=0,1,2,\cdots,n-1$ 时才取不同的值,所以就是 $\sqrt[n]{z}$.

(4) 考虑 z^a 的每一个单值分支,根据复合函数求导数的定理

$$(z^a)'=(e^{a\mathrm{Ln}z})'=e^{a\mathrm{Ln}z}\cdot a\cdot\frac{1}{z}=a\cdot z^a\cdot\frac{1}{z}=az^{a-1}$$

它在形式上与微积分学中幂函数的导数是一样的.

z^n 在复平面内是单值解析函数.

幂函数 $z^{\frac{1}{n}}=\sqrt[n]{z}$ 是一个多值函数,具有 n 个分支,由于对数函数 $\mathrm{Ln}\,z$ 的各个分支在除去原点和负实轴的复平面内是解析的,因而它的各个分支在除去原点和负实轴的复平面内也是解析的.

例 16.13 求 i^i.

解 $i^i=e^{i\mathrm{Ln}i}=e^{i\left(\frac{\pi}{2}i+2k\pi i\right)}=e^{-\frac{\pi}{2}-2k\pi}\quad(k=0,\pm1,\pm2,\cdots)$

例 16.14 求 2^{1+i}.

解 $2^{1+i}=e^{(1+i)\mathrm{Ln}2}=e^{(1+i)(\ln2+2k\pi i)}=e^{(\ln2-2k\pi)+i(\ln2+2k\pi)}$

$=e^{\ln2-2k\pi}(\cos\ln2+i\sin\ln2)\quad(k=0,\pm1,\pm2,\cdots)$

4. 三角函数和双曲函数

因

$$e^{iy}=\cos y+i\sin y\quad e^{-iy}=\cos y-i\sin y$$

所以 $\cos y=\dfrac{e^{iy}+e^{-iy}}{2}$, $\sin y=\dfrac{e^{iy}-e^{-iy}}{2i}$. 把上述正弦函数和余弦函数的定义推广到自变量取复变数的情形,有

$$\cos z=\frac{e^{iz}+e^{-iz}}{2},\quad\sin z=\frac{e^{iz}-e^{-iz}}{2i}$$

由于 e^z 是以 $2\pi i$ 为周期的周期函数,可以证明,余弦函数和正弦函数都是以 2π 为周期的周期函数,也就是

$$\cos(z+2\pi)=\cos z,\quad\sin(z+2\pi)=\sin z$$

而且我们可以容易推出 $\cos z$ 是偶函数,$\sin z$ 为奇函数.

另外,由指数函数的导数可以求得

$$(\cos z)'=-\sin z,\quad(\sin z)'=\cos z$$

因此 $\cos z$, $\sin z$ 在复平面内是解析的.

在三角学中许多关于正弦函数和余弦函数的公式在此都是成立的.

$$\begin{cases}\cos(z_1+z_2)=\cos z_1\cos z_2-\sin z_1\sin z_2\\ \sin(z_1+z_2)=\sin z_1\cos z_2+\cos z_1\sin z_2\\ \sin^2z+\cos^2z=1\end{cases}$$

由此可得

$$\begin{cases}\cos z = \cos(x + y\mathrm{i}) = \cos x\cos \mathrm{i}y - \sin x\sin \mathrm{i}y\\ \sin z = \sin(x + y\mathrm{i}) = \sin x\cos \mathrm{i}y + \cos x\sin \mathrm{i}y\end{cases}$$

当 z 为纯虚数 $\mathrm{i}y$ 时,

$$\begin{cases}\cos \mathrm{i}y = \dfrac{\mathrm{e}^{-y} + \mathrm{e}^{y}}{2} = \mathrm{ch}\, y\\ \sin \mathrm{i}y = \dfrac{\mathrm{e}^{-y} - \mathrm{e}^{y}}{2\mathrm{i}} = \mathrm{i}\,\mathrm{sh}\, y\end{cases}$$

从上面二式可以看出:当 $y\to\infty$ 时,$|\sin \mathrm{i}y|$ 和 $|\cos \mathrm{i}y|$ 都趋于无穷大,可见 $\sin z$ 和 $\cos z$ 虽然保持了与其相应的实函数的一些基本性质,但它们与其相应的实函数还是有很大的差异.

其他复变数三角函数的定义如下

$$\tan z = \frac{\sin z}{\cos z},\quad \cot z = \frac{\cos z}{\sin z}$$

$$\sec z = \frac{1}{\cos z},\quad \csc z = \frac{1}{\sin z}$$

而且有

$$(\tan z)' = \sec^2 z,\qquad (\cot z)' = -\csc^2 z$$

$$(\sec z)' = \sec z\tan z,\quad (\csc z)' = -\csc z\cot z$$

下面介绍双曲函数,与实函数中的定义一致,定义

$$\mathrm{ch}\, z = \frac{\mathrm{e}^{z} + \mathrm{e}^{-z}}{2},\quad \mathrm{sh}\, z = \frac{\mathrm{e}^{z} - \mathrm{e}^{-z}}{2},\quad \mathrm{th}\, z = \frac{\mathrm{e}^{z} - \mathrm{e}^{-z}}{\mathrm{e}^{z} + \mathrm{e}^{-z}}$$

分别称为双曲余弦函数、双曲正弦函数和双曲正切函数.

下面是双曲函数的一些特性,读者可以给出其证明.

(1) $\mathrm{ch}\, z$ 和 $\mathrm{sh}\, z$ 都是以 $2\pi\mathrm{i}$ 为周期的周期函数.

(2) $\mathrm{ch}\, z$ 为偶函数,$\mathrm{sh}\, z$ 为奇函数.

(3) $\mathrm{ch}\, z$ 和 $\mathrm{sh}\, z$ 均为复平面内的解析函数,其导数分别为

$$(\mathrm{ch}\, z)' = \mathrm{sh}\, z,\quad (\mathrm{sh}\, z)' = \mathrm{ch}\, z$$

(4) $\mathrm{ch}\,\mathrm{i}y = \cos y,\quad \mathrm{sh}\,\mathrm{i}y = \mathrm{i}\sin y$

$$\mathrm{ch}(x + \mathrm{i}y) = \mathrm{ch}\, x\cos y + \mathrm{i}\,\mathrm{sh}\, x\sin y$$

$$\mathrm{sh}(x + \mathrm{i}y) = \mathrm{sh}\, x\cos y + \mathrm{i}\,\mathrm{ch}\, x\sin y$$

例 16.15 求下列函数值.

(1) $\cos(\pi+5\mathrm{i})$ (2) $\mathrm{ch}(1+\mathrm{i})$

解 (1) $\cos(\pi + 5\mathrm{i}) = \cos\pi\cos 5\mathrm{i} - \sin\pi\sin 5\mathrm{i} = -\cos 5\mathrm{i} = -\dfrac{1}{2}(\mathrm{e}^{-5} + \mathrm{e}^{5}) = -\mathrm{ch}\,5$

(2)
$$\begin{aligned}&\operatorname{ch}(1+\mathrm{i})\\=&\frac{1}{2}[\mathrm{e}^{1+\mathrm{i}}+\mathrm{e}^{-(1+\mathrm{i})}]=\frac{1}{2}[\mathrm{e}(\cos 1+\mathrm{i}\sin 1)+\mathrm{e}^{-1}(\cos 1-\mathrm{i}\sin 1)]\\=&\frac{1}{2}(\mathrm{e}+\mathrm{e}^{-1})\cos 1+\frac{1}{2}\mathrm{i}(\mathrm{e}-\mathrm{e}^{-1})\sin 1=\operatorname{ch}1\cos 1+\mathrm{i}\operatorname{sh}1\sin 1\end{aligned}$$

16.4 解析函数与调和函数

设函数 $w=f(z)=u(x, y)+\mathrm{i}v(x, y)$ 在区域 D 内解析，那么它在区域 D 内满足 C-R方程

$$\frac{\partial u}{\partial x}=\frac{\partial v}{\partial y},\quad \frac{\partial u}{\partial y}=-\frac{\partial v}{\partial x} \tag{*}$$

此外，区域 D 内解析函数的导数仍是解析函数，因而，区域 D 内的解析函数有任意阶的导数(这将在第 17 章给出严格证明). 由此可以推出，若函数 $f(z)$ 在区域 D 内解析，则 $\frac{\partial u}{\partial x}, \frac{\partial u}{\partial y}, \frac{\partial v}{\partial x}, \frac{\partial v}{\partial y}$ 在区域 D 内就有连续的偏导数.

对式(*)中的第一式再对 x 求偏导数，对式(*)中的第二式再对 y 求偏导数，就得到

$$\frac{\partial^2 u}{\partial x^2}=\frac{\partial^2 v}{\partial y\partial x},\quad \frac{\partial^2 u}{\partial y^2}=-\frac{\partial^2 v}{\partial x\partial y}$$

由上二式，得 $\frac{\partial^2 u}{\partial x^2}+\frac{\partial^2 u}{\partial y^2}=0$. 同理可得 $\frac{\partial^2 v}{\partial x^2}+\frac{\partial^2 v}{\partial y^2}=0$. 这说明：解析函数的实部 u 与虚部 v 都满足下面的方程

$$\frac{\partial^2 g(x, y)}{\partial x^2}+\frac{\partial^2 g(x, y)}{\partial y^2}=0$$

这个方程称为拉普拉斯(Laplace)方程.

在很多实际问题中，如流体力学、电学、磁学等，所出现的很多函数都满足拉普拉斯方程.

定义 16.3 若二元实函数 $g(x, y)$ 在区域 D 内有定义，且所有二阶偏导数都连续，并满足拉普拉斯方程，则称函数 $g(x, y)$ 为**调和函数**.

根据上面的讨论可以看出：在一个区域 D 内的解析函数 $f(z)=u(x, y)+\mathrm{i}v(x, y)$，其实部和虚部都是这个区域内的调和函数，称 $v(x, y)$ 为 $u(x, y)$ 的**共轭调和函数**.

解析函数和调和函数的上述关系，使我们可以借助于解析函数的理论解决调和函数的问题.

下面要解决的问题是：已知一个调和函数，利用 C-R 方程如何求得它的共轭调和函数 v，使得 $u+\mathrm{i}v$ 成为一个解析函数. 举例说明如下.

例 16.16 证明 $u(x, y)=y^3-3x^2y$ 为调和函数，并求其共轭调和函数.

解 由于 u 在整个复平面内的二阶偏导数连续,且

$$\frac{\partial u}{\partial x}=-6xy,\qquad \frac{\partial^2 u}{\partial x^2}=-6y$$

$$\frac{\partial u}{\partial y}=3y^2-3x^2,\qquad \frac{\partial^2 u}{\partial y^2}=6y$$

因此 $\frac{\partial^2 u}{\partial x^2}+\frac{\partial^2 u}{\partial y^2}=0$,这就证明了 $u(x,y)$为调和函数.

由 $\frac{\partial v}{\partial y}=\frac{\partial u}{\partial x}=-6xy$,得

$$v=\int(-6xy)\mathrm{d}y=-3xy^2+g(x)$$

$$\frac{\partial v}{\partial x}=-3y^2+g'(x)$$

又由 $\frac{\partial v}{\partial x}=-\frac{\partial u}{\partial y}$,得 $-3y^2+g'(x)=-3y^2+3x^2$. 所以

$$g(x)=\int 3x^2\mathrm{d}x=x^3+c$$

从而得到一个解析函数

$$w=y^3-3x^2y+\mathrm{i}(x^3-3xy^2+c)$$

这个函数可以化为 $w=f(z)=\mathrm{i}(z^3+c)$.

此例说明,已知解析函数的实部,就可以确定它的虚部,结果至多相差一个任意的常数,类似由解析函数的虚部也可以确定它的实部.

例 16.17 已知一调和函数 $v=\mathrm{e}^x(y\cos y+x\sin y)+x+y$,求一解析函数 $f(z)=u+\mathrm{i}v$,使 $f(0)=0$.

解 因

$$\frac{\partial v}{\partial x}=\mathrm{e}^x(y\cos y+x\sin y+\sin y)+1$$

$$\frac{\partial v}{\partial y}=\mathrm{e}^x(\cos y-y\sin y+x\cos y)+1$$

由 $\frac{\partial u}{\partial x}=\frac{\partial v}{\partial y}=\mathrm{e}^x(\cos y-y\sin y+x\cos y)+1$,得

$$u=\int[\mathrm{e}^x(\cos y-y\sin y+x\cos y)+1]\mathrm{d}x=\mathrm{e}^x(x\cos y-y\sin y)+x+g(y)$$

由 $\frac{\partial v}{\partial x}=-\frac{\partial u}{\partial y}$,有

$$\mathrm{e}^x(y\cos y+x\sin y+\sin y)+1=\mathrm{e}^x(x\sin y+y\cos y+\sin y)-g'(y)$$

所以 $g'(y)=-1$. 故 $g(y)=-y+c$. 因此

$$u=e^{x}(x\cos y-y\sin y)+x-y+c$$

所以

$$f(z)=e^{x}(x\cos y-y\sin y)+x-y+c+i[e^{x}(y\cos y+x\sin y)+x+y]$$

它可以写成

$$f(z)=ze^{z}+(1+i)z+c$$

由 $f(0)=0$ 得 $c=0$，所以，所求的解析函数为

$$f(z)=ze^{z}+(1+i)z$$

* * * * *

本章介绍了一个非常重要的概念——解析函数，并给出了判断一个函数是否为解析函数的重要条件即 C-R 条件. 解析函数是复变函数课程中重要的研究对象，因此，有些课本又叫解析函数论.

在实函数的研究中，初等函数是我们进行研究的基础. 在复变函数中我们亦分别介绍了指数函数、对数函数、幂函数、三角函数、双曲函数等初等函数.

调和函数是在实际中常常用到的一类函数，特别是在流体力学和电磁场理论中常常能看到它们的身影. 调和函数和解析函数之间的关系体现了一种数学美感，学习中应细细品味.

本章常用词汇中英文对照

解析函数	analytic function	奇点	singular point
C-R方程	C-R equation	指数函数	exponential function
对数函数	logarithmic function	三角函数	trigonometric function
双曲函数	hyperbolic function	调和函数	harmonic function
共轭调和函数	conjugate harmonic function		

习　题　16

1. 试比较复变量的指数函数、对数函数与它们分别相对应的实变量的指数函数、对数函数的异同.
2. 在复变函数里 $\sin z$, $\cos z$ 是否仍保持实变量的 $\sin z$, $\cos z$ 的有界性，为什么？
3. 复变函数的可导性与解析性有什么不同？判断函数的解析性有哪些方法？
4. 判断下列命题的真假，并举例说明.

   (1) 如果 $f(z)$在 z_0 连续，那么 $f'(z_0)$存在；

   (2) 若 $f'(z_0)$存在，那么 $f(z)$在 z_0 解析；

   (3) 若 z_0 是 $f(z)$的奇点，那么 $f(z)$在 z_0 不可导；

   (4) 若 $u(x, y)$和 $v(x, y)$可导，那么 $f(z)=u+iv$ 亦可导；

   (5) 设 $f(z)=u+iv$ 在区域D 内解析，若 u 是实常数，那么 $f(z)$在整个 D 内是常数；若 v 是实常数，那么 $f(z)$在整个 D 内也是常数.

5. 下列函数何处可导？何处解析？

(1) $f(z)=x^2-\mathrm{i}y$　　(2) $f(z)=2x^3+3y^3\mathrm{i}$

(3) $f(z)=xy^2+\mathrm{i}x^2y$　　(4) $f(z)=\sin x\operatorname{ch}y+\mathrm{i}\cos x\operatorname{sh}y$

6. 指出下列函数 $f(z)$的解析性区域,并求出其导数.

(1) $(z-1)^5$　　(2) $z^3+2\mathrm{i}z$　　(3) $\dfrac{1}{z^2-1}$

(4) $\dfrac{az+b}{cz+d}$ (c, d 中至少有一个不为0)

7. 设 $my^3+nx^2y+\mathrm{i}(x^3+lxy^2)$为解析函数,试确定 l, m, n 的值.

8. 证明：若函数 $f(z)=u+\mathrm{i}v$ 在区域 D 内解析,并满足下列条件之一,那么 $f(z)$是常数.

(1) $f(z)$恒取实值；

(2) $\overline{f(z)}$在 D 内解析；

(3) $|f(z)|$在 D 内是一个常数；

(4) $\arg f(z)$在 D 内是一个常数；

(5) $au+bv=c$，其中 a, b, c 为不全为零的实常数.

9. 求：

(1) $\mathrm{e}^{-\mathrm{i}\frac{\pi}{2}}$　　(2) $\mathrm{e}^{1-\mathrm{i}\frac{\pi}{2}}$　　(3) $\mathrm{e}^{3+\mathrm{i}}$　　(4) $\mathrm{i}^{1+\mathrm{i}}$

(5) $(1+\mathrm{i})^{\mathrm{i}}$　　(6) 3^{i}　　(7) $\sin\mathrm{i}$　　(8) $\cos(1+\mathrm{i})$

(9) $\operatorname{ch}\mathrm{i}$　　(10) $\operatorname{sh}(-2+\mathrm{i})$

10. 证明恒等式：

(1) $\sin 2z=2\sin z\cos z$　　(2) $\tan 2z=\dfrac{2\tan z}{1-\tan^2 z}$

(3) $\sin^2 z+\cos^2 z=1$　　(4) $|\cos^2 z|=\cos^2 x+\operatorname{sh}^2 y$　　(5) $|\sin^2 z|=\sin^2 x+\operatorname{sh}^2 y$

11. 说明下列等式是否正确.

(1) $\operatorname{Ln} z^2=2\operatorname{Ln} z$　　(2) $\operatorname{Ln}\sqrt{z}=\dfrac{1}{2}\operatorname{Ln} z$

12. 证明：$(z^a)'=az^{a-1}$，其中 a 为实数.

13. 若 $2\cos z=a+\dfrac{1}{a}$，试证 $2\cos nz=a^n+\dfrac{1}{a^n}$. (提示：先求出 a 的值)

14. 若 $f(z)=u+\mathrm{i}v$ 是 z 的解析函数,证明：

(1) $\left(\dfrac{\partial}{\partial x}|f(z)|\right)^2+\left(\dfrac{\partial}{\partial y}|f(z)|\right)^2=|f'(z)|^2$

(2) $\left[\dfrac{\partial^2}{\partial x^2}+\dfrac{\partial^2}{\partial y^2}\right]|f(z)|^2=4|f'(z)|^2$

15. 证明:柯西-黎曼方程的极坐标形式是

$$\frac{\partial u}{\partial r}=\frac{1}{r}\frac{\partial v}{\partial \theta},\quad \frac{\partial v}{\partial r}=-\frac{1}{r}\frac{\partial u}{\partial \theta}$$

16. 若 $z=r\mathrm{e}^{\mathrm{i}\theta}$，试证：$\operatorname{Re}[\ln(z-1)]=\dfrac{1}{2}\ln(1+r^2-2r\cos\theta)$.

17. 设 u 为区域 D 内的调和函数及 $f=\dfrac{\partial u}{\partial x}-\mathrm{i}\dfrac{\partial u}{\partial y}$，问 f 是不是 D 内的解析函数？为什么？

18. 函数 $v=x+y$ 是 $u=x+y$ 的共轭调和函数吗？为什么？

19. 设 u 和 v 都是调和函数，如果 v 是 u 的共轭调和函数，那么 u 也是 v 的共轭调和函数. 这话对吗？为什么？

20. 如果 $f(z) = u + \mathrm{i}v$ 是一解析函数，试证：

(1) $\overline{\mathrm{i}\,\overline{f(z)}}$ 也是解析函数；

(2) $-u$ 是 v 的共轭调和函数.

21. 由下列各已知调和函数求解析函数 $f(z) = u + \mathrm{i}v$.

(1) $u = (x - y)(x^2 + 4xy + y^2)$

(2) $v = \dfrac{y}{x^2 + y^2}$，$f(2) = 0$

(3) $u = 2(x - 1)y$，$f(2) = -\mathrm{i}$

(4) $v = \arctan \dfrac{y}{x}$，$x > 0$

第 17 章　复变函数的积分

复变函数积分理论是复变函数的核心内容. 复积分和实积分一样可以解决很多理论及实际问题. 例如,引入了复变函数积分以后,可以证明一个区域上有导数的函数有任意阶导数,积分也为研究解析函数的性质提供了强有力的工具. 我们还可以看到,利用复积分计算某些实积分时也的确带来很大的方便.

17.1　复变函数积分的概念

1. 积分的定义

如果一条光滑或逐段光滑曲线规定了起点和终点,则称该曲线为有向曲线. 曲线的方向规定为:

(1) 如果曲线 C 是开口弧段,其起点为 A,终点为 B,则沿曲线 C 从 A 到 B 的方向为曲线 C 的正方向,记为 C 或 C^+;而由 B 到 A 的方向为曲线 C 的负方向,记为 C^-.

(2) 如果 C 为简单闭曲线,通常规定逆时针方向为正方向,顺时针方向为负方向.

(3) C 是复平面上某一个复连通域的边界曲线,则 C 的正方向这样规定:当我们沿曲线 C 向前行走时,所围区域总在我们的左侧. 因此外部边界部分取逆时针方向为正方向,而内部边界曲线取顺时针方向为正方向.

定义 17.1　设函数 $w=f(z)$ 定义在区域 D 内, C 为区域 D 内起点为 α 终点为 β 的一条光滑的有向曲线,把曲线 C 任意分成 n 个弧段,设分点为

$$\alpha=z_0,\ z_1,\ z_2,\ \cdots,\ z_{k-1},\ z_k,\ \cdots,\ z_n=\beta$$

在每个弧段 $\widehat{z_{k-1}z_k}\,(k=1,2,\cdots,n)$ 上任取一点 ζ_k 并作出和式

$$S_n=\sum_{k=1}^{n}f(\zeta_k)(z_k-z_{k-1})=\sum_{k=1}^{n}f(\zeta_k)\Delta z_k$$

这里, $\Delta z_k=z_k-z_{k-1}$, 记 $\Delta s_k=\widehat{z_{k-1}z_k}$ 的长度, $\delta=\max\limits_{1\leqslant k\leqslant n}\{\Delta s_k\}$, 当 n 无限增加,且 $\delta\to 0$ 时,如果不论对 C 的分法及 ζ_k 的取法如何, S_n 有唯一极限,那么称这极限值为函数 $f(z)$ 沿曲线 C 的**积分**,记为

$$\int_C f(z)\,\mathrm{d}z=\lim_{\delta\to 0}\sum_{k=1}^{n}f(\zeta_k)\Delta z_k$$

如果 C 为闭曲线,那么沿此闭曲线的积分记为 $\oint_C f(z)\,\mathrm{d}z$.

例 17.1　求 $\int_C \mathrm{d}z$, 其中 C 是连接起点 α 和 β 的任意一条逐段光滑的曲线.

解　沿着曲线 C,任取分点为 $\alpha=z_0,\ z_1,\ z_2,\ \cdots,\ z_n=\beta$. 因 $f(z)\equiv 1$, 得到

$$\int_C \mathrm{d}z = \lim_{n\to\infty}\sum_{k=1}^{n} f(\zeta_k)\Delta z_k = \beta - \alpha$$

2. 积分存在的条件及其计算法

定理 17.1 设 $f(z)=u(x,y)+\mathrm{i}v(x,y)$ 在光滑曲线 C 上连续，则 $f(z)$ 在曲线 C 上的积分存在，且有

$$\int_C f(z)\mathrm{d}z = \int_C u\mathrm{d}x - v\mathrm{d}y + \mathrm{i}\int_C v\mathrm{d}x + u\mathrm{d}y$$

证 设 $z_k = x_k + \mathrm{i}y_k$，$\alpha = z_0, z_1, z_2, \cdots, z_{k-1}, z_k, \cdots, z_n = \beta$，$z'_k$ 为 z_k，z_{k+1} 之间 C 上的点，

$$\Delta z_k = z_k - z_{k-1} = (x_k - x_{k-1}) + \mathrm{i}(y_k - y_{k-1}) = \Delta x_k + \mathrm{i}\Delta y_k$$

$z'_k = x'_k + \mathrm{i}y'_k$，当 $\Delta z_k \to 0$ 时，$\Delta x_k \to 0, \Delta y_k \to 0$，所以

$$\begin{aligned}
&\sum_{k=1}^{n} f(z'_k)\Delta z_k \\
=& \sum_{k=1}^{n}[u(x'_k, y'_k) + \mathrm{i}v(x'_k, y'_k)](\Delta x_k + \mathrm{i}\Delta y_k) \\
=& \sum_{k=1}^{n}\{[u(x'_k, y'_k)\Delta x_k - v(x'_k, y'_k)\Delta y_k] + \mathrm{i}[u(x'_k, y'_k)\Delta y_k + v(x'_k, y'_k)\Delta x_k]\}
\end{aligned}$$

由于 u 和 v 都是连续函数，根据线积分的存在定理，我们知道当 n 无限增大而弧段的长度的最大值趋于 0 时，不论对 C 的分法如何，点 $z'_k = x'_k + \mathrm{i}y'_k$ 的取法如何，上式右端的两个和式的极限都是存在的，因此有

$$\int_C f(z)\mathrm{d}z = \int_C u\mathrm{d}x - v\mathrm{d}y + \mathrm{i}\int_C v\mathrm{d}x + u\mathrm{d}y$$

上述公式在形式上可以视为函数 $f(z)=u+\mathrm{i}v$ 与微分 $\mathrm{d}z = \mathrm{d}x + \mathrm{i}\mathrm{d}y$ 相乘后所得到，事实上

$$\begin{aligned}
\int_C f(z)\mathrm{d}z &= \int_C (u+\mathrm{i}v)(\mathrm{d}x + \mathrm{i}\mathrm{d}y) = \int_C u\mathrm{d}x + \mathrm{i}u\mathrm{d}y + \mathrm{i}v\mathrm{d}x + \mathrm{i}^2 v\mathrm{d}y \\
&= \int_C (u\mathrm{d}x - v\mathrm{d}y) + \mathrm{i}(v\mathrm{d}x + u\mathrm{d}y)
\end{aligned}$$

设曲线 C 由参数方程 $z = z(t) = x(t) + \mathrm{i}y(t)$，$t_\alpha \leqslant t \leqslant t_\beta$ 给出，正方向为参数增加的方向，起点 α 及终点 β 所对应的参数分别为 t_α 及 t_β，且 $z'(t) \neq 0$.

根据线积分的计算方法，有

$$\begin{aligned}
\int_C f(z)\mathrm{d}z &= \int_{t_\alpha}^{t_\beta}\{u[x(t), y(t)]x'(t) - v[x(t), y(t)]y'(t)\}\mathrm{d}t \\
&\quad + \mathrm{i}\int_{t_\alpha}^{t_\beta}\{v[x(t), y(t)]x'(t) + u[x(t), y(t)]y'(t)\}\mathrm{d}t \\
&= \int_{t_\alpha}^{t_\beta}\{u[x(t), y(t)] + \mathrm{i}v[x(t), y(t)]\}\{x'(t) + \mathrm{i}y'(t)\}\mathrm{d}t
\end{aligned}$$

$$= \int_{t_\alpha}^{t_\beta} f[z(t)]z'(t)\mathrm{d}t$$

所以

$$\int_C f(z)\mathrm{d}z = \int_{t_\alpha}^{t_\beta} f[z(t)]z'(t)\mathrm{d}t$$

定理 17.1 说明了两个问题：

(1) 当 $f(z)$ 是连续函数，且 C 为光滑曲线时，积分 $\int_C f(z)\mathrm{d}z$ 一定存在.

(2) $\int_C f(z)\mathrm{d}z$ 可以通过两个二元实变函数的线积分来计算.

例 17.2 计算 $\int_C \bar{z}\mathrm{d}z$，其中 C 是：

(1) 沿着从原点(0, 0)到点(1, 1)的直线段；

(2) 沿着从原点(0, 0)到点(1, 1)的抛物线 $y = x^2$.

解 (1) 此直线段的方程为 $z = t + \mathrm{i}t$, $0 \leqslant t \leqslant 1$，由此得

$$\int_C \bar{z}\mathrm{d}z = \int_0^1 (t - \mathrm{i}t)\mathrm{d}(t + \mathrm{i}t) = \int_0^1 t(1-\mathrm{i})(1+\mathrm{i})\mathrm{d}t = 1$$

(2) 抛物线 $y = x^2$ 的参数方程为

$$\begin{cases} x = t \\ y = t^2 \end{cases} (0 \leqslant t \leqslant 1), \quad \int_C \bar{z}\mathrm{d}z = \int_0^1 (t - \mathrm{i}t^2)(1 + 2\mathrm{i}t)\mathrm{d}t = 1 + \frac{1}{3}\mathrm{i}$$

由此可以看出：(1)与(2)尽管起点与终点一样，但沿着不同曲线的积分，积分值并不相同.

例 17.3 计算 $\oint_C \frac{\mathrm{d}z}{(z - z_0)^{n-1}}$，其中 C 为以 z_0 为中心，r 为半径的正向圆周(图 17.1)，其中 n 为整数.

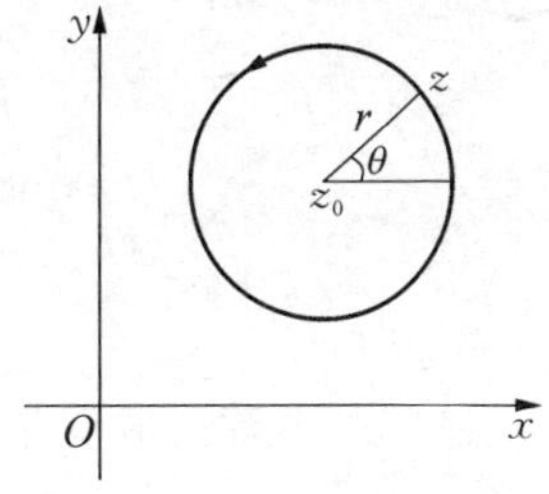

图 17.1 中心为 z_0、半径为 r 的正向圆周

解 C 的方程可写作 $z = z_0 + r\mathrm{e}^{\mathrm{i}\theta}$, $0 \leqslant \theta \leqslant 2\pi$，所以

$$\oint_C \frac{\mathrm{d}z}{(z - z_0)^{n-1}} = \int_0^{2\pi} \frac{\mathrm{i}r\mathrm{e}^{\mathrm{i}\theta}}{r^{n-1}\mathrm{e}^{\mathrm{i}(n-1)\theta}}\mathrm{d}\theta = \int_0^{2\pi} \frac{\mathrm{i}}{r^{n-2}\mathrm{e}^{\mathrm{i}(n-2)\theta}}\mathrm{d}\theta$$

$$= \int_0^{2\pi} \frac{\mathrm{i}}{r^{n-2}}\mathrm{e}^{-\mathrm{i}(n-2)\theta}\mathrm{d}\theta = \begin{cases} 2\pi\mathrm{i}, & n = 2 \\ 0, & n \neq 2 \end{cases}$$

例 17.4 计算积分 $\int_C z\mathrm{d}z$，其中 C 为从原点到点 $3+4\mathrm{i}$ 的直线段.

解 直线的方程可写成 $z(t) = 3t + \mathrm{i}4t$，于是

$$\int_C z\mathrm{d}z = \int_0^1 (3 + 4\mathrm{i})^2 t\mathrm{d}t = (3 + 4\mathrm{i})^2 \int_0^1 t\mathrm{d}t = \frac{1}{2}(3 + 4\mathrm{i})^2$$

不难验证，上面复积分的实部、虚部均满足实积分与路径无关的条件，所以不论 C 为

怎样的曲线，$\int_C z\mathrm{d}z$ 的值都等于 $\frac{1}{2}(3+4\mathrm{i})^2$，说明此函数的积分值只与积分曲线的起点和终点有关，而与积分路径本身无关.

2. 复积分的性质

根据复变函数积分和曲线积分之间的关系以及曲线积分的性质，不难验证复变函数积分有着和实函数积分类似的性质：

(1) $\int_C af(z)\mathrm{d}z = a\int_C f(z)\mathrm{d}z$ （其中 a 是复常数）

(2) $\int_C [f_1(z) \pm f_2(z)]\mathrm{d}z = \int_C f_1(z)\mathrm{d}z \pm \int_C f_2(z)\mathrm{d}z$

(3) $\int_C f(z)\mathrm{d}z = \int_{C_1} f(z)\mathrm{d}z + \int_{C_2} f(z)\mathrm{d}z$ （其中 C 由曲线 C_1 和 C_2 连接而成）

(4) $\int_{C^+} f(z)\mathrm{d}z = -\int_{C^-} f(z)\mathrm{d}z$

这里的 C^+ 和 C^- 分别表示取正与负方向的同一条积分曲线.

(5) 若在曲线 C 上 $|f(z)| \leqslant M$，而 L 为曲线的长度，则 $\left|\int_C f(z)\mathrm{d}z\right| \leqslant ML$.

下面证明性质(5)，其他留给读者自证.

证明：设 $z_k = x_k + \mathrm{i}y_k$，$\alpha$，$\beta$ 分别对应曲线的起点和终点，且

$$\alpha = z_0,\ z_1,\ z_2,\ \cdots,\ z_{k-1},\ z_k,\ \cdots,\ z_n = \beta$$

z_k' 为 z_k，z_{k+1} 之间 C 上的点，

$$\Delta z_k = z_k - z_{k-1} = (x_k - x_{k-1}) + \mathrm{i}(y_k - y_{k-1}) = \Delta x_k + \mathrm{i}\Delta y_k$$

因为 $|f(z)| \leqslant M$，所以有

$$\left|\sum_{k=1}^{n} f(z'_k)\Delta z_k\right| \leqslant \sum_{k=1}^{n} |f(z'_k)|\,|\Delta z_k| \leqslant M\sum_{k=1}^{n} |\Delta z_k| \leqslant ML$$

最后一不等式成立是因为 $\sum_{k=1}^{n} |\Delta z_k|$ 是内接于 C 的一条折线的长度.

取极限，从上式就得到 $\left|\int_C f(z)\mathrm{d}z\right| \leqslant ML$.

例 17.5 试证明：

(1) $\left|\int_C (x^2 + \mathrm{i}y^2)\mathrm{d}z\right| \leqslant 2$，$C$ 为连接 $-\mathrm{i}$ 到 i 的线段；

(2) $\left|\int_C \frac{\mathrm{d}z}{z^2}\right| \leqslant 1$，$C$ 为连接 i 到 $\mathrm{i}+1$ 的线段.

证 (1) 在 C 上，$z = \mathrm{i}y$，$-1 \leqslant y \leqslant 1$，即 $|y| \leqslant 1$，$\mathrm{d}z = \mathrm{i}\mathrm{d}y$. 于是有

$$\left|\int_C (x^2 + \mathrm{i}y^2)\mathrm{d}z\right| = \left|\int_{-1}^{1} \mathrm{i}y^2\mathrm{i}\mathrm{d}y\right| = \int_{-1}^{1} |y|^2\mathrm{d}y \leqslant \int_{-1}^{1} \mathrm{d}y = 2$$

(2) 在C上,令$z=x+\mathrm{i}$, $0\leqslant x\leqslant 1$, 则$\mathrm{d}z=\mathrm{d}x$, 于是有

$$\left|\int_C \frac{\mathrm{d}z}{z^2}\right|=\left|\int_0^1 \frac{\mathrm{d}x}{(x+\mathrm{i})^2}\right|\leqslant\int_0^1 \frac{\mathrm{d}x}{|x+\mathrm{i}|^2}\leqslant\int_0^1 \frac{\mathrm{d}x}{1+x^2}=\frac{\pi}{4}<1$$

17.2 解析函数的基本定理

通过上一节的例题我们发现: 积分$\int f(z)\mathrm{d}z$的值有些与积分路径有关(见例17.2),有些与积分路径无关(见例17.4). 自然要问,函数$f(z)$满足什么条件,积分$\int_C f(z)\mathrm{d}z$仅与起点和终点有关,而与积分路径无关呢?

由于复变函数积分可以用两个实变函数的积分表示为

$$\int_C f(z)\mathrm{d}z=\int_C u\mathrm{d}x-v\mathrm{d}y+\mathrm{i}\int_C v\mathrm{d}x+u\mathrm{d}y.$$

故复变函数积分与积分路线关系问题的研究,可以转化为实变函数积分与积分路线关系问题的研究. 根据格林(Green)公式和第二类曲线积分与路径无关的条件,知$\frac{\partial u}{\partial x}=\frac{\partial v}{\partial y}$, $\frac{\partial u}{\partial y}=-\frac{\partial v}{\partial x}$时, $\int_C f(z)\mathrm{d}z$与积分路径无关,而这正是C-R条件.

由此我们得到柯西积分定理最原始的形式.

定理17.2 如果$f(z)$在单连通区域D内解析,且$f'(z)$在D内连续,则$f(z)$沿D内任一条闭曲线C的积分等于0,即$\oint_C f(z)\mathrm{d}z=0$.

证 令$z=x+\mathrm{i}y$, $f(z)=u+\mathrm{i}v$,

$$\oint_C f(z)\mathrm{d}z=\oint_C u\mathrm{d}x-v\mathrm{d}y+\mathrm{i}\oint_C u\mathrm{d}y+v\mathrm{d}x$$

因$\frac{\partial u}{\partial x}$, $\frac{\partial u}{\partial y}$, $\frac{\partial v}{\partial x}$, $\frac{\partial v}{\partial y}$连续且适合柯西-黎曼条件

$$\frac{\partial u}{\partial x}=\frac{\partial v}{\partial y},\quad \frac{\partial u}{\partial y}=-\frac{\partial v}{\partial x}$$

设D'为C所围成的闭区域,则由格林公式

$$\oint_C (u\mathrm{d}x-v\mathrm{d}y)=-\iint_{D'}\left(\frac{\partial v}{\partial x}+\frac{\partial u}{\partial y}\right)\mathrm{d}x\mathrm{d}y=0$$

$$\oint_C (u\mathrm{d}y+v\mathrm{d}x)=\iint_{D'}\left(\frac{\partial u}{\partial x}-\frac{\partial v}{\partial y}\right)\mathrm{d}x\mathrm{d}y=0$$

故得$\oint_C f(z)\mathrm{d}z=0$.

此定理是柯西于1825年发表的. 黎曼于1851年给出上述定理的证明. 但是古尔莎

(Goursat)于 1900 年首先指出：定理的假设中 $f'(z)$连续的条件是多余的.因此古尔莎把它加以修改,使这个定理只假定了 $f(z)$在区域 D 内解析,在这种情况下,柯西积分定理叙述为：

定理 17.3 设 $f(z)$在单连通区域 D 内解析,则沿 D 内任一条闭曲线 C,有

$$\oint_C f(z)\mathrm{d}z = 0$$

定理 17.3 称为柯西-古尔莎定理,定理的证明超出本书范围,有兴趣的读者可参看有关书籍.

从这个定理出发,可以推出以下一系列的定理：

定理 17.4 如果函数 $f(z)$在单连通域 D 内处处解析,那么积分 $\int_C f(z)\mathrm{d}z$ 与连接起点和终点的曲线 C 无关,其中 C 为 D 内一条简单曲线.

因为曲线积分与路径无关和沿封闭曲线积分为 0 是两个等价的性质,所以定理显然成立.

由定理可知,解析函数在单连通域内的积分只与起点 z_0 及终点 z_1 有关,我们可写为

$$\int_{C_1} f(z)\mathrm{d}z = \int_{C_2} f(z)\mathrm{d}z = \int_{z_0}^{z_1} f(z)\mathrm{d}z$$

其中,C_1 和 C_2 为连接 z_0 和 z_1 的任意两条简单曲线.

若 z_0 固定,让 z_1 变动,这样得到的函数 $F(z) = \int_{z_0}^{z} f(z)\mathrm{d}z$ 称为积分上限变量函数.对此积分有如下定理：

定理 17.5 如果 $f(z) = u + \mathrm{i}v$ 在单连通域 D 内处处解析,那么函数 $F(z)$必为 D 内的一个解析函数,并且 $F'(z) = f(z)$.

证
$$\begin{aligned} F(z) &= \int_{z_0}^{z} f(z)\mathrm{d}z = \int_{(x_0, y_0)}^{(x, y)} u\mathrm{d}x - v\mathrm{d}y + \mathrm{i}\int_{(x_0, y_0)}^{(x, y)} v\mathrm{d}x + u\mathrm{d}y \\ &= P(x, y) + \mathrm{i}Q(x, y) \end{aligned}$$

此处

$$P(x, y) = \int_{(x_0, y_0)}^{(x, y)} u\mathrm{d}x - v\mathrm{d}y, \quad Q(x, y) = \int_{(x_0, y_0)}^{(x, y)} v\mathrm{d}x + u\mathrm{d}y$$

注意到 $P(x, y)$和 $Q(x, y)$均与积分路径无关,因此 $P_x = u$, $P_y = -v$; $Q_x = v$, $Q_y = u$. 于是得

$$P_x = Q_y, \quad P_y = -Q_x$$

又由于 $f(z)$在 D 内解析,从而 u, v 在 D 内可微,故 $P(x, y)$, $Q(x, y)$在 D 内可微,由此可知,函数 $F(z) = P(x, y) + \mathrm{i}Q(x, y)$ 是 D 内的一个解析函数,而且

$$F'(z) = P_x + \mathrm{i}Q_x = u + \mathrm{i}v = f(z)$$

下面引入原函数的概念,从而导出与牛顿-莱布尼茨公式类似的解析函数的积分计算公式.

定义 17.2 若函数 $F(z)$ 的导数等于 $f(z)$，即 $F'(z)=f(z)$，则称 $F(z)$ 为 $f(z)$ 的原函数.

由以上讨论可知 $\int_{z_0}^{z} f(z)\mathrm{d}z$ 为单连通域内解析函数 $f(z)$ 的一个原函数，由此得到以下结论：

定理 17.6 若 $f(z)$ 在单连通域 D 内处处解析，$G(z)$ 为 $f(z)$ 的一个原函数，那么 $\int_{z_0}^{z_1} f(z)\mathrm{d}z = G(z_1)-G(z_0)$，这里 z_0，z_1 为区域 D 内的任意两点.

证 $F(z)=\int_{z_0}^{z} f(z)\mathrm{d}z$ 也是 $f(z)$ 的原函数，所以

$$\int_{z_0}^{z} f(z)\mathrm{d}z = G(z)+C$$

当 $z=z_0$ 时，根据柯西-古尔莎定理知 $C=-G(z_0)$，因此

$$\int_{z_0}^{z} f(z)\mathrm{d}z = G(z)-G(z_0), \quad 故 \quad \int_{z_0}^{z_1} f(z)\mathrm{d}z = G(z_1)-G(z_0)$$

数学实验基础知识

基本命令	功能
int(s)	计算符号表达式 s 对 findsym 返回的自变量的不定积分
int(s, v)	计算符号表达式 s 对自变量 v 的不定积分
int(s, a, b)	计算符号表达式 s 对 findsym 返回的自变量从 a 到 b 的定积分
int(s, v, a, b)	计算符号表达式 s 对自变量 v 从 a 到 b 的定积分

例 计算 $\int_C \bar{z}\mathrm{d}z$，其中 C 为沿从原点到点 $1+\mathrm{i}$ 的直线段.

```
>> syms t real          %声明 t 是一个实的符号变量
>>z=(1+i) * t
>>int(conj(z) * diff(z), t, 0, 1)
ans=1
```

17.3 多连通域的柯西积分定理

柯西积分定理对于单连通域是成立的，对于多连通域一般来说不成立. 如函数 $f(z)=\frac{1}{z}$ 的解析区域 D 是 $0<|z|<+\infty$，对于 D 内一条包含原点的正向圆周 C：$|z|=1$，由例 17.3 知 $\oint_C \frac{1}{z}\mathrm{d}z=2\pi\mathrm{i}$，柯西积分定理不能成立. 原因在于 $f(z)=\frac{1}{z}$ 在闭曲线 C 所围成的区域 D' 上不是处处解析的，不能满足柯西定理的条件. 但函数 $f(z)=\frac{1}{z}$ 在 C_1：

$|z|=\dfrac{1}{2}$ 和 $C_2:|z|=1$ 所围成的多连通域 $D_1:\dfrac{1}{2}<|z|<1$ 内处处解析,此时可以把柯西定理推广到多连通域.

定理 17.7 设 $f(z)$ 在由光滑或逐段光滑闭曲线 C_1 和 C_2 所围成区域 D 内(C_2 在 C_1 内部)解析,在 $\overline{D}$ 上连续,则 $\int_{C_1} f(z)\mathrm{d}z+\int_{C_2^-} f(z)\mathrm{d}z=0$,即(图 17.2)

$$\int_{C_1} f(z)\mathrm{d}z=\int_{C_2} f(z)\mathrm{d}z$$

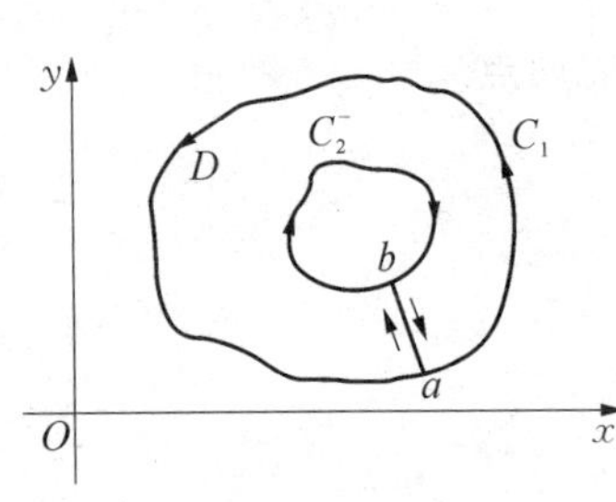

图 17.2 多连通域

证 作割线 $\overline{ab}$ 如图 17.2 所示.

令 $C=C_1+\overline{ab}+C_2^-+\overline{ba}$,此时由 C 所围成的区域为单连通域,由定理 17.3 知 $\int_C f(z)\mathrm{d}z=0$,即

$$\int_{C_1} f(z)\mathrm{d}z+\int_{\overline{ab}} f(z)\mathrm{d}z+\int_{C_2^-} f(z)\mathrm{d}z+\int_{\overline{ba}} f(z)\mathrm{d}z=0$$

故得 $\oint_{C_1} f(z)\mathrm{d}z+\oint_{C_2^-} f(z)\mathrm{d}z=0$. 也即

$$\oint_{C_1} f(z)\mathrm{d}z=\oint_{C_2} f(z)\mathrm{d}z$$

上述定理说明,区域 D 内的解析函数沿闭曲线的积分,不因闭曲线在区域 D 内连续变形而改变积分值,只要在变形过程中不经过函数的不解析点. 这一事实,称为**闭路变形原理**.

用同样的方法可以证明:

推论 设 $C_1, C_2, \cdots, C_n$ 是 n 条既不相交又不相含的简单闭曲线,它们又都在简单闭曲线 C 所围成的区域的内部,又设函数 $f(z)$ 在由 $C_1, C_2, \cdots, C_n, C$ 所围成的多连通域 D 内解析,在 $\overline{D}=D+C_1+\cdots+C_n+C$ 上连续,则

$$\oint_C f(z)\mathrm{d}z=\sum_{k=1}^{n}\oint_{C_k} f(z)\mathrm{d}z$$

(此定理又叫**复合闭路定理**)这里 C 及 C_k $(k=1,2,\cdots,n)$ 均按逆时针方向.

推论的证明方法有以下两种:

(1) 根据定理 17.7,利用数学归纳法得证.

(2) 直接仿照定理 17.7 的证明方法. 作割线,使多连通区域转化为一个单连通区域,然后利用单连通域的柯西积分定理,再注意到函数 $f(z)$ 沿辅助路线的积分正反方向各取一次,互相抵消,就可以证明推论.

例 17.6 计算 $\oint_C \dfrac{\mathrm{d}z}{z-z_0}$ 的值,其中 C 是任意一条包含 z_0 的正向简单闭曲线.

解 在 C 的内部作正向圆周 $C_1:|z-z_0|=r$,则由定理 17.7 和例 17.3 知

$$\oint_C \frac{1}{z-z_0}\mathrm{d}z=\oint_{C_1}\frac{1}{z-z_0}\mathrm{d}z=2\pi\mathrm{i}$$

因此,若 C 是任意一条正向简单闭曲线,则

$$\oint_C \frac{1}{z-z_0}dz = \begin{cases} 2\pi i, & z_0 \text{ 在 } C \text{ 的内部} \\ 0, & z_0 \text{ 不在 } C \text{ 的内部} \end{cases}$$

例 17.7 计算 $\oint_\Gamma \frac{1}{z^2-z}dz$ 的值,Γ 为包含圆周 $|z|=1$ 在内的任何正向简单闭曲线.

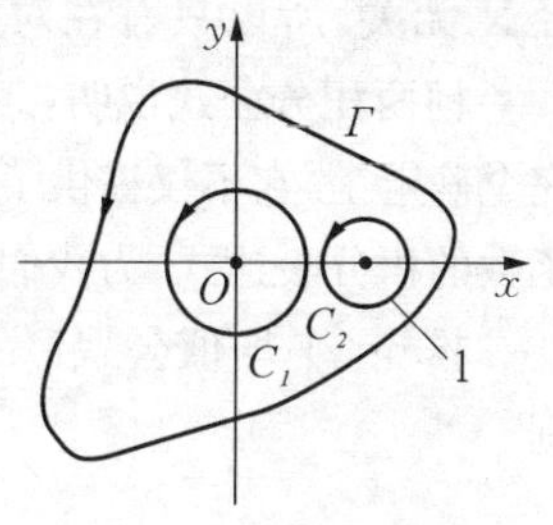

图 17.3 包围两个孤立奇点的闭曲线

解 设 C_1 及 C_2 是 Γ 内的两个互不包含也不相交的正向圆周,而且对被积函数的两个奇点 $z=0$ 与 $z=1$ 来说,C_1 只包围原点 $z=0$,C_2 只包围 $z=1$(图 17.3)

$$\begin{aligned}\oint_\Gamma \frac{1}{z^2-z}dz &= \oint_{C_1} \frac{1}{z^2-z}dz + \oint_{C_2} \frac{1}{z^2-z}dz \\ &= \oint_{C_1} \frac{1}{z-1}dz - \oint_{C_1} \frac{1}{z}dz + \oint_{C_2} \frac{1}{z-1}dz - \oint_{C_2} \frac{1}{z}dz \\ &= 0 - 2\pi i + 2\pi i - 0 = 0\end{aligned}$$

从此例可以看到:利用柯西定理及一些简单函数的积分,就可以对较为复杂的函数计算出其积分值.

17.4 柯西积分公式

前面讲过的柯西积分定理,是解析函数的基本定理,但作为这个定理的广泛应用,还是通过柯西积分公式具体体现出来的.柯西积分公式是解析函数的基本公式,可以帮助我们详细地去研究解析函数的各种整体的和局部的性质.

柯西积分公式是通过下面的定理形式完整地叙述出来的.

定理 17.8(柯西积分公式) 如果 $f(z)$ 在区域 D 内处处解析,C 为 D 内的任何一条正向简单闭曲线,它的内部完全含于 D,z_0 为 C 内的任一点,那么

$$f(z_0) = \frac{1}{2\pi i}\oint_C \frac{f(z)}{z-z_0}dz$$

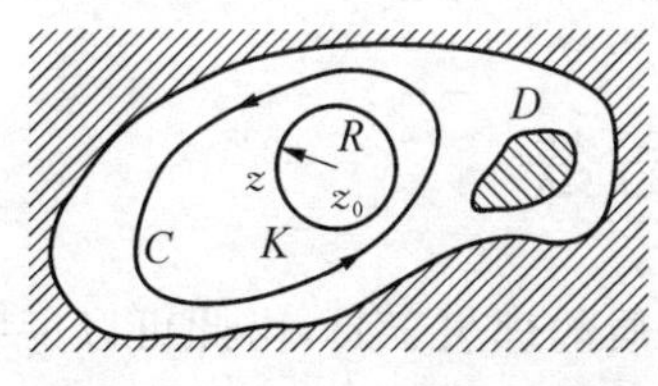

图 17.4 闭曲线所围区域

证 由于 $f(z)$ 在 z_0 连续,任意给定 $\varepsilon>0$,必存在 $\delta>0$,当 $|z-z_0|<\delta$ 时,$|f(z)-f(z_0)|<\varepsilon$.设以 z_0 为中心,R 为半径的圆周 K:$|z-z_0|=R$ 全部在 C 的内部,且 $R<\delta$(见图 17.4).则由复合闭路定理,得

$$\begin{aligned}\oint_C \frac{f(z)}{z-z_0}dz &= \oint_K \frac{f(z)}{z-z_0}dz = \oint_K \frac{f(z_0)}{z-z_0}dz + \oint_K \frac{f(z)-f(z_0)}{z-z_0}dz \\ &= 2\pi i f(z_0) + \oint_K \frac{f(z)-f(z_0)}{z-z_0}dz\end{aligned}$$

下面只要证明后一积分为 0 即可.事实上

$$\left|\oint_K \frac{f(z)-f(z_0)}{z-z_0}\mathrm{d}z\right| \leqslant \oint_K \frac{|f(z)-f(z_0)|}{|z-z_0|}\mathrm{d}s < \frac{\varepsilon}{R}\oint_K \mathrm{d}s = 2\pi\varepsilon$$

这表明不等式左端积分的模可以任意小,只要 ε 足够小就行了. 又因该积分值与 K 的半径 R 无关,所以只有在对所有的 R 积分值为 0 才有可能,因此,柯西积分公式成立.

柯西积分公式说明: 对于解析函数,只要知道了它在区域边界上的值,区域内部点的值就完全确定了. 它不仅提供了计算某些复变函数沿简单闭曲线积分的一种方法,而且给出了解析函数的积分表达式,为我们研究解析函数的性质提供了有力的工具.

推论(平均值公式) 若函数 $f(z)$ 在 $|z-z_0|<R$ 内解析,在 $|z-z_0|=R$ 上连续,则

$$f(z_0)=\frac{1}{2\pi}\int_0^{2\pi} f(z_0+R\mathrm{e}^{\mathrm{i}\theta})\mathrm{d}\theta$$

这就是说,一个解析函数在圆心处的值等于它在圆周上的平均值.

例 17.8 求下列积分的值.

(1) $\displaystyle\oint_{|z+\mathrm{i}|=1}\frac{\mathrm{e}^{\mathrm{i}z}}{z+\mathrm{i}}\mathrm{d}z$ (2) $\displaystyle\oint_{|z|=2}\frac{z}{(5-z^2)(z-\mathrm{i})}\mathrm{d}z$

解 (1) $\displaystyle\oint_{|z+\mathrm{i}|=1}\frac{\mathrm{e}^{\mathrm{i}z}}{z+\mathrm{i}}\mathrm{d}z = 2\pi\mathrm{i}\mathrm{e}^{\mathrm{i}z}\Big|_{z=-\mathrm{i}} = 2\pi\mathrm{e}\mathrm{i}$

(2) $\displaystyle\oint_{|z|=2}\frac{z}{(5-z^2)(z-\mathrm{i})}\mathrm{d}z = \oint_{|z|=2}\frac{z/(5-z^2)}{z-\mathrm{i}}\mathrm{d}z = 2\pi\mathrm{i}\frac{z}{5-z^2}\Big|_{z=\mathrm{i}} = -\frac{1}{3}\pi$

例 17.9 设 $a>1$,令 C: $|z-a|=a$,求 $\displaystyle\oint_C\frac{z}{z^4-1}\mathrm{d}z$.

解 $z^4-1=(z-1)(z+1)(z-\mathrm{i})(z+\mathrm{i})=(z-1)(z^3+z^2+z+1)$.

注意到圆周 C 只包围 $z=1$ 在内,而点 $z=\mathrm{i}$, $-\mathrm{i}$, -1 都在 C 之外,所以 $\dfrac{z}{z^3+z^2+z+1}$ 在 C 内解析. 于是由柯西积分公式,得

$$\oint_C\frac{z}{z^4-1}\mathrm{d}z = \oint_C\frac{z/(z^3+z^2+z+1)}{z-1}\mathrm{d}z = 2\pi\mathrm{i}\left[\frac{z}{z^3+z^2+z+1}\right]_{z=1} = \frac{2\pi\mathrm{i}}{4} = \frac{\pi\mathrm{i}}{2}$$

17.5 解析函数的高阶导数

柯西积分公式给我们提供了一个研究解析函数局部性质的理想工具,由此可以证明一个解析函数具有各阶导数,而各阶导数也必是解析的. 下面就来证明这个结论.

定理 17.9 解析函数 $f(z)$ 的导数仍为解析函数,它的 n 阶导数为

$$f^{(n)}(z_0)=\frac{n!}{2\pi\mathrm{i}}\oint_C\frac{f(z)}{(z-z_0)^{n+1}}\mathrm{d}z \quad (n=1,2,\cdots)$$

其中,C 为在函数 $f(z)$ 的解析区域 D 内围绕 z_0 的任何一条正向简单闭曲线,而且它的内部全含于 D.

证 先证 $n=1$ 的情形，即

$$f'(z_0)=\frac{1}{2\pi i}\oint_C \frac{f(z)}{(z-z_0)^2}dz$$

根据定义

$$f'(z_0)=\lim_{\Delta z\to 0}\frac{f(z_0+\Delta z)-f(z_0)}{\Delta z}$$

而

$$f(z_0)=\frac{1}{2\pi i}\oint_C \frac{f(z)}{z-z_0}dz,\quad f(z_0+\Delta z)=\frac{1}{2\pi i}\oint_C \frac{f(z)}{z-z_0-\Delta z}dz$$

从而有

$$\begin{aligned}\frac{f(z_0+\Delta z)-f(z_0)}{\Delta z}&=\frac{1}{2\pi i\Delta z}\left[\oint_C \frac{f(z)}{z-z_0-\Delta z}dz-\oint_C \frac{f(z)}{z-z_0}dz\right]\\&=\frac{1}{2\pi i}\oint_C \frac{f(z)}{(z-z_0)(z-z_0-\Delta z)}dz\\&=\frac{1}{2\pi i}\oint_C \frac{f(z)}{(z-z_0)^2}dz+\frac{1}{2\pi i}\oint_C \frac{\Delta z f(z)}{(z-z_0)^2(z-z_0-\Delta z)}dz\end{aligned}$$

设后一积分为 I，那么

$$|I|=\frac{1}{2\pi}\left|\oint_C \frac{\Delta z f(z)}{(z-z_0)^2(z-z_0-\Delta z)}dz\right|\leqslant\frac{1}{2\pi}\oint_C \frac{|\Delta z||f(z)|}{|z-z_0|^2|z-z_0-\Delta z|}ds$$

由 $f(z)$ 在 C 上的解析性，知 $f(z)$ 在 C 上连续，从而知 $f(z)$ 在 C 上有界. 即存在一个正数 M，使得在 C 上有 $|f(z)|\leqslant M$. 设 d 为从 z_0 到曲线 C 上各点的最短距离，则 $d>0$，并取 $|\Delta z|$ 适当地小，使其满足 $|\Delta z|<\frac{1}{2}d$，那么有

$$|z-z_0|\geqslant d,\quad \frac{1}{|z-z_0|}\leqslant\frac{1}{d}$$

$$|z-z_0-\Delta z|\geqslant|z-z_0|-|\Delta z|>\frac{d}{2}$$

所以，$|I|<|\Delta z|\frac{ML}{\pi d^3}$，这里 L 为 C 的长度，若 $\Delta z\to 0$，那么 $I\to 0$，从而得

$$f'(z_0)=\lim_{\Delta z\to 0}\frac{f(z_0+\Delta z)-f(z_0)}{\Delta z}=\frac{1}{2\pi i}\oint_C \frac{f(z)}{(z-z_0)^2}dz$$

从此式可以看出 $f(z)$ 在 z_0 的导数可以由把柯西积分公式之右端在积分号下对 z_0 求导得到.

用同样的证明方法，可得

$$f''(z_0)=\lim_{\Delta z\to 0}\frac{f'(z_0+\Delta z)-f'(z_0)}{\Delta z}=\frac{2!}{2\pi i}\oint_C\frac{f(z)}{(z-z_0)^3}dz.$$

到这里我们已经证明了一个解析函数的导数仍然是解析函数.依此类推,用数学归纳法可以证明

$$f^{(n)}(z_0)=\frac{n!}{2\pi i}\oint_C\frac{f(z)}{(z-z_0)^{n+1}}dz$$

这样好的性质在实数域内是不成立的,显示了解析函数独特的性质.我们导出这个性质是依据柯西积分定理,但后来数学家打破了这个界线,就是说,不用积分可以直接证明:如果 $f(z)$在区域 D 内解析,则其导函数 $f'(z)$在 D 内也解析,可是在证明过程中要用到平面拓扑学.因此,我们这里仍然采用积分来证明这个重要性质.

例 17.10 求下列积分值,其中 C 为正向圆周:$|z|=r>1$.

(1) $\oint_C\frac{\cos\pi z}{(z-1)^5}dz$ (2) $\oint_C\frac{e^z}{(z^2+1)^2}dz$

解 (1) 函数$\frac{\cos\pi z}{(z-1)^5}$在 C 内的 $z=1$ 处不解析,但 $\cos\pi z$ 在 C 内处处解析,所以

$$\oint_C\frac{\cos\pi z}{(z-1)^5}dz=\frac{2\pi i}{(5-1)!}(\cos\pi z)^{(4)}\Big|_{z=1}=-\frac{\pi^5 i}{12}$$

(2) 函数 $\frac{e^z}{(z^2+1)^2}$ 在 C 内的 $z=\pm i$ 处不解析.在 C 内以 i 为中心作一个正向圆周 C_1,以 $-i$ 为中心作一个正向圆周 C_2,并设 C_1, C_2 互不相交,互不包含且均含 C 内,那么函数$\frac{e^z}{(z^2+1)^2}$在由 C,C_1 和 C_2 所围成的区域中是解析的,根据复合闭路定理,有

$$\oint_C\frac{e^z}{(z^2+1)^2}dz=\oint_{C_1}\frac{e^z}{(z^2+1)^2}dz+\oint_{C_2}\frac{e^z}{(z^2+1)^2}dz$$

而

$$\oint_{C_1}\frac{e^z}{(z^2+1)^2}dz=\oint_{C_1}\frac{e^z/(z+i)^2}{(z-i)^2}dz=\frac{2\pi i}{1!}\left[\frac{e^z}{(z+i)^2}\right]'_{z=i}=\frac{(1-i)e^i}{2}\pi$$

同样可得 $\oint_{C_2}\frac{e^z}{(z^2+1)^2}dz=\frac{-(1+i)e^{-i}}{2}\pi$. 所以

$$\oint_C\frac{e^z}{(z^2+1)^2}dz=\frac{\pi}{2}(1-i)(e^i-ie^{-i})=\frac{\pi}{2}(1-i)^2(\cos 1-\sin 1)$$

$$=\sqrt{2}i\pi\sin\left(1-\frac{\pi}{4}\right)$$

* * * * *

本章研究了复变函数的积分理论.在引入复积分的概念后,我们将复积分转化为两个

实函数的第二类曲线积分来讨论.柯西积分定理揭示了解析函数沿任一闭曲线积分的特性,柯西积分公式将解析函数在闭区域内一点的函数值用其在边界上的积分来表示,揭示了解析函数的一些内在联系.

高阶导数公式是柯西积分公式的发展,利用它可以得到解析函数的导数仍为解析函数这一重要结论,显示了解析函数的导数可以用函数本身的某种积分来表示,从而可以用积分的性质来研究解析函数的性质.

本章常用词汇中英文对照

复积分	complex integral
柯西-古尔莎定理	Cauchy-Goursat theorem
闭路变形原理	principle of deformation of closed paths
柯西积分公式	Cauchy integral formula
柯西不等式	Cauchy's inequality
单连通域	simply connected domains
多连通域	multiply connected domains
解析函数的导数	derivatives of analytic functions

习　题　17

1. 沿下列路径计算积分 $\int_0^{3+i} z^2 dz$.

(1) 自原点至 3+i 的直线段;

(2) 自原点沿实轴至 3,再由 3 铅直向上至 3+i;

(3) 自原点沿虚轴至 i,再由 i 沿水平方向向右至 3+i.

2. 分别沿 $y=x$ 与 $y=x^2$ 算出积分 $\int_0^{1+i}(x^2+iy)dz$ 的值.

3. 计算积分 $\oint_C \frac{\bar{z}}{|z|}dz$ 的值,其中 C 为正向圆周:

(1) $|z|=2$ (2) $|z|=4$

4. 试用观察法得出下列积分的值,并说明依据,其中 C 为正向圆周 $|z|=1$.

(1) $\oint_C \frac{dz}{z-2}$　(2) $\oint_C \frac{dz}{z^2+2z+4}$　(3) $\oint_C \frac{dz}{\cos z}$

(4) $\oint_C \frac{dz}{z-\frac{1}{2}}$　(5) $\oint_C ze^z dz$　(6) $\oint_C \frac{dz}{\left(z-\frac{i}{2}\right)(z+2)}$

5. 沿指定曲线的正向计算下列积分.

(1) $\oint_C \frac{e^z}{z-2}dz$, C: $|z-2|=1$

(2) $\oint_C \frac{dz}{z^2-a^2}$, C: $|z-a|=a$

(3) $\oint_C \frac{e^{iz}}{z^2+1}dz$, C: $|z-2i|=\frac{3}{2}$

(4) $\oint_C \frac{dz}{(z^2-1)(z^3-1)}$, C: $|z|=r<1$

(5) $\oint_C \frac{dz}{(z^2+1)(z^2+4)}$, C：$|z|=\frac{3}{2}$

(6) $\oint_C \frac{\sin z}{z}dz$, C：$|z|=1$

(7) $\oint_C \frac{\sin z dz}{\left(z-\frac{\pi}{2}\right)^2}$, C：$|z|=2$

(8) $\oint_C \frac{e^z}{z^5}dz$, C：$|z|=1$

6. 计算下列积分.

(1) $\oint_C \left(\frac{4}{z+1}+\frac{3}{z+2i}\right)dz$, C：$|z|=4$ 为正向；

(2) $\oint_C \frac{2i}{z^2+1}dz$, C：$|z-1|=6$ 为正向；

(3) $\oint_{C=C_1+C_2} \frac{\cos z}{z^3}dz$, C_1：$|z|=2$ 为正向，C_2：$|z|=3$ 为负向；

(4) $\oint_C \frac{dz}{z-i}$，其中 C 为以 $\pm\frac{1}{2}$，$\pm\frac{6}{5}i$ 为顶点的正向菱形；

(5) $\oint_C \frac{e^z}{(z-a)^3}dz$，其中 a 为 $|a|\neq 1$ 的任何复数，C：$|z|=1$ 为正向.

7. 设 C 为不经过 a 与 $-a$ 的正向简单闭曲线，a 为不等于 0 的任何复数，试就 a 与 $-a$ 跟 C 的各种不同位置，计算积分 $\oint_C \frac{z}{z^2-a^2}dz$ 的值.

8. 设 C_1 与 C_2 为两条不包含，也不相交的正向简单闭曲线，证明：

$$\frac{1}{2\pi i}\left(\int_{C_1}\frac{z^2}{z-z_0}dz+\int_{C_2}\frac{\sin z}{z-z_0}dz\right)=\begin{cases} z_0^2, & \text{当 } z_0 \text{ 在 } C_1 \text{ 内时} \\ \sin z_0, & \text{当 } z_0 \text{ 在 } C_2 \text{ 内时} \end{cases}$$

9. 设 $f(z)$ 与 $g(z)$ 在区域 D 内处处解析，C 为 D 内的任何一条简单闭曲线，它的内部全含于 D，若 $f(z)=g(z)$ 在 C 上所有的点处成立，试证在 C 内所有点处 $f(z)=g(z)$ 也成立.

10. 设 $f(z)$ 在单连通域 D 内处处解析，且不为 0. C 为 D 内任何一条简单闭曲线，问积分 $\oint_C \frac{f'(z)}{f(z)}dz$ 是否等于 0？为什么？

11. 证明：对于任意 $\rho>0$，有

$$\int_0^{2\pi} e^{\rho\cos\varphi}\cos(\rho\sin\varphi-n\varphi)d\varphi=\frac{2\pi}{n!}\rho^n,\quad \int_0^{2\pi} e^{\rho\cos\varphi}\sin(\rho\sin\varphi-n\varphi)d\varphi=0$$

第18章 级　　数

本章首先介绍复数项级数及由复变量函数所构成级数的一些基本性质. 并进一步讨论幂级数以及由正幂与负幂一起构成的洛朗级数,然后研究解析函数如何展开成幂级数及洛朗级数问题,这个问题在复变函数的理论和应用中都有重要作用.

18.1 复数项级数

与研究实函数一样,级数是研究复变函数的重要工具,而级数的研究是以数列为基础的,先从复数数列开始.

复数数列就是

$$z_1 = a_1 + ib_1,\ z_2 = a_2 + ib_2,\ \cdots,\ z_n = a_n + ib_n,\ \cdots$$

我们把这一数列简单地记为$\{z_n\}$. 显然这一数列与两个实数数列$\{a_n\}$及$\{b_n\}$相对应,按照$\{|z_n|\}$是有界或无界数列,z_n 分别称为有界数列或无界数列.

设 z_0 是一个复常数. 如果任给 $\varepsilon > 0$, 可以找到一个正整数 N,使得当 $n > N$ 时, $|z_n - z_0| < \varepsilon$. 那么就称$\{z_n\}$有极限 z_0 或者说$\{z_n\}$是**收敛数列**,并且收敛于 z_0,记为 $\lim\limits_{n\to\infty} z_n = z_0$.

如果$\{z_n\}$不收敛,则称$\{z_n\}$发散,或者说它是**发散数列**.

令 $z_0 = a + ib$, 其中 a 及 b 是实数,由不等式

$$|a_n - a| \leqslant |z_n - z_0| \leqslant |a_n - a| + |b_n - b|$$

$$|b_n - b| \leqslant |z_n - z_0| \leqslant |a_n - a| + |b_n - b|$$

可以看出 $\lim\limits_{n\to\infty} z_n = z_0$ 与下列两个式子等价:

$$\lim_{n\to\infty} a_n = a,\quad \lim_{n\to\infty} b_n = b$$

这就是说,数列$\{z_n\}$收敛(于 z_0)的充要条件是: 数列$\{a_n\}$收敛(于 a)以及数列$\{b_n\}$收敛(于 b).

复数数列也可解释为复平面上的点列. 于是点列 z_n 收敛于 z_0 或者说有极限点 z_0 的定义可以叙述为: 任给 z_0 的一个邻域,相应地可找到一个正整数 N,使得当 $n > N$ 时,z_n 在这个邻域内.

复数项级数就是 $z_1 + z_2 + \cdots + z_n + \cdots$,或记为 $\sum\limits_{n=1}^{\infty} z_n$, 其最前面的 n 项之和记为 s_n: $s_n = z_1 + z_2 + \cdots + z_n$, 称为级数的部分和.

如果部分和数列$\{s_n\}$收敛,那么级数 $\sum\limits_{n=1}^{\infty} z_n$ 称为**收敛级数**,并且极限 $\lim\limits_{n\to\infty} s_n = s$ 称为级

数的和；若数列$\{s_n\}$不收敛，那么级数 $\sum_{n=1}^{\infty} z_n$ 称为**发散级数**. 因

$$s_n = \sum_{k=1}^{n} a_k + \mathrm{i}\sum_{k=1}^{n} b_k$$

根据关于数列的结果不难看出：复数项级数 $\sum_{n=1}^{\infty} z_n$ 收敛的充分必要条件是两个实数项级数 $\sum_{n=1}^{\infty} a_n$ 以及级数 $\sum_{n=1}^{\infty} b_n$ 同时收敛.

关于实数项级数的一些结果，也可以不加改变地推广到复数项级数.

(1) $\sum_{n=1}^{\infty} z_n$ 收敛的必要条件是 $\lim\limits_{n\to\infty} z_n = 0$.

(2) 如果 $\sum_{n=1}^{\infty} |z_n|$ 收敛，那么 $\sum_{n=1}^{\infty} z_n$ 也收敛，此时称 $\sum_{n=1}^{\infty} z_n$ 绝对收敛.

(3) 若 $\sum_{n=1}^{\infty} |z_n|$ 发散，但 $\sum_{n=1}^{\infty} z_n$ 收敛，则称 $\sum_{n=1}^{\infty} z_n$ 条件收敛.

以上两个结果的证明留给读者.

例 18.1 下列级数是否收敛？是否绝对收敛？

(1) $\sum_{n=1}^{\infty}\left(\frac{1}{n}+\frac{\mathrm{i}}{n^2}\right)$ (2) $\sum_{n=1}^{\infty}\frac{\mathrm{i}^n}{n}$ (3) $\sum_{n=1}^{\infty}\frac{(6\mathrm{i})^n}{n!}$

解 (1) 因 $\sum_{n=1}^{\infty}\frac{1}{n}$ 发散，所以 $\sum_{n=1}^{\infty}\left(\frac{1}{n}+\frac{\mathrm{i}}{n^2}\right)$ 发散.

(2) 因 $\sum_{n=1}^{\infty}\frac{\mathrm{i}^n}{n} = \left(-\frac{1}{2}+\frac{1}{4}-\frac{1}{6}+\cdots\right)+\mathrm{i}\left(1-\frac{1}{3}+\frac{1}{5}-\cdots\right)$ 的实部和虚部均为收敛的交错级数，故 $\sum_{n=1}^{\infty}\frac{\mathrm{i}^n}{n}$ 收敛. 又 $\sum_{n=1}^{\infty}\left|\frac{\mathrm{i}^n}{n}\right| = \sum_{n=1}^{\infty}\frac{1}{n}$ 发散，因而 $\sum_{n=1}^{\infty}\frac{\mathrm{i}^n}{n}$ 条件收敛.

(3) 因 $\left|\frac{(6\mathrm{i})^n}{n!}\right| = \frac{6^n}{n!}$ 由正项级数的比值审敛法知 $\sum_{n=1}^{\infty}\frac{6^n}{n!}$ 收敛，故原级数收敛，且为绝对收敛.

18.2 幂 级 数

1. 幂级数的概念

设 $f_n(z)$在平面点集 E 上有定义 $(n = 1, 2, \cdots)$. 在 E 上的复变函数项级数就是：$f_1(z) + f_2(z) + \cdots + f_n(z) + \cdots$，记为 $\sum_{n=1}^{\infty} f_n(z)$.

设函数 $f(z)$在 E 上有定义，如果对于 E 上每一点 z，级数 $\sum_{n=1}^{\infty} f_n(z)$ 收敛于$f(z)$，那

么就说此级数在 E 上收敛于 $f(z)$，或者说级数的和为 $f(z)$，记为 $\sum\limits_{n=1}^{\infty} f_n(z) = f(z)$.

当 $f_n(z) = c_n(z-a)^n$ 或 $f_n(z) = c_n z^n$ 时，就得到一类简单的函数项级数.

$$\sum_{n=0}^{\infty} c_n(z-a)^n = c_0 + c_1(z-a) + \cdots + c_n(z-a)^n + \cdots \qquad (*)$$

或 $\sum\limits_{n=0}^{\infty} c_n z^n = c_0 + c_1 z + \cdots + c_n z^n + \cdots$，这种级数称为**幂级数**.

若令 $z-a=\zeta$，则式$(*)$成为 $\sum\limits_{n=0}^{\infty} c_n \zeta^n$，以后为了讨论方便起见，常以 $\sum\limits_{n=0}^{\infty} c_n z^n$ 来讨论.

同实函数一样，关于幂级数有以下定理：

定理 18.1(阿贝尔(Abel)定理)　如果级数 $\sum\limits_{n=0}^{\infty} c_n z^n$ 在 $z = z_0\ (\neq 0)$ 收敛，那么对满足 $|z|<|z_0|$ 的 z，级数必绝对收敛；如果在 $z=z_0$ 级数发散，那么对满足 $|z|>|z_0|$ 的 z，级数必发散.

证　因 $\sum\limits_{n=0}^{\infty} c_n z_0^n$ 收敛，根据收敛的必要条件，有 $\lim\limits_{n\to\infty} c_n z_0^n = 0$，因而存在正数 M，使对所有的 n 有：$|c_n z_0^n| < M$.

如果 $|z|<|z_0|$，则有 $\dfrac{|z|}{|z_0|} = q < 1$，从而有

$$|c_n z^n| = |c_n z_0^n| \left|\frac{z}{z_0}\right|^n < Mq^n$$

由比较判敛法知 $\sum\limits_{n=0}^{\infty} |c_n z^n|$ 收敛，从而级数 $\sum\limits_{n=0}^{\infty} c_n z^n$ 是绝对收敛的.

发散部分的证明由读者自己来完成.

阿贝尔定理的几何意义是：若 $\sum\limits_{n=0}^{\infty} c_n z^n$ 在 $z = z_0\ (z_0\neq 0)$ 收敛，那么该级数在原点为中心，以$|z_0|$为半径的圆周内部的任一点必收敛；反之，若 $\sum\limits_{n=0}^{\infty} c_n z^n$ 在 $z = z_0\ (z_0\neq 0)$ 发散，那么该级数在以原点为中心，以 $|z_0|$ 为半径的圆周外部的任意一点必发散.

2. 收敛圆与收敛半径

利用阿贝尔定理，可以定出幂级数的收敛范围.

定义 18.1　若存在一个实数 R，使得幂级数 $\sum\limits_{n=0}^{\infty} c_n z^n$ 在 $|z|<R$ 中处处收敛，而在 $|z|>R$ 中处处发散，则称 R 为幂级数的**收敛半径**，$|z|=R$ 称为**收敛圆**.

对幂级数 $\sum\limits_{n=0}^{\infty} c_n z^n$，根据收敛半径的不同，可以分为下面三类：

（1）对任何一点 $z \neq 0$，幂级数都不收敛，此时收敛半径 $R = 0$.

（2）对于任何一点 z，幂级数都收敛，此时收敛半径 $R = +\infty$.

（3）存在使幂级数收敛的非零点，也存在使幂级数不收敛的点，此时收敛半径 R 存在，且 $0 < R < +\infty$.

幂级数在收敛圆的边界上的性质较复杂，具体问题要具体分析，此处就不详细讨论了.

根据前面的讨论知，幂级数的收敛半径 R 是可以唯一地确定的. 如何确定它呢？参照实函数幂级数收敛半径的确定方法，我们有：

对于幂级数 $\sum\limits_{n=0}^{\infty} c_n z^n$，

（1）如果 $\lim\limits_{n\to\infty}\left|\dfrac{c_{n+1}}{c_n}\right| = \lambda \neq 0$，那么收敛半径 $R = \dfrac{1}{\lambda}$.

（2）如果 $\lim\limits_{n\to\infty}\sqrt[n]{|c_n|} = \mu \neq 0$，那么收敛半径 $R = \dfrac{1}{\mu}$.

（3）若 $\lambda = 0$ 或 $\mu = 0$，那么收敛半径 $R = +\infty$.

（4）若 $\lambda = +\infty$ 或 $\mu = +\infty$，那么收敛半径 $R = 0$.

例 18.2 求下列幂级数的收敛半径.

（1）$\sum\limits_{n=1}^{\infty}\dfrac{z^n}{n^3}$（并讨论在收敛圆周上的情形）；

（2）$\sum\limits_{n=1}^{\infty}\dfrac{(z-1)^n}{n}$（并讨论 $z = 0$，2 时的情形）.

解 （1）$\lim\limits_{n\to\infty}\left|\dfrac{c_{n+1}}{c_n}\right| = \lim\limits_{n\to\infty}\left(\dfrac{n}{n+1}\right)^3 = 1$，所以收敛半径 $R = 1$，也就是原级数在圆周 $|z| = 1$ 内收敛，在圆周外发散. 在圆周 $|z| = 1$ 上，级数 $\sum\limits_{n=1}^{\infty}\left|\dfrac{z^n}{n^3}\right| = \sum\limits_{n=1}^{\infty}\dfrac{1}{n^3}$ 是收敛的，从而 $\sum\limits_{n=1}^{\infty}\dfrac{z^n}{n^3}$ 收敛，所以原级数的收敛范围是圆盘 $|z| \leqslant 1$.

（2）$\lim\limits_{n\to\infty}\left|\dfrac{c_{n+1}}{c_n}\right| = \lim\limits_{n\to\infty}\dfrac{n}{n+1} = 1$，即 $R = 1$. 在收敛圆周 $|z-1| = 1$ 上，当 $z = 0$ 时，原级数成为 $\sum\limits_{n=1}^{\infty}(-1)^n\dfrac{1}{n}$，级数收敛；当 $z = 2$ 时，原级数成为 $\sum\limits_{n=1}^{\infty}\dfrac{1}{n}$，所以发散.

例 18.3 求幂级数 $\sum\limits_{n=1}^{\infty}\dfrac{(n!)^2}{n^n}z^n$ 的收敛半径.

解 $c_n = \dfrac{(n!)^2}{n^n}$，故

$$\lim_{n\to\infty}\left|\frac{c_{n+1}}{c_n}\right| = \lim_{n\to\infty}\frac{[(n+1)!]^2}{(n+1)^{n+1}}\cdot\frac{n^n}{(n!)^2} = \lim_{n\to\infty}\frac{n+1}{\left(1+\dfrac{1}{n}\right)^n} = +\infty$$

所以所给幂级数的收敛半径 $R=0$，即幂级数只在 $z=0$ 收敛.

3. 幂级数的运算及其性质

和实幂级数一样，复幂级数也能进行加、减、乘法运算及复合运算.

(1) 设 $f(z)=\sum_{n=0}^{\infty}a_nz^n$，$R=r_1$；$g(z)=\sum_{n=0}^{\infty}b_nz^n$，$R=r_2$，那么在以原点为中心，$r_1$，$r_2$ 中较小的一个为半径的圆内，这两个幂级数可以像多项式那样进行加、减和乘法运算，所得到的幂级数的和函数分别就是 $f(z)$ 与 $g(z)$ 的和、差与积. 在各种情况下，所得到的幂级数的收敛半径大于或等于 r_1 与 r_2 中较小的一个.

(2) 复合运算：如果当 $|z|<r$ 时，$f(z)=\sum_{n=0}^{\infty}a_nz^n$，又设在 $|z|<R$ 内 $g(z)$ 解析，且满足 $|g(z)|<r$，那么当 $|z|<R$ 时，$f[g(z)]=\sum_{n=0}^{\infty}a_n[g(z)]^n$. 这个代换运算，在把函数展开成幂级数时，有着广泛的应用.

例 18.4 把函数 $\frac{1}{z-b}$ 表成形如 $\sum_{n=0}^{\infty}c_n(z-a)^n$ 的幂级数，其中 a 与 b 是不相等的复常数.

解 把函数 $\frac{1}{z-b}$ 写成如下的形式

$$\frac{1}{z-b}=\frac{1}{(z-a)-(b-a)}=-\frac{1}{b-a}\cdot\frac{1}{1-\frac{z-a}{b-a}}$$

当 $\left|\frac{z-a}{b-a}\right|<1$ 时，有

$$\frac{1}{1-\frac{z-a}{b-a}}=1+\left(\frac{z-a}{b-a}\right)+\left(\frac{z-a}{b-a}\right)^2+\cdots+\left(\frac{z-a}{b-a}\right)^n+\cdots$$

从而得

$$\frac{1}{z-b}=-\frac{1}{b-a}-\frac{1}{(b-a)^2}(z-a)-\frac{1}{(b-a)^3}(z-a)^2-\cdots-\frac{1}{(b-a)^{n+1}}(z-a)^n-\cdots$$

设 $|b-a|=R$，那么当 $|z-a|<R$ 时，上式右端的级数收敛，且其和为 $\frac{1}{z-b}$，因为当 $z=b$ 时，上式右端的级数发散，由阿贝尔定理知，当 $|z-a|>|b-a|=R$ 时，级数发散，即级数的收敛半径为 $R=|b-a|$.

求解此题时，我们采取了以下方法：因为要把 $\frac{1}{z-b}$ 展开成 $z-a$ 的幂级数，因而先把函数变形，使之出现 $z-a$，另外，已知 $\frac{1}{1-z}$ 的展开式. 利用上面两点，把 $\frac{1}{z-b}$ 写成 $\frac{1}{1-g(z)}$，

其中 $g(z)=\dfrac{z-a}{b-a}$，然后把$\dfrac{1}{1-z}$展开式中的 z 换成 $g(z)$，便得到所要的幂级数.

上面的方法在以后将函数展成幂级数时常常用到，和在实函数中将函数间接展开成幂级数的方法是一致的.

复幂级数也像实幂级数一样，在其收敛圆内具有下列性质：

定理 18.2 设幂级数 $\sum\limits_{n=0}^{\infty}c_n(z-a)^n$ 的收敛半径为 R，则

(1) 它的和函数 $f(z)=\sum\limits_{n=0}^{\infty}c_n(z-a)^n$ 是收敛圆 $|z-a|<R$ 内的解析函数.

(2) $f(z)$在收敛圆内可以逐项求导，即

$$f'(z)=\sum_{n=1}^{\infty}nc_n(z-a)^{n-1}$$

(3) $f(z)$在收敛圆内可以逐项积分，即

$$\int_C f(z)\mathrm{d}z=\sum_{n=0}^{\infty}c_n\int_C(z-a)^n\mathrm{d}z$$

其中 C 为区域 $|z-a|<R$ 内的一条曲线.

18.3 解析函数的泰勒级数展开

从上节知道，幂级数的和函数在其收敛域内一定是解析函数，那么任何一个区域 D 内的解析函数是否一定可以展开为幂级数呢？

本节研究圆内解析函数展开为幂级数的问题，即任意一个解析函数可以分解为一些最简单的函数——幂函数之和，这样的一种表示方法对于在理论上以及应用上研究解析函数都会带来很大的方便.

定理 18.3 设 $f(z)$在圆域 C：$|z-a|<R$ 内解析，则 $f(z)$在 C 内可以展成幂级数 $f(z)=\sum\limits_{n=0}^{\infty}c_n(z-a)^n$，其中

$$c_n=\frac{1}{2\pi\mathrm{i}}\int_P\frac{f(z)}{(z-a)^{n+1}}\mathrm{d}z=\frac{f^{(n)}(a)}{n!}\quad(n=0,1,2,\cdots)$$

而 P 为圆周 $|z-a|=\rho\ (0<\rho<R)$，且这个展开式是唯一的.

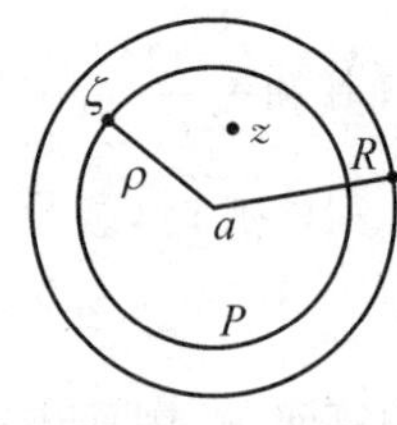

图 18.1 圆域

证 (1) 在圆域 C：$|z-a|<R$ 内作包含点 z 在内的圆

$$P：|\zeta-a|=\rho\ (0<\rho<R)\quad(\text{图 }18.1).$$

根据柯西积分公式 $f(z)=\dfrac{1}{2\pi\mathrm{i}}\displaystyle\int_P\frac{f(\zeta)\mathrm{d}\zeta}{\zeta-z}$，而

$$\frac{1}{\zeta-z}=\frac{1}{\zeta-a-(z-a)}=\frac{1}{\zeta-a}\left(\frac{1}{1-\dfrac{z-a}{\zeta-a}}\right)$$

$$=\frac{1}{\zeta-a}+\frac{z-a}{(\zeta-a)^2}+\cdots+\frac{(z-a)^n}{(\zeta-a)^{n+1}}+\cdots \qquad (*)$$

在圆周 P 上,由于 $\left|\dfrac{z-a}{\zeta-a}\right|=\dfrac{|z-a|}{\rho}<1$,所以式(*)在 P 上为一致收敛级数*.

因此,在式(*)两端乘以$\dfrac{f(\zeta)}{2\pi\mathrm{i}}$以后,就可以沿 P 逐项积分,求得

$$f(z)=\frac{1}{2\pi\mathrm{i}}\int_P\frac{f(\zeta)\mathrm{d}\zeta}{\zeta-a}+\frac{z-a}{2\pi\mathrm{i}}\int_P\frac{f(\zeta)\mathrm{d}\zeta}{(\zeta-a)^2}+\cdots+\frac{(z-a)^n}{2\pi\mathrm{i}}\int_P\frac{f(\zeta)\mathrm{d}\zeta}{(\zeta-a)^{n+1}}+\cdots$$

$$=\sum_{n=0}^{\infty}\frac{f^{(n)}(a)}{n!}(z-a)^n=\sum_{n=0}^{\infty}c_n(z-a)^n$$

(2) 下证这个展开式是唯一的.

设 $f(z)$在圆 C:$|z-a|<R$ 内又可以展成

$$f(z)=\sum_{n=0}^{\infty}c'_n(z-a)^n$$

因为幂级数在收敛圆内可以逐项求导,对上式求各阶导数,得

$$f^{(n)}(z)=n!c'_n+(n+1)!c'_{n+1}(z-a)+\cdots$$

令 $z=a$,得 $f^{(n)}(a)=n!c'_n$,所以

$$c'_n=\frac{f^{(n)}(a)}{n!}=c_n$$

故 $f(z)$的展开式的形式是唯一的.

定理18.3中的展开式称为**泰勒展开式**.

推论1　设 $f(z)$在区域 D 内解析,$z=a$ 为 D 内任一点,则

$$f(z)=\sum_{n=0}^{\infty}\frac{f^{(n)}(a)}{n!}(z-a)^n$$

这个级数当 $|z-a|<\delta$ 时收敛,其中 δ 是 a 到区域 D 的边界上各点的最短距离.

推论2　一个函数在一点的邻域内可以展开成幂级数的充要条件是这个函数在这个邻域内为解析函数.

应当指出,若 $f(z)$在 D 内有奇点,那么使 $f(z)$在 z_0 的泰勒展开式成立的 R 就等于从 z_0 到 $f(z)$最近一个奇点 a 之间的距离,即 $R=|a-z_0|$,这是因为 $f(z)$在收敛圆内解析,故奇点不可能在收敛圆内;又因为奇点 a 不可能在收敛圆外,不然收敛半径还可以扩

* 一致收敛是数学分析中一个很重要的概念,一致收敛的级数可以逐项积分,在此,我们只用这一结论.

大，因此，奇点只能在收敛圆周上.

利用泰勒展开式，可以直接通过计算系数：$c_n=\frac{1}{n!}f^{(n)}(z_0)$ $(n=0,1,2,\cdots)$ 把函数 $f(z)$ 在 z_0 展开成幂级数.

例 18.5 求 e^z 在 $z=0$ 的泰勒展开式.

解 因 $(e^z)^{(n)}=e^z$，$(e^z)^{(n)}\Big|_{z=0}=1$ $(n=0,1,\cdots)$，故有

$$e^z=1+z+\frac{z^2}{2!}+\frac{z^3}{3!}+\cdots+\frac{z^n}{n!}+\cdots$$

因为 e^z 在复平面内处处解析，所以此等式在复平面内处处成立，且右端的幂级数的收敛半径等于 $+\infty$.

同样可求得 $\sin z$ 与 $\cos z$ 在 $z=0$ 的泰勒展开式.

$$\sin z=z-\frac{z^3}{3!}+\frac{z^5}{5!}-\cdots+(-1)^n\frac{z^{2n+1}}{(2n+1)!}+\cdots$$

$$\cos z=1-\frac{z^2}{2!}+\frac{z^4}{4!}-\cdots+(-1)^n\frac{z^{2n}}{(2n)!}+\cdots$$

因为 $\sin z$ 与 $\cos z$ 在复平面内处处解析，所以这些等式也在复平面内处处成立.

直接利用泰勒展开式可以把函数展开成幂级数，但更常用的方法是利用幂级数的运算和性质把函数展开成幂级数.

例 18.6 求下列解析函数在 $z=0$ 的泰勒展开式.

(1) $\sin^2 z$　　　　(2) $e^z\cos z$

解 (1) $\sin^2 z=\frac{1-\cos 2z}{2}=\frac{1}{2}-\frac{1}{2}\sum_{n=0}^{\infty}(-1)^n\frac{(2z)^{2n}}{(2n)!}$

$$=\sum_{n=1}^{\infty}(-1)^{n+1}\frac{2^{2n-1}z^{2n}}{(2n)!}\quad(|z|<+\infty)$$

(2) $e^z\cos z=\frac{1}{2}[e^{(1+i)z}+e^{(1-i)z}]$

$$=\frac{1}{2}\left[1+\frac{(1+i)z}{1!}+\frac{(1+i)^2z^2}{2!}+\cdots+\frac{(1+i)^nz^n}{n!}+\cdots\right]$$

$$+\frac{1}{2}\left[1+\frac{(1-i)z}{1!}+\frac{(1-i)^2z^2}{2!}+\cdots+\frac{(1-i)^nz^n}{n!}+\cdots\right]$$

$$=\frac{1}{2}\sum_{n=0}^{\infty}\frac{1}{n!}[(1+i)^n+(1-i)^n]z^n\quad(|z|<+\infty)$$

例 18.7 求对数函数的主值 $\ln(1+z)$ 在 $z=0$ 处的泰勒展开式.

解 因 $\ln(1+z)$ 在从 -1 向左沿负实轴剪开的平面内是解析的，而 -1 是它的一个奇点，所以它在 $|z|<1$ 内可以展开成 z 的幂级数.

因为 $[\ln(1+z)]'=\dfrac{1}{1+z}$，而

$$\frac{1}{1+z}=1-z+z^2-\cdots+(-1)^n z^n+\cdots \quad (|z|<1)$$

任取一条从0到 z 的积分路线 C，把上式两端沿 C 逐项积分，得

$$\int_0^z \frac{1}{1+z}\mathrm{d}z=\int_0^z \mathrm{d}z-\int_0^z z\mathrm{d}z+\cdots+\int_0^z (-1)^n z^n \mathrm{d}z+\cdots$$

即

$$\ln(1+z)=z-\frac{z^2}{2}+\frac{z^3}{3}-\frac{z^4}{4}+\cdots+(-1)^n\frac{z^{n+1}}{n+1}+\cdots \quad (|z|<1)$$

这就是所求的泰勒展开式.

通过以上例子可以看出，把一个复函数展开成幂级数的方法与实函数的情形基本一样，读者必须通过练习，掌握展开的基本方法和技巧.

例 18.8　把函数 $f(z)=\dfrac{1}{(1+z)^2}$ 展开为 z 的幂级数.

解　由于函数 $f(z)$ 有一奇点 $z=-1$，而在 $|z|<1$ 内处处解析. 所以函数 $f(z)$ 可在 $|z|<1$ 内展开为 z 的幂级数. 由于

$$\frac{1}{1+z}=1-z+z^2-\cdots+(-1)^n z^n+\cdots \quad (|z|<1)$$

对上式两边逐项求导，即得所求的展开式：

$$\frac{1}{(1+z)^2}=1-2z+3z^2-\cdots+(-1)^{n-1}nz^{n-1}+\cdots \quad (|z|<1)$$

18.4　洛朗级数

一个以 z_0 为中心的圆域内的解析函数 $f(z)$，可以在该圆域内展开为 $(z-z_0)$ 的幂级数. 如果 $f(z)$ 在 z_0 处不解析，则在 z_0 的邻域内就不能用 $(z-z_0)$ 的幂级数来表示. 本节将讨论以 z_0 为中心的圆环域内解析函数的级数表示法.

例 18.9　函数 $f(z)=\dfrac{1}{z(z-1)}$ 在 $z=0$ 及 $z=1$ 都不解析，但在圆环 $0<|z|<1$ 及 $0<|z-1|<1$ 内是解析的，求其在这两个圆环域中的最简单形状的级数展开式.

解　先研究在圆环 $0<|z|<1$ 内的情况

$$f(z)=-\left(\frac{1}{z}+\frac{1}{1-z}\right)=-\frac{1}{z}-1-z-z^2-\cdots-z^n-\cdots \quad (|z|<1)$$

由此可以看出 $f(z)$ 在圆环 $0<|z|<1$ 中是可以展开为级数的.

只是除了 z 的正幂项以外，还出现了 z 的负幂项.

再考虑圆环 $0<|z-1|<1$ 内的情况

$$f(z)=\frac{1}{z-1}\left[\frac{1}{1+(z-1)}\right]$$

$$=\frac{1}{z-1}[1-(z-1)+(z-1)^2-(z-1)^3+\cdots+(-1)^n(z-1)^n+\cdots]$$

$$=\frac{1}{z-1}-1+(z-1)-(z-1)^2+\cdots+(-1)^n(z-1)^n+\cdots\quad(0<|z-1|<1)$$

可以看到，展开式中除了$(z-1)$的正幂项以外，还出现了$(z-1)$的负幂项.

由上例，我们可以推想在圆环 $R_1<|z-z_0|<R_2$ 内的解析函数 $f(z)$是否可能展开为既包含$(z-z_0)$的正幂项也包含$(z-z_0)$的负幂项的级数，也即如下形状的级数呢？

$$f(z)=\cdots+a_{-n}(z-z_0)^{-n}+\cdots+a_{-1}(z-z_0)^{-1}+$$
$$a_0+a_1(z-z_0)+\cdots+a_n(z-z_0)^n+\cdots$$

为此，首先对上述形状的级数作一讨论：

关于级数 $\sum\limits_{n=-\infty}^{\infty}a_n(z-z_0)^n$，称之为**双边幂级数**.若对于某一点 z，级数 $\sum\limits_{n=0}^{\infty}a_n(z-z_0)^n$ 及 $\sum\limits_{n=-\infty}^{-1}a_n(z-z_0)^n$ 分别收敛，将它们的和分别记为 $f_1(z)$及 $f_2(z)$，则称级数在 z 处收敛，记其和为 $f_1(z)+f_2(z)$；否则就称级数在 z 处发散.

对于级数 $\sum\limits_{n=0}^{\infty}a_n(z-z_0)^n$，它的收敛范围是一个圆域，设它的收敛半径为 R_2，那么当 $|z-z_0|<R_2$ 时，级数收敛，当 $|z-z_0|>R_2$ 时，级数发散.

对于级数 $\sum\limits_{n=-\infty}^{-1}a_n(z-z_0)^n$，若令 $\zeta=(z-z_0)^{-1}$，那么就得到

$$\sum_{n=-\infty}^{-1}a_n(z-z_0)^n=\sum_{n=1}^{\infty}a_{-n}\zeta^n=a_{-1}\zeta+a_{-2}\zeta^2+\cdots+a_{-n}\zeta^n+\cdots$$

对变数 ζ 来说，上述级数是一个通常的幂级数.设它的收敛半径为 $R\,(\neq 0)$，那么当 $|\zeta|<R$ 时，级数收敛；当 $|\zeta|>R$ 时，级数发散.令 $\dfrac{1}{R}=R_1$，那么当且仅当 $|\zeta|<R$ 即 $|z-z_0|>R_1$ 时级数收敛；当且仅当 $|\zeta|>R$ 即 $|z-z_0|<R_1$ 时级数发散.

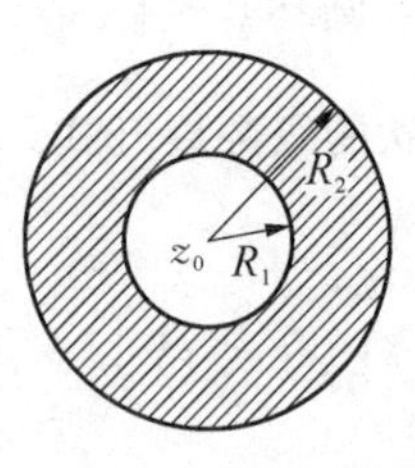

图 18.2　圆环域

由上述讨论知，当 $R_1<R_2$ 时，级数 $\sum\limits_{n=0}^{\infty}a_n(z-z_0)^n$ 和级数 $\sum\limits_{n=-\infty}^{-1}a_n(z-z_0)^n$ 均收敛，其共同的区域是一个圆环域(图 18.2).这就是说，级数 $\sum\limits_{n=-\infty}^{+\infty}a_n(z-z_0)^n$ 的收敛域是圆环域$R_1<|z-z_0|<R_2$，在特殊情形下，圆环域的内半径 R_1 可能等于 0，外半径 R_2 可能是无穷大.

幂级数在收敛圆内所具有的许多性质，级数 $\sum_{n=-\infty}^{+\infty} a_n(z-z_0)^n$ 在收敛圆环域内也具有. 可以证明，上述级数在收敛圆环域内其和函数是解析的，而且可以逐项积分和逐项求导.

反过来，上述结论的逆命题也成立，这就是下面的定理.

定理 18.4　设 $f(z)$ 在圆环域 $R_1 < |z-z_0| < R_2$ 内处处解析，那么

$$f(z) = \sum_{n=-\infty}^{\infty} a_n(z-z_0)^n$$

且展开式是唯一的. 其中

$$a_n = \frac{1}{2\pi i}\oint_C \frac{f(\zeta)}{(\zeta - z_0)^{n+1}} d\zeta \quad (n = 0, \pm 1, \pm 2, \cdots)$$

这里，C 为在圆环域内绕 z_0 的任何一条正向简单闭曲线.

定理 18.4 的证明过程较复杂，此处略.

$f(z) = \sum_{n=-\infty}^{\infty} a_n(z-z_0)^n$ 称为函数 $f(z)$ 在以 z_0 为中心的圆环域 $R_1 < |z-z_0| < R_2$ 内的洛朗展开式，它右端的级数称为 $f(z)$ 在此圆环域内的**洛朗级数**. 在许多应用中，往往需要把在某点 z_0 不解析，但在 z_0 的某去心邻域内解析的函数 $f(z)$ 展开成级数，那么就可利用洛朗级数来展开.

另外，一个在某一圆环域内解析的函数展开为含有正、负幂项的级数是唯一的，这个级数就是 $f(z)$ 的洛朗级数.

事实上，假定 $f(z)$ 在圆环域 $R_1 < |z-z_0| < R_2$ 内不论用何种方法已展开成为下列形式的级数

$$f(z) = \sum_{n=-\infty}^{+\infty} a_n(z-z_0)^n$$

并设 C 为圆环域内绕 z_0 点的任何一条正向简单闭曲线，ζ 为 C 上任一点，那么

$$f(\zeta) = \sum_{n=-\infty}^{+\infty} a_n(\zeta-z_0)^n$$

以 $(\zeta-z_0)^{-p-1}$ 去乘上式两边，这里 p 为任一正整数，并沿 C 积分，得

$$\oint_C \frac{f(\zeta)}{(\zeta-z_0)^{p+1}} d\zeta = \sum_{n=-\infty}^{\infty} a_n \oint_C (\zeta - z_0)^{n-p-1} d\zeta = 2\pi i a_p$$

从而

$$a_p = \frac{1}{2\pi i}\oint_C \frac{f(\zeta)}{(\zeta - z_0)^{p+1}} d\zeta \quad (p = 0, \pm 1, \pm 2, \cdots)$$

这正是洛朗展开式中的系数.

洛朗展开式中的系数用公式直接去计算是很麻烦的，根据洛朗展开式的唯一性，我们可以用间接方法，主要是代数运算、代换、求导和积分等方法去展开，得到我们所要的展开式.

例 18.10 函数 $f(z)=\dfrac{1}{(z-1)(z-2)}$ 在圆环域

(1) $0<|z|<1$ (2) $1<|z|<2$ (3) $2<|z|<+\infty$

内都是解析的，试把 $f(z)$ 在这些区域内分别展开成洛朗级数.

解 $f(z)=\dfrac{1}{1-z}-\dfrac{1}{2-z}$

(1) 在 $0<|z|<1$ 内，由于 $|z|<1$，从而 $\left|\dfrac{z}{2}\right|<1$，所以

$$\frac{1}{1-z}=1+z+z^2+\cdots+z^n+\cdots$$

$$\frac{1}{2-z}=\frac{1}{2}\cdot\frac{1}{1-\dfrac{z}{2}}=\frac{1}{2}\left(1+\frac{z}{2}+\frac{z^2}{2^2}+\cdots+\frac{z^n}{2^n}+\cdots\right)$$

所以

$$f(z)=(1+z+z^2+\cdots)-\frac{1}{2}\left(1+\frac{z}{2}+\frac{z^2}{4}+\cdots\right)=\frac{1}{2}+\frac{3}{4}z+\frac{7}{8}z^2+\cdots$$

(2) 在 $1<|z|<2$ 内，由于 $|z|>1$，不能对 $\dfrac{1}{1-z}$ 直接展开，但 $\left|\dfrac{1}{z}\right|<1$，所以

$$\frac{1}{1-z}=-\frac{1}{z}\cdot\frac{1}{1-\dfrac{1}{z}}=-\frac{1}{z}\left(1+\frac{1}{z}+\frac{1}{z^2}+\cdots\right)$$

又因 $|z|<2$，所以 $\left|\dfrac{z}{2}\right|<1$，因此

$$\frac{1}{2-z}=\frac{1}{2}\cdot\frac{1}{1-\dfrac{z}{2}}=\frac{1}{2}\left(1+\frac{z}{2}+\frac{z^2}{2^2}+\cdots+\frac{z^n}{2^n}+\cdots\right)$$

所以

$$f(z)=-\frac{1}{z}\left(1+\frac{1}{z}+\frac{1}{z^2}+\cdots\right)-\frac{1}{2}\left(1+\frac{z}{2}+\frac{z^2}{2^2}+\cdots\right)$$

(3) 在 $2<|z|<+\infty$ 内，由于 $|z|>2$，所以$\dfrac{1}{1-z}$的展开式与(2)中相同. 而

$$\frac{1}{2-z}=-\frac{1}{z}\cdot\frac{1}{1-\dfrac{2}{z}}=-\frac{1}{z}\left(1+\frac{2}{z}+\frac{4}{z^2}+\cdots\right)$$

所以

$$f(z)=\frac{1}{z}\left(1+\frac{2}{z}+\frac{4}{z^2}+\cdots\right)-\frac{1}{z}\left(1+\frac{1}{z}+\frac{1}{z^2}+\cdots\right)=\frac{1}{z^2}+\frac{3}{z^3}+\frac{7}{z^4}+\cdots$$

例 18.11 将函数 $f(z)=z^3e^{\frac{1}{z}}$ 在 $0<|z|<+\infty$ 内展开成洛朗级数.

解 函数 $f(z)=z^3e^{\frac{1}{z}}$ 在 $0<|z|<+\infty$ 内处处解析,因

$$e^z=1+z+\frac{z^2}{2!}+\cdots+\frac{z^n}{n!}+\cdots$$

而$\frac{1}{z}$在 $0<|z|<+\infty$ 解析,所以

$$z^3e^{\frac{1}{z}}=z^3\left(1+\frac{1}{z}+\frac{1}{2!z^2}+\frac{1}{3!z^3}+\cdots\right)=z^3+z^2+\frac{z}{2!}+\frac{1}{3!}+\frac{1}{4!z}+\cdots$$

应当注意,给定了函数 $f(z)$与复平面内一点 z_0 以后,由于这个函数可以在以 z_0 为中心的由奇点隔开的不同圆环域内解析,因而在各个不同的圆环域中有不同的洛朗展开式(包括泰勒展开式作为它的特例).我们不要把这种情形与洛朗展开式的唯一性相混淆.所谓洛朗展开式的唯一性是指函数在某一个给定的圆环域内的洛朗展开式是唯一的.另外,在展开式的收敛圆环域的内圆周上可能有 $f(z)$的奇点,外圆周上也可能有 $f(z)$的奇点,甚至外圆周的半径为无穷大.例如,函数 $f(z)=\frac{1-2i}{z(z+i)}$ 在复平面内有两个奇点 $z=0$ 与 $z=-i$,分别在以 i 为中心的圆周:$|z-i|=1$ 与 $|z-i|=2$ 上(见图 18.3).因此,$f(z)$在以 i 为中心的圆环域内的展开式有以下三个:

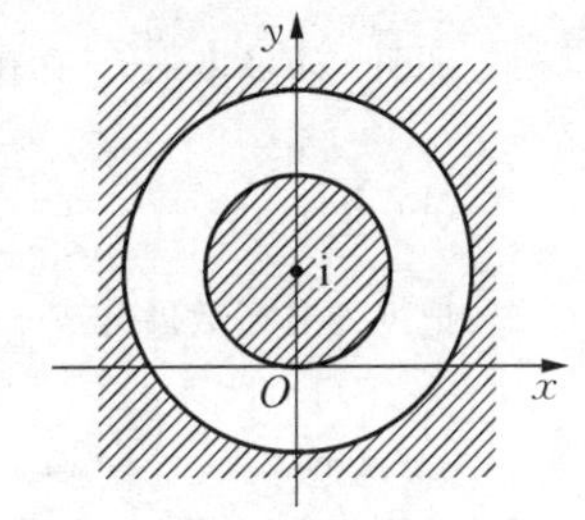

图 18.3 以 i 为中心的圆环域

(1) 在 $|z-i|<1$ 中的泰勒展开式.

(2) 在 $1<|z-i|<2$ 中的洛朗展开式.

(3) 在 $2<|z-i|<+\infty$ 中的洛朗展开式.

* * * * *

本章介绍了复数项级数的概念和一些基本性质,在此基础上引入了复变函数项级数.对函数项级数的特殊情形幂级数而言,它的收敛范围是一个圆形域,其收敛半径可用比值法和根值法确定.幂级数的和函数可以通过幂级数的代数运算和逐项积分、逐项求导而得到,特别注意的是:幂级数在其收敛圆周上的情形往往非常复杂.

一个在某一区域内解析的函数可以展开成泰勒级数,展开方法与实函数一样.而且,任何解析函数展开成幂级数的结果就是泰勒级数,因而是唯一的.对于 e^z, $\sin z$, $\cos z$, $\frac{1}{1-z}$等特殊函数,要求记住其泰勒展开式.

本章中的新概念是洛朗级数,这也是其与实函数最大的区别.一个在圆环域解析的函数可以展开为洛朗级数.洛朗展开式的唯一性是针对同一圆环域内函数的展开式而言的.一个函数在不同的圆环域内所展成的洛朗级数是不相同的.

洛朗级数是本章的难点,将一个函数展成洛朗级数往往是用间接法,即利用一些已知函数的展开式.

本章常用词汇中英文对照

级数	series	数列收敛	convergence of sequences
级数收敛	convergence of series	部分和	partial sum
泰勒级数	Taylor series	泰勒定理	Taylor's theorem
洛朗级数	Laurent series		

习　题　18

1. 判断下列级数的绝对收敛性与收敛性.

(1) $\sum_{n=1}^{\infty}\frac{\mathrm{i}^n}{n}$　　(2) $\sum_{n=2}^{\infty}\frac{\mathrm{i}^n}{\ln n}$

2. 幂级数 $\sum_{n=0}^{\infty}a_n(z-2)^n$ 能否在 $z=0$ 收敛而在 $z=3$ 发散？

3. 如果 $\sum_{n=0}^{\infty}a_nz^n$ 的收敛半径为 R，证明 $\sum_{n=0}^{\infty}\mathrm{Re}(a_n)z^n$ 的收敛半径 $\geqslant R$.

4. 证明：如果 $\lim_{n\to\infty}\frac{a_{n+1}}{a_n}$ 存在，下列三个幂级数有相同的收敛半径.

(1) $\sum_{n=0}^{\infty}a_nz^n$　　(2) $\sum_{n=0}^{\infty}\frac{a_n}{n+1}z^{n+1}$　　(3) $\sum_{n=1}^{\infty}na_nz^{n-1}$

5. 把下列各函数展开成 z 的幂级数，并指出它们的收敛半径.

(1) $\frac{1}{1+z^3}$　　(2) $\frac{1}{(1+z^2)^2}$　　(3) $\cos z^2$　　(4) $\mathrm{e}^{z^2}\sin z^2$　　(5) $\mathrm{sh}\, z$

6. 求下列各函数在指定点 z_0 处的泰勒展开式，并指出它们的收敛半径.

(1) $\frac{z-1}{z+1}$, $z_0=1$　　(2) $\frac{z}{(z+1)(z+2)}$, $z_0=2$

(3) $\frac{1}{z^2}$, $z_0=-1$　　(4) $\frac{1}{4-3z}$, $z_0=1+\mathrm{i}$

(5) $\tan z$, $z_0=\frac{\pi}{4}$　　(6) $\arctan z$, $z_0=0$

7. 下列结论是否正确？用长除法，得

$$\frac{z}{1-z}=z+z^2+z^3+z^4+\cdots,\quad \frac{z}{z-1}=1+\frac{1}{z}+\frac{1}{z^2}+\frac{1}{z^3}+\cdots$$

因为 $\frac{z}{1-z}+\frac{z}{z-1}=0$，所以

$$\cdots+\frac{1}{z^3}+\frac{1}{z^2}+\frac{1}{z}+1+z+z^2+z^3+\cdots=0$$

8. 把下列各函数在指定的圆环域内展开成洛朗级数.

(1) $\frac{1}{(z^2+1)(z-2)}$, $1<|z|<2$

(2) $\frac{1}{z(1-z)^2}$, $0<|z|<1$, $0<|z-1|<1$

(3) $\frac{1}{(z-1)(z-2)}$, $0<|z-1|<1$, $1<|z-2|<+\infty$

(4) $e^{\frac{1}{1-z}}$，$1<|z|<+\infty$

(5) $\dfrac{1}{z^2(z-i)}$，在以 i 为中心的圆环域内.

9. 如果 C 为正向圆周 $|z|=3$，求积分.

(1) $\oint_C \dfrac{1}{z(z+2)}dz$　　(2) $\oint_C \dfrac{z+2}{(z+1)z}dz$

(3) $\oint_C \dfrac{1}{z(z+1)^2}dz$　　(4) $\oint_C \dfrac{z}{(z+1)(z+2)}dz$

10. 证明：$f(z)=\cos\left(z+\dfrac{1}{z}\right)$ 以 z 的各次幂表示出的洛朗展开式中的各系数为

$$c_n=\frac{1}{2\pi}\int_0^{2\pi}\cos(2\cos\theta)\cos n\theta d\theta \quad (n=0,\pm 1,\pm 2,\cdots)$$

11. 如果 k 是满足关系 $k^2<1$ 的实数，证明：

$$\sum_{n=0}^{\infty}k^n\sin(n+1)\theta=\frac{\sin\theta}{1-2k\cos\theta+k^2},\quad \sum_{n=0}^{\infty}k^n\cos(n+1)\theta=\frac{\cos\theta-k}{1-2k\cos\theta+k^2}$$

（提示：对 $|z|>|k|$ 展开 $(z-k)^{-1}$ 成洛朗级数，并在展开式的结果中置 $z=e^{i\theta}$，再令两边的实部与实部相等，虚部与虚部相等）

第19章　留数及其应用

本章先给出孤立奇点的概念及其分类方法，然后根据解析函数的洛朗展开式给出留数的概念及其计算方法，在此基础上解决留数在定积分计算中的应用问题.本章重点是孤立奇点类型的判断，留数计算和留数定理.

19.1　孤立奇点的定义与分类

1. 孤立奇点的三种类型

前面曾定义函数的不解析点为奇点，若函数 $f(z)$ 在 z_0 不解析，但在 z_0 的某一去心邻域 $0<|z-z_0|<\delta$ 内处处解析，则称 z_0 为 $f(z)$ 的孤立奇点.例如，函数 $\frac{1}{z-1}$ 以 $z=1$ 为孤立奇点，函数 $e^{\frac{1}{z}}$ 以 $z=0$ 为孤立奇点.但应注意，并不是任何复变函数的奇点均为孤立奇点.例如，函数 $f(z)=\frac{1}{\sin\frac{1}{z}}$，$z=0$ 是它的一个奇点，除此之外，$\frac{1}{z}=n\pi$ 或 $z=\frac{1}{n\pi}$ $(n=\pm1,\pm2,\cdots)$ 也都是它的奇点.当 n 的绝对值逐渐增大时，$\frac{1}{n\pi}$ 可任意接近 $z=0$.也即在 $z=0$ 的不论怎样小的去心邻域内总有 $f(z)$ 的奇点存在，所以 $z=0$ 不是 $\frac{1}{\sin\frac{1}{z}}$ 的孤立奇点.

由上一章可知，若 a 为 $f(z)$ 的孤立奇点，则 $f(z)$ 在 a 点的某去心邻域 $0<|z-a|<\delta$ 内可以展成洛朗级数.

$$f(z)=\sum_{n=-\infty}^{\infty}C_n(z-a)^n$$

称 $\sum\limits_{n=0}^{\infty}C_n(z-a)^n$ 为 $f(z)$ 在 a 点的正则部分，而称 $\sum\limits_{n=1}^{\infty}C_{-n}(z-a)^{-n}$ 为 $f(z)$ 在 a 点的主要部分.

定义 19.1　设 a 为 $f(z)$ 的孤立奇点.

(1) 如果 $f(z)$ 在 a 点的主要部分为0，则称 a 为 $f(z)$ 的**可去奇点**.

(2) 如果 $f(z)$ 在 a 点的主要部分为有限多项，设有

$$\frac{C_{-m}}{(z-a)^m}+\frac{C_{-(m-1)}}{(z-a)^{m-1}}+\cdots+\frac{C_{-1}}{z-a}\quad(C_{-m}\neq0)$$

则称 a 为 $f(z)$ 的 ***m* 级极点**.

(3) 如果 $f(z)$ 在 a 点的主要部分有无穷多项,则称 a 为 $f(z)$ 的**本性奇点**.

下面分别看一些例子:

$$\frac{\sin z}{z}=\frac{1}{z}\left(z-\frac{1}{3!}z^3+\frac{1}{5!}z^5-\cdots\right)=1-\frac{z^2}{3!}+\frac{1}{5!}z^4\cdots \quad (0<|z|<\infty)$$

在 $z=0$ 的去心邻域内的洛朗展开式中不含 z 的负幂项,即它的主要部分为 0,所以 $z=0$ 是它的可去奇点.

$f(z)=\dfrac{1}{(z-1)(z-2)}$ 在去心邻域 $0<|z-1|<1$ 内的洛朗展开式为

$$f(z)=-\frac{1}{z-1}-\sum_{n=0}^{\infty}(z-1)^n$$

其主要部分为 $-\dfrac{1}{z-1}$,所以 $z=1$ 是 $f(z)$ 的一级极点.

因为 $e^{\frac{1}{z}}$ 在 $z=0$ 的去心邻域内有展开式

$$e^{\frac{1}{z}}=1+z^{-1}+\frac{1}{2!}z^{-2}+\cdots+\frac{1}{n!}z^{-n}+\cdots$$

其主要部分有无穷多项,所以 $z=0$ 是 $e^{\frac{1}{z}}$ 的本性奇点.

下面,分别就三类孤立奇点的特征进行讨论.

2. 可去奇点

如果 a 为 $f(z)$ 的可去奇点,则有

$$f(z)=C_0+C_1(z-a)+C_2(z-a)^2+\cdots \quad (0<|z-a|<R)$$

上式右端表示圆 K: $|z-a|<R$ 内的解析函数,如果令 $f(a)=C_0$,则 $f(z)$ 在圆 K 内与一个解析函数重合.也就是说,将 $f(z)$ 在 a 点的值加以适当定义,则 a 点就是 $f(z)$ 的解析点,这就是称 a 为 $f(z)$ 的可去奇点的由来(以后在涉及可去奇点时,就可以把它作为解析点看待).

定理 19.1 如果 a 为 $f(z)$ 的孤立奇点,则下列三条件是等价的,因此,它们中的任何一条都是可去奇点的特征.

(1) $f(z)$ 在 a 点的主要部分为 0.

(2) $\lim\limits_{z\to a}f(z)=b\ (\neq\infty)$.

(3) $f(z)$ 在 a 点的某去心邻域内有界.

证 只要证明(1)推出(2);(2)推出(3);(3)推出(1)即可.

(1)⇒(2) 由(1)知

$$f(z)=C_0+C_1(z-a)+\cdots \quad (0<|z-a|<R)$$

于是 $\lim\limits_{z\to a}f(z)=C_0$ (有限数).

(2)⇒(3) 根据极限的性质即得.

(3)⇒(1)　设 $f(z)$ 在 a 点的某去心邻域 K 内以 M 为界. 考虑 $f(z)$ 在 a 点的主要部分

$$\frac{C_{-1}}{z-a}+\frac{C_{-2}}{(z-a)^2}+\cdots+\frac{C_{-n}}{(z-a)^n}+\cdots$$

其中，$C_n=\dfrac{1}{2\pi i}\oint_\Gamma \dfrac{f(\zeta)}{(\zeta-a)^{n+1}}d\zeta\ (n=-1,-2,\cdots)$，$\Gamma$ 为全含于 K 内的圆周 $|\zeta-a|=\rho$，ρ 可以充分小，于是由

$$|C_n|=\left|\frac{1}{2\pi i}\oint_\Gamma \frac{f(\zeta)}{(\zeta-a)^{n+1}}d\zeta\right|\leqslant\frac{1}{2\pi}\cdot\frac{M}{\rho^{n+1}}\cdot 2\pi\rho=\frac{M}{\rho^n}$$

即知当 $n=-1,-2,\cdots$ 时，$C_n=0$. 即是说，$f(z)$ 在 a 点的主要部分为 0.

3. *m* 级极点

为了更好地理解和判定函数的 m 级极点，先给出函数零点的概念.

不恒等于零的解析函数 $f(z)$ 若能表示成 $f(z)=(z-a)^m\varphi(z)$，其中，$\varphi(z)$ 在 a 点解析并且 $\varphi(a)\neq 0$，m 为某一正整数，那么 a 称为 $f(z)$ 的 m 级零点.

另外根据零点的定义，可以得到下面的结论：

若 $f(z)$ 在 a 解析，那么 a 为 $f(z)$ 的 m 级零点的充要条件是 $f^{(n)}(a)=0\ (n=0,1,2,\cdots,m-1)$，$f^{(m)}(a)\neq 0$. 证明略.

例如，函数 $f(z)=\sin z$，$z=0$ 是其解析点，且 $f(0)=0$，$f'(0)=\cos z|_{z=0}=1\neq 0$，所以 $z=0$ 为 $\sin z$ 的一级零点.

定理 19.2　如果 $f(z)$ 以 a 为孤立奇点，则下列三个条件是等价的，因此，它们中的任何一条都是 m 级极点的特征.

(1) $f(z)$ 在 a 的主要部分为 $\dfrac{C_{-m}}{(z-a)^m}+\cdots+\dfrac{C_{-1}}{z-a}\ (C_{-m}\neq 0)$.

(2) $f(z)$ 在 a 点的去心邻域内能表成 $f(z)=\dfrac{\lambda(z)}{(z-a)^m}$，其中 $\lambda(z)$ 在 a 点解析，且 $\lambda(a)\neq 0$.

(3) $g(z)=\dfrac{1}{f(z)}$ 以 a 为 m 级零点(可去奇点要作为解析点).

证　(1)⇒(2)　因

$$f(z)=\frac{C_{-m}}{(z-a)^m}+\frac{C_{-(m-1)}}{(z-a)^{m-1}}+\cdots+\frac{C_{-1}}{z-a}+C_0+C_1(z-a)+\cdots$$

$$=\frac{C_{-m}+C_{-(m-1)}(z-a)+\cdots}{(z-a)^m}=\frac{\lambda(z)}{(z-a)^m}$$

其中，$\lambda(z)$ 显然在 a 点解析，且 $\lambda(a)=C_{-m}\neq 0$.

(2)⇒(3)　若(2)为真，则在 a 点的某去心领域内，有

$$g(z)=\frac{1}{f(z)}=\frac{(z-a)^m}{\lambda(z)}$$

其中，$\frac{1}{\lambda(z)}$在 a 点解析，且 $\lambda(a)\neq 0$. 因此，a 为 $g(z)$的解析点. a 就是 $g(z)$的 m 级零点.

(3)⇒(1) 的证明留给读者.

下述定理也能说明极点的特征，其缺点是不能指明极点的级.

定理 19.3 $f(z)$的孤立奇点 a 为极点的充分必要条件是 $\lim\limits_{z\to a}f(z)=\infty$.

证 $f(z)$以 a 为极点的充分必要条件是$\frac{1}{f(z)}$以 a 为零点(定理 19.2)，由此知定理为真.

例 19.1 确定函数 $f(z)=\frac{5z+1}{(z-1)(2z+1)^2}$的孤立奇点及其类型.

解 由于 $z=1$ 以及 $z=-\frac{1}{2}$ 为 $\varphi(z)=(z-1)(2z+1)^2$ 的一级及二级零点，且 $5z+1$ 在 $z=1$ 及 $z=-\frac{1}{2}$ 处不为 0，所以 $z=1$ 为 $f(z)$一级极点，$z=-\frac{1}{2}$ 为 $f(z)$二级极点.

推论 $f(z)$的孤立奇点 a 为 m 级极点的充分必要条件是

$$\lim_{z\to z_0}(z-z_0)^m f(z)=C\quad (C\text{ 为非零常数})$$

例 19.2 试求 $f(z)=\frac{1}{\sin z}$ 的孤立奇点，并判断类型.

解 函数$\frac{1}{\sin z}$的奇点是使 $\sin z=0$ 的点，即 $z=k\pi\ (k=0,\pm1,\pm2,\cdots)$，它们显然是孤立奇点，由于 $(\sin z)'|_{z=k\pi}=\cos z|_{z=k\pi}=(-1)^k\neq 0$，所以 $z=k\pi$ 是 $\sin z$ 的一级零点，由定理 19.2 知 $z=k\pi$ 是$\frac{1}{\sin z}$的一级极点.

例 19.3 讨论函数$\frac{e^z-1}{z^2}$的孤立奇点.

解 显然 $z=0$ 是所给函数的孤立奇点，在 $0<|z|<+\infty$ 内

$$\frac{e^z-1}{z^2}=\frac{1}{z^2}\left(\sum_{n=0}^{\infty}\frac{z^n}{n!}-1\right)=\frac{1}{z}+\frac{1}{2!}+\frac{1}{3!}z+\cdots$$

由定义 19.1 知，$z=0$ 是函数的一级极点(形式上似乎是二级极点).

孤立奇点类型的判断方法是很灵活的，要根据具体函数选用适当方法.

4. 本性奇点

定理 19.4 $f(z)$的孤立奇点 a 为本性奇点的充分必要条件是$\lim\limits_{z\to a}f(z)$不存在，即当 $z\to a$ 时，$f(z)$既不趋于∞，也不趋于一个有限值.

这可由定理 19.1 的(2)和定理 19.3 得到证明.

定理 19.5 若 $z=a$ 为 $f(z)$的本性奇点，且 $f(z)$在 a 点的充分小邻域内不取零值，则 $z=a$ 亦必为$\dfrac{1}{f(z)}$的本性奇点.

证 令 $\varphi(z)=\dfrac{1}{f(z)}$，若 $z=a$ 为 $\varphi(z)$的可去奇点(解析点)，则 $z=a$ 必为$f(z)$的可去奇点或极点，与假设矛盾；若 $z=a$ 为 $\varphi(z)$的极点，则 $z=a$ 必为 $f(z)$的零点(可去奇点)，亦与假设矛盾. 故 $z=a$ 为 $\varphi(z)$的本性奇点.

例 19.4 $z=0$ 为 $e^{\frac{1}{z}}$的本性奇点，由定理 19.5 可以断定 $z=0$ 亦为 $e^{-\frac{1}{z}}$的本性奇点，事实上，

$$e^{-\frac{1}{z}}=1-\frac{1}{z}+\frac{1}{2!z^2}-\cdots+(-1)^n\frac{1}{n!z^n}+\cdots$$

维尔斯特拉斯在 1876 年给出下面的定理，描述出解析函数在本性奇点邻域内的特征.

定理 19.6 如果 a 为 $f(z)$的本性奇点，则对于任意常数 A，不管它是有限数还是∞，都有一个收敛于 a 的点列$\{z_n\}$，使得 $\lim\limits_{z_n\to a}f(z_n)=A$.

换句话说，在本性奇点的无论怎样小的邻域内，函数可以取任意接近于预先给定的任何数值(有限的或∞).

定理证明略，下面举例来说明此定理.

例 19.5 $f(z)=e^{\frac{1}{z}}$.

解 这里，$z=0$ 是 $f(z)$的本性奇点.

设 $A=\infty$，取 $z_n=\dfrac{1}{n}$，有 $f(z_n)=e^n\to\infty$ (当 $n\to\infty$). 就是说，当 $A=\infty$ 时，点列$\left\{\dfrac{1}{n}\right\}$适合定理中的论断.

现在设 $A=0$，若令 $z_n=-\dfrac{1}{n}$，有 $f(z_n)=e^{-n}\to 0$ (当 $n\to\infty$ 时). 就是说，定理的论断在此情形也得到证实.

最后，设 $A\neq 0$，$A\neq\infty$，这里极易由解方程 $e^{\frac{1}{z}}=A$ 来取相应的点 z_n，即得 $\dfrac{1}{z}=\mathrm{Ln}A$. 于是

$$z=\frac{1}{\mathrm{Ln}A}=\frac{1}{\ln A+2n\pi i}$$

若取 $z_n=\dfrac{1}{\ln A+2n\pi i}$ $(n=1,2,\cdots)$，我们就有收敛于 0 且满足条件 $f(z_n)=A$ 的点列$\{z_n\}$. 于是

$$\lim_{z_n\to a}f(z_n)=A$$

19.2 留　　数

1. 留数的定义及留数定理

根据柯西-古萨定理，若函数 $f(z)$ 在 z_0 的某邻域内解析，就有 $\oint_C f(z)\mathrm{d}z=0$，其中 C 为 z_0 邻域内的任意一条简单闭曲线.

但是，如果 z_0 为 $f(z)$ 的一个孤立奇点，那么对于 z_0 的某个去心邻域 $0<|z-z_0|<R$ 内绕 z_0 的任意一条简单闭曲线 C，积分 $\oint_C f(z)\mathrm{d}z$ 一般就不等于 0，现将函数 $f(z)$ 在此邻域内展开成洛朗级数

$$
\begin{aligned}
f(z)=\cdots+C_{-n}(z-z_0)^{-n}+\cdots+C_{-1}(z-z_0)^{-1}+C_0 \\
+C_1(z-z_0)+\cdots+C_n(z-z_0)^n+\cdots
\end{aligned}
$$

再对此展开式的两端沿 C 逐项积分，右端各项的积分除留下 $n=-1$ 的一项等于 $2\pi \mathrm{i}C_{-1}$ 外，其余各项的积分都等于 0，所以

$$\oint_C f(z)\mathrm{d}z=2\pi\mathrm{i}C_{-1}$$

我们把(留下的)这个积分值除以 $2\pi\mathrm{i}$ 后所得的数称为 $f(z)$ 在 z_0 的**留数**，记为

$$\mathrm{Res}[f(z),\ z_0],\quad \text{因此}\quad \mathrm{Res}[f(z),\ z_0]=C_{-1}$$

也就是说，$f(z)$ 在 z_0 的留数就是 $f(z)$ 在以 z_0 为中心的圆环域内的洛朗级数中负幂项 $C_{-1}(z-z_0)^{-1}$ 的系数.

由此可知，在可去奇点处，函数的留数总等于 0.

下面的留数定理是应用留数求沿封闭曲线积分的根据.

定理 19.7(留数定理)　设函数 $f(z)$ 在区域 D 内除有限个孤立奇点 $z_1,z_2,\cdots,z_n$ 外处处解析，C 是 D 内包围诸奇点的一条正向简单闭曲线，那么

$$\oint_C f(z)\mathrm{d}z=2\pi\mathrm{i}\sum_{k=1}^{n}\mathrm{Res}[f(z),\ z_k]$$

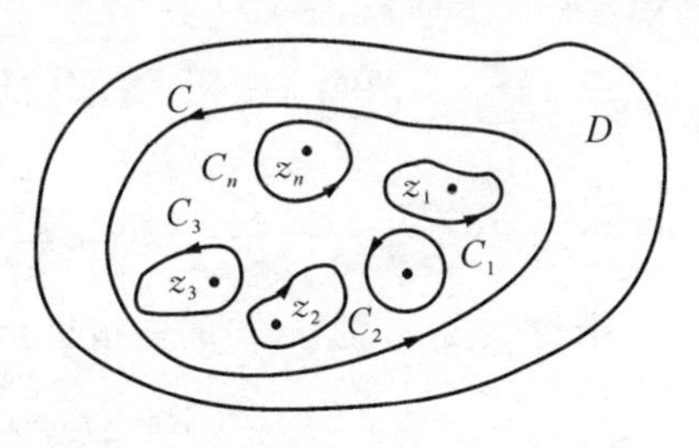

图 19.1　包围 n 个奇点的闭曲线

证　把在 C 内的孤立奇点 $z_k(k=1,2,\cdots,n)$ 用互不相交也互不包含的正向简单闭曲线 C_k 围绕起来(图 19.1)，那么根据复合闭路定理，有

$$\oint_C f(z)\mathrm{d}z=\oint_{C_1} f(z)\mathrm{d}z+\oint_{C_2} f(z)\mathrm{d}z+\cdots+\oint_{C_n} f(z)\mathrm{d}z$$

以 $2\pi\mathrm{i}$ 除等式两边，得

$$\frac{1}{2\pi\mathrm{i}}\oint_C f(z)\mathrm{d}z=\mathrm{Res}[f(z),\ z_1]+\mathrm{Res}[f(z),\ z_2]+\cdots+\mathrm{Res}[f(z),\ z_n]$$

即$\oint_C f(z)\mathrm{d}z = 2\pi \mathrm{i}\sum_{k=1}^{n}\mathrm{Res}[f(z), z_k]$.

利用此定理,求沿封闭曲线 C 的积分,就转化为求被积函数在 C 所围成的区域中的各孤立奇点处的留数.现在的问题是:如何有效地求出 $f(z)$在孤立奇点的留数.一般来说,求函数在其孤立奇点 z_0 处的留数只须求出它在以 z_0 为中心的圆环域内的洛朗级数中 $C_{-1}(z-z_0)^{-1}$项的系数 C_{-1}就可以了.但是如果能预先知道奇点的类型,求留数会变得简单些.例如,如果 z_0 是 $f(z)$的可去奇点,那么 $\mathrm{Res}[f(z), z_0]=0$;如果 z_0 是本性奇点,那就往往只能把 $f(z)$在 z_0 点展开成洛朗级数,从而来求 C_{-1}了.当 z_0 为 $f(z)$的极点时,有几个在特殊情况下求 C_{-1}的规则,下面分别介绍.

2. 留数的求法

在计算函数在孤立奇点的留数时,我们只关心其洛朗展开式中$(z-z_0)^{-1}$这项的系数,所以应用洛朗展式求留数是一般方法.下面定理是求 m 级极点处留数的公式,不过这个公式对于级数过高(超过三级)的极点,计算起来也未必简单.

定理 19.8 设 z_0 为 $f(z)$的 m 级极点,那么

$$\mathrm{Res}[f(z), z_0] = \frac{1}{(m-1)!}\lim_{z\to z_0}[(z-z_0)^m f(z)]^{(m-1)}$$

证
$$f(z) = C_{-m}(z-z_0)^{-m} + \cdots + C_{-2}(z-z_0)^{-2} + C_{-1}(z-z_0)^{-1} + C_0 + C_1(z-z_0) + \cdots$$

以 $(z-z_0)^m$ 乘上式的两端,得

$$(z-z_0)^m f(z) = C_{-m} + C_{-m+1}(z-z_0) + \cdots + C_{-1}(z-z_0)^{m-1} + C_0(z-z_0)^m + \cdots$$

两边求 $m-1$ 阶导数,得

$$[(z-z_0)^m f(z)]^{(m-1)} = (m-1)!C_{-1} + \{\text{含 } z-z_0 \text{ 正幂的项}\}$$

令 $z\to z_0$,两端求极限,右端的极限是$(m-1)!\ C_{-1}$,所以

$$C_{-1} = \frac{1}{(m-1)!}\lim_{z\to z_0}[(z-z_0)^m f(z)]^{(m-1)}$$

推论 设 z_0 为 $f(z)$的一级极点,那么

$$\mathrm{Res}[f(z), z_0] = \lim_{z\to z_0}(z-z_0)f(z)$$

下面介绍一种特殊类型的函数在极点处留数的求法.

定理 19.8 设 $f(z)=\dfrac{P(z)}{Q(z)}$, $P(z)$及 $Q(z)$在 z_0 都解析,如果 $P(z_0)\neq 0$, $Q(z_0)=0$, $Q'(z_0)\neq 0$ 那么 z_0 为 $f(z)$的一级极点,而且

$$\mathrm{Res}[f(z), z_0] = \frac{P(z_0)}{Q'(z_0)}$$

证 因为$Q(z_0)=0$，$Q'(z_0)\neq 0$，所以z_0为$Q(z)$的一级零点，从而z_0为$\frac{1}{Q(z)}$的一级极点，由于$P(z_0)\neq 0$，知z_0为$f(z)$的一级极点.

由定理19.7的推论：$\mathrm{Res}[f(z),\ z_0]=\lim\limits_{z\to z_0}(z-z_0)f(z)$，而

$$(z-z_0)f(z)=\frac{P(z)}{\dfrac{Q(z)-Q(z_0)}{z-z_0}}$$

$$\lim_{z\to z_0}(z-z_0)f(z)=\lim_{z\to z_0}\frac{P(z)}{\dfrac{Q(z)-Q(z_0)}{z-z_0}}=\frac{P(z_0)}{Q'(z_0)}$$

即

$$\mathrm{Res}[f(z),\ z_0]=\frac{P(z_0)}{Q'(z_0)}$$

下面分两个方面来举例说明：

1）利用定理及推论计算极点的留数并求积分

例19.6 计算积分$\oint_C\frac{5z-2}{z(z-1)^2}\mathrm{d}z$，$C$为正向圆周$|z|=2$.

解 被积函数$\frac{5z-2}{z(z-1)^2}$在圆周$|z|=2$的内部有一级极点$z=0$以及二级极点$z=1$，即

$$\mathrm{Res}[f(z),\ 0]=\lim_{z\to 0}z\cdot\frac{5z-2}{z(z-1)^2}=-2$$

$$\mathrm{Res}[f(z),\ 1]=\lim_{z\to 1}\left[(z-1)^2\cdot\frac{5z-2}{z(z-1)^2}\right]'=2$$

由留数定理，有

$$\oint_C\frac{5z-2}{z(z-1)^2}\mathrm{d}z=2\pi\mathrm{i}(-2+2)=0$$

例19.7 计算积分$\oint_{|z|=n}\tan\pi z\,\mathrm{d}z$（$n$为正整数）.

解 $\tan\pi z=\frac{\sin\pi z}{\cos\pi z}$以$z=k+\frac{1}{2}$ $(k=0,\ \pm 1,\ \cdots)$为一级极点，由定理19.8

$$\mathrm{Res}\left[\tan\pi z,\ k+\frac{1}{2}\right]=\left.\frac{\sin\pi z}{(\cos\pi z)'}\right|_{z=k+\frac{1}{2}}=-\frac{1}{\pi}\quad(k=0,\ \pm 1,\ \cdots)$$

于是，由定理19.6，得

$$\oint_{|z|=n}\tan\pi z\mathrm{d}z=2\pi\mathrm{i}\sum_{\left|k+\frac{1}{2}\right|<n}\mathrm{Res}\left[\tan\pi z,\ k+\frac{1}{2}\right]=2\pi\mathrm{i}\left(-\frac{2n}{\pi}\right)=-4n\mathrm{i}$$

例 19.8 计算$\oint_{|z|=1}\frac{\cos z}{z^3}\mathrm{d}z$.

解 $f(z)=\frac{\cos z}{z^3}$ 以 $z=0$ 为三级极点，

$$\mathrm{Res}[f(z),\ 0]=\frac{1}{2!}\lim_{z\to0}\left[z^3\cdot\frac{\cos z}{z^3}\right]''=-\frac{1}{2}$$

由留数定理，有

$$\int_{|z|=1}\frac{\cos z}{z^3}\mathrm{d}z=2\pi\mathrm{i}\left(-\frac{1}{2}\right)=-\pi\mathrm{i}$$

此部分内容介绍了求极点处留数的若干公式，用这些公式求留数比较方便，但不要拘泥于这些公式，由下面一个例子我们会发现公式的局限性.

欲求 $f(z)=\frac{P(z)}{Q(z)}=\frac{z-\sin z}{z^6}$ 在 $z=0$ 处的留数，为了要用公式我们应先定出极点 $z=0$ 的级数，经过计算知 $z=0$ 为三级极点. 用前述公式

$$\mathrm{Res}\left[\frac{z-\sin z}{z^6},\ 0\right]=\frac{1}{(3-1)!}\lim_{z\to0}\left[z^3\cdot\frac{z-\sin z}{z^6}\right]''$$

往下的运算既要先对一个分式函数求二阶导数，又要对结果求极限，计算较复杂. 如果利用洛朗展开式求 C_{-1} 就比较方便. 因为

$$\frac{z-\sin z}{z^6}=\frac{1}{z^6}\left[z-\left(z-\frac{z^3}{3!}+\frac{1}{5!}z^5-\cdots\right)\right]=\frac{1}{3!z^3}-\frac{1}{5!z}+\cdots$$

所以

$$\mathrm{Res}\left[\frac{z-\sin z}{z^6},\ 0\right]=C_{-1}=-\frac{1}{5!}$$

可见解题的关键在于根据具体问题灵活选择方法.

2）用洛朗展开式求留数（当奇点是本性奇点或孤立奇点性质不明时常用此法）

例 19.9 计算积分$\oint_{|z|=1}\frac{z\sin z}{(1-\mathrm{e}^z)^3}\mathrm{d}z$.

解 被积函数在单位圆周 $|z|=1$ 内部以 $z=0$ 为孤立奇点，但此奇点的进一步性质还不明显，故采用洛朗展式来求留数.

$$\frac{z\sin z}{(1-\mathrm{e}^z)^3}=\frac{z\left(z-\frac{z^3}{3!}+\cdots\right)}{-\left(z+\frac{z^2}{2!}+\cdots\right)^3}=-\frac{z^2}{z^3}\cdot\frac{\left(1-\frac{z^2}{3!}+\cdots\right)}{\left(1+\frac{z}{2!}+\cdots\right)^3}$$

后面的分式在 $z=0$ 解析,故可展为 z 的幂级数：$1+a_1z+\cdots$(数字 a_1 及以下各项不需关心). 于是在 $z=0$ 的去心邻域内,有 $\dfrac{z\sin z}{(1-e^z)^3}=-\dfrac{1}{z}-a_1-\cdots$，由此即得

$$\mathrm{Res}\left[\frac{z\sin z}{(1-e^z)^3},\ 0\right]=-1$$

故原积分等于 $-2\pi i$.

例 19.10 计算积分 $\oint_{|z|=1}e^{1/z^2}dz$.

解 在单位圆周 $|z|=1$ 内部,函数 e^{1/z^2} 只有一个本性奇点 $z=0$. 在该点去心邻域内,有 $e^{1/z^2}=1+\dfrac{1}{z^2}+\dfrac{1}{2!}\dfrac{1}{z^4}+\cdots$，所以 $\mathrm{Res}\left[e^{1/z^2},\ 0\right]=0$. 由留数定理

$$\oint_{|z|=1}e^{1/z^2}dz=2\pi i\mathrm{Res}\left[e^{1/z^2},\ 0\right]=0$$

数学实验基础知识

基本命令	功 能
[R, P, K]=residue(B, A)	返回留数、极点和 B/A 的部分分式展开的直接项.
factor(f)	符号多项式 f 的因式分解.
roots(c)	系数行向量为 c 的符号多项式的根.
sym2poly(s)	返回符号多项式 s 的数值系数行向量.

例 1 求函数 $f(z)=\dfrac{1}{z^2-4z+3}$ 的留数.

```
>> syms z
>> f=1/(z^2-4*z+3);
>> R1=limit(f*(z-1), z, 1)
>> R2=limit(f*(z-3), z, 3)
```

输出结果为：

```
R1=-1/2
R2=1/2
```

即

$$\mathrm{Res}[f(z),\ 1]=-\frac{1}{2}\qquad \mathrm{Res}[f(z),\ 3]=\frac{1}{2}$$

例 2 计算积分 $I=\oint_C\dfrac{z^3+(4+4i)z}{z^4+8z^2+16}dz$，其中 C 为正向圆周：$|z|=3$.

```
>> syms z
>> f1=z^4+8*z^2+16;
>> f2=factor(f1)
```

```
≫ A=sym2poly(f1)
≫ r=roots(A)
```

输出结果为：

```
f2=(z^2+4)^2
r=
  -0.0000+2.0000i
  -0.0000-2.0000i
   0.0000+2.0000i
   0.0000-2.0000i
```

由显示结果继续编程如下：

```
≫ f=(z^3+(4+4i)*z)/f2;
≫ R1=limit(diff(f*(z-2*i)^2, z)/prod(1:1), z, 2*i)
≫ R2=limit(diff(f*(z+2*i)^2, z)/prod(1:1), z, -2*i)
≫ I=2*pi*i*( R1+ R2)
```

输出结果为：

```
R1=1/2
R2=1/2
I=2*pi*i
```

即

$$I=\oint_C \frac{z^3+(4+4i)z}{z^4+8z^2+16}\mathrm{d}z=2\pi\mathrm{i}$$

19.3 用留数计算定积分

在实函数中，定积分的计算主要依赖牛顿-莱布尼茨公式，事实上用留数计算某些特殊类型的积分，亦是非常有效的方法．特别是被积函数的原函数不易求得时，其作用显得更加突出．计算的要点是将定积分化为复函数沿闭曲线的积分，而被积函数应与某个解析函数密切相关．下面讨论怎样利用留数计算几种特殊形式的定积分．

1．计算$\int_0^{2\pi}R(\cos\theta,\ \sin\theta)\mathrm{d}\theta$型积分

这里$R(\cos\theta,\ \sin\theta)$表示$\cos\theta$，$\sin\theta$的有理函数，并且在$[0,\ 2\pi]$上连续，若令$z=\mathrm{e}^{\mathrm{i}\theta}$，则

$$\cos\theta=\frac{z+z^{-1}}{2},\quad \sin\theta=\frac{z-z^{-1}}{2\mathrm{i}},\quad \mathrm{d}\theta=\frac{\mathrm{d}z}{\mathrm{i}z}$$

当θ从0变到2π时，z沿圆周$|z|=1$的正向绕行一周，因此有

$$\int_0^{2\pi}R(\cos\theta,\ \sin\theta)\mathrm{d}\theta=\oint_{|z|=1}R\left(\frac{z+z^{-1}}{2},\ \frac{z-z^{-1}}{2\mathrm{i}}\right)\frac{\mathrm{d}z}{\mathrm{i}z}$$

右端之积分可以应用留数定理求其值．

例 19.11 计算积分 $I=\int_0^{2\pi}\frac{d\theta}{1-2p\cos\theta+p^2}$ $(|p|<1)$.

解 令 $z=e^{i\theta}$，则 $d\theta=\frac{dz}{iz}$，

$$1-2p\cos\theta+p^2=1-p(z+z^{-1})+p^2=\frac{(z-p)(1-pz)}{z}$$

所以

$$I=\frac{1}{i}\oint_{|z|=1}\frac{dz}{(z-p)(1-pz)}$$

在圆 $|z|<1$ 内，$f(z)=\frac{1}{(z-p)(1-pz)}$ 以 $z=p$ 为一级极点，

$$\mathrm{Res}[f(z),p]=\lim_{z\to p}\frac{1}{1-pz}=\frac{1}{1-p^2}$$

所以最后得

$$I=\frac{1}{i}\cdot 2\pi i\cdot\frac{1}{1-p^2}=\frac{2\pi}{1-p^2}$$

思考：当 $|p|>1$ 时，积分 I 的值为何？

若 $R(\cos\theta,\sin\theta)$ 为 θ 的偶函数，则 $\int_0^{\pi}R(\cos\theta,\sin\theta)d\theta$ 之值亦可由上述方法求出. 因为此时

$$\int_0^{\pi}R(\cos\theta,\sin\theta)d\theta=\frac{1}{2}\int_{-\pi}^{\pi}R(\cos\theta,\sin\theta)d\theta$$

例 19.12 计算积分 $I=\int_0^{\pi}\frac{\cos mx}{5-4\cos x}dx$，$m$ 为正整数.

解 因被积函数为 x 的偶函数，故 $I=\frac{1}{2}\int_{-\pi}^{\pi}\frac{\cos mx}{5-4\cos x}dx$. 令

$$I_1=\int_{-\pi}^{\pi}\frac{\cos mx}{5-4\cos x}dx,\quad I_2=\int_{-\pi}^{\pi}\frac{\sin mx}{5-4\cos x}dx$$

则

$$I_1+iI_2=\int_{-\pi}^{\pi}\frac{e^{imx}}{5-4\cos x}dx$$

设 $z=e^{ix}$，则

$$I_1+iI_2=\frac{1}{i}\oint_{|z|=1}\frac{z^m}{5z-2(1+z^2)}dz$$

被积函数在 $|z|=1$ 内仅有一个一级极点 $z=\frac{1}{2}$，其留数等于

$$\lim_{z\to\frac{1}{2}}\left(z-\frac{1}{2}\right)\frac{-z^m}{2\left(z-\frac{1}{2}\right)(z-2)}=\frac{1}{3\cdot 2^m}$$

故 $I_1+\mathrm{i}I_2=\frac{1}{\mathrm{i}}\cdot\frac{2\pi\mathrm{i}}{3\cdot 2^m}=\frac{\pi}{3\cdot 2^{m-1}}$. 即 $I_1=\frac{\pi}{3\cdot 2^{m-1}}$, $I_2=0$, 故

$$I=\frac{1}{2}I_1=\frac{\pi}{3\cdot 2^m}$$

其实，注意到在$[-\pi,\ \pi]$上，I_2 的被积函数为奇函数，I_2 显然为 0.

2. 形如$\int_{-\infty}^{+\infty}R(x)\mathrm{d}x$ 的积分

当被积函数 $R(x)$是 x 的有理函数，而分母的次数至少比分子的次数高二次，并且 $R(z)$在实轴上没有孤立奇点时，积分是存在的，现在来说明它的求法.

设 $R(z)=\frac{z^n+a_1z^{n-1}+\cdots+a_n}{z^m+b_1z^{m-1}+\cdots+b_m}$, $m-n\geqslant 2$, 为一不可约分式.

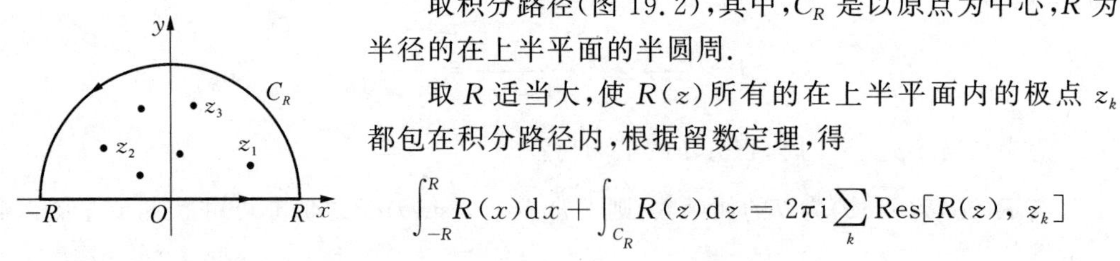

图 19.2 上半圆域

取积分路径(图 19.2)，其中，C_R 是以原点为中心，R 为半径的在上半平面的半圆周.

取 R 适当大，使 $R(z)$所有的在上半平面内的极点 z_k 都包在积分路径内，根据留数定理，得

$$\int_{-R}^{R}R(x)\mathrm{d}x+\int_{C_R}R(z)\mathrm{d}z=2\pi\mathrm{i}\sum_k\mathrm{Res}[R(z),\ z_k]$$

下面证明当 $R\to+\infty$ 时，$\int_{C_R}R(z)\mathrm{d}z\to 0$，从而

$$\int_{-\infty}^{+\infty}R(x)\mathrm{d}x=2\pi\mathrm{i}\sum_k\mathrm{Res}[R(z),\ z_k]$$

事实上

$$|R(z)|=\frac{1}{|z|^{m-n}}\cdot\frac{|1+a_1z^{-1}+\cdots+a_nz^{-n}|}{|1+b_1z^{-1}+\cdots+b_mz^{-m}|}\leqslant\frac{1}{|z|^{m-n}}\cdot\frac{1+|a_1z^{-1}+\cdots+a_nz^{-n}|}{1-|b_1z^{-1}+\cdots+b_mz^{-m}|}$$

而当$|z|$充分大时，总可使

$$|a_1z^{-1}+\cdots+a_nz^{-n}|<\frac{1}{10},\quad |b_1z^{-1}+\cdots+b_mz^{-m}|<\frac{1}{10}$$

由 $m-n\geqslant 2$, 有

$$|R(z)|<\frac{1}{|z|^{m-n}}\cdot\frac{1+\frac{1}{10}}{1-\frac{1}{10}}<\frac{2}{|z|^2}$$

因此，在半径 R 充分大的 C_R 上，有

$$\left|\int_{C_R}R(z)\mathrm{d}z\right|\leqslant\int_{C_R}|R(z)|\mathrm{d}s\leqslant\frac{2}{R^2}\cdot\pi R=\frac{2\pi}{R}$$

从而 $R\to+\infty$ 时，$\int_{C_R} R(z)\mathrm{d}z\to 0$，即

$$\int_{-\infty}^{+\infty} R(x)\mathrm{d}x = 2\pi\mathrm{i}\sum_k \mathrm{Res}[R(z), z_k]$$

当 $R(x)$ 是偶函数时

$$\int_{0}^{+\infty} R(x)\mathrm{d}x = \pi\mathrm{i}\sum_k \mathrm{Res}[R(z),\ z_k]$$

例 19.13 计算积分 $I=\int_{-\infty}^{+\infty}\frac{x^2\mathrm{d}x}{(x^2+a^2)(x^2+b^2)}\ (a>0,\ b>0,\ a\neq b)$ 的值.

解 因 $m-n=4-2=2$，且在实轴上 $R(z)$ 无孤立奇点，因此积分是存在的. $R(z)=\frac{z^2}{(z^2+a^2)(z^2+b^2)}$ 的一级极点为 $\pm a\mathrm{i}$，$\pm b\mathrm{i}$，其中 $a\mathrm{i}$ 与 $b\mathrm{i}$ 在上半平面内，由于

$$\begin{aligned}\mathrm{Res}[R(z),\ a\mathrm{i}] &= \lim_{z\to a\mathrm{i}}(z-a\mathrm{i})\cdot\frac{z^2}{(z^2+a^2)(z^2+b^2)}\\ &= \frac{-a^2}{2a\mathrm{i}(b^2-a^2)} = \frac{a}{2\mathrm{i}(a^2-b^2)}\end{aligned}$$

同理，$\mathrm{Res}[R(z),\ b\mathrm{i}]=\frac{b}{2\mathrm{i}(b^2-a^2)}$. 所以

$$I = 2\pi\mathrm{i}\left[\frac{a}{2\mathrm{i}(a^2-b^2)}+\frac{b}{2\mathrm{i}(b^2-a^2)}\right] = \frac{\pi}{a+b}$$

例 19.14 计算积分 $I=\int_{-\infty}^{+\infty}\frac{x^4\mathrm{d}x}{(2+3x^2)^4}$.

解 $R(z)=\frac{z^4}{(2+3z^2)^4}$，在上半平面内只有 $z=\sqrt{\frac{2}{3}}\mathrm{i}$ 一个四级极点，且

$$\mathrm{Res}\left[R(z),\ \sqrt{\frac{2}{3}}\mathrm{i}\right] = -\frac{\mathrm{i}}{576\sqrt{6}}$$

故

$$\int_{-\infty}^{+\infty}\frac{x^4}{(2+3x^2)^4}\mathrm{d}x = 2\pi\mathrm{i}\cdot\frac{-\mathrm{i}}{576\sqrt{6}} = \frac{\pi}{288\sqrt{6}}$$

3. 形如 $\int_{-\infty}^{+\infty}R(x)\mathrm{e}^{a\mathrm{i}x}\mathrm{d}x\ (a>0)$ 的积分

当 $R(x)$ 是 x 的有理函数而分母的次数至少比分子的次数高一次，并且 $R(z)$ 在实轴上没有孤立奇点时，积分是存在的.

像前段的处理一样，由于 $m-n\geqslant 1$，故对于充分大的 $|z|$，有 $|R(z)|<\frac{2}{|z|}$，因此，在半径 R 充分大的 C_R 上，有

$$\left|\int_{C_R} R(z)e^{aiz}dz\right|$$

$$\leqslant \int_{C_R} |R(z)||e^{aiz}|ds < \frac{2}{R}\int_{C_R}|e^{aiz}|ds < 2\int_0^{\pi} e^{-aR\sin\theta}d\theta = 4\int_0^{\frac{\pi}{2}} e^{-aR\sin\theta}d\theta$$

$$\leqslant 4\int_0^{\frac{\pi}{2}} e^{-aR(2\theta/\pi)}d\theta = \frac{2\pi}{aR}(1-e^{-aR})$$

于是，当 $R\to+\infty$ 时，$\int_{C_R} R(z)e^{aiz}dz\to 0$，因此得

$$\int_{-\infty}^{+\infty} R(x)e^{aix}dx = 2\pi i\sum_k \text{Res}[R(z)e^{aiz}, z_k]$$

或

$$\int_{-\infty}^{+\infty} R(x)\cos ax\,dx + i\int_{-\infty}^{+\infty} R(x)\sin ax\,dx = 2\pi i\sum_k \text{Res}[R(z)e^{aiz}, z_k]$$

例 19.15 计算积分 $I=\int_{-\infty}^{+\infty}\frac{\cos x}{x^2+a^2}dx\ (a>0)$ 的值.

解 因 $m=2,\ n=0,\ m-n>1$ 且 $R(z)$ 在实轴上无孤立奇点，所以积分存在. 它是积分 $\int_{-\infty}^{+\infty}\frac{e^{ix}}{x^2+a^2}dx$ 的实部. 函数 $R(z)=\frac{1}{z^2+a^2}$ 在上半平面内只有一个一级极点 ai，而

$$\text{Res}[R(z)e^{iz}, ai] = \lim_{z\to ai}\left[(z-ai)\frac{e^{iz}}{z^2+a^2}\right] = \frac{e^{-a}}{2ai}$$

由此得

$$\int_{-\infty}^{+\infty}\frac{e^{ix}}{x^2+a^2}dx = 2\pi i\cdot\frac{e^{-a}}{2ai} = \frac{\pi e^{-a}}{a}$$

所以，$\int_{-\infty}^{+\infty}\frac{\cos x}{x^2+a^2}dx = \frac{\pi e^{-a}}{a}$. 同时得到 $\int_{-\infty}^{+\infty}\frac{\sin x}{x^2+a^2}dx = 0$.

其实由于 $\frac{\sin x}{x^2+a^2}$ 为奇函数，积分 $\int_{-\infty}^{+\infty}\frac{\sin x}{x^2+a^2}dx=0$ 是显然的.

例 19.16 计算 $I=\int_0^{+\infty}\frac{x\sin x}{x^2+a^2}dx\ (a>0)$ 的值.

解 这里 $m=2,\ n=1,\ m-n=1$. $R(z)=\frac{z}{z^2+a^2}$ 在实轴上无孤立奇点，因而所求的积分是存在的，$R(z)=\frac{z}{z^2+a^2}$ 在上半平面内有一级极点 ai，故有

$$\int_{-\infty}^{+\infty}\frac{x}{x^2+a^2}e^{ix}dx = 2\pi i\,\text{Res}[R(z)e^{iz}, ai] = 2\pi i\cdot\frac{e^{-a}}{2} = \pi ie^{-a}$$

因此

$$\int_0^{+\infty}\frac{x\sin x}{x^2+a^2}dx = \frac{1}{2}\pi e^{-a}$$

4. 积分路径上有奇点的积分

上面所提到的两种类型的积分中,都要求被积函数中的$R(z)$在实轴上无孤立奇点,不满足这个条件的积分应如何计算呢?

下面通过例题给出计算的基本思路:

例 19.17 计算积分$\int_0^{+\infty}\frac{\sin x}{x}\mathrm{d}x$的值.

解 因$\frac{\sin x}{x}$是偶函数,所以

$$\int_0^{+\infty}\frac{\sin x}{x}\mathrm{d}x=\frac{1}{2}\int_{-\infty}^{+\infty}\frac{\sin x}{x}\mathrm{d}x$$

上式右端的积分可从$\mathrm{e}^{\mathrm{i}z}/z$沿某一条闭曲线的积分来计算,但是$z=0$是$\mathrm{e}^{\mathrm{i}z}/z$一级极点,它在实轴上,为了使积分路径不通过奇点,取图19.3所示的积分路径.

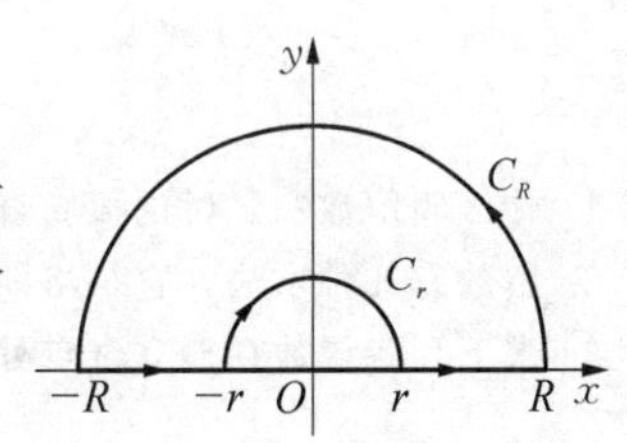

图 19.3 闭曲线围成的半圆环域

由柯西-古萨定理,有

$$\int_{C_R}\frac{\mathrm{e}^{\mathrm{i}z}}{z}\mathrm{d}z+\int_{-R}^{-r}\frac{\mathrm{e}^{\mathrm{i}x}}{x}\mathrm{d}x+\int_{C_r}\frac{\mathrm{e}^{\mathrm{i}z}}{z}\mathrm{d}z+\int_r^R\frac{\mathrm{e}^{\mathrm{i}x}}{x}\mathrm{d}x=0$$

这里,C_R及C_r分别表示半圆周$z=R\mathrm{e}^{\mathrm{i}\theta}$及$z=r\mathrm{e}^{\mathrm{i}\theta}$ $(0\leqslant\theta\leqslant\pi,\ r<R)$.

可以证明(较难,略):

$$\lim_{R\to+\infty}\int_{C_R}\frac{\mathrm{e}^{\mathrm{i}z}}{z}\mathrm{d}z=0,\quad \lim_{r\to0}\int_{C_r}\frac{\mathrm{e}^{\mathrm{i}z}}{z}\mathrm{d}z=-\mathrm{i}\pi$$

令$r\to0$, $R\to+\infty$,得$\int_{-\infty}^{+\infty}\frac{\mathrm{e}^{\mathrm{i}x}}{x}\mathrm{d}x=\mathrm{i}\pi$,所以

$$\int_0^{+\infty}\frac{\sin x}{x}\mathrm{d}x=\frac{1}{2}\int_{-\infty}^{+\infty}\frac{\sin x}{x}\mathrm{d}x=\frac{\pi}{2}$$

从以上例子可以看出,对某些特殊类型的积分,我们可以利用留数给出一些特殊的解决方法.

* * * * *

本章通过函数的洛朗展开式,给出了孤立奇点的分类方法.我们可以通过复变函数洛朗展开式中主要部分的项数来判断孤立奇点的类型.当主要部分为0时,孤立奇点为可去的;当主要部分为有限项时,孤立奇点为极点;当主要部分有无穷多项时,孤立奇点为本性奇点.

另外,读者要注意,复变函数中并不是所有的奇点都是孤立奇点,像函数$f(z)=\frac{1}{\sin\frac{1}{z}}$,$z=0$是它的一个奇点,但$z=0$并不是此函数的孤立奇点.

由函数的洛朗展开式我们引入了留数的概念,它就是洛朗展开式中$(z-z_0)^{-1}$的系

数，在本章中给出了计算留数的几个具体方法，读者应特别注意极点处留数的计算方法.

留数定理是计算封闭曲线上函数积分的一个较为有效的方法，由此可用统一的方法求三角有理函数、有理函数、三角函数与有理函数的乘积及其他一些类型的函数的积分值.

本章常用词汇中英文对照

孤立奇点	isolated singular point	可去奇点	removable singular point
极点	pole	一级极点	first order pole
多级极点	multi-order pole	本性奇点	essential singular point
零点	zero point	m 级零点	zero point of order m
留数	residue		

习　题　19

1. 什么叫留数？试讨论孤立奇点与留数之间的关系.
2. 留数有几种求法？它与洛朗展开式中的系数有怎样的关系？
3. 求下列各函数在孤立奇点处的留数.

(1) $\dfrac{z+1}{z^2-2z}$　(2) $\dfrac{1-e^{2z}}{z^4}$　(3) $\dfrac{1+z^4}{(z^2+1)^3}$　(4) $\dfrac{z}{\cos z}$

(5) $\cos\dfrac{1}{1-z}$　(6) $z^2\sin\dfrac{1}{z}$　(7) $\dfrac{1}{z\sin z}$　(8) $\dfrac{\operatorname{sh} z}{\operatorname{ch} z}$

4. 如果 $f(z)$ 和 $g(z)$ 分别以 $z=a$ 为 m 级与 n 级极点，那么下列三个函数

(1) $f(z)g(z)$　(2) $\dfrac{f(z)}{g(z)}$　(3) $f(z)+g(z)$

在 $z=a$ 处各有什么性质？

5. 计算下列各积分（利用留数）.

(1) $\oint_{|z|=\frac{3}{2}}\dfrac{\sin z}{z}\mathrm{d}z$　(2) $\oint_{|z|=2}\dfrac{e^{2z}}{(z-1)^2}\mathrm{d}z$　(3) $\oint_{|z|=3}\tan\pi z\mathrm{d}z$

(4) $\oint_{|z|=\frac{3}{2}}\dfrac{1-\cos z}{z^m}\mathrm{d}z$（其中 m 为整数）　(5) $\oint_{|z-2i|=1}\operatorname{th} z\mathrm{d}z$

(6) $\oint_{|z|=1}\dfrac{1}{(z-a)^n(z-b)^n}\mathrm{d}z$，其中 n 为正整数，且 $|a|\neq 1$，$|b|\neq 1$，$|a|<|b|$，试就 $|a|$，$|b|$ 与 1 的大小关系分别进行讨论.

6. 计算下列积分.

(1) $\int_0^{2\pi}\dfrac{1}{5+3\sin\theta}\mathrm{d}\theta$　(2) $\int_0^{2\pi}\dfrac{\sin^2\theta}{a+b\cos\theta}\mathrm{d}\theta\ (a>b>0)$

(3) $\int_{-\infty}^{+\infty}\dfrac{1}{(1+x^2)^2}\mathrm{d}x$　(4) $\int_0^{+\infty}\dfrac{x^2}{1+x^4}\mathrm{d}x$

(5) $\int_{-\infty}^{+\infty}\dfrac{\cos x}{x^2+4x+5}\mathrm{d}x$　(6) $\int_{-\infty}^{+\infty}\dfrac{x\sin x}{1+x^2}\mathrm{d}x$

7. 比较柯西定理、柯西积分公式及留数定理之间的关系.
8. 设 C 是平面上任意一条不经过 $z=0$，$z=1$ 的正向简单闭曲线. 试就 C 的各种情况计算积分

$$I=\oint_C\frac{\cos z}{z^3(z-1)}\mathrm{d}z$$

第20章 保角映射

在第15章介绍了一个复变函数 $w=f(z)$ 从几何上可以解释为从 z 平面到 w 平面之间的一个映射(或变换).本章将讨论解析函数所构成的映射的某些重要特性,引出保角映射的概念,然后进一步研究分式线性映射和几个初等函数所构成的保角映射的性质.无论是在数学领域还是解决流体力学、弹性力学和电学等学科的某些实际问题中,保角映射都是非常重要的工具.

20.1 保角映射的概念

设 $w=f(z)$ 于区域 D 内连续,$z_0\in D$,在 z_0 点有导数 $f'(z_0)\neq 0$. 通过 z_0 任意引一条有向连续曲线 C: $z=z(t)$ $(t_0\leqslant t\leqslant t_1)$, $z_0=z(t_0)$. 如果 $z'(t_0)$存在且 $z'(t_0)\neq 0$,则 D 在 z_0 点有切线,$z'(t_0)$就是切向量,它的倾角为 $\psi=\arg z'(t_0)$. 经过变换 $w=f(z)$,C 之像曲线 Γ 的参数方程应为

$$\Gamma:\ w=f[z(t)]\ (t_0\leqslant t\leqslant t_1),\quad w(t_0)=w_0$$

由于 $w'(t_0)=f'(z_0)z'(t_0)\neq 0$,故 Γ 在 $w_0=f(z_0)$ 也有切线,$w'(t_0)$就是切向量,其倾角为

$$\Psi=\arg w'(t_0)=\arg f'(z_0)+\arg z'(t_0)$$

即

$$\Psi=\psi+\arg f'(z_0)$$

假设 $f'(z_0)=\mathrm{Re}^{i\alpha}$,则有

$$|f'(z_0)|=R\quad \arg f'(z_0)=\alpha$$

于是 $\Psi-\psi=\alpha$,且 $\lim\limits_{\Delta z\to 0}\left|\dfrac{\Delta w}{\Delta z}\right|=R\neq 0$.

上面二式说明:像曲线 Γ 在 $w_0=f(z_0)$ 点的切线方向,可由原像曲线 C 在 z_0 点的切线方向旋转一个角度 $\arg f'(z_0)$得出. $\arg f'(z_0)$称为变换 $w=f(z)$ 在 z_0 点的**旋转角**. 这也就是导数辐角的几何意义.显然 $\arg f'(z_0)$与 C 的选择无关.

由 $\lim\limits_{\Delta z\to 0}\left|\dfrac{\Delta w}{\Delta z}\right|=R$ 可以看出:像点间的无穷小距离与原像点间的无穷小距离之比的极限是 $R=|f'(z_0)|$,它仅与 z_0 有关,而与过 z_0 的曲线 C 的形状与方向无关.称$|f'(z_0)|$为变换 $w=f(z)$ 在 z_0 点的伸缩率.这也是导数模的几何意义(图20.1).

上面提到的旋转角与 C 的选择无关这个性质,称为**旋转角不变性**,伸缩率与 C 的形状与方向无关这个性质,称为**伸缩率不变性**.

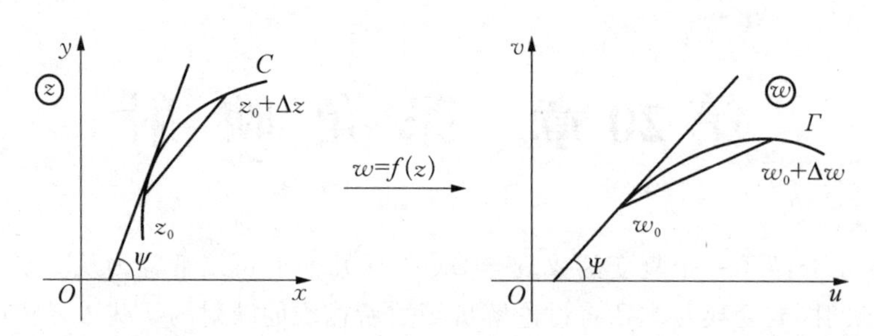

图 20.1　导数的几何意义

经 z_0 点的两条有向连续曲线 C_1，C_2 的切线方向所构成的角，称为两曲线在该点的夹角．今设 C_1，C_2 在 z_0 点的切线倾角分别为 ψ_1，ψ_2，C_i $(i=1,\ 2)$在变换 $w=f(z)$ 下的像曲线 Γ_i 在 $w_0=f(z_0)$ 点的切线倾角为 Ψ_i $(i=1,\ 2)$，则知

$$\Psi_1-\psi_1=\alpha \quad 及 \quad \Psi_2-\psi_2=\alpha$$

即有 $\Psi_1-\psi_1=\Psi_2-\psi_2$，所以(图 20.2)

$$\Psi_1-\Psi_2=\psi_1-\psi_2=\delta$$

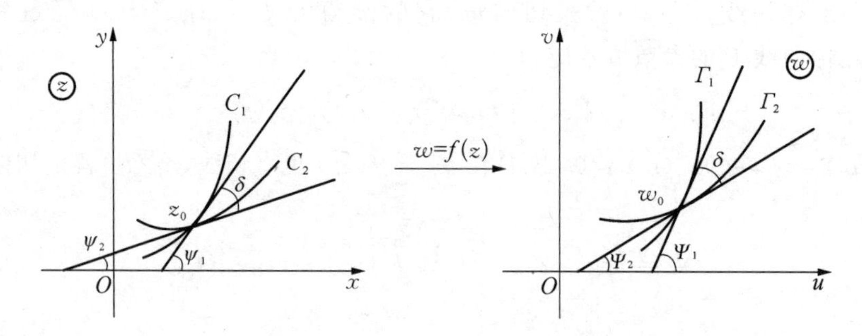

图 20.2　映射 $w=f(z)$ 下的保角性

这就证明了：

定理 20.1　在连续变换 $w=f(z)$ 之下，如果 $f'(z_0)\neq 0$，则经过点 z_0 有切线的任意两条有向连续曲线的夹角与其像曲线在 $w_0=f(z_0)$ 的夹角，大小相等且转角方向相同．

定义 20.1　利用连续函数所作的变换，若使通过已知点的任意两条有向连续曲线间的夹角的大小及方向保持不变，则称此变换在此点是保角的．如果连续变换在某区域 D 内各点均保角，则称它在 D 内是保角的，也称它为区域 D 内的**保角变换**．

由定理 20.1 及定义 20.1，有：

定理 20.2　如果 $w=f(z)$ 在区域 D 内解析，则它在导数不为 0 的各点是保角的．

例 20.1　讨论函数 $w=z^n$ (n 为正整数)的保角性．

解　因为函数 $w=z^n$ 为解析函数，且

$$\frac{\mathrm{d}w}{\mathrm{d}z}=nz^{n-1}\neq 0 \quad (z\neq 0,\ z\neq\infty)$$

故 $w=z^n$ 在 z 平面上除原点 $z=0$ 及 $z=\infty$ 外,处处是保角的.

20.2 分式线性映射

1. 分式线性映射及其分解

分式线性映射是保角映射中比较简单但又十分重要的一类映射,它是由 $w=\dfrac{az+b}{cz+d}$(其中 $ad-bc\neq 0$)定义的,a, b, c, d 均为常数.

条件 $ad-bc\neq 0$ 是必不可少的,否则将导致 w 为常数,而将整个 z 平面映射成 w 平面上一点.此时映射不是保角映射.

上述给定的映射总可以分解成下述简单类型映射的复合

I $\qquad \zeta=kz+h\ (k\neq 0)$

II $\qquad \eta=\dfrac{1}{z}$

事实上,当 $c=0$ 时,$w=\dfrac{az+b}{cz+d}$ 就已经是 I 型了

$$w=\frac{a}{d}z+\frac{b}{d}$$

当 $c\neq 0$ 时,给定的映射可改写为

$$w=\frac{a}{c}+\frac{bc-ad}{c(cz+d)}=\frac{bc-ad}{c}\cdot\frac{1}{cz+d}+\frac{a}{c}$$

它是下面三个形如 I 和 II 的映射

$$\zeta=cz+d,\quad \eta=\frac{1}{\zeta},\quad w=\frac{bc-ad}{c}\eta+\frac{a}{c}$$

的复合.

因此,理解 I、II 型映射的几何性质,就可掌握一般分式线性映射的性质.

I 型映射 $w=kz+h\ (k\neq 0)$ 可称为整线性映射,如果 $k=\rho e^{i\alpha}$($\rho>0$, α 为实数),则

$$w=\rho e^{i\alpha}z+h$$

由此可见,此映射就是先将 z 旋转一个角度 α,然后作一个以原点为中心的相似变换(按比例系数 ρ),最后平移一个向量 h(图 20.3,此图是将原像与像画在同一平面上).即是说,在整线性映射之下,原像与像相似.

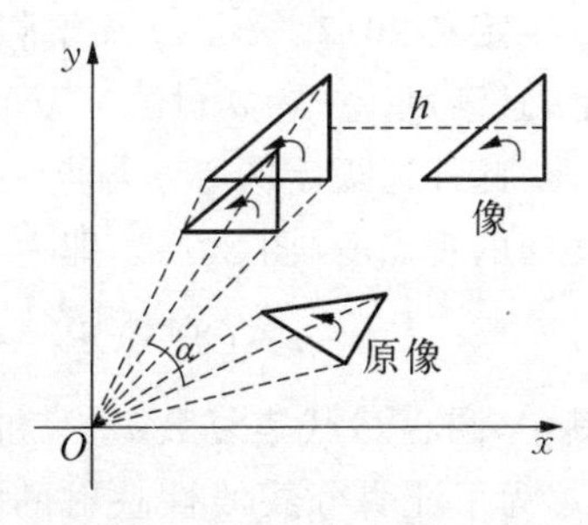

图 20.3 映射 $w=kz+h$

II 型映射 $w=\dfrac{1}{z}$ 可称为倒数映射,它可分解为下面两个更简单映射的复合:

$$w_1 = \frac{1}{\bar{z}}, \quad w = \bar{w}_1$$

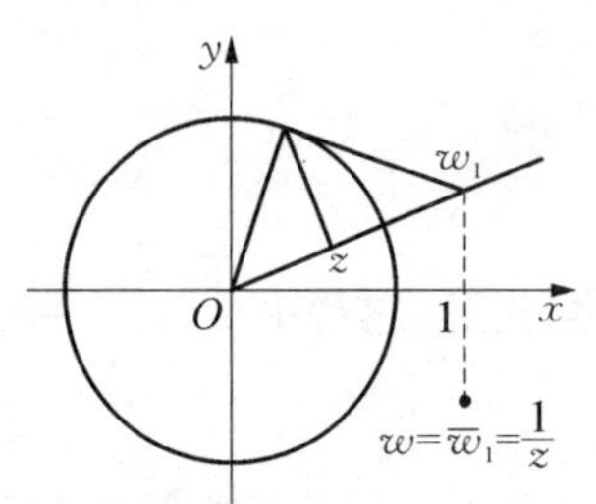

图 20.4 映射 $w = \frac{1}{z}$

前者称为单位圆周的对称映射,并称 z 与 w_1 是关于单位圆周的对称点.关于圆周对称的概念在后面介绍.后者称为关于实轴的对称映射,并称 w 与$\bar{w}$是关于实轴的对称点.已知 z 点,可用如图 20.4 所示的方法作出 $w = \frac{1}{\bar{z}}$,然后就可作出 $w = \bar{w} = \frac{1}{z}$(图 20.4,此图也是将像与原像画在同一平面上).

2. 分式线性映射的保圆周性

形如 I 的整线性映射,显然将圆周(直线)变为圆周(直线),这可由上述的几何意义得知.

形如 II 的倒数映射亦将圆周(直线)变为圆周或直线.事实上,圆周或直线可表为 $Az\bar{z} + \bar{\beta}z + \beta\bar{z} + C = 0$(见第 15 章习题)

当 $A = 0$ 时就是直线.当 $A \neq 0$ 时,经过映射 $w = \frac{1}{z}$,上式变为

$$Cw\bar{w} + \bar{\beta}\bar{w} + \beta w + A = 0$$

它表示直线或圆周(视 C 是否为 0 而定).

因为 $w = \frac{az+b}{cz+d}$ 由几个 I 和 II 型映射复合而成,如此就有:分式线性映射将平面上的圆周(直线)变为圆周或直线.

注:在扩充复平面上,直线可视为经过无穷远点的圆周,因此,可以说,分式线性映射将扩充复平面上的圆周变成扩充复平面上的圆周.以后提到扩充复平面上的圆周,均包括直线作为特殊情形.

3. 分式线性映射的保对称点性

我们曾经讲过关于单位圆周及实轴的对称点这一概念,现推广这一概念如下:

定义 20.2 z_1, z_2 关于圆周 Γ: $|z-a| = R$ 对称是指 z_1, z_2 都在过圆心 a 的射线上,且满足 $|z_1-a||z_2-a| = R^2$.

此外还规定圆心 a 与点∞也是关于 Γ 对称的.从几何的观点看(图 20.5),即为

$$OP \cdot OP' = R^2$$

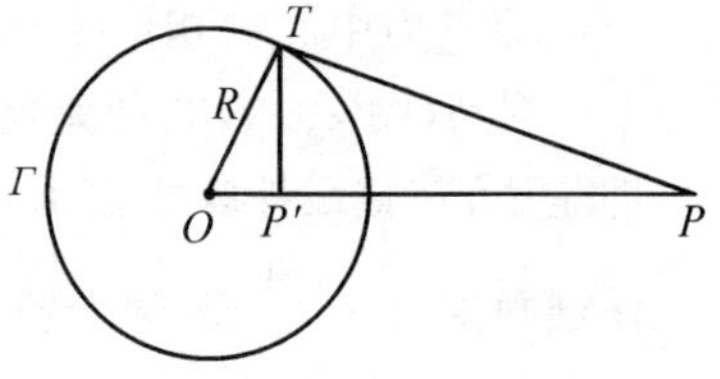

图 20.5 关于圆的对称点

其中,圆心 O 代表复数 a,P'和 P 分别代表复数 z_1 和 z_2.为了证明分式线性映射的保对称点性,先来证明

下面一个定理：

定理 20.3 扩充复平面上的两点 z_1，z_2 关于圆周 γ 对称的充分必要条件是：通过 z_1，z_2 的任意圆周都与 γ 正交.

证 当 γ 为直线的情形，定理的正确性是很明显的，这里只就 γ 为圆周 $|z-a|=R$ 的情形加以证明(图 20.6).

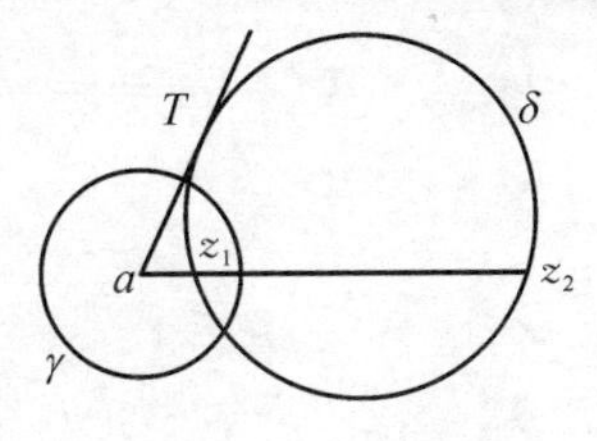

图 20.6 两圆周正交

必要性：设 z_1，z_2 关于圆周 γ：$|z-a|=R$ 对称，则过 z_1，z_2 的直线必然与 γ 正交. 设 δ 是过 z_1，z_2 的任一圆周(非直线)，由 a 引 δ 的切线 aT，T 为切点. 由平面几何的知识知道

$$|T-a|^2=|z_1-a||z_2-a|$$

但由 z_1，z_2 关于圆周 γ 对称的定义，有

$$|z_1-a||z_2-a|=R^2$$

所以 $|T-a|=R$. 即切点 T 在圆周 C 上，因此 δ 与 γ 正交.

充分性：设过 z_1，z_2 的每一圆周都与 γ 正交. 过 z_1，z_2 作一圆周(非直线)δ，则 δ 与 γ 正交. 设交点之一为 T，则 γ 的半径 aT 必为 δ 的切线.

连接 z_1，z_2 延长后必经过 a(因为过 z_1，z_2 的直线与 γ 正交)，于是 z_1，z_2 在从 a 出发的射线上，由平面解析几何的知识，得

$$R^2=|T-a|^2=|z_1-a||z_2-a|$$

因此，z_1，z_2 关于 γ 对称.

定理 20.4 设扩充复平面上的两点 z_1，z_2 关于圆周 γ 对称，$w=f(z)$ 为一分式线性映射，则 $w_1=f(z_1)$，$w_2=f(z_2)$ 两点关于圆周 $\Gamma=f(\gamma)$ 对称.

证 设 Δ 是扩充 w 平面上经过 w_1，w_2 的任意圆周. 此时，必然存在一圆周 δ，它经过 z_1，z_2，并使 $\Delta=f(\delta)$. 因为 z_1，z_2 关于 γ 对称，故由定理 20.3 知其与 γ 正交. 由于分式线性映射的保角性，$\Delta=f(\delta)$ 与 $\Gamma=f(\gamma)$ 亦正交，这样，再由定理 20.3 即知 w_1，w_2 关于 $\Gamma=f(\gamma)$ 对称.

20.3 唯一决定分式线性映射的条件

在分式线性映射 $w=\dfrac{az+b}{cz+d}$ 中有 4 个常数 a，b，c，d，但若用这 4 个数中的一个去除分子和分母，就可将分式中 4 个常数化为 3 个常数，所以上述映射实际上只有 3 个独立的常数，因此，只需给定 3 个条件，就能决定一个分式线性映射.

定理 20.5 在 z 平面上给定 3 个相异的点 z_1，z_2，z_3，w 平面上也任意给定 3 个相异的点 w_1，w_2，w_3，那么存在唯一的分式线性映射，将 z_k $(k=1,2,3)$ 依次映射成 w_k $(k=1,2,3)$.

证 设有分式线性映射 $w=\dfrac{az+b}{cz+d}$ $(ad-bc\neq 0)$,使 $w_k=\dfrac{az_k+b}{cz_k+d}$ $(k=1,2,3)$,则

$$w-w_1=\frac{(z-z_1)(ab-cd)}{(cz+d)(cz_1+d)},\quad w-w_2=\frac{(z-z_2)(ab-cd)}{(cz+d)(cz_2+d)}$$

$$\frac{w-w_1}{w-w_2}=\frac{(z-z_1)(cz_2+d)}{(z-z_2)(cz_1+d)}$$

因此

$$\frac{w_3-w_1}{w_3-w_2}=\frac{(z_3-z_1)(cz_2+d)}{(z_3-z_2)(cz_1+d)}$$

从而有

$$\frac{w-w_1}{w-w_2}:\frac{w_3-w_1}{w_3-w_2}=\frac{z-z_1}{z-z_2}:\frac{z_3-z_1}{z_3-z_2}$$

整理后即为所要求的分式线性映射,且它是唯一确定的.

上述定理说明把3个不同的点映射成另外3个不同的点的分式线性映射是唯一存在的.所以,在两个圆周 C 与 C' 上,分别取定3个不同点以后,必能找到一个分式线性映射将 C 映射成 C',但是此映射会把 C 的内部映射成什么呢?

首先指出,在分式线性映射下,C 的内部不是映射成 C' 的内部,便是映射成 C' 的外部,不可能将 C 内部的一部分映射成 C' 内部的一部分,而 C 内部的另一部分映射成 C' 外部的一部分.理由如下:

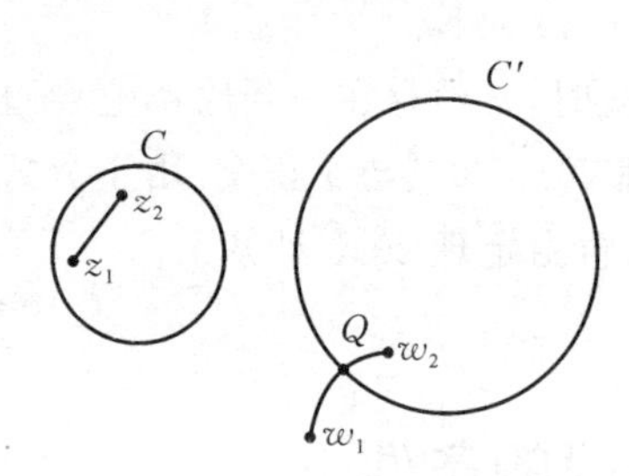

图 20.7 映射的像

设 z_1, z_2 为 C 内的任意两点,用直线段把这两点连接起来.如果线段 $\overline{z_1z_2}$ 的像为圆弧 $\overparen{w_1w_2}$,且 w_1 在 C' 之外,w_2 在 C' 之内,那么 $\overparen{w_1w_2}$ 必与 C' 交于点 Q,Q 点在 C' 上,所以必须是 C 上某一点的像(图 20.7).但由假设,Q 又是线段 $\overline{z_1z_2}$ 上某一点的像,因而就有两个不同的点被映射到同一点,这与分式线性映射的一一对应性相矛盾,故上述论断是正确的.

根据上述论断知:在分式线性映射下,如果在 C 内任取一点 z_0,而点 z_0 的像在 C' 的内部,那么 C 的内部就映射成 C' 的内部;如果 z_0 的像在 C' 的外部,那么 C 的内部就映射成 C' 的外部.

由前一节及上面的讨论,可知在分式线性映射下:

(1) 当两圆周上没有点映射成无穷远点时,这两圆周的弧所围成的区域映射成两圆弧所围成的区域.

(2) 当两圆周上有一个点映射成无穷远点时，这两圆周的弧所围成的区域映射成一圆弧与一直线所围成的区域.

(3) 当两圆周的交点中的一个映射成无穷远点时，这两圆周的弧所围成的区域映射成角形区域.

由于分式线性映射具有保圆周性和保对称性，因此，在处理边界由圆周、圆弧、直线、直线段所组成的区域的保角映射问题时，分式线性映射起着十分重要的作用.

例 20.2 中心分别在 $z=1$ 与 $z=-1$，半径为$\sqrt{2}$的两圆弧所围成的区域(图 20.8)，在映射 $w=\dfrac{z-\mathrm{i}}{z+\mathrm{i}}$ 下映射成什么区域?

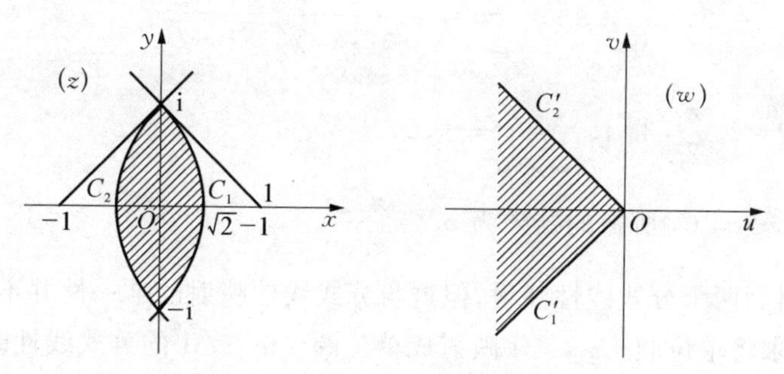

图 20.8 区域映射

解 所给的两圆弧的交点为$-\mathrm{i}$与i，且相互正交，交点$-\mathrm{i}$映射成无穷远点，i映射成原点. 因此，所给的区域经映射后映射成以原点为顶点的角形区域，张角等于 $\dfrac{\pi}{2}$.

为了要确定角形域的位置，只要求出圆弧 C_1 上的某一点的像即可. 取 C_1 与正实轴的交点 $z=\sqrt{2}-1$，经过 $w=\dfrac{z-\mathrm{i}}{z+\mathrm{i}}$ 映射成

$$w=\frac{\sqrt{2}-1-\mathrm{i}}{\sqrt{2}-1+\mathrm{i}}=\frac{(1-\sqrt{2})+\mathrm{i}(1-\sqrt{2})}{2-\sqrt{2}}$$

此点位于 w 平面上第三象限的角分线 C_1'上，由保角性知 C_2 映射成第二象限的角分线 C_2'，从而映射成的角形域如图 20.8 所示.

例 20.3 求将上半平面 $\mathrm{Im}(z)>0$ 映射成 $|w|<1$ 的分式线性映射(见图 20.9).

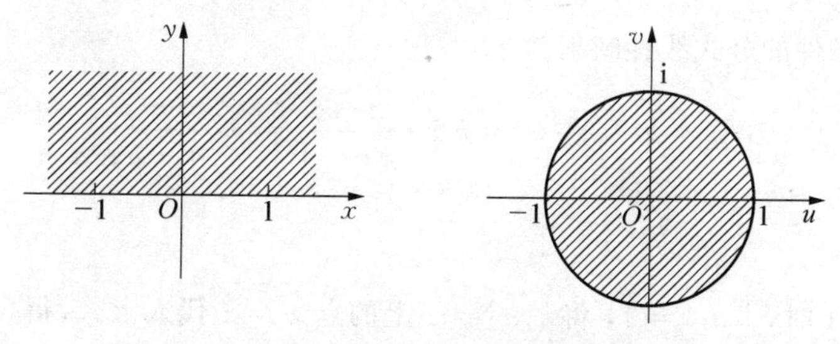

图 20.9 上半平面映射成圆形区域

解 因为上半平面总有一点 $z=\lambda$ 要映射成单位圆周 $|w|=1$ 的中心 $w=0$，而实轴映射成圆周.又 $w=0$ 与 $w=\infty$ 是关于单位圆周 $|w|=1$ 的一对对称点，从而 $\bar{\lambda}$（即与 $z=\lambda$ 关于实轴对称的点）必映射成 $w=\infty$（根据保对称性），因此所求的映射应为：$w=k\left(\dfrac{z-\lambda}{z-\bar{\lambda}}\right)$，$k$ 为待定的复常数.

因为实轴上的点 z 对应于 $|w|=1$ 上的点，而 $\left|\dfrac{z-\lambda}{z-\bar{\lambda}}\right|=1$，所以 $|k|=1$，即 $k=e^{i\theta}$，因此，所求的映射的一般表示式是

$$w=e^{i\theta}\cdot\frac{z-\lambda}{z-\bar{\lambda}}$$

取 $\lambda=i$，$\theta=-\dfrac{\pi}{2}$，得 $w=-i\dfrac{z-i}{z+i}$.

若取 $\lambda=i$，$\theta=0$，所得的结果为 $w=\dfrac{z-i}{z+i}$.

注：上面得到两个分式线性映射，但这与分式线性映射的唯一性并不矛盾.

例 20.4 求将单位圆 $|z|<1$ 映射成单位圆 $|w|<1$ 的分式线性映射（图 20.10）.

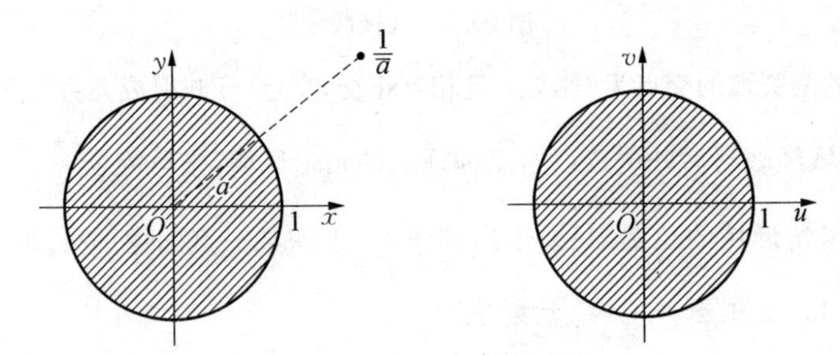

图 20.10 圆形区域映射成圆形区域

解 设 z 平面上单位圆 $|z|<1$ 内部的一点 a 映射成 w 平面上的单位圆 $|w|<1$ 的中心 $w=0$. 这时与点 a 对称于单位圆周 $|z|=1$ 的点 $\dfrac{1}{\bar{a}}$ 应该被映射成 w 平面上的无穷远点（与 $w=0$ 关于 $|w|=1$ 对称的点）. 因此，当 $z=a$ 时，$w=0$，而当 $z=\dfrac{1}{\bar{a}}$ 时，$w=\infty$，满足条件的分式线性映射为

$$w=k\frac{z-a}{z-\dfrac{1}{\bar{a}}}=k\bar{a}\cdot\frac{z-a}{\bar{a}z-1}=k'\frac{z-a}{1-\bar{a}z}$$

其中 $k'=k\bar{a}$.

因 $|z|=1$ 时，$|w|=1$，将 $|z|=1$ 上的点 $z=1$ 代入上式，得

$$|k'|\left|\frac{1-a}{1-\bar{a}}\right|=|w|=1$$

又因 $|1-a|=|1-\bar{a}|$，所以 $|k'|=1$ 即 $k'=e^{i\theta}$.

由此可知，所求将单位圆 $|z|<1$ 映射成单位圆 $|w|<1$ 的分式线性映射的一般表示式是

$$w=e^{i\theta}\frac{z-a}{1-\bar{a}z}$$

20.4 几个初等函数所构成的映射

1. 幂函数 $w=z^n$(n 是大于 1 的自然数)

设 $w=z^n$，其中 n 是大于 1 的自然数，这个函数除了 $z=0$ 及 $z=\infty$ 外，处处具有不为 0 的导数，因而，在这些点是保角的.

令 $z=re^{i\theta}$，$w=\rho e^{i\varphi}$，由 $w=z^n$ 得

$$\rho=r^n \quad \varphi=n\theta$$

由此可见，在 $w=z^n$ 映射下，z 平面上的圆周 $|z|=r$ 映射成 w 平面上的圆周 $|w|=r^n$. 特别是单位圆周 $|z|=1$，映射成单位圆周 $|w|=1$；射线 $\theta=\theta_0$，映射成射线 $\varphi=n\theta_0$；角形域 $0<\theta<\theta_0\left(<\frac{2\pi}{n}\right)$，映射成角形域 $0<\varphi<n\theta_0$. 从这里可以看出，顶点在原点的角形域的张角经过此映射后变成了原来的 n 倍，于是角形域 $0<\theta<\frac{2\pi}{n}$ 映射成沿正实轴剪开的 w 平面 $0<\varphi<2\pi$. 如图 20.11 所示.

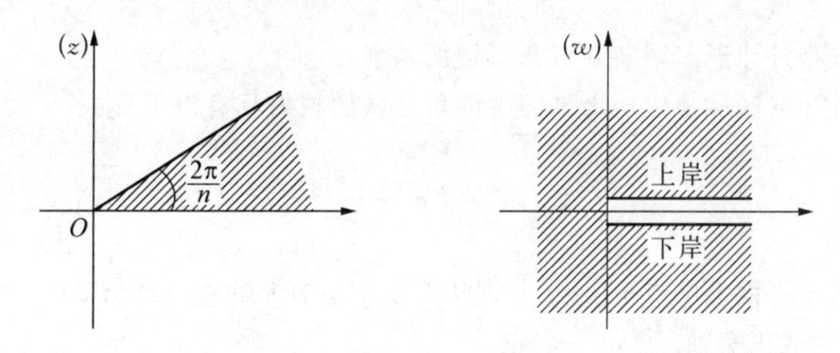

图 20.11 角形域映射为平面 $0<\varphi<2\pi$

由于幂函数 $w=z^n$ 所构成的映射具有以上的特点，因此，若要把角形域映射成角形域，我们常常利用幂函数.

例 20.5 求把角形域 $0<\arg z<\frac{\pi}{4}$ 映射到单位圆 $|w|<1$ 的一个映射.

解 先作 $\zeta=z^4$，它将 z 平面的角形域 $0<\arg z<\frac{\pi}{4}$ 映射成 ζ 平面的角形域 $0<\arg\zeta<\pi$，又由例 20.3 知 $w=\frac{\zeta-i}{\zeta+i}$，将 ζ 平面的上半平面 $\mathrm{Im}\,\zeta>0$ 映射成 w 平面的单

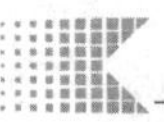

位圆域 $|w|<1$.

将此两映射复合起来即得映射 $w=\dfrac{z^4-\mathrm{i}}{z^4+\mathrm{i}}$，它是一个把 $0<\arg z<\dfrac{\pi}{4}$ 映射到单位圆域 $|w|<1$ 的映射.

例 20.6 求把由圆弧 C_1 与 C_2 所围成的交角为 α 的月牙形区域映射成角形域 $\varphi_0<\arg w<\varphi_0+\alpha$ 的一个映射(图 20.12).

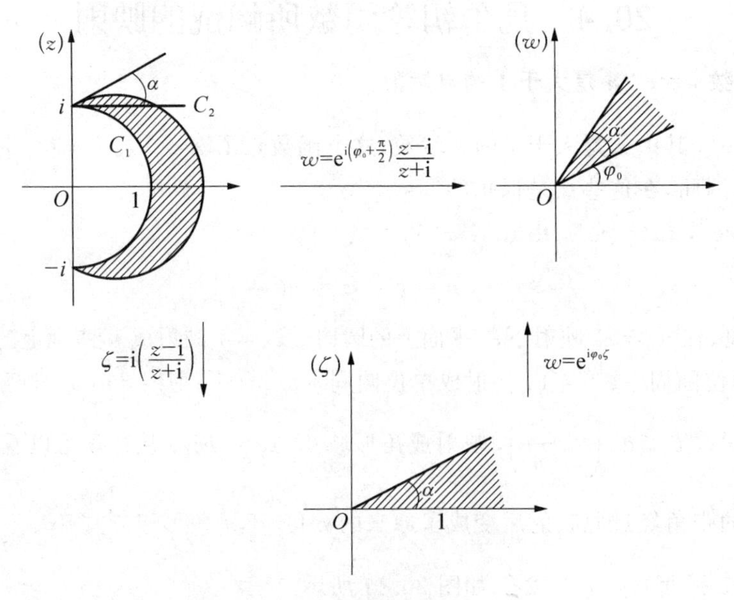

图 20.12 月牙形区域映射成角形域

解 先求将月牙形区域映射成角形域的映射.

将所给月牙形区域映射成 ζ 平面中的角形域的映射具有以下形式

$$\zeta=k\cdot\frac{z-\mathrm{i}}{z+\mathrm{i}}$$

此映射将 z 平面上的点 i 和 $-\mathrm{i}$ 分别映射成 ζ 平面上的 $\zeta=0$ 与 $\zeta=\infty$，我们确定 k 使其将 C_1 映射成正实轴.

取 C_1 上的点 $z=1$，通过上述映射得 $\zeta=k\cdot\dfrac{1-\mathrm{i}}{1+\mathrm{i}}=-\mathrm{i}k$，取 $k=\mathrm{i}$ 使 $\zeta=1$，这样映射 $\zeta=\mathrm{i}\left(\dfrac{z-\mathrm{i}}{z+\mathrm{i}}\right)$ 就把 C_1 映射成 ζ 平面上的正实轴，根据保角性，它把所给的月牙域映射成角形域 $0<\arg\zeta<\alpha$. 由此得所求的映射为

$$w=\mathrm{i}\mathrm{e}^{\mathrm{i}\varphi_0}\left(\frac{z-\mathrm{i}}{z+\mathrm{i}}\right)=\mathrm{e}^{\mathrm{i}\left(\varphi_0+\frac{\pi}{2}\right)}\cdot\frac{z-\mathrm{i}}{z+\mathrm{i}}$$

2. 指数函数 $w=e^z$

由于在 z 平面内 $w'=(e^z)'=e^z\neq 0$，所以，由 $w=e^z$ 所构成的映射是处处保角的. 设 $z=x+iy$，$w=\rho e^{i\varphi}$，那么 $\rho=e^x$，$\varphi=y$.

由此可知：z 平面上的直线 $x=$常数，被映射成 w 平面上的圆周 $\rho=$常数；而直线 $y=$常数，被映射成射线 $\varphi=$常数.

当实轴 $y=0$ 平行移动到直线 $y=\alpha\ (0<\alpha\leqslant 2\pi)$ 时，带形域 $0<\mathrm{Im}(z)<\alpha$ 映射成角形域 $0<\arg w<\alpha$，特别是，带形域 $0<\mathrm{Im}(z)<2\pi$ 映射成沿正实轴剪开的 w 平面：$0<\arg w<2\pi$（图 20.13).

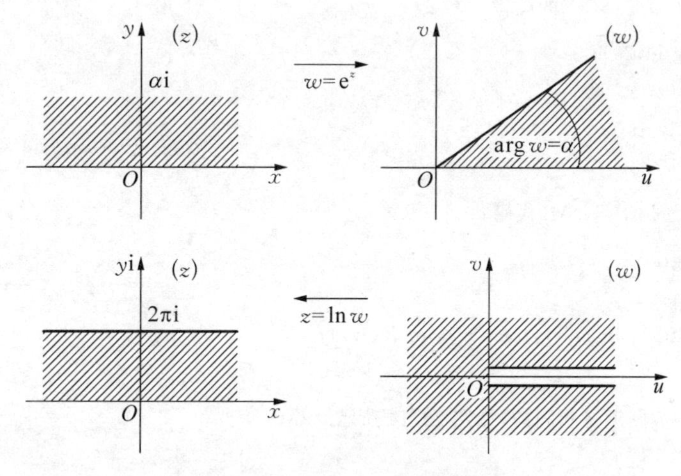

图 20.13　指数函数构成的映射

由指数函数 $w=e^z$ 所构成的映射的特点是：把水平的带形域 $0<\mathrm{Im}(z)<\alpha\ (\alpha\leqslant 2\pi)$ 映射成角形域 $0<\arg w<\alpha$. 因此，如果要把带形域映射成角形域，我们常常利用指数函数.

例 20.7　求把带形域 $0<\mathrm{Im}(z)<\pi$ 映射成单位圆 $|w|<1$ 的一个映射.

解　映射 $\zeta=e^z$ 将 z 平面上的带形域 $0<\mathrm{Im}(z)<\pi$ 映射成 ζ 平面的上半平面 $\mathrm{Im}(\zeta)>0$. 又知 $w=\dfrac{\zeta-i}{\zeta+i}$ 将上半平面 $\mathrm{Im}(\zeta)>0$ 映射成单位圆 $|w|<1$，因此，所求的映射为 $w=\dfrac{e^z-i}{e^z+i}$.

例 20.8　求把带形域 $a<\mathrm{Re}(z)<b$ 映射成上半平面 $\mathrm{Im}(w)>0$ 的一个映射.

解　带形域 $a<\mathrm{Re}(z)<b$ 经过平行移动，放大(或缩小)及旋转的映射 $\zeta=\dfrac{\pi i}{b-a}(z-a)$ 后可映射成带形域 $0<\mathrm{Im}(z)<\pi$，再用映射 $w=e^z$，就可把带形域 $0<\mathrm{Im}(z)<\pi$ 映射成上半平面 $\mathrm{Im}(w)>0$，因此，所求的映射为

$$w=e^{\frac{\pi i}{b-a}(z-a)}$$

数学实验基础知识

基本命令	功　能
cplxgrid(m)	产生一个$(m+1)\times(2m+1)$复数网格，且每个网格点对应复数的模都不超过1
surf(x, y, u, v)	绘制由(x, y, u)确定的曲面，v确定相应点的颜色
cplxmap(z, f(z))	绘制复数$f(z)$的图形
colorbar	设置颜色棒
title('str')	用字符串str作为图形的图名
axis	设置坐标轴属性
meshgrid(x, y)	以向量$\boldsymbol{x}$，$\boldsymbol{y}$为基准产生网格点

例　绘制函数$f(z)=z^4$的图像.

```
≫ z=cplxgrid(20);
≫ cplxmap(z, z.^4);
≫ colorba('vert');
≫ title('z^4')
```

或者利用下面的MATLAB代码：

```
≫ z=cplxgrid(20);
≫ w=z.^4;
≫ surf(real(z), imag(z), real(w), imag(w));
≫ title('z^4')
```

两者得到的函数图形是相同的，如图20.14所示.

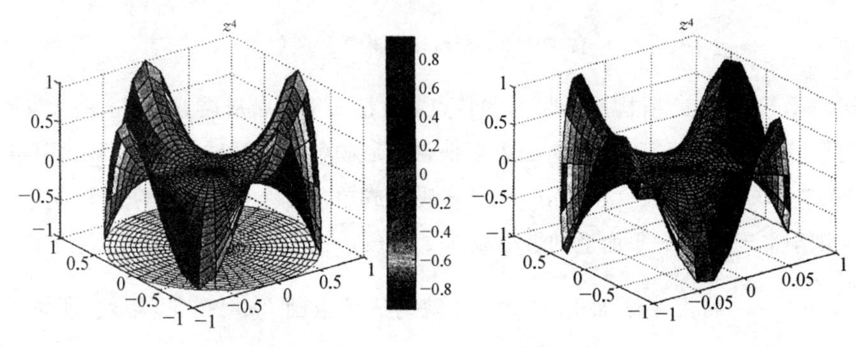

图20.14　$f(z)=z^4$构成的映射

*　*　*　*　*

本章论述解析函数的几何理论，它是复变函数论中的一个重要分支，在物理学的各个领域有着广泛的应用.

解析函数$w=f(z)$在导数不为0的点所构成的映射具有保角性是此章内容的基础.

在分式线性映射中，我们采用的是将较复杂的映射分解成简单映射的复合的方法，分式线性映射具有保圆周性，保对称点性等特点.

给定 z 平面上 3 个点及 w 平面上 3 个点，那么存在唯一的分式线性映射 $w=\dfrac{az+b}{cz+d}$ 将 z 平面上给定的点映射成 w 平面上给定的点，利用此结论可以推出许多重要的结果，并能解决诸如求将上半平面映射成单位圆的内部的分式线性映射等问题.

掌握幂函数 $w=z^n$ 和指数函数 $w=\mathrm{e}^z$ 所构成的映射的特点.

本章常用词汇中英文对照

旋转角	angle of rotation	单位圆盘	unit disk
伸缩率	dilatation quotient	上半平面	upper half-plane
保角的	conformal	映射	mapping
分式线性映射	fractional-linear mapping	变换	transformation
角形区域	angular domain		

习 题 20

1. 求 $w=z^2$ 在 $z=\mathrm{i}$ 处的伸缩率和旋转角. 问 $w=z^2$ 把经过 $z=\mathrm{i}$ 且平行于实轴正向的曲线的切线方向映射成 w 平面上哪一个方向？并作图.
2. 一个解析函数所构成的映射在什么条件下具有旋转角和伸缩率的不变性？映射 $w=z^2$ 在 z 平面上每一点都具有这个性质吗？
3. 设 $w=f(z)$ 在 z_0 解析，且 $f'(z_0)\neq 0$. 为什么说曲线 C 经过映射 $w=f(z)$ 后在 z_0 转动角与伸缩率跟曲线 C 的形状和方向无关？
4. 在映射 $w=\mathrm{i}z$ 下，下列图形映射成什么图形？

   (1) 以 $z_1=\mathrm{i}$, $z_2=-1$, $z_3=1$ 为顶点的三角形；

   (2) 圆域 $|z-1|\leqslant 1$.
5. 映射 $w=z^2$ 把上半圆域：$|z|<R$, $\mathrm{Im}(z)>0$ 映射成什么？
6. 下列区域在指定的映射下映射成什么？

   (1) $\mathrm{Re}(z)>0$, $w=\mathrm{i}z+\mathrm{i}$　　(2) $\mathrm{Im}(z)>0$, $w=(1+\mathrm{i})z$

   (3) $0<\mathrm{Im}(z)<\dfrac{1}{2}$, $w=\dfrac{1}{z}$　　(4) $\mathrm{Re}(z)>1$, $\mathrm{Im}(z)>0$, $w=\dfrac{1}{z}$

   (5) $\mathrm{Re}(z)>0$, $0<\mathrm{Im}(z)<1$, $w=\dfrac{\mathrm{i}}{z}$
7. 求把上半平面 $\mathrm{Im}(z)>0$ 映射成单位圆 $|w|<1$ 的分式线性映射 $w=f(z)$，并满足条件：

   (1) $f(\mathrm{i})=0$, $f(-1)=1$　　(2) $f(\mathrm{i})=0$, $\arg f'(\mathrm{i})=0$

   (3) $f(1)=1$, $f(\mathrm{i})=\dfrac{1}{\sqrt{5}}$
8. 求把单位圆映射成单位圆的分式线性映射，并满足条件：

   (1) $f\left(\dfrac{1}{2}\right)=0$, $f(-1)=1$　　(2) $f\left(\dfrac{1}{2}\right)=0$, $\arg f'\left(\dfrac{1}{2}\right)=\dfrac{\pi}{2}$
9. 求出一个把右半平面 $\mathrm{Re}(z)>0$ 映射成单位圆 $|w|<1$ 的映射.
10. 把图 20.15 所列各图中阴影部分所示的区域保角且互为单值地映射成上半平面，求出实现各映射的任一个函数.

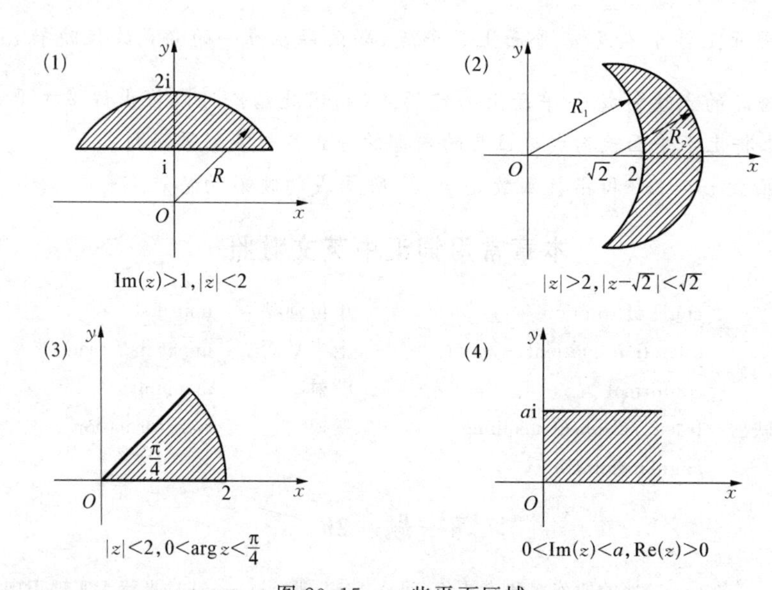

图 20.15　一些平面区域

11. 将实轴上由 0 到 1 为割痕的单位圆 $|z|<1$ 映射为上半平面.

第五篇 GONG CHENG SHU XUE

积分变换

人们在处理与分析工程实际中的一些问题时，常常采取某种手段对问题进行转化，从另一个角度进行处理与分析，这就是所谓的变换. 变换的目的是使问题便于分析和解决，尤其对于那些比较复杂的工程问题，变换是一种比较常用的方法. 在本篇中，我们介绍通过积分运算将一个函数变成另一个函数的变换——积分变换. 积分变换被广泛应用在工程技术中. 它不仅在力学系统、电路系统和数理经济系统的研究中扮演着尤其重要的角色，而且在自动控制理论和随机分析理论的研究中占有很突出的地位. 人们对系统的研究往往都是根据实际问题的具体情况将要研究的对象抽象为一个满足叠加原理的数学模型，它可以用一个线性微(积)分方程(或方程组)来描述.积分变换方法是解决线性系统问题的主要方法之一.

在线性系统问题的求解及其基本理论的研究过程中,最重要的里程碑是 1822 年傅里叶的 Theorie Analytigue de chalear(热的解析理论)一书的出版.该书不仅为一般类型的“边值问题”提供了一种示范性的形式处理,而且开拓了一类具有很大普遍性的数学方法的理论.由此开始,积分变换方法逐步渗透到概率论、无线电技术、光学、量子物理、弹性力学、地震勘探等应用数学与工程技术的许多领域.

积分变换方法的实际应用和其他方法一样,在很多情况下,最终要通过计算机来实现,但是计算机并不能直接处理无限、连续形式的数学表达式,而只能处理有限、离散形式的数学表达式.因此必须讨论有限离散傅氏变换(DFT).在 20 世纪 60 年代前,由于有限离散傅氏变换的计算量大而计算工具的能力相对较弱,使得该方法的实际应用受到很大限制.

20 世纪 60 年代中期,Cooley 和 Tukey 提出了一种针对 DFT 的快速算法,即快速傅里叶变换(FFT),它所需的运算次数约为 $N\log_2 N$ 次单元运算.这样,对于 $N = 1024$ 的情况,直接计算离散傅里叶变换需要 $1024^2 = 1\,048\,576$ 次单元运算,而使用 FFT 算法则只需要 $N\log_2 N = 10240$ 次运算.这个算法的建立,再加上高性能计算机的普及,使得积分变换在各方面的应用更加广泛和深入.

由于篇幅所限,我们只介绍最常用的两类变换:傅里叶积分变换和拉普拉斯积分变换,我们着重讨论它们的定义、性质及某些应用.通过对本篇的学习,使读者了解什么是积分变换,积分变换具有哪些基本内容,可以解决什么样的问题,及解决简单实际问题的基本过程和方法.更多的实际问题应用留待有关专业课中解决.此外,有关离散傅氏变换的内容本篇就不涉及了.

第21章 预备知识

21.1 引 例

工程实际中的问题往往是比较复杂的，为了便于分析和求解问题，使问题的性质更清楚，常常采用变换的方法. 数学上变换是广泛存在的，比如直角坐标与极坐标之间是一种变换，能更灵活、更方便地处理一些问题. 为了更好的理解数学中变换的思想，先看一个简单的例子.

要解下列方程

$$x^{1.15}=3$$

由于 $x^{1.15}$ 不是初等运算，显然直接求解方程是困难的. 通常是将式子两边取对数(作一个数到数的变换)，得到

$$1.15\ln x=\ln 3$$

此时关于 $\ln x$ 的方程容易求解，其解为

$$\ln x=\frac{\ln 3}{1.15}$$

再通过反变换 $\ln^{-1}(\cdot)$ 就可以得到原问题的解为

$$x=\ln^{-1}\left(\frac{\ln 3}{1.15}\right)$$

这里采用了对数变换，它能将乘方运算化为乘法运算，乘法运算化为加法运算，使问题得到简化. 这种利用变换方法求方程解的基本思想可用图 21.1 所示的框图表示.

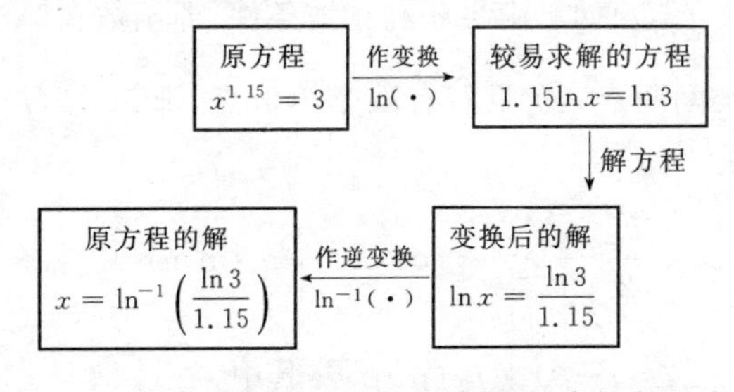

图 21.1 利用变换方法求解方程

在现代科学与工程技术中，常常会提出求解各类微(积)分方程的问题，而这些方程的求解，除一些特殊情况外，大多不易直接求解，往往都通过所谓的积分变换进行求解.

所谓**积分变换**，就是通过积分运算，把一个函数变成另一个函数的变换，一般是含有参数 ω 的积分

$$F(\omega)=\int_a^b f(t)K(\omega, t)\mathrm{d}t$$

它的实质就是把某函数类 A 中的函数 $f(t)$ 通过上述积分运算变成另一函数类 B 中的函数 $F(\omega)$. 这里 $K(\omega, t)$ 是一个确定的二元函数,称为积分变换的**核**. 当选取不同的积分区间和变换核时,就得到不同类型的积分变换. 这里介绍两种积分变换:取积分区间 $[a, b]$ 为 $(-\infty, +\infty)$,核函数 $K(\omega, t)=\mathrm{e}^{-\mathrm{j}\omega t}$ 时的积分变换称为**傅里叶积分变换**(简称**傅氏变换**);取积分区间为 $(0, +\infty)$,核函数 $K(s, t)=\mathrm{e}^{-st}$ 时的积分变换称为**拉普拉斯变换**(简称**拉氏变换**). $F(\omega)$ 称为 $f(t)$ 的**像函数**, $f(t)$ 称为 $F(\omega)$ 的**像原函数**. 在一定条件下,它们是一一对应的且变换是可逆的.

傅氏变换和拉氏变换是工程实践中用来求解线性常微分方程的简便工具,同时也是建立系统在复数域和频率域的数学模型——传递函数和频率特性的数学基础. 用积分变换法求解微分方程时首先对方程两边取积分变换,这样可以使原来的偏微分方程减少自变量的个数直至变成常微分方程;原来的常微分方程可以变成代数方程,从而使得在函数类 B 中的运算简化,找出在 B 中的一个解,再经过逆变换,就可得到原来在 A 中所要求的解.

下面两章将讨论以上所述的两种积分变换方法.

21.2 傅里叶积分公式

本节从周期函数的傅里叶级数出发,推导出一般函数的傅里叶积分表达式,即傅里叶积分公式.

1. 周期函数的傅里叶级数

1804 年,傅里叶首次提出"有限区间上由任意图形定义的任意函数都可以表示为单纯的正弦函数与余弦函数之和",但没有给出严格证明. 1829 年,法国数学家狄利克雷(Dirichlet)证明了下面的定理:

一个以 T 为周期的函数 $f_T(t)$ 如果满足狄利克雷条件,即函数在 $\left[-\frac{T}{2}, \frac{T}{2}\right]$ 上满足:① 连续或只有有限个第一类间断点;② 只有有限个极值点,那么 $f_T(t)$ 就可以展开成傅里叶级数,且在连续点处,有

$$f_T(t)=\frac{a_0}{2}+\sum_{n=1}^{\infty}(a_n\cos n\omega t+b_n\sin n\omega t) \tag{21.1}$$

在间断点处,上式左端换为 $\frac{1}{2}[f_T(t+0)+f_T(t-0)]$. 其中,

$$\omega=\frac{2\pi}{T},\quad a_0=\frac{2}{T}\int_{-\frac{T}{2}}^{\frac{T}{2}}f_T(t)\mathrm{d}t$$

$$a_n=\frac{2}{T}\int_{-\frac{T}{2}}^{\frac{T}{2}}f_T(t)\cos n\omega t\,\mathrm{d}t\quad (n=1, 2, 3, \cdots) \tag{21.2}$$

$$b_n = \frac{2}{T}\int_{-\frac{T}{2}}^{\frac{T}{2}} f_T(t)\sin n\omega t\,\mathrm{d}t \quad (n = 1, 2, 3, \cdots) \tag{21.3}$$

该定理为傅里叶级数奠定了理论基础.

傅里叶级数展开被称为最辉煌、最大胆的思想.从分析角度看,它是用简单函数逼近(或代替)复杂函数;从几何观点看,它是以一族正交函数为基向量,对函数空间进行正交分解,相应的系数就是坐标;从变换角度看,它建立了周期函数与序列之间的对应关系;而从物理意义来看,它将信号分解为一系列简谐波的合成,建立了频谱理论.

由于正弦函数与余弦函数可以统一的由指数函数表出,下面利用欧拉公式把傅里叶级数的三角形式转换为复指数形式,此种形式更为简洁.(为了和一般工程技术教材一致,本篇用 j 表示虚数单位:$\mathrm{j}^2 = -1$)

$$\cos\varphi = \frac{\mathrm{e}^{\mathrm{j}\varphi} + \mathrm{e}^{-\mathrm{j}\varphi}}{2}, \quad \sin\varphi = \frac{\mathrm{e}^{\mathrm{j}\varphi} - \mathrm{e}^{-\mathrm{j}\varphi}}{2\mathrm{j}} = -\mathrm{j}\,\frac{\mathrm{e}^{\mathrm{j}\varphi} - \mathrm{e}^{-\mathrm{j}\varphi}}{2}$$

此时,式(21.1)可写成

$$\begin{aligned} f_T(t) &= \frac{a_0}{2} + \sum_{n=1}^{\infty}\left(a_n\frac{\mathrm{e}^{\mathrm{j}n\omega t} + \mathrm{e}^{-\mathrm{j}n\omega t}}{2} - \mathrm{j}b_n\frac{\mathrm{e}^{\mathrm{j}n\omega t} - \mathrm{e}^{-\mathrm{j}n\omega t}}{2}\right) \\ &= \frac{a_0}{2} + \sum_{n=1}^{\infty}\left(\frac{a_n - \mathrm{j}b_n}{2}\mathrm{e}^{\mathrm{j}n\omega t} + \frac{a_n + \mathrm{j}b_n}{2}\mathrm{e}^{-\mathrm{j}n\omega t}\right) \end{aligned}$$

如果令

$$C_0 = \frac{a_0}{2} = \frac{1}{T}\int_{-\frac{T}{2}}^{\frac{T}{2}} f_T(t)\,\mathrm{d}t$$

$$\begin{aligned} C_n &= \frac{a_n - \mathrm{j}b_n}{2} = \frac{1}{T}\left[\int_{-\frac{T}{2}}^{\frac{T}{2}} f_T(t)\cos n\omega t\,\mathrm{d}t - \mathrm{j}\int_{-\frac{T}{2}}^{\frac{T}{2}} f_T(t)\sin n\omega t\,\mathrm{d}t\right] \\ &= \frac{1}{T}\int_{-\frac{T}{2}}^{\frac{T}{2}} f_T(t)(\cos n\omega t - \mathrm{j}\sin n\omega t)\,\mathrm{d}t = \frac{1}{T}\int_{-\frac{T}{2}}^{\frac{T}{2}} f_T(t)\mathrm{e}^{-\mathrm{j}n\omega t}\,\mathrm{d}t \quad (n = 1, 2, 3, \cdots) \end{aligned}$$

$$C_{-n} = \frac{a_n + \mathrm{j}b_n}{2} = \frac{1}{T}\int_{-\frac{T}{2}}^{\frac{T}{2}} f_T(t)\mathrm{e}^{\mathrm{j}n\omega t}\,\mathrm{d}t \quad (n = 1, 2, 3, \cdots)$$

上述三式可统一的表示为

$$C_n = \frac{1}{T}\int_{-\frac{T}{2}}^{\frac{T}{2}} f_T(t)\mathrm{e}^{-\mathrm{j}n\omega t}\,\mathrm{d}t \quad (n = 0, \pm 1, \pm 2, \cdots)$$

从而式(21.1)可写为

$$f_T(t) = C_0 + \sum_{n=1}^{\infty}(C_n\mathrm{e}^{\mathrm{j}n\omega t} + C_{-n}\mathrm{e}^{-\mathrm{j}n\omega t}) = \sum_{n=-\infty}^{+\infty} C_n\mathrm{e}^{\mathrm{j}n\omega t}$$

这就是工程上常用的**傅里叶级数的复指数形式**,或写为

$$f_T(t) = \frac{1}{T}\sum_{n=-\infty}^{+\infty}\left[\int_{-\frac{T}{2}}^{\frac{T}{2}} f_T(\tau)\mathrm{e}^{-\mathrm{j}n\omega\tau}\,\mathrm{d}\tau\right]\mathrm{e}^{\mathrm{j}n\omega t} \tag{21.4}$$

复数 C_n 的模与辐角正好反映了 $f_T(t)$ 中频率为 $n\omega=\dfrac{2n\pi}{T}$ 的简谐波的振幅与相位，称 C_n 为周期函数 $f_T(t)$ 的**离散频谱**，$|C_n|$ 为**离散振幅谱**，$\arg C_n$ 为**离散相位谱**.

例 21.1 设 $f_T(t)$ 是以 T 为周期的函数，在 $\left[-\dfrac{T}{2},\ \dfrac{T}{2}\right)$ 上

$$f_T(t)=\begin{cases}0, & -\dfrac{T}{2}\leqslant t\leqslant 0\\ 2, & 0<t<\dfrac{T}{2}\end{cases}$$

求它的傅里叶级数的复指数形式.

解 $C_0=\dfrac{1}{T}\displaystyle\int_{-\frac{T}{2}}^{\frac{T}{2}}f_T(t)\mathrm{d}t=\dfrac{1}{T}\int_0^{\frac{T}{2}}2\mathrm{d}t=1$

当 $n\neq 0$ 时，有

$$C_n=\frac{1}{T}\int_{-\frac{T}{2}}^{\frac{T}{2}}f_T(t)\mathrm{e}^{-\mathrm{j}n\omega t}\mathrm{d}t=\frac{2}{T}\int_0^{\frac{T}{2}}\mathrm{e}^{-\mathrm{j}n\frac{2\pi}{T}t}\mathrm{d}t=\frac{\mathrm{j}}{n\pi}\mathrm{e}^{-\mathrm{j}n\frac{2\pi}{T}t}\Big|_0^{\frac{T}{2}}$$

$$=\frac{\mathrm{j}}{n\pi}(\mathrm{e}^{-\mathrm{j}n\pi}-1)=\begin{cases}0, & \text{当 } n \text{ 为偶数}\\ -\dfrac{2\mathrm{j}}{n\pi}, & \text{当 } n \text{ 为奇数}\end{cases}$$

从而 $f_T(t)$ 的傅里叶级数的复指数形式为

$$f_T(t)=1+\sum_{n=-\infty}^{+\infty}\frac{-2\mathrm{j}}{(2n-1)\pi}\mathrm{e}^{\mathrm{j}(2n-1)\frac{2\pi}{T}t}$$

2. 非周期函数的傅里叶积分公式

任何一个非周期函数 $f(t)$ 都可以看成是由某个周期函数 $f_T(t)$ 当 $T\to+\infty$ 时转化而来的.

作周期为 T 的函数 $f_T(t)$，使其在 $\left[-\dfrac{T}{2},\ \dfrac{T}{2}\right)$ 内等于 $f(t)$，在 $\left[-\dfrac{T}{2},\ \dfrac{T}{2}\right)$ 之外按周期 T 延拓到整个数轴上. 则 T 越大，$f_T(t)$ 与 $f(t)$ 相等的范围也越大，这说明当 $T\to+\infty$ 时，周期函数 $f_T(t)$ 便可转化为 $f(t)$. 即有：

对于任意的非周期函数 $f(t)$，设

$$f_T(t)=\begin{cases}f(t), & -\dfrac{T}{2}\leqslant t<\dfrac{T}{2}\\ f_T(t)\text{ 以 } T \text{ 为周期}, & \text{其他}\end{cases}$$

则 $f_T(t)$ 是以 T 为周期的周期函数，且 $f(t)=\lim\limits_{T\to\infty}f_T(t)$.

由周期函数的傅里叶级数展开式

$$f_T(t)=\frac{1}{T}\sum_{n=-\infty}^{+\infty}\left[\int_{-\frac{T}{2}}^{\frac{T}{2}}f_T(\tau)\mathrm{e}^{-\mathrm{j}n\omega\tau}\mathrm{d}\tau\right]\mathrm{e}^{\mathrm{j}n\omega t}\quad\left(-\frac{T}{2}\leqslant t<\frac{T}{2}\right)$$

可得

$$f(t)=\lim_{T\to\infty}\frac{1}{T}\sum_{n=-\infty}^{+\infty}\left[\int_{-\frac{T}{2}}^{\frac{T}{2}}f_T(\tau)\mathrm{e}^{-\mathrm{j}n\omega\tau}\mathrm{d}\tau\right]\mathrm{e}^{\mathrm{j}n\omega t}$$

在上式中令 $\omega_n=n\omega\ (n=0,\pm1,\pm2,\cdots)$,则有

$$f(t)=\lim_{T\to\infty}\frac{1}{T}\sum_{n=-\infty}^{+\infty}\left[\int_{-\frac{T}{2}}^{\frac{T}{2}}f_T(\tau)\mathrm{e}^{-\mathrm{j}\omega_n\tau}\mathrm{d}\tau\right]\mathrm{e}^{\mathrm{j}\omega_n t}$$

当 n 取一切整数时,ω_n 所对应的点便均匀地分布在整个数轴上. 以 $\Delta\omega$ 表示两个相邻点的距离,即

$$\Delta\omega=\omega_n-\omega_{n-1}=\frac{2\pi}{T}$$

则当 $T\to+\infty$ 时,有 $\Delta\omega\to0$,所以上式又表示为

$$f(t)=\lim_{\Delta\omega\to0}\frac{1}{2\pi}\sum_{n=-\infty}^{+\infty}\left[\int_{-\frac{T}{2}}^{\frac{T}{2}}f_T(\tau)\mathrm{e}^{-\mathrm{j}\omega_n\tau}\mathrm{d}\tau\right]\mathrm{e}^{\mathrm{j}\omega_n t}\Delta\omega\tag{21.5}$$

当 t 固定时,$\frac{1}{2\pi}\left[\int_{-\frac{T}{2}}^{\frac{T}{2}}f_T(\tau)\mathrm{e}^{-\mathrm{j}\omega\tau}\mathrm{d}\tau\right]\mathrm{e}^{\mathrm{j}\omega t}$ 是参数 ω 的函数,记为 $\Phi_T(\omega)$,即有

$$\Phi_T(\omega)=\frac{1}{2\pi}\left[\int_{-\frac{T}{2}}^{\frac{T}{2}}f_T(\tau)\mathrm{e}^{-\mathrm{j}\omega\tau}\mathrm{d}\tau\right]\mathrm{e}^{\mathrm{j}\omega t}$$

利用 $\Phi_T(\omega)$ 可将式(21.5)写成

$$f(t)=\lim_{\Delta\omega\to0}\sum_{n=-\infty}^{+\infty}\Phi_T(\omega_n)\Delta\omega$$

易见,当 $\Delta\omega\to0$ 时,有 $\Phi_T(\omega)\to\Phi(\omega)$,这里,

$$\Phi(\omega)=\frac{1}{2\pi}\left[\int_{-\infty}^{+\infty}f(\tau)\mathrm{e}^{-\mathrm{j}\omega\tau}\mathrm{d}\tau\right]\mathrm{e}^{\mathrm{j}\omega t}$$

从而 $f(t)$ 可以看成是 $\Phi(\omega)$ 在 $(-\infty,+\infty)$ 上的积分 $f(t)=\int_{-\infty}^{+\infty}\Phi(\omega)\mathrm{d}\omega$,即

$$f(t)=\frac{1}{2\pi}\int_{-\infty}^{+\infty}\left[\int_{-\infty}^{+\infty}f(\tau)\mathrm{e}^{-\mathrm{j}\omega\tau}\mathrm{d}\tau\right]\mathrm{e}^{\mathrm{j}\omega t}\mathrm{d}\omega\tag{21.6}$$

这个公式称为**傅里叶积分公式**(简称**傅氏积分公式**). 上式只是从式(21.5)的右端从形式上推导出来的,是不严格的. 至于一个非周期函数 $f(t)$ 究竟在什么条件下可用傅氏积分公式表示呢?有下面的定理.

傅氏积分定理 若函数 $f(t)$ 在 $(-\infty,+\infty)$ 满足下列条件:

(1) $f(t)$ 在任一有限区间上满足狄氏条件(连续或只有有限个第一类间断点,且只有有限个极值点);

(2) $f(t)$ 在无限区间 $(-\infty,+\infty)$ 上绝对可积(即积分 $\int_{-\infty}^{+\infty}|f(t)|\mathrm{d}t$ 收敛),则在 $f(t)$ 的连续点 t 处,有

$$f(t)=\frac{1}{2\pi}\int_{-\infty}^{+\infty}\left[\int_{-\infty}^{+\infty}f(\tau)\mathrm{e}^{-\mathrm{j}\omega\tau}\mathrm{d}\tau\right]\mathrm{e}^{\mathrm{j}\omega t}\mathrm{d}\omega$$

成立. 在 $f(t)$ 的间断点 t 处,上式左端应以 $\frac{1}{2}[f(t+0)+f(t-0)]$ 代替.(式中的广义积分都是主值意义下的,即 $\int_{-\infty}^{+\infty}f(x)\mathrm{d}x=\lim\limits_{N\to+\infty}\int_{-N}^{+N}f(x)\mathrm{d}x$)

证明略.

这个定理的条件是充分条件,也就是说当函数 $f(t)$ 满足定理条件时,傅里叶积分一定存在. 当 $f(t)$ 不满足定理条件时,傅里叶积分未必不存在.

利用欧拉公式,可将以上傅氏积分公式的复指数形式化为三角形式.

$$\begin{aligned}
f(t)&=\frac{1}{2\pi}\int_{-\infty}^{+\infty}\left[\int_{-\infty}^{+\infty}f(\tau)\mathrm{e}^{-\mathrm{j}\omega\tau}\mathrm{d}\tau\right]\mathrm{e}^{\mathrm{j}\omega t}\mathrm{d}\omega\\
&=\frac{1}{2\pi}\int_{-\infty}^{+\infty}\left[\int_{-\infty}^{+\infty}f(\tau)\mathrm{e}^{\mathrm{j}\omega(t-\tau)}\mathrm{d}\tau\right]\mathrm{d}\omega\\
&=\frac{1}{2\pi}\int_{-\infty}^{+\infty}\left[\int_{-\infty}^{+\infty}f(\tau)\cos\omega(t-\tau)\mathrm{d}\tau+\mathrm{j}\int_{-\infty}^{+\infty}f(\tau)\sin\omega(t-\tau)\mathrm{d}\tau\right]\mathrm{d}\omega
\end{aligned}$$

考虑到积分 $\int_{-\infty}^{+\infty}f(\tau)\sin\omega(t-\tau)\mathrm{d}\tau$ 是 ω 的奇函数,就有

$$\int_{-\infty}^{+\infty}\left[\int_{-\infty}^{+\infty}f(\tau)\sin\omega(t-\tau)\mathrm{d}\tau\right]\mathrm{d}\omega=0$$

故

$$f(t)=\frac{1}{2\pi}\int_{-\infty}^{+\infty}\left[\int_{-\infty}^{+\infty}f(\tau)\cos\omega(t-\tau)\mathrm{d}\tau\right]\mathrm{d}\omega$$

又考虑到积分 $\int_{-\infty}^{+\infty}f(\tau)\cos\omega(t-\tau)\mathrm{d}\tau$ 是 ω 的偶函数,所以,傅氏积分公式的**三角形式**为

$$f(t)=\frac{1}{\pi}\int_{0}^{+\infty}\left[\int_{-\infty}^{+\infty}f(\tau)\cos\omega(t-\tau)\mathrm{d}\tau\right]\mathrm{d}\omega \tag{21.7}$$

21.3 单位脉冲函数(*δ* 函数)

在工程实际问题中,许多物理现象具有一种脉冲特征,它们仅在某一瞬间或某一点出现,如瞬间作用的冲击力、脉冲电流、质点的质量等. 这些物理量都不能用通常的函数形式去描述. 在力学中,我们要研究机械系统受冲击力作用后的运动情况;在电学中,要研究线性电路受具有脉冲性质的电势作用后所产生的电流等. 研究这类问题就会产生本节要介绍的脉冲函数. 常常将 δ 函数称为单位脉冲函数.

1. δ 函数的定义

在原来电流为 0 的电路中,某一瞬时(设为 $t=0$)进入一单位电量的脉冲,现在要确定电路上的电流 $i(t)$. 以 $q(t)$表示上述电路中的电荷函数,则

$$q(t)=\begin{cases}0, & t\neq 0\\ 1, & t=0\end{cases}$$

由于电流强度是电荷函数对时间的变化率，即

$$i(t)=\frac{\mathrm{d}q(t)}{\mathrm{d}t}=\lim_{\Delta t\to 0}\frac{q(t+\Delta t)-q(t)}{\Delta t}$$

所以，当 $t\neq 0$ 时，$i(t)=0$. 由于 $q(t)$ 是不连续的，从而在普通导数意义下，$q(t)$ 在 $t=0$ 是不能求导数的. 如果我们形式地计算这个导数，则得

$$i(0)=\lim_{\Delta t\to 0}\frac{q(0+\Delta t)-q(0)}{\Delta t}=\lim_{\Delta t\to 0}\left(-\frac{1}{\Delta t}\right)=\infty$$

故

$$i(t)=\begin{cases}0, & t\neq 0\\ \infty, & t=0\end{cases}$$

此外，电路在 $t=0$ 以后到任意时刻 τ 的总电量

$$q=\int_0^{\tau} i(t)\mathrm{d}t=1$$

也就有

$$q=\int_{-\infty}^{+\infty} i(t)\mathrm{d}t=1$$

显然在通常意义下的函数类中找不到一个函数能够表示这样的电流强度. 为了确定这样的电流强度，需要引入一个新函数，即所谓的**单位脉冲函数**，又称为**狄拉克**(Dirac)**函数**，简单记成 δ 函数.

有了这种函数，对于许多集中于一点或一瞬时的量，如点电荷、点热源、集中于一点的质量及脉冲技术中的非常窄的脉冲等，就能够像处理连续分布的量那样，以统一的方式加以解决.

工程上可将 δ 函数用一个长度等于 1 的有向线段表示，这个线段的长度表示 δ 函数的积分值，称为 δ 函数的强度.

需要强调的是：δ 函数是一个广义函数，在 $t=0$ 处它没有普通意义下的“函数值”，不能用通常意义下“值的对应关系”来定义，按通常的函数讲，它不能称为“函数”.

在数学上，δ 函数定义为

$$\delta_{\varepsilon}(t)=\begin{cases}0, & t<0\\ \dfrac{1}{\varepsilon}, & 0\leqslant t\leqslant \varepsilon\\ 0, & t>\varepsilon\end{cases}$$

的弱极限. 即对于任何一个任意次可微的函数 $f(t)$，有

$$\lim_{\varepsilon\to 0}\int_{-\infty}^{+\infty}\delta_{\varepsilon}(t)f(t)\mathrm{d}t=\int_{-\infty}^{+\infty}\delta(t)f(t)\mathrm{d}t \tag{21.8}$$

这样的 $\delta(t)$ 称为 δ 函数.

2. δ 函数的性质

对(21.8) 定义的 $\delta(t)$，有下述性质：

(1) 若 $f(t)$ 为一个无穷次可微的函数，则有

$$\int_{-\infty}^{+\infty} f(t)\delta(t)\mathrm{d}t = f(0) \tag{21.9}$$

证 由于

$$\int_{-\infty}^{+\infty} \delta(t)f(t)\mathrm{d}t = \lim_{\varepsilon\to 0}\int_{-\infty}^{+\infty} \delta_\varepsilon(t)f(t)\mathrm{d}t = \lim_{\varepsilon\to 0}\int_0^\varepsilon \frac{1}{\varepsilon}f(t)\mathrm{d}t$$

注意到 $f(t)$ 可微必定连续，由积分中值定理可得 $\exists\,\theta\in[0,1]$，使得

$$\int_{-\infty}^{+\infty} \delta(t)f(t)\mathrm{d}t = \lim_{\varepsilon\to 0}\frac{1}{\varepsilon}f(\theta\varepsilon)\varepsilon = f(0)$$

实际上该性质中的条件可弱化为 $f(t)$ 连续，证明较为复杂，略.

此性质称为 δ 函数的筛选性质. 式(21.9) 给出了 δ 函数与其他函数的运算关系，人们常常采用检验的方式来考察某个函数是否为 δ 函数. 虽然 δ 函数本身没有普通意义下的函数值，但它与任意一个连续函数的乘积在 $(-\infty, +\infty)$ 上的积分却有确定的值，因此 δ 函数在近代物理和工程技术中有着较为广泛的应用.

更一般地，有

$$\int_{-\infty}^{+\infty} \delta(t-t_0)f(t)\mathrm{d}t = f(t_0)$$

在性质(1) 中令 $f(t)=1$，即可得：

(2)
$$\int_{-\infty}^{+\infty} \delta(t)\mathrm{d}t = 1 \tag{21.10}$$

一般地，有

$$\int_{-\infty}^{+\infty} \delta(t-t_0)\mathrm{d}t = 1$$

(3) δ 函数为偶函数，即

$$\delta(-t) = \delta(t) \tag{21.11}$$

证 令 $f(t)$ 为任一连续函数，由性质(1)，得

$$\int_{-\infty}^{+\infty} \delta(-t)f(t)\mathrm{d}t = \int_{-\infty}^{+\infty} \delta(\tau)f(-\tau)\mathrm{d}\tau = f(0)$$

则

$$\int_{-\infty}^{+\infty} \delta(-t)f(t)\mathrm{d}t = \int_{-\infty}^{+\infty} \delta(t)f(t)\mathrm{d}t = f(0)$$

故 $\delta(-t)=\delta(t)$.

* * * * *

本章作为积分变换的预备知识，首先介绍了积分变换的一般形式及用积分变换解决

实际问题的一般步骤；然后回顾了高等数学中的傅里叶级数，由此引出非周期函数的傅里叶积分公式，为引进傅里叶变换奠定了基础；最后建立了 δ 函数的定义及常用性质.

本章常用词汇中英文对照

积分变换	integral transform	核	kernel
像	image	像原	preimage
傅里叶变换	Fourier transform	拉普拉斯变换	Laplace transform
逆变换	inverse transform	脉冲函数	impulse function
弱极限	weak limit	筛选性质	sifting property

习 题 21

1. 试证：若 $f(t)$ 满足傅氏积分定理的条件，则有

$$f(t)=\int_0^{+\infty}a(\omega)\cos\omega t\,\mathrm{d}\omega+\int_0^{+\infty}b(\omega)\sin\omega t\,\mathrm{d}\omega$$

其中

$$a(\omega)=\frac{1}{\pi}\int_{-\infty}^{+\infty}f(\tau)\cos\omega\tau\,\mathrm{d}\tau,\quad b(\omega)=\frac{1}{\pi}\int_{-\infty}^{+\infty}f(\tau)\sin\omega\tau\,\mathrm{d}\tau$$

2. 试证：若 $f(t)$ 满足傅氏积分定理的条件，则当 $f(t)$ 为奇函数时，有

$$f(t)=\int_0^{+\infty}b(\omega)\sin\omega t\,\mathrm{d}\omega$$

其中，$b(\omega)=\dfrac{2}{\pi}\displaystyle\int_0^{+\infty}f(\tau)\sin\omega\tau\,\mathrm{d}\tau$. 当 $f(t)$ 为偶函数时，有

$$f(t)=\int_0^{+\infty}a(\omega)\cos\omega t\,\mathrm{d}\omega$$

其中 $a(\omega)=\dfrac{2}{\pi}\displaystyle\int_0^{+\infty}f(\tau)\cos\omega\tau\,\mathrm{d}\tau$.

3. 在题 2 中，设 $f(t)=\begin{cases}1, & |t|\leqslant 1;\\ 0, & |t|>1,\end{cases}$ 试计算 $a(\omega)$，并推证

$$\int_0^{+\infty}\frac{\sin\omega\cos\omega t}{\omega}\mathrm{d}\omega=\begin{cases}\dfrac{\pi}{2}, & |t|<1\\ \dfrac{\pi}{4}, & |t|=1\\ 0, & |t|>1\end{cases}$$

4. 证明：$\dfrac{\mathrm{d}}{\mathrm{d}t}u(t)=\delta(t)$，其中 $u(t)=\begin{cases}0, & t<0,\\ 1, & t>0\end{cases}$ 称为单位阶跃函数.

第 22 章　傅里叶变换

本章将要介绍傅里叶变换及其性质.由于它既能简化计算,如化微分方程为代数方程、化卷积为乘积等,又具有非常特殊的物理意义,因而在许多领域有广泛应用,研究自动控制系统的频率域方法就是建立在这个基础之上的.而在此基础上发展起来的离散傅里叶变换在当今数字时代更是显得尤为重要.

22.1　傅里叶变换的概念

由上一章知,若函数 $f(t)$满足傅里叶积分定理的条件,则在 $f(t)$的连续点处,有傅氏积分公式

$$f(t) = \frac{1}{2\pi}\int_{-\infty}^{+\infty}\left[\int_{-\infty}^{+\infty} f(\tau)\mathrm{e}^{-\mathrm{j}\omega\tau}\mathrm{d}\tau\right]\mathrm{e}^{\mathrm{j}\omega t}\mathrm{d}\omega$$

设

$$F(\omega) = \int_{-\infty}^{+\infty} f(t)\mathrm{e}^{-\mathrm{j}\omega t}\mathrm{d}t \tag{22.1}$$

则

$$f(t) = \frac{1}{2\pi}\int_{-\infty}^{+\infty} F(\omega)\mathrm{e}^{\mathrm{j}\omega t}\mathrm{d}\omega \tag{22.2}$$

可以看出上述两式定义了一个变换对,即对于任一给定函数 $f(t)$,通过指定的积分运算可以得到一个与之对应的函数 $F(\omega)$,且由 $F(\omega)$通过类似的积分运算可以回复到$f(t)$.它们具有非常优美的对称形式.对由傅氏级数得来的上述两式给出如下定义.

定义 22.1　式(22.1)称为 $f(t)$的**傅里叶变换**,简称为**傅氏变换**,其中函数$F(\omega)$称为 $f(t)$的**像函数**,记为

$$F(\omega) = \mathscr{F}[f(t)]$$

式(22.2)称为 $F(\omega)$的**傅里叶逆变换**,简称为**傅氏逆变换**.其中函数 $f(t)$称为 $F(\omega)$的**像原函数**,记为

$$f(t) = \mathscr{F}^{-1}[F(\omega)]$$

这样,像函数 $F(\omega)$和像原函数 $f(t)$构成了一个傅氏变换对.与傅里叶级数一样,傅氏变换也有明确的物理含义.在频谱分析中,傅里叶变换又称为 $f(t)$的**频谱函数**(简称**频谱**).由于 ω 是连续变化的,我们又称之为连续频谱.对一个时间函数作傅里叶变换,就是求这个时间函数的频谱.而它的模$|F(\omega)|$称为 $f(t)$的**振幅频谱**(简称为**振幅谱**,亦简称**频谱**),$\arg F(\omega)$称为**相位谱**.

例 22.1 求矩形脉冲函数(或称门函数) $f(t)=\begin{cases}1, & |t|\leqslant\tau;\\ 0, & |t|>\tau\end{cases}$ 的傅氏变换及其积分表达式,其中 $\tau>0$.

解 根据式(22.1),有

$$F(\omega)=\mathscr{F}[f(t)]=\int_{-\infty}^{+\infty}f(t)\mathrm{e}^{-\mathrm{j}\omega t}\mathrm{d}t=\int_{-\tau}^{\tau}\mathrm{e}^{-\mathrm{j}\omega t}\mathrm{d}t=\frac{1}{-\mathrm{j}\omega}\mathrm{e}^{-\mathrm{j}\omega t}\Big|_{-\tau}^{\tau}$$

$$=\frac{1}{-\mathrm{j}\omega}(\mathrm{e}^{-\mathrm{j}\omega\tau}-\mathrm{e}^{\mathrm{j}\omega\tau})=2\,\frac{\sin\omega\tau}{\omega}$$

根据式(22.2),并利用奇偶函数的积分性质,得到积分表达式

$$f(t)=\mathscr{F}^{-1}[F(\omega)]=\frac{1}{2\pi}\int_{-\infty}^{+\infty}F(\omega)\mathrm{e}^{\mathrm{j}\omega t}\mathrm{d}\omega=\frac{1}{2\pi}\int_{-\infty}^{+\infty}\frac{2\sin\omega\tau}{\omega}\mathrm{e}^{\mathrm{j}\omega t}\mathrm{d}\omega$$

$$=\frac{1}{2\pi}\int_{-\infty}^{+\infty}\frac{2\sin\omega\tau}{\omega}\cos\omega t\,\mathrm{d}\omega+\frac{\mathrm{j}}{2\pi}\int_{-\infty}^{+\infty}\frac{2\sin\omega\tau}{\omega}\sin\omega t\,\mathrm{d}\omega$$

$$=\frac{2}{\pi}\int_{0}^{+\infty}\frac{\sin\omega\tau}{\omega}\cos\omega t\,\mathrm{d}\omega=\begin{cases}1, & |t|<\tau\\ \dfrac{1}{2}, & |t|=\tau\\ 0, & |t|>\tau\end{cases}$$

上式中令 $t=0$,可得狄利克雷积分

$$\int_{0}^{+\infty}\frac{\sin x}{x}\mathrm{d}x=\frac{\pi}{2}$$

例 22.2 求指数衰减函数 $f(t)=\begin{cases}0, & t<0;\\ \mathrm{e}^{-\beta t}, & t\geqslant 0\end{cases}$ 的傅氏变换及其积分表达式,其中常数 $\beta>0$.

解 根据式(22.1),有

$$F(\omega)=\mathscr{F}[f(t)]=\int_{-\infty}^{+\infty}f(t)\mathrm{e}^{-\mathrm{j}\omega t}\mathrm{d}t$$

$$=\int_{0}^{+\infty}\mathrm{e}^{-\beta t}\mathrm{e}^{-\mathrm{j}\omega t}\mathrm{d}t=\int_{0}^{+\infty}\mathrm{e}^{-(\beta+\mathrm{j}\omega)t}\mathrm{d}t=\frac{1}{\beta+\mathrm{j}\omega}=\frac{\beta-\mathrm{j}\omega}{\beta^2+\omega^2}$$

这就是指数衰减函数的傅氏变换.

根据式(22.2),并利用奇偶函数的积分性质,得到积分表达式

$$f(t)=\mathscr{F}^{-1}[F(\omega)]=\frac{1}{2\pi}\int_{-\infty}^{+\infty}F(\omega)\mathrm{e}^{\mathrm{j}\omega t}\mathrm{d}\omega=\frac{1}{2\pi}\int_{-\infty}^{+\infty}\frac{\beta-\mathrm{j}\omega}{\beta^2+\omega^2}\mathrm{e}^{\mathrm{j}\omega t}\mathrm{d}\omega$$

$$=\frac{1}{2\pi}\int_{-\infty}^{+\infty}\frac{\beta\cos\omega t+\omega\sin\omega t}{\beta^2+\omega^2}\mathrm{d}\omega=\frac{1}{\pi}\int_{0}^{+\infty}\frac{\beta\cos\omega t+\omega\sin\omega t}{\beta^2+\omega^2}\mathrm{d}\omega$$

所以在 $f(t)$ 的连续点处,有

$$f(t)=\frac{1}{\pi}\int_0^{+\infty}\frac{\beta\cos\omega t+\omega\sin\omega t}{\beta^2+\omega^2}\mathrm{d}\omega$$

由此还可得到一个含参量广义积分的结果

$$\int_0^{+\infty}\frac{\beta\cos\omega t+\omega\sin\omega t}{\beta^2+\omega^2}\mathrm{d}\omega=\begin{cases}0, & t<0\\ \dfrac{\pi}{2}, & t=0\\ \pi\mathrm{e}^{-\beta t}, & t>0\end{cases}$$

例 22.3 求函数 $f(t)=A\mathrm{e}^{-\beta t^2}$ $(A,\beta>0)$ 的傅氏变换及其积分表达式. 这个函数称为钟形脉冲函数，也是工程技术中常碰到的一个函数.

解 根据式(22.1)，有

$$F(\omega)=\mathscr{F}[f(t)]=\int_{-\infty}^{+\infty}f(t)\mathrm{e}^{-\mathrm{j}\omega t}\mathrm{d}t=\int_{-\infty}^{+\infty}A\mathrm{e}^{-\beta t^2}\mathrm{e}^{-\mathrm{j}\omega t}\mathrm{d}t=A\mathrm{e}^{-\frac{\omega^2}{4\beta}}\int_{-\infty}^{+\infty}\mathrm{e}^{-\beta\left(t+\frac{\mathrm{j}\omega}{2\beta}\right)^2}\mathrm{d}t$$

经计算（略），可得

$$F(\omega)=\mathscr{F}[f(t)]=\sqrt{\frac{\pi}{\beta}}A\mathrm{e}^{-\frac{\omega^2}{4\beta}}$$

下面求钟形脉冲函数的积分表达式. 根据式(22.2)，并利用奇偶函数的积分性质，可得

$$\begin{aligned}f(t)=\mathscr{F}^{-1}[F(\omega)]&=\frac{1}{2\pi}\int_{-\infty}^{+\infty}F(\omega)\mathrm{e}^{\mathrm{j}\omega t}\mathrm{d}\omega\\&=\frac{1}{2\pi}\sqrt{\frac{\pi}{\beta}}A\int_{-\infty}^{+\infty}\mathrm{e}^{-\frac{\omega^2}{4\beta}}(\cos\omega t+\mathrm{j}\sin\omega t)\mathrm{d}\omega\\&=\frac{A}{\sqrt{\pi\beta}}\int_0^{+\infty}\mathrm{e}^{-\frac{\omega^2}{4\beta}}\cos\omega t\,\mathrm{d}\omega\end{aligned}$$

由此还可得到一个含参量广义积分的结果

$$\int_0^{+\infty}\mathrm{e}^{-\frac{\omega^2}{4\beta}}\cos\omega t\,\mathrm{d}\omega=\frac{\sqrt{\pi\beta}}{A}f(t)=\sqrt{\pi\beta}\mathrm{e}^{-\beta t^2}$$

例 22.4 已知函数 $f(t)$ 的频谱为 $F(\omega)=\begin{cases}1, & |\omega|\leqslant\tau;\\ 0, & |\omega|>\tau,\end{cases}$ 其中 $\tau>0$，求 $f(t)$.

解 根据式(22.2)，有

$$\begin{aligned}f(t)=\mathscr{F}^{-1}[F(\omega)]&=\frac{1}{2\pi}\int_{-\infty}^{+\infty}F(\omega)\mathrm{e}^{\mathrm{j}\omega t}\mathrm{d}\omega=\frac{1}{2\pi}\int_{-\tau}^{\tau}\mathrm{e}^{\mathrm{j}\omega t}\mathrm{d}\omega\\&=\frac{\sin\tau t}{\pi t}=\frac{\tau}{\pi}\left(\frac{\sin\tau t}{\tau t}\right)\end{aligned}$$

此处，我们引入 Sinc 函数（称为辛格函数），Sinc(t)有两个定义，区分为归一化 Sinc 函数和非归一化 Sinc 函数. 它们都是正弦函数和单调递减函数 $\frac{1}{x}$ 的乘积. 在数字信号处

理和通信系统中,通常使用归一化 Sinc 函数,定义为:$\mathrm{Sinc}(t)=\frac{\sin\pi t}{\pi t}$. 在数学领域,主要讨论非归一化 Sinc 函数,定义为:$\mathrm{Sinc}(t)=\frac{\sin t}{t}$.

这里我们采用非归一化 Sinc 函数的定义,则有 $f(t)=\frac{\tau}{\pi}\mathrm{Sinc}(\tau t)$. 当 $t=0$ 时,定义 $f(0)=\frac{\tau}{\pi}$. 信号$\frac{\tau}{\pi}\mathrm{Sinc}(\tau t)$(或者 $\mathrm{Sinc}(t)$)称为抽样信号,由于它具有非常特殊的频谱形式,因而在连续时间信号的离散化、离散时间信号的恢复以及信号的滤波中发挥了重要的作用.

例 22.5 解积分方程

$$\int_0^{+\infty} f(x)\cos\omega x\,\mathrm{d}x=\begin{cases}1-\omega, & 0\leqslant\omega\leqslant 1\\ 0, & \omega>1\end{cases}$$

解 给函数 $f(x)$ 在区间$(-\infty,0)$上补充定义,使 $f(x)$ 在区间$(-\infty,+\infty)$上成为偶函数,则

$$\begin{aligned}F(\omega)&=\mathscr{F}[f(x)]=\int_{-\infty}^{+\infty} f(x)\mathrm{e}^{-\mathrm{j}\omega x}\,\mathrm{d}x\\&=2\int_0^{+\infty} f(x)\cos\omega x\,\mathrm{d}x\end{aligned}$$

易见 $F(\omega)$ 也是偶函数. 于是当 $\omega<0$ 时,$F(\omega)$ 也是已知的,即

$$F(\omega)=2\int_0^{+\infty} f(x)\cos\omega x\,\mathrm{d}x=\begin{cases}2(1-\omega), & 0\leqslant\omega\leqslant 1\\ 0, & \omega>1\end{cases}$$

从而求解原积分方程的问题,就转化为求傅氏逆变换的问题. 由傅氏逆变换公式

$$\begin{aligned}f(x)&=\mathscr{F}^{-1}[F(\omega)]=\frac{1}{2\pi}\int_{-\infty}^{+\infty} F(\omega)\mathrm{e}^{\mathrm{j}\omega x}\,\mathrm{d}\omega\\&=\frac{1}{\pi}\int_0^{+\infty} F(\omega)\cos\omega x\,\mathrm{d}\omega\\&=\frac{1}{\pi}\int_0^1 2(1-\omega)\cos\omega x\,\mathrm{d}\omega\\&=\frac{2(1-\cos x)}{\pi x^2}\end{aligned}$$

故所给积分方程的解为

$$f(x)=\frac{2(1-\cos x)}{\pi x^2}\quad(x>0)$$

22.2 傅氏变换的性质

本节介绍傅氏变换的几个重要性质. 为了叙述方便,假定在这些性质中,凡是需要求傅氏变换的函数都满足傅氏积分定理中的条件. 在证明这些性质时,不再重述这些条件.

1. 线性性质

设 $F_1(\omega)=\mathscr{F}[f_1(t)]$，$F_2(\omega)=\mathscr{F}[f_2(t)]$，$\alpha$，$\beta$ 是常数，则

$$\mathscr{F}[\alpha f_1(t)+\beta f_2(t)]=\alpha F_1(\omega)+\beta F_2(\omega) \tag{22.3}$$

这个性质表明函数线性组合的傅氏变换等于各函数傅氏变换的线性组合.

本性质只需根据定义由积分的线性性质就可推出.

同样，傅氏逆变换亦具有类似的线性性质，即

$$\mathscr{F}^{-1}[\alpha F_1(\omega)+\beta F_2(\omega)]=\alpha f_1(t)+\beta f_2(t)$$

2. 对称性质

若 $\mathscr{F}[f(t)]=F(\omega)$，则

$$\mathscr{F}[F(t)]=2\pi f(-\omega) \tag{22.4}$$

证 由傅氏逆变换公式，可知

$$f(t)=\frac{1}{2\pi}\int_{-\infty}^{+\infty}F(\omega)\mathrm{e}^{\mathrm{j}\omega t}\mathrm{d}\omega=\frac{1}{2\pi}\int_{-\infty}^{+\infty}F(u)\mathrm{e}^{\mathrm{j}ut}\mathrm{d}u$$

令 $t=-\omega$，则

$$f(-\omega)=\frac{1}{2\pi}\int_{-\infty}^{+\infty}F(u)\mathrm{e}^{-\mathrm{j}u\omega}\mathrm{d}u=\frac{1}{2\pi}\int_{-\infty}^{+\infty}F(t)\mathrm{e}^{-\mathrm{j}\omega t}\mathrm{d}t$$

由傅氏变换的定义，知

$$\mathscr{F}[F(t)]=2\pi f(-\omega)$$

例 22.6 求辛格函数 $\mathrm{Sinc}(t)=\dfrac{\sin t}{t}$ 的傅氏变换.

解 直接利用定义式(22.1)不易积分，利用对称性则较为方便.

由例 22.1，取 $\tau=1$，得到函数 $f(t)=\begin{cases}1, & |t|\leqslant 1;\\ 0, & |t|>1\end{cases}$ 的傅氏变换

$$F(\omega)=\mathscr{F}[f(t)]=2\frac{\sin\omega}{\omega}=2\mathrm{Sinc}(\omega)$$

由线性性质，得 $\mathscr{F}\left[\dfrac{1}{2}f(t)\right]=\mathrm{Sinc}(\omega)$.

依据式(22.4)，可得

$$\mathscr{F}[\mathrm{Sinc}(\omega)]=\pi f(-\omega)=\begin{cases}\pi, & |\omega|\leqslant 1\\ 0, & |\omega|>1\end{cases}$$

3. 位移性质

对任意给定的实数 t_0，有

$$\mathscr{F}[f(t \pm t_0)] = e^{\pm j\omega t_0}\mathscr{F}[f(t)] \tag{22.5}$$

它表明在时域中信号 $f(t)$沿时间轴右移(即延时)t_0 单位,新信号的傅氏变换等于 $f(t)$的傅氏变换乘以 $e^{-j\omega t_0}$,其在频域中所有频域“分量”相应落后相位 ωt_0,而其幅度保持不变.故也称为延时性质.

证 由傅氏变换的定义,可知

$$\mathscr{F}[f(t \pm t_0)] = \int_{-\infty}^{+\infty} f(t \pm t_0)e^{-j\omega t}dt = \int_{-\infty}^{+\infty} f(u)e^{-j\omega(u \mp t_0)}du$$

$$= e^{\pm j\omega t_0}\int_{-\infty}^{+\infty} f(u)e^{-j\omega u}du = e^{\pm j\omega t_0}\mathscr{F}[f(t)]$$

同理,傅氏逆变换亦有类似性质,即对任意给定的实数 ω_0,有

$$\mathscr{F}^{-1}[F(\omega \mp \omega_0)] = f(t)e^{\pm j\omega_0 t} \tag{22.6}$$

它表明在频域中将频谱函数 $F(\omega)$沿 ω 轴右移(或左移)ω_0,对应于时域中函数 $f(t)$乘以 $e^{j\omega_0 t}$(或 $e^{-j\omega_0 t}$).上式称为像函数的位移性质.

例 22.7 求矩形脉冲函数 $f(t) = \begin{cases} 1, & 0 \leqslant t \leqslant 2\tau; \\ 0, & \text{其他} \end{cases}$ 的频谱函数.

解 由例 22.1,知 $f_1(t) = \begin{cases} 1, & |t| \leqslant \tau; \\ 0, & |t| > \tau \end{cases}$ 的频谱函数

$$F_1(\omega) = \mathscr{F}[f_1(t)] = 2\frac{\sin\omega\tau}{\omega}$$

注意到 $f(t) = f_1(t-\tau)$,利用位移性质,可得

$$\mathscr{F}[f(t)] = \mathscr{F}[f_1(t-\tau)] = e^{-j\omega\tau}F_1(\omega) = 2e^{-j\omega\tau}\frac{\sin\omega\tau}{\omega}$$

4. 微分性质

如果 $f(t)$在$(-\infty,+\infty)$上连续或只有有限个可去间断点,且当$|t| \to +\infty$时,$f(t) \to 0$,则

$$\mathscr{F}[f'(t)] = j\omega\mathscr{F}[f(t)] \tag{22.7}$$

它表明时域函数导数的频谱函数等于这个函数的频谱函数乘以因子 $j\omega$.

证 由傅氏变换的定义,并利用分部积分法,可得

$$\mathscr{F}[f'(t)] = \int_{-\infty}^{+\infty} f'(t)e^{-j\omega t}dt = f(t)e^{-j\omega t}\Big|_{-\infty}^{+\infty} + j\omega\int_{-\infty}^{+\infty} f(t)e^{-j\omega t}dt = j\omega\mathscr{F}[f(t)]$$

推论 如果 $f^{(k)}(t)$ $(k = 0, 1, \cdots, n-1)$ 在$(-\infty,+\infty)$上连续或只有有限个可去间断点,且当$|t| \to +\infty$时,$f^{(k)}(t) \to 0$ $(k = 0, 1, \cdots, n-1)$,则

$$\mathscr{F}[f^{(n)}(t)] = (j\omega)^n\mathscr{F}[f(t)] \tag{22.8}$$

同样,我们还能得到像函数的导数公式.

设 $\mathscr{F}[f(t)] = F(\omega)$,则

$$\frac{\mathrm{d}^n}{\mathrm{d}\omega^n}F(\omega)=(-\mathrm{j})^n\mathscr{F}[t^n f(t)] \tag{22.9}$$

由上式立即可得

$$\mathscr{F}[t^n f(t)]=\mathrm{j}^n\frac{\mathrm{d}^n}{\mathrm{d}\omega^n}F(\omega)$$

特别地，有

$$\mathscr{F}[tf(t)]=\mathrm{j}\frac{\mathrm{d}}{\mathrm{d}\omega}F(\omega)$$

在实际应用中，常常用像函数的导数公式来计算 $\mathscr{F}[t^n f(t)]$.

由例 22.3 知 $\mathscr{F}[\mathrm{e}^{-t^2}]=\sqrt{\pi}\,\mathrm{e}^{-\frac{1}{4}\omega^2}$，利用上述推论易求得

$$\mathscr{F}[t\mathrm{e}^{-t^2}]=\frac{-\mathrm{j}\sqrt{\pi}}{2}\omega\mathrm{e}^{-\frac{1}{4}\omega^2}$$

5. 积分性质

如果当 $t\to+\infty$ 时，$g(t)=\int_{-\infty}^{t}f(t)\mathrm{d}t\to 0$，则

$$\mathscr{F}\left[\int_{-\infty}^{t}f(t)\mathrm{d}t\right]=\frac{1}{\mathrm{j}\omega}\mathscr{F}[f(t)]^{*} \tag{22.10}$$

证 因为 $\frac{\mathrm{d}}{\mathrm{d}t}\int_{-\infty}^{t}f(t)\mathrm{d}t=f(t)$，所以

$$\mathscr{F}\left[\frac{\mathrm{d}}{\mathrm{d}t}\int_{-\infty}^{t}f(t)\mathrm{d}t\right]=\mathscr{F}[f(t)]$$

又根据上述微分性质：$\mathscr{F}\left[\frac{\mathrm{d}}{\mathrm{d}t}\int_{-\infty}^{t}f(t)\mathrm{d}t\right]=\mathrm{j}\omega\mathscr{F}\left[\int_{-\infty}^{t}f(t)\mathrm{d}t\right]$，故

$$\mathscr{F}\left[\int_{-\infty}^{t}f(t)\mathrm{d}t\right]=\frac{1}{\mathrm{j}\omega}\mathscr{F}[f(t)]$$

它表明一个函数积分后的傅氏变换等于这个函数的傅氏变换除以因子 $\mathrm{j}\omega$.

例 22.8 求微分积分方程 $ax'(t)+bx(t)+c\int_{-\infty}^{t}x(t)\mathrm{d}t=h(t)$ 的解，其中 $-\infty<t<+\infty$，a，b，c 均为常数.

解 在方程两边取傅里叶变换，令

$$\mathscr{F}[x(t)]=X(\omega),\quad \mathscr{F}[h(t)]=H(\omega)$$

根据傅氏变换的微分性质和积分性质，可得

* $\lim\limits_{t\to+\infty}g(t)\neq 0$ 时，有积分性质：$\mathscr{F}\left[\int_{-\infty}^{t}f(t)\mathrm{d}t\right]=\frac{1}{\mathrm{j}\omega}\mathscr{F}[f(t)]+\pi F(0)\delta(\omega)$. 证明见例 22.16.

$$aj\omega X(\omega)+bX(\omega)+\frac{c}{j\omega}X(\omega)=H(\omega)$$

即

$$X(\omega)=\frac{H(\omega)}{b+j\left(a\omega-\frac{c}{\omega}\right)}$$

在等式两边取傅氏逆变换，可得

$$x(t)=\frac{1}{2\pi}\int_{-\infty}^{+\infty}X(\omega)e^{j\omega t}d\omega$$

由此可见，运用傅氏变换的线性性质、微分性质以及积分性质，可以把线性常系数微分方程转化为代数方程，通过解代数方程与求傅氏逆变换，就可以得到此微分方程的解. 另外，傅氏变换还是求解数学物理方程的方法之一.

6. 卷积性质

在利用傅氏变换求解微分积分方程时，常常遇到下列问题：

已知 $\mathscr{F}[f_1(t)]=F_1(\omega)$，$\mathscr{F}[f_2(t)]=F_2(\omega)$，求

$$\mathscr{F}[f_1(t)\cdot f_2(t)] \quad 或 \quad \mathscr{F}^{-1}[F_1(\omega)\cdot F_2(\omega)]$$

下面来建立 $\mathscr{F}[f_1(t)\cdot f_2(t)]$ 与 $F_1(\omega)$，$F_2(\omega)$ 之间的联系.

1) 卷积的定义

定义 22.2 已知函数 $f_1(t)$，$f_2(t)$，则积分

$$\int_{-\infty}^{+\infty}f_1(\tau)f_2(t-\tau)d\tau$$

称为函数 $f_1(t)$ 与 $f_2(t)$ 的**卷积**，记为 $f_1(t)*f_2(t)$，即

$$f_1(t)*f_2(t)=\int_{-\infty}^{+\infty}f_1(\tau)f_2(t-\tau)d\tau \tag{22.11}$$

例 22.9 计算函数

$$f_1(t)=\begin{cases}0, & t<0\\ 1, & t\geqslant 0\end{cases} \quad 与 \quad f_2(t)=\begin{cases}0, & t<0\\ e^{-t}, & t\geqslant 0\end{cases}$$

的卷积 $f_1(t)*f_2(t)$.

解 由卷积定义，当 $t\geqslant 0$ 时，有

$$f_1(t)*f_2(t)=\int_{-\infty}^{+\infty}f_1(\tau)f_2(t-\tau)d\tau=\int_0^t 1\cdot e^{\tau-t}d\tau$$

$$=e^{-t}\int_0^t 1\cdot e^{\tau}d\tau=1-e^{-t}$$

故 $f_1(t)*f_2(t)=\begin{cases}0, & t<0;\\ 1-e^{-t}, & t\geqslant 0.\end{cases}$

2）卷积的性质

（1）交换律.

$$f_1(t) * f_2(t) = f_2(t) * f_1(t) \tag{22.12}$$

证
$$f_1(t) * f_2(t) = \int_{-\infty}^{+\infty} f_1(\tau) f_2(t-\tau) \mathrm{d}\tau$$

令 $u = t-\tau$,则 $\tau = t-u$，$\mathrm{d}u = -\mathrm{d}\tau$，从而

$$\begin{aligned} f_1(t) * f_2(t) &= -\int_{+\infty}^{-\infty} f_1(t-u) f_2(u) \mathrm{d}u \\ &= \int_{-\infty}^{+\infty} f_2(u) f_1(t-u) \mathrm{d}u = f_2(t) * f_1(t) \end{aligned}$$

（2）结合律.

$$[f_1(t) * f_2(t)] * f_3(t) = f_1(t) * [f_2(t) * f_3(t)] \tag{22.13}$$

证 令

$$g(t) = f_1(t) * f_2(t) = \int_{-\infty}^{+\infty} f_1(\tau) f_2(t-\tau) \mathrm{d}\tau$$

$$s(t) = f_2(t) * f_3(t) = \int_{-\infty}^{+\infty} f_2(t-v) f_3(v) \mathrm{d}v$$

则

$$\begin{aligned} [f_1(t) * f_2(t)] * f_3(t) = g(t) * f_3(t) &= \int_{-\infty}^{+\infty} g(u) f_3(t-u) \mathrm{d}u \\ &= \int_{-\infty}^{+\infty} \left[\int_{-\infty}^{+\infty} f_1(\tau) f_2(u-\tau) \mathrm{d}\tau\right] f_3(t-u) \mathrm{d}u \end{aligned}$$

交换二重积分的次序，得

$$[f_1(t) * f_2(t)] * f_3(t) = \int_{-\infty}^{+\infty} f_1(\tau) \left[\int_{-\infty}^{+\infty} f_2(u-\tau) f_3(t-u) \mathrm{d}u\right] \mathrm{d}\tau$$

令 $v = t-u$，则 $u = t-v$，

$$\begin{aligned} \text{上式} &= \int_{-\infty}^{+\infty} f_1(\tau) \left[\int_{-\infty}^{+\infty} f_2(t-v-\tau) f_3(v) \mathrm{d}v\right] \mathrm{d}\tau \\ &= \int_{-\infty}^{+\infty} f_1(\tau) s(t-\tau) \mathrm{d}\tau = f_1(t) * s(t) = f_1(t) * [f_2(t) * f_3(t)] \end{aligned}$$

（3）对加法的分配律.

$$f_1(t) * [f_2(t) + f_3(t)] = f_1(t) * f_2(t) + f_1(t) * f_3(t) \tag{22.14}$$

证 根据卷积的定义

$$\begin{aligned} & f_1(t) * [f_2(t) + f_3(t)] \\ = & \int_{-\infty}^{+\infty} f_1(\tau)[f_2(t-\tau) + f_3(t-\tau)] \mathrm{d}\tau = \int_{-\infty}^{+\infty} f_1(\tau) f_2(t-\tau) \mathrm{d}\tau + \int_{-\infty}^{+\infty} f_1(\tau) f_3(t-\tau) \mathrm{d}\tau \end{aligned}$$

$= f_1(t) * f_2(t) + f_1(t) * f_3(t)$

对卷积,易证如下的不等式:

(4) $$|f_1(t) * f_2(t)| \leqslant |f_1(t)| * |f_2(t)| \tag{22.15}$$

卷积在傅里叶分析的应用中,有着十分重要的作用,这是由下面的卷积定理所决定的.

3) 卷积定理

若 $F_1(\omega) = \mathscr{F}[f_1(t)]$, $F_2(\omega) = \mathscr{F}[f_2(t)]$, 则

(1) $$\mathscr{F}[f_1(t) * f_2(t)] = F_1(\omega) \cdot F_2(\omega) \tag{22.16}$$

或

$$\mathscr{F}^{-1}[F_1(\omega) \cdot F_2(\omega)] = f_1(t) * f_2(t)$$

(2) $$\mathscr{F}[f_1(t) \cdot f_2(t)] = \frac{1}{2\pi} F_1(\omega) * F_2(\omega)$$

证 (1) 按傅氏变换的定义,有

$$\begin{aligned}
&\mathscr{F}[f_1(t) * f_2(t)] \\
&= \int_{-\infty}^{+\infty} [f_1(t) * f_2(t)] \mathrm{e}^{-\mathrm{j}\omega t} \mathrm{d}t = \int_{-\infty}^{+\infty} \left[\int_{-\infty}^{+\infty} f_1(\tau) f_2(t-\tau) \mathrm{d}\tau\right] \mathrm{e}^{-\mathrm{j}\omega t} \mathrm{d}t \\
&= \int_{-\infty}^{+\infty} \int_{-\infty}^{+\infty} f_1(\tau) \mathrm{e}^{-\mathrm{j}\omega\tau} f_2(t-\tau) \mathrm{e}^{-\mathrm{j}\omega(t-\tau)} \mathrm{d}\tau \mathrm{d}t \\
&= \int_{-\infty}^{+\infty} f_1(\tau) \mathrm{e}^{-\mathrm{j}\omega\tau} \left[\int_{-\infty}^{+\infty} f_2(t-\tau) \mathrm{e}^{-\mathrm{j}\omega(t-\tau)} \mathrm{d}t\right] \mathrm{d}\tau \\
&= F_1(\omega) \cdot F_2(\omega)
\end{aligned}$$

这个性质表明,两个函数卷积的傅氏变换等于这两个函数傅氏变换的乘积.

同理可证(2).

卷积并不总是容易计算的,卷积定理提供了卷积计算的简便方法,即通过傅氏变换将卷积化为傅氏变换的乘积. 因此卷积定理在信号和系统分析中占有重要地位.

推论 若 $\mathscr{F}[f_k(t)] = F_k(\omega) \quad (k = 1, 2, \cdots, n)$, 则

$$\mathscr{F}[f_1(t) * f_2(t) * \cdots * f_n(t)] = F_1(\omega) \cdot F_2(\omega) \cdot \cdots \cdot F_n(\omega) \tag{22.17}$$

$$\mathscr{F}[f_1(t) \cdot f_2(t) \cdot \cdots \cdot f_n(t)] = \frac{1}{(2\pi)^{n-1}} F_1(\omega) * F_2(\omega) * \cdots * F_n(\omega)$$

7. 乘积定理

若 $F_1(\omega) = \mathscr{F}[f_1(t)]$, $F_2(\omega) = \mathscr{F}[f_2(t)]$, 则

$$\int_{-\infty}^{+\infty} f_1(t) f_2(t) \mathrm{d}t = \frac{1}{2\pi} \int_{-\infty}^{+\infty} \overline{F_1(\omega)} F_2(\omega) \mathrm{d}\omega = \frac{1}{2\pi} \int_{-\infty}^{+\infty} F_1(\omega) \overline{F_2(\omega)} \mathrm{d}\omega \tag{22.18}$$

其中，$f_1(t)$，$f_2(t)$均为t的实函数，而$\overline{F_1(\omega)}$，$\overline{F_2(\omega)}$分别为$F_1(\omega)$，$F_2(\omega)$的共轭函数.

证
$$\int_{-\infty}^{+\infty} f_1(t)f_2(t)\mathrm{d}t$$
$$=\int_{-\infty}^{+\infty} f_1(t)\left[\frac{1}{2\pi}\int_{-\infty}^{+\infty} F_2(\omega)\mathrm{e}^{\mathrm{j}\omega t}\mathrm{d}\omega\right]\mathrm{d}t=\frac{1}{2\pi}\int_{-\infty}^{+\infty} F_2(\omega)\left[\int_{-\infty}^{+\infty} f_1(t)\mathrm{e}^{\mathrm{j}\omega t}\mathrm{d}t\right]\mathrm{d}\omega$$
$$=\frac{1}{2\pi}\int_{-\infty}^{+\infty} F_2(\omega)\left[\int_{-\infty}^{+\infty} f_1(t)\,\overline{\mathrm{e}^{-\mathrm{j}\omega t}}\mathrm{d}t\right]\mathrm{d}\omega=\frac{1}{2\pi}\int_{-\infty}^{+\infty} F_2(\omega)\left[\overline{\int_{-\infty}^{+\infty} f_1(t)\mathrm{e}^{-\mathrm{j}\omega t}\mathrm{d}t}\right]\mathrm{d}\omega$$
$$=\frac{1}{2\pi}\int_{-\infty}^{+\infty} F_2(\omega)\,\overline{F_1(\omega)}\mathrm{d}\omega$$

同理可得
$$\int_{-\infty}^{+\infty} f_1(t)f_2(t)\mathrm{d}t=\frac{1}{2\pi}\int_{-\infty}^{+\infty} F_1(\omega)\,\overline{F_2(\omega)}\mathrm{d}\omega$$

该性质所引出的能量积分(或称巴塞瓦)等式无论在理论上还是在应用上都是非常重要的.在式(22.18)中取$f_1(t)=f_2(t)=f(t)$，得到下面的推论：

推论 帕塞瓦尔(Parseval)等式(能量积分公式)：若$F(\omega)=\mathscr{F}[f(t)]$，则
$$\int_{-\infty}^{+\infty}[f(t)]^2\mathrm{d}t=\frac{1}{2\pi}\int_{-\infty}^{+\infty}|F(\omega)|^2\mathrm{d}\omega \tag{22.19}$$

其中$S(\omega)=|F(\omega)|^2$称为能量谱密度函数.

$S(\omega)$可以决定函数$f(t)$的能量分布规律，将它对所有频率积分就可得到$f(t)$的总能量$\int_{-\infty}^{+\infty}[f(t)]^2\mathrm{d}t$. 故帕塞瓦尔等式又称为能量积分.

利用式(22.19)可以计算某些一般方法不易求解的积分.

例 22.10 求$\int_{-\infty}^{+\infty}\frac{\sin^2 t}{t^2}\mathrm{d}t$.

解 设$f(t)=\frac{\sin t}{t}$，则由其傅里叶变换为$F(\omega)=\begin{cases}\pi, & |\omega|\leqslant 1;\\ 0, & |\omega|>1.\end{cases}$结合式(22.19)，可得
$$\int_{-\infty}^{+\infty}\frac{\sin^2 t}{t^2}\mathrm{d}t=\frac{1}{2\pi}\int_{-\infty}^{+\infty}|F(\omega)|^2\mathrm{d}\omega=\frac{1}{2\pi}\int_{-1}^{1}\pi^2\mathrm{d}\omega=\pi$$

由此可知，当此类积分的被积函数为$[f(t)]^2$时，取$f(t)$为像原函数或像函数都可以求得积分的结果.

22.3 广义傅氏变换及傅氏变换举例

在本章的讨论中，前面介绍的都是古典意义下的傅氏变换，但在物理学和工程技术实际问题中所遇到的函数往往并不满足傅氏变换所要求的条件$\left(\int_{-\infty}^{+\infty}|f(t)|\mathrm{d}t\text{ 收敛}\right)$. 例如

常数函数、符号函数、单位阶跃函数以及正、余弦函数等,因而无法进行古典意义下的傅氏变换.而讨论这类函数的傅氏变换有时又是必要的(对此我们称之为广义傅氏变换).广义傅氏变换的定义及性质(除了像函数的积分性质的结果稍有不同外)与古典意义下的傅氏变换在形式上都是相同的.但不同的是变换中的广义积分是按下式

$$\int_{-\infty}^{+\infty}\delta(t)f(t)\mathrm{d}t=\lim_{\varepsilon\to 0}\int_{-\infty}^{+\infty}\delta_{\varepsilon}(t)f(t)\mathrm{d}t$$

来决定的,并非普通意义下的积分值.在广义意义下,同样可以说像函数 $F(\omega)$ 和像原函数 $f(t)$ 构成一个傅氏变换对.利用单位脉冲函数及其傅氏变换就可以求出它们的傅氏变换.

例 22.11 求 δ 函数的傅氏变换.

解 根据 δ 函数的筛选性质,易得

$$F(\omega)=\mathscr{F}[\delta(t)]=\int_{-\infty}^{+\infty}\delta(t)\mathrm{e}^{-\mathrm{j}\omega t}\mathrm{d}t=\mathrm{e}^{-\mathrm{j}\omega t}\Big|_{t=0}=1$$

可见,单位脉冲函数 $\delta(t)$ 与常数 1 构成了一个傅氏变换对.

同理,$\delta(t-t_0)$ 和 $\mathrm{e}^{-\mathrm{j}\omega t_0}$ 亦构成了一个傅氏变换对.

需要注意的是,这里 $\delta(t)$ 的傅氏变换仍采用傅氏变换的古典定义,但此时的广义积分是根据 δ 函数的定义和运算性质直接给出的,而不是普通意义下的积分值,故称 $\delta(t)$ 的傅氏变换是一种广义的傅氏变换.

若 $F(\omega)=2\pi\delta(\omega)$,则由傅氏逆变换,可得

$$f(t)=\frac{1}{2\pi}\int_{-\infty}^{+\infty}F(\omega)\mathrm{e}^{\mathrm{j}\omega t}\mathrm{d}\omega=\frac{1}{2\pi}\int_{-\infty}^{+\infty}2\pi\delta(\omega)\mathrm{e}^{\mathrm{j}\omega t}\mathrm{d}\omega=1$$

所以 1 和 $2\pi\delta(\omega)$ 也构成傅氏变换对.

同理,若 $F(\omega)=2\pi\delta(\omega-\omega_0)$,由

$$f(t)=\frac{1}{2\pi}\int_{-\infty}^{+\infty}F(\omega)\mathrm{e}^{\mathrm{j}\omega t}\mathrm{d}\omega=\frac{1}{2\pi}\int_{-\infty}^{+\infty}2\pi\delta(\omega-\omega_0)\mathrm{e}^{\mathrm{j}\omega t}\mathrm{d}\omega=\mathrm{e}^{\mathrm{j}\omega_0 t}$$

可得 $\mathrm{e}^{\mathrm{j}\omega_0 t}$ 和 $2\pi\delta(\omega-\omega_0)$ 也构成傅氏变换对.

由傅氏变换的定义,我们有

$$\int_{-\infty}^{+\infty}\mathrm{e}^{-\mathrm{j}\omega t}\mathrm{d}t=2\pi\delta(\omega),\quad \int_{-\infty}^{+\infty}\mathrm{e}^{-\mathrm{j}(\omega-\omega_0)t}\mathrm{d}t=2\pi\delta(\omega-\omega_0)$$

这两个积分对于求广义傅氏变换有着重要的作用.

下面通过傅氏逆变换来推证单位阶跃函数的傅氏变换.

例 22.12 证明单位阶跃函数 $u(t)=\begin{cases}0, & t<0;\\ 1, & t>0\end{cases}$ 的傅氏变换为 $\frac{1}{\mathrm{j}\omega}+\pi\delta(\omega)$.

证 若 $F(\omega)=\frac{1}{\mathrm{j}\omega}+\pi\delta(\omega)$,则按傅氏逆变换定义,可得

$$f(t)=\mathscr{F}^{-1}[F(\omega)]=\frac{1}{2\pi}\int_{-\infty}^{+\infty}\left[\frac{1}{\mathrm{j}\omega}+\pi\delta(\omega)\right]\mathrm{e}^{\mathrm{j}\omega t}\mathrm{d}\omega$$

$$= \frac{1}{2\pi}\int_{-\infty}^{+\infty}\pi\delta(\omega)\mathrm{e}^{\mathrm{j}\omega t}\mathrm{d}\omega + \frac{1}{2\pi}\int_{-\infty}^{+\infty}\frac{\mathrm{e}^{\mathrm{j}\omega t}}{\mathrm{j}\omega}\mathrm{d}\omega$$

$$= \frac{1}{2}\int_{-\infty}^{+\infty}\delta(\omega)\mathrm{e}^{\mathrm{j}\omega t}\mathrm{d}\omega + \frac{1}{2\pi}\int_{-\infty}^{+\infty}\frac{\sin\omega t}{\omega}\mathrm{d}\omega$$

$$= \frac{1}{2} + \frac{1}{\pi}\int_{0}^{+\infty}\frac{\sin\omega t}{\omega}\mathrm{d}\omega$$

根据已知的狄利克雷积分 $\int_0^{+\infty}\frac{\sin\omega}{\omega}\mathrm{d}\omega = \frac{\pi}{2}$，有

$$\int_0^{+\infty}\frac{\sin\omega t}{\omega}\mathrm{d}\omega = \begin{cases} -\frac{\pi}{2}, & t < 0 \\ 0, & t = 0 \\ \frac{\pi}{2}, & t > 0 \end{cases}$$

将此结果代入 $f(t)$ 的表达式中，可得当 $t \neq 0$ 时，有

$$f(t) = \frac{1}{2} + \frac{1}{\pi}\int_0^{+\infty}\frac{\sin\omega t}{\omega}\mathrm{d}\omega = \begin{cases} 0, & t < 0 \\ 1, & t > 0 \end{cases} = u(t)$$

所以，$\frac{1}{\mathrm{j}\omega} + \pi\delta(\omega)$ 的傅氏逆变换为 $u(t)$. 因此 $u(t)$ 和 $\frac{1}{\mathrm{j}\omega} + \pi\delta(\omega)$ 构成一个傅氏变换对.

同时，得到 $u(t)$ 的傅氏积分表达式 $u(t) = \frac{1}{2} + \frac{1}{\pi}\int_0^{+\infty}\frac{\sin\omega t}{\omega}\mathrm{d}\omega \ (t \neq 0)$.

例 22.13 求正弦函数 $f(t) = \sin\omega_0 t$ 的傅里叶变换.

解 $F(\omega) = \mathscr{F}[f(t)] = \int_{-\infty}^{+\infty}\mathrm{e}^{-\mathrm{j}\omega t}\sin\omega_0 t\mathrm{d}t$

$$= \int_{-\infty}^{+\infty}\frac{\mathrm{e}^{\mathrm{j}\omega_0 t} - \mathrm{e}^{-\mathrm{j}\omega_0 t}}{2\mathrm{j}}\mathrm{e}^{-\mathrm{j}\omega t}\mathrm{d}t = \frac{1}{2\mathrm{j}}\int_{-\infty}^{+\infty}[\mathrm{e}^{-\mathrm{j}(\omega-\omega_0)t} - \mathrm{e}^{-\mathrm{j}(\omega+\omega_0)t}]\mathrm{d}t$$

$$= \frac{1}{2\mathrm{j}}[2\pi\delta(\omega-\omega_0) - 2\pi\delta(\omega+\omega_0)]$$

$$= \mathrm{j}\pi[\delta(\omega+\omega_0) - \delta(\omega-\omega_0)]$$

类似可得

$$\mathscr{F}[\cos\omega_0 t] = \pi[\delta(\omega+\omega_0) + \delta(\omega-\omega_0)]$$

例 22.14 利用傅氏变换的性质，求 $\delta(t-t_0)$，$\mathrm{e}^{\mathrm{j}\omega_0 t}$ 以及 $tu(t)$ 的傅氏变换.

解 因为 $\mathscr{F}[\delta(t)] = 1$，由位移性质，可得

$$\mathscr{F}[\delta(t-t_0)] = \mathrm{e}^{-\mathrm{j}\omega t_0}F[\delta(t)] = \mathrm{e}^{-\mathrm{j}\omega t_0}$$

因为 $\mathscr{F}[1] = 2\pi\delta(\omega)$，由像函数的位移性质，可得

$$\mathscr{F}[\mathrm{e}^{\mathrm{j}\omega_0 t}] = 2\pi\delta(\omega-\omega_0)$$

因为 $\mathscr{F}[u(t)] = \dfrac{1}{\mathrm{j}\omega} + \pi\delta(\omega)$，由像函数的微分性质，可得

$$\mathscr{F}[tu(t)] = \mathrm{j}\frac{\mathrm{d}}{\mathrm{d}\omega}\left[\frac{1}{\mathrm{j}\omega} + \pi\delta(\omega)\right] = -\frac{1}{\omega^2} + \mathrm{j}\pi\delta'(\omega)$$

例 22.15 若 $f(t) = \cos\omega_0 t \cdot u(t)$，求 $\mathscr{F}[f(t)]$.

解 因为 $\cos\omega_0 t = \dfrac{\mathrm{e}^{\mathrm{j}\omega_0 t} + \mathrm{e}^{-\mathrm{j}\omega_0 t}}{2}$，$\mathscr{F}[u(t)] = \dfrac{1}{\mathrm{j}\omega} + \pi\delta(\omega)$，利用傅氏变换的线性性质及位移性质，可得

$$\begin{aligned}\mathscr{F}[f(t)] &= \mathscr{F}\left[u(t)\frac{\mathrm{e}^{\mathrm{j}\omega_0 t} + \mathrm{e}^{-\mathrm{j}\omega_0 t}}{2}\right] = \frac{1}{2}(\mathscr{F}[u(t)\mathrm{e}^{\mathrm{j}\omega_0 t}] + \mathscr{F}[u(t)\mathrm{e}^{-\mathrm{j}\omega_0 t}]) \\ &= \frac{1}{2}\left[\frac{1}{\mathrm{j}(\omega-\omega_0)} + \pi\delta(\omega-\omega_0) + \frac{1}{\mathrm{j}(\omega+\omega_0)} + \pi\delta(\omega+\omega_0)\right] \\ &= \frac{\mathrm{j}\omega}{\omega_0^2-\omega^2} + \frac{\pi}{2}[\delta(\omega-\omega_0) + \delta(\omega+\omega_0)]\end{aligned}$$

例 22.16 求 $f(t) = \mathrm{e}^{-\beta t}u(t)\cos\omega_0 t\ (\beta > 0)$ 的傅氏变换.

解 由例 22.2 可知 $\mathscr{F}[u(t)\mathrm{e}^{-\beta t}] = \dfrac{1}{\beta + \mathrm{j}\omega}$，$\mathscr{F}[\cos\omega_0 t] = \pi[\delta(\omega+\omega_0) + \delta(\omega-\omega_0)]$，利用卷积定理，可得

$$\begin{aligned}\mathscr{F}[f(t)] &= \frac{1}{2\pi}\mathscr{F}[u(t)\mathrm{e}^{-\beta t}] * \mathscr{F}[\cos\omega_0 t] \\ &= \frac{1}{2\pi}\int_{-\infty}^{+\infty}\frac{\pi}{\beta+\mathrm{j}\tau}[\delta(\omega+\omega_0-\tau) + \delta(\omega-\omega_0-\tau)]\mathrm{d}\tau \\ &= \frac{1}{2}\left[\frac{1}{\beta+\mathrm{j}(\omega+\omega_0)} + \frac{1}{\beta+\mathrm{j}(\omega-\omega_0)}\right] \\ &= \frac{\beta+\mathrm{j}\omega}{(\beta+\mathrm{j}\omega)^2 + \omega_0^2}\end{aligned}$$

例 22.17 对任一函数 $f(t)$，若 $\mathscr{F}[f(t)] = F(\omega)$，证明：

$$\mathscr{F}\left[\int_{-\infty}^{t} f(t)\mathrm{d}t\right] = \frac{1}{\mathrm{j}\omega}F(\omega) + \pi F(0)\delta(\omega)$$

证 注意到 $f(t) * u(t) = \int_{-\infty}^{+\infty} f(\tau)u(t-\tau)\mathrm{d}\tau = \int_{-\infty}^{t} f(\tau)\mathrm{d}\tau$，利用卷积定理，有

$$\begin{aligned}&\mathscr{F}\left[\int_{-\infty}^{t} f(t)\mathrm{d}t\right] \\ &= \mathscr{F}[f(t) * u(t)] = \mathscr{F}[f(t)] \cdot \mathscr{F}[u(t)] \\ &= F(\omega)\left[\frac{1}{\mathrm{j}\omega} + \pi\delta(\omega)\right] = \frac{1}{\mathrm{j}\omega}F(\omega) + \pi F(\omega)\delta(\omega)\end{aligned}$$

$$= \frac{1}{\mathrm{j}\omega}F(\omega) + \pi F(0)\delta(\omega)$$

上述证明中最后一个等式的说明:由 δ 函数的筛选性质,可得

$$\mathscr{F}[F(t)\delta(t)] = \int_{-\infty}^{+\infty} F(t)\delta(t)\mathrm{e}^{-\mathrm{j}\omega t}\mathrm{d}t = F(0)$$

则

$$F(t)\delta(t) = \mathscr{F}^{-1}[F(0)] = \frac{1}{2\pi}\int_{-\infty}^{+\infty} F(0)\mathrm{e}^{\mathrm{j}\omega t}\mathrm{d}\omega$$

$$= F(0)\cdot\frac{1}{2\pi}\int_{-\infty}^{+\infty}\mathrm{e}^{\mathrm{j}\omega t}\mathrm{d}\omega = F(0)\delta(t)$$

与傅氏变换的积分性质比较,本例表明,当条件 $\lim\limits_{t\to+\infty}\int_{-\infty}^{t} f(t)\mathrm{d}t = 0$ 不满足时,$\int_{-\infty}^{t} f(t)\mathrm{d}t$ 的傅氏变换应该包含一个脉冲函数.如果 $\int_{-\infty}^{+\infty} f(t)\mathrm{d}t = 0$,则有

$$F(0) = \lim_{\omega\to 0} F(\omega) = \lim_{\omega\to 0}\int_{-\infty}^{+\infty} f(t)\mathrm{e}^{-\mathrm{j}\omega t}\mathrm{d}t$$

$$= \int_{-\infty}^{+\infty}\lim_{\omega\to 0}[f(t)\mathrm{e}^{-\mathrm{j}\omega t}]\mathrm{d}t = \int_{-\infty}^{+\infty} f(t)\mathrm{d}t = 0$$

此时与前面的积分性质(22.10)一致.

 数学实验基础知识

基本命令	功　能
fourier(f)	返回默认独立变量 x 的函数 f 的 Fourier 变换,默认返回为 w 的函数.若f=f(w),则返回 t 的函数
fourier(f, v)	以 v 代替默认变量 w 的 Fourier 变换
fourier(f, u, v)	返回 F(v)=int(f(u) * exp(−i * v * u), u, -inf, inf),(i 为虚单位, i^2=−1)
ifourier (F)	返回默认独立变量 w 的函数 F 的 Fourier 逆变换,默认返回 x 的函数
ifourier(F, u)	返回默认自变量 u 的函数 F 的 Fourier 逆变换
ifourier(F, v, u)	返回 f(u)=1/(2 * pi) * int(F(v) * exp(i * v * u, v, -inf, inf))

例 1　求函数 $f_1(t) = \frac{1}{t}$, $f_2(x) = \mathrm{e}^{-x^2}$ 的傅氏变换.

```
≫syms t v x
≫F1=fourier(1/t)
≫F2=fourier(exp(−x^2), x, t)
```

输出结果为:

```
F1=i * pi * (1-2 * heaviside(w))
F2=pi^(1/2) * exp(-1/4 * t^2)
```

这里,heaviside(w)表示单位阶跃函数.即

$$\mathscr{F}[f_1(t)]=\mathrm{j}\pi[1-2u(\omega)], \quad \mathscr{F}[f_2(x)]=\sqrt{\pi}\mathrm{e}^{-\frac{1}{4}t^2}.$$

例 2 求函数 $F(v)=\dfrac{v}{1+w^2}$ 的傅氏逆变换.

```
≫syms t w v
≫f=ifourier(v/(1+w^2),v,t)
```

输出结果为：

```
f=-i/(1+w^2)*dirac(1,t)
```

这里，dirac(n, t)表示单位脉冲函数 $\delta(t)$ 的 n 阶导数. 从而得到

$$\mathscr{F}^{-1}[F(v)]=-\frac{\mathrm{j}}{1+w^2}\delta'(t)$$

* * * * *

本章给出了傅里叶变换的定义，介绍了傅氏变换的性质. 一方面，傅氏变换能从频谱角度研究函数（或信号）的特征，某些物理概念、物理规律要用傅氏变换的有关概念、公式来描述；另一方面，作为一种数学工具，傅氏变换能简化运算，便于某些问题（如微分积分方程）的求解. 值得注意的是本章所讨论的均为实值函数的傅氏变换，实际上傅氏变换对于复值函数也是成立的，有兴趣的读者可以查阅相关参考书. 我们将物理学和工程技术中常用到的一些函数及其傅氏变换列于附录 8 中以便读者查用.

本章常用词汇中英文对照

傅里叶级数	Fourier series	狄利克雷条件	Dirichlet condition
频谱	spectrum	傅里叶变换对	Fourier transform pair
对称性质	symmetric property	线性性质	linear property
微分性质	differential property	位移性质	shift property
乘积定理	product property	单位阶跃函数	unit step function
傅里叶逆变换	inverse Fourier transform	卷积	convolution
广义傅里叶变换	generalized Fourier transform	矩形脉冲	rectangular pulse
相位谱	phase spectrum		

习 题 22

1. 求矩形脉冲函数 $f(t)=\begin{cases}A, & 0\leqslant t\leqslant\tau;\\ 0, & 其他\end{cases}$ 的傅氏变换.

2. 求下列函数的傅氏积分.

(1) $f(t)=\begin{cases}1-t^2, & t^2<1\\ 0, & t^2>1\end{cases}$　　(2) $f(t)=\begin{cases}\mathrm{e}^{-t}\sin 2t, & t\geqslant 0\\ 0, & t<0\end{cases}$

(3) $f(t)=\begin{cases}-1, & -1<t<0\\ 1, & 0<t<1\\ 0, & 其他\end{cases}$

3. 求下列函数的傅氏变换，并证明所列的积分等式.

(1) $f(t)=\mathrm{e}^{-\beta|t|}\ (\beta>0)$，证明：$\int_0^{+\infty}\dfrac{\cos\omega t}{\beta^2+\omega^2}\mathrm{d}\omega=\dfrac{\pi}{2\beta}\mathrm{e}^{-\beta|t|}$；

(2) $f(t)=\mathrm{e}^{-|t|}\cos t$，证明：$\int_0^{+\infty}\dfrac{\omega^2+2}{\omega^4+4}\cos\omega t\,\mathrm{d}\omega=\dfrac{\pi}{2}\mathrm{e}^{-|t|}\cos t$；

(3) $f(t)=\begin{cases}\sin t, & |t|\leqslant\pi;\\ 0, & |t|>\pi.\end{cases}$ 证明：

$$\int_0^{+\infty}\frac{\sin\omega\pi\sin\omega t}{1-\omega^2}\mathrm{d}\omega=\begin{cases}\dfrac{\pi}{2}\sin t, & |t|\leqslant\pi\\ 0, & |t|>\pi\end{cases}$$

4. 证明：若 $\mathscr{F}[\mathrm{e}^{\mathrm{j}\varphi(t)}]=F(\omega)$，其中 $\varphi(t)$ 为一实函数，则

$$\mathscr{F}[\cos\varphi(t)]=\frac{1}{2}[F(\omega)+\overline{F(-\omega)}]\quad \mathscr{F}[\sin\varphi(t)]=\frac{1}{2\mathrm{j}}[F(\omega)-\overline{F(-\omega)}]$$

其中 $\overline{F(-\omega)}$ 为 $F(-\omega)$ 的共轭函数.

5. 若 $F(\omega)=\mathscr{F}[f(t)]$，证明傅氏变换的下列性质.

(1) 像函数的微分性质：$\dfrac{\mathrm{d}}{\mathrm{d}\omega}F(\omega)=\mathscr{F}[-\mathrm{j}tf(t)]$；

(2) 翻转性质：$F(-\omega)=\mathscr{F}[f(-t)]$.

(3) 相似性质：$\mathscr{F}[f(at)]=\dfrac{1}{|a|}F\left(\dfrac{\omega}{a}\right)$，$a$ 为非零常数.

6. 已知 $F(\omega)=\mathscr{F}[f(t)]$，利用傅氏变换的性质求下列函数的傅氏变换：

(1) $tf(2t)$； (2) $(t-2)f(t)$； (3) $(t-2)f(-2t)$； (4) $tf'(t)$；

(5) $f(1-t)$； (6) $(1-t)f(1-t)$； (7) $f(2t-5)$.

7. 证明下列各式：

(1) $a[f_1(t)*f_2(t)]=[af_1(t)]*f_2(t)=f_1(t)*[af_2(t)]$ （a 为常数）

(2) $\mathrm{e}^{at}[f_1(t)*f_2(t)]=[\mathrm{e}^{at}f_1(t)]*[\mathrm{e}^{at}f_2(t)]$ （a 为常数）

(3) $\dfrac{\mathrm{d}}{\mathrm{d}t}[f_1(t)*f_2(t)]=\left[\dfrac{\mathrm{d}}{\mathrm{d}t}f_1(t)\right]*f_2(t)=f_1(t)*\left[\dfrac{\mathrm{d}}{\mathrm{d}t}f_2(t)\right]$

8. 若 $f_1(t)=\begin{cases}\mathrm{e}^{-t}, & t\geqslant 0;\\ 0, & t<0;\end{cases}$ $f_2(t)=\begin{cases}\sin t, & 0\leqslant t\leqslant\dfrac{\pi}{2};\\ 0, & \text{其他}.\end{cases}$ 求 $f_1(t)*f_2(t)$.

9. 若 $F_1(\omega)=\mathscr{F}[f_1(t)]$，$F_2(\omega)=\mathscr{F}[f_2(t)]$，证明：

$$\mathscr{F}[f_1(t)\cdot f_2(t)]=\frac{1}{2\pi}F_1(\omega)*F_2(\omega)$$

10. 已知 $F(\omega)=\pi[\delta(\omega+\omega_0)+\delta(\omega-\omega_0)]$ 为函数 $f(t)$ 的傅氏变换，求 $f(t)$.

11. 求下列函数的傅氏变换.

(1) $f(t)=\dfrac{1}{2}\left[\delta(t+a)+\delta(t-a)+\delta\left(t+\dfrac{a}{2}\right)+\delta\left(t-\dfrac{a}{2}\right)\right]$

(2) $f(t)=\cos t\sin t$

12. 求函数 $f(t)=t\sin t$ 的傅氏变换.

13. 求下列函数的傅氏变换(其中 β, ω_0 为实数).

(1) $f(t)=\mathrm{e}^{\mathrm{j}\omega_0 t}\cdot u(t)$ (2) $f(t)=\sin\omega_0 t\cdot u(t)$ (3) $f(t)=\mathrm{e}^{-\beta t}\sin\omega_0 t\cdot u(t)$

14. 利用帕塞瓦尔等式 $\int_{-\infty}^{+\infty}[f(t)]^2\mathrm{d}t=\dfrac{1}{2\pi}\int_{-\infty}^{+\infty}|F(\omega)|^2\mathrm{d}\omega$，求下列积分.

(1) $\int_{-\infty}^{+\infty}\frac{1-\cos x}{x^2}\mathrm{d}x$ (2) $\int_{-\infty}^{+\infty}\frac{\sin^4 x}{x^2}\mathrm{d}x$

(3) $\int_{-\infty}^{+\infty}\frac{1}{(1+x^2)^2}\mathrm{d}x$ (4) $\int_{-\infty}^{+\infty}\frac{x^2}{(1+x^2)^2}\mathrm{d}x$

15. 求积分方程 $\int_0^{+\infty}g(\omega)\sin\omega t\,\mathrm{d}\omega=\begin{cases}\frac{\pi}{2}\sin t, & 0<t\leqslant\pi;\\ 0, & t>\pi\end{cases}$ 的解 $g(\omega)$.

第23章　拉普拉斯变换

23.1　拉氏变换的概念

1. 问题的提出

上一章介绍的傅里叶变换在许多领域发挥了重要作用. 直到今天它仍然是信号处理领域最基本的分析和处理工具，甚至可以说信号分析的本质就是傅氏分析(谱分析). 但是傅氏变换也有其局限性. 我们已经知道,一个函数除了满足狄氏条件外,还必须满足绝对可积的条件才存在古典意义下的傅里叶变换. 而绝对可积是一个很强的条件，即使一些很简单的函数(如单位阶跃函数、线性函数、正弦和余弦函数等)也不满足该条件. 虽然引进 δ 函数后,可以对一些"缓增"函数进行广义傅氏变换，但对于以指数阶增长的函数仍无能为力,而且 δ 函数的使用很不方便. 另外,进行傅里叶变换的函数必须在$(-\infty,+\infty)$上有定义. 在物理、无线电技术、机械工程等实际应用中，许多函数都是以时间 t 作为自变量的，当 $t<0$ 时是无意义的,或是不需要考虑的,因此对这些函数也不能进行傅氏变换.

能否对函数 $f(t)$的傅氏变换进行改造，找到一种既具有类似于傅氏变换的性质，又能克服上述不足的变换呢? 答案是肯定的. 我们知道单位阶跃函数 $u(t)$在 $t<0$ 时恒为零,则 $f(t)$乘以 $u(t)$后在 $t<0$ 时的函数值就都等于 0 了. 在各种函数中，指数函数 $e^{-\beta t}(\beta>0)$的下降速度是最快的. 因此，只要 β 足够大，几乎所有的常用函数 $f(t)$乘上 $u(t)$再乘上 $e^{-\beta t}$后得到的 $f(t)u(t)e^{-\beta t}$就满足绝对可积条件，其傅氏变换都存在.

对函数 $f(t)u(t)e^{-\beta t}$ $(\beta>0)$ 取傅里叶变换,可得

$$G_{\beta}(\omega)=\int_{-\infty}^{+\infty}f(t)u(t)e^{-\beta t}e^{-j\omega t}dt=\int_{0}^{+\infty}f(t)e^{-(\beta+j\omega)t}dt=\int_{0}^{+\infty}f(t)e^{-st}dt$$

其中 $s=\beta+j\omega$.

若再设 $F(s)=G_{\beta}\left(\frac{s-\beta}{j}\right)$, 则得

$$F(s)=\int_{0}^{+\infty}f(t)e^{-st}dt$$

它是由 $f(t)$通过一种新的变换得来的,这种变换就是拉普拉斯变换.

2. 拉氏变换的定义

定义 23.1　设函数 $f(t)$当 $t\geqslant 0$ 时有定义，而且积分$\int_{0}^{+\infty}f(t)e^{-st}dt$ (s 是一个复参量)在 s 的某一邻域内收敛，则由此积分所确定的函数可写为

$$F(s) = \int_0^{+\infty} f(t)\mathrm{e}^{-st}\,\mathrm{d}t \tag{23.1}$$

称式(23.1)为函数 $f(t)$ 的**拉普拉斯变换式**(简称**拉氏变换式**),记为

$$F(s) = \mathscr{L}[f(t)]$$

$F(s)$ 称为 $f(t)$ 的**拉氏变换**(或称为**像函数**);而 $f(t)$ 称为 $F(s)$ 的**拉氏逆变换**(或**像原函数**),记为

$$f(t) = \mathscr{L}^{-1}[F(s)]$$

下面我们来计算一些常用函数的拉氏变换.

例 23.1 分别求单位阶跃函数 $u(t)=\begin{cases}0, & t<0;\\ 1, & t>0,\end{cases}$ 常数函数 $f(t)=1$ 以及符号函数 $\mathrm{sgn}(t)=\begin{cases}-1, & t<0;\\ 0, & t=0;\\ 1, & t>0\end{cases}$ 的拉氏变换.

解 根据拉氏变换的定义,有

$$\mathscr{L}[u(t)] = \int_0^{+\infty} \mathrm{e}^{-st}\,\mathrm{d}t$$

这个积分在 $\mathrm{Re}(s)>0$ 时收敛,而且有

$$\int_0^{+\infty} \mathrm{e}^{-st}\,\mathrm{d}t = -\frac{1}{s}\mathrm{e}^{-st}\Big|_0^{+\infty} = \frac{1}{s}$$

所以

$$\mathscr{L}[u(t)] = \frac{1}{s} \qquad (\mathrm{Re}(s) > 0)$$

$$\mathscr{L}[f(t)] = \int_0^{+\infty} 1\cdot \mathrm{e}^{-st}\,\mathrm{d}t = \frac{1}{s} \qquad (\mathrm{Re}(s) > 0)$$

$$\mathscr{L}[\mathrm{sgn}(t)] = \int_0^{+\infty} \mathrm{sgn}(t)\mathrm{e}^{-st}\,\mathrm{d}t = \int_0^{+\infty} \mathrm{e}^{-st}\,\mathrm{d}t = \frac{1}{s} \quad (\mathrm{Re}(s) > 0)$$

上例中的三个函数经拉氏变换后的像函数是一样的. 那么 $F(s)=\frac{1}{s}$ $(\mathrm{Re}s>0)$ 的拉氏逆变换到底是哪一个呢? 原则上讲所有在 $t>0$ 时取值为 1 的函数均可作为所求的拉氏逆变换,这是因为拉氏变换只以区间 $0\leqslant t<+\infty$ 为基础,因此,不论 $f(t)$ 在 $(-\infty, 0)$ 上有无定义,如何定义,拉氏变换都一样,即在求拉氏变换时我们不关心也无需考虑函数在 $t<0$ 时的取值情况. 但为了讨论和描述的方便,一般约定在拉氏变换中所提到的函数 $f(t)$ 在 $t<0$ 时的取值为零. 从而可以得到 $\mathscr{L}^{-1}\left[\frac{1}{s}\right]=1$ $(\mathrm{Re}(s)>0)$.

另外,定义 23.1 中只给出了拉氏逆变换的概念,但并没有给出具体的计算公式,前面这种反推的办法可以作为一种方法,而具体的计算公式放在后面专门介绍.

例 23.2 求指数函数 $f(t) = \mathrm{e}^{kt}$ 的拉氏变换(k 为实数).

解 根据拉氏变换的定义,有

$$\mathscr{L}[f(t)] = \int_0^{+\infty} \mathrm{e}^{kt}\mathrm{e}^{-st}\,\mathrm{d}t = \int_0^{+\infty} \mathrm{e}^{-(s-k)t}\,\mathrm{d}t$$

这个积分在 $\mathrm{Re}(s)>k$ 时收敛，而且有

$$\int_0^{+\infty} \mathrm{e}^{-(s-k)t}\mathrm{d}t = -\frac{1}{s-k}\mathrm{e}^{-(s-k)t}\bigg|_0^{+\infty} = \frac{1}{s-k}$$

所以

$$\mathscr{L}[\mathrm{e}^{kt}] = \frac{1}{s-k} \quad (\mathrm{Re}(s)>k)^{*}$$

从上面的例子可以看出，拉氏变换的使用范围确实比傅氏变换更广泛.但并非任何一个函数的拉氏变换都是存在的，那么到底哪些类型的函数可以进行拉氏变换呢？下面的定理可以部分地解决这个问题.

3. 拉氏变换的存在定理

定理 23.1 若函数 $f(t)$满足：

(1) 在 $t\geqslant 0$ 的任一有限区间上分段连续；

(2) 当 $t\to+\infty$时，$f(t)$的增长速度不超过某一指数函数，即存在常数 $M>0$ 及 $c\geqslant 0$，使得

$$|f(t)|\leqslant M\mathrm{e}^{ct} \quad (0\leqslant t<+\infty)$$

成立（c 称为 $f(t)$的**增长指数**），则 $f(t)$的拉氏变换在半平面 $\mathrm{Re}(s)>c$ 内一定存在，且式(23.1)右端的积分在 $\mathrm{Re}(s)\geqslant c_1>c$ 上绝对收敛而且一致收敛，并且在 $\mathrm{Re}(s)>c$ 的半平面内，$F(s)$为解析函数.

（证明略）

关于定理 23.1 可以这样简单地去理解，即如果函数 $f(t)$的绝对值随着时间 t 的增大而增大（不满足绝对可积条件），只要它不比某个指数函数增长得快，则它的拉氏变换就存在. 物理学和工程技术中常见的函数大都满足定理中的两个要求，一个函数的增大不超过指数级和函数要绝对可积相比，前者的条件要弱得多. 我们知道 $u(t)$，$\cos kt$，$\sin kt$，t^m 等函数都不满足傅氏积分定理中绝对可积的条件，但它们都满足拉氏变换存在定理中的条件(2)

$$|u(t)|\leqslant 1\cdot \mathrm{e}^{0t},\quad \text{这里,}\quad M=1,\ c=0$$
$$|\cos kt|\leqslant 1\cdot \mathrm{e}^{0t},\quad \text{这里,}\quad M=1,\ c=0$$
$$|\sin kt|\leqslant 1\cdot \mathrm{e}^{0t},\quad \text{这里,}\quad M=1,\ c=0$$

因为 $\lim\limits_{t\to+\infty}\dfrac{t^m}{\mathrm{e}^t}=0$，则存在 t_0，当 $t\geqslant t_0>0$ 时，有 $t^m\leqslant \mathrm{e}^t$，即

$$|t^m|\leqslant 1\cdot \mathrm{e}^t,\ t\geqslant t_0>0,\quad \text{这里,}\quad M=1,\ c=1$$

下面举一个不满足条件(2)的例子，对函数 e^{t^2} 来说，无论取多大的 M 与 c，当 t 足够大时，总有 $\mathrm{e}^{t^2}>M\mathrm{e}^{ct}$，其拉氏变换不存在. 此外还必须注意：定理给出了拉氏变换存在的充分条件，而不是必要的，即在不满足条件(1)的前提下，拉氏变换仍可能存在，如函数 $t^{-\frac{1}{2}}$

* k 为复数时该式也成立，只是收敛区域为 $\mathrm{Re}(s)>\mathrm{Re}(k)$.

在 $t=0$ 处不满足定理的条件(1),但它的拉普拉斯积分为$\sqrt{\dfrac{\pi}{s}}$.

例 23.3 求 $f(t)=\sin kt$ (k 为实数)的拉氏变换.

解 根据式(23.1),有

$$\begin{aligned}\mathscr{L}[\sin kt] &= \int_0^{+\infty}\sin kt\,\mathrm{e}^{-st}\,\mathrm{d}t = \frac{1}{2\mathrm{j}}\int_0^{+\infty}(\mathrm{e}^{\mathrm{j}kt}-\mathrm{e}^{-\mathrm{j}kt})\mathrm{e}^{-st}\,\mathrm{d}t \\ &= \frac{-\mathrm{j}}{2}\left(\int_0^{+\infty}\mathrm{e}^{-(s-\mathrm{j}k)t}\,\mathrm{d}t-\int_0^{+\infty}\mathrm{e}^{-(s+\mathrm{j}k)t}\,\mathrm{d}t\right) \\ &= \frac{-\mathrm{j}}{2}\left(\frac{-1}{s-\mathrm{j}k}\mathrm{e}^{-(s-\mathrm{j}k)t}\Big|_0^{+\infty}-\frac{-1}{s+\mathrm{j}k}\mathrm{e}^{-(s+\mathrm{j}k)t}\Big|_0^{+\infty}\right) \\ &= \frac{-\mathrm{j}}{2}\left(\frac{1}{s-\mathrm{j}k}-\frac{1}{s+\mathrm{j}k}\right)=\frac{k}{s^2+k^2}\quad(\mathrm{Re}(s)>0)\end{aligned}$$

同理可得

$$\mathscr{L}[\cos kt]=\frac{s}{s^2+k^2}\quad(\mathrm{Re}(s)>0)$$

在工程技术中,常常需要计算周期函数的拉氏变换,这里我们通过一个例子加以说明.

例 23.4 求周期三角波

$$f(t)=\begin{cases}t, & 0\leqslant t<b\\ 2b-t, & b\leqslant t<2b\end{cases}$$

且 $f(t+2b)=f(t)$ (图 23.1)的拉氏变换.

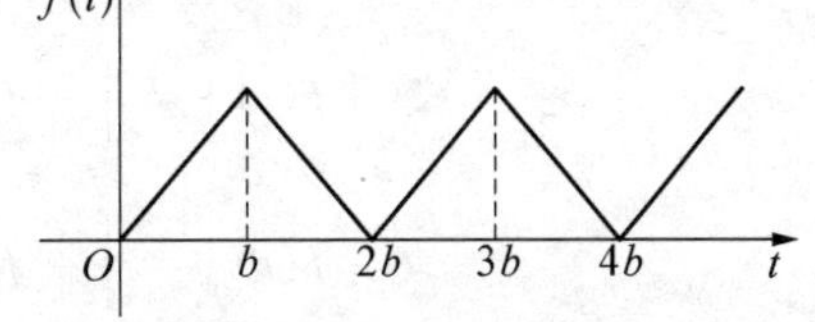

图 23.1 周期三角波

解 根据式(23.1),有

$$\begin{aligned}\mathscr{L}[f(t)] &= \int_0^{+\infty}f(t)\mathrm{e}^{-st}\,\mathrm{d}t \\ &= \int_0^{2b}f(t)\mathrm{e}^{-st}\,\mathrm{d}t+\int_{2b}^{4b}f(t)\mathrm{e}^{-st}\,\mathrm{d}t+\cdots+\int_{2kb}^{2(k+1)b}f(t)\mathrm{e}^{-st}\,\mathrm{d}t+\cdots \\ &= \sum_{k=0}^{+\infty}\int_{2kb}^{2(k+1)b}f(t)\mathrm{e}^{-st}\,\mathrm{d}t\end{aligned}$$

令 $t=\tau+2kb$,则

$$\int_{2kb}^{2(k+1)b}f(t)\mathrm{e}^{-st}\,\mathrm{d}t=\int_0^{2b}f(\tau+2kb)\mathrm{e}^{-s(\tau+2kb)}\,\mathrm{d}\tau=\mathrm{e}^{-2kbs}\int_0^{2b}f(\tau)\mathrm{e}^{-s\tau}\,\mathrm{d}\tau$$

其中

$$\int_0^{2b}f(t)\mathrm{e}^{-st}\,\mathrm{d}t=\int_0^{b}t\mathrm{e}^{-st}\,\mathrm{d}t+\int_b^{2b}(2b-t)\mathrm{e}^{-st}\,\mathrm{d}t=\frac{1}{s^2}(1-\mathrm{e}^{-bs})^2$$

注意到 $\mathrm{Re}(s)>0$ 时, $|\mathrm{e}^{-2kbs}|<1$,从而

$$\sum_{k=0}^{+\infty} e^{-2kbs} = \frac{1}{1-e^{-2bs}}$$

所以

$$\mathscr{L}[f(t)] = \frac{1}{1-e^{-2bs}}\int_0^{2b} f(t)e^{-st}\,dt = \frac{1}{1-e^{-2bs}}(1-e^{-bs})^2\frac{1}{s^2}$$

$$= \frac{1}{s^2}\frac{1-e^{-bs}}{1+e^{-bs}} = \frac{1}{s^2}\operatorname{th}\frac{bs}{2} \quad (\operatorname{Re}(s) > 0)$$

一般地，若 $f(t)$ 以 T 为周期，$f(t)$ 在一个周期上是分段连续的，则有

$$\mathscr{L}[f(t)] = \frac{1}{1-e^{-sT}}\int_0^T f(t)e^{-st}\,dt \quad (\operatorname{Re}(s) > 0) \tag{23.2}$$

4. 单位脉冲函数 $\boldsymbol{\delta(t)}$ 的拉氏变换

满足拉氏变换存在定理条件的函数 $f(t)$ 在 $t=0$ 处有界时，积分 $\mathscr{L}[f(t)] = \int_0^{+\infty} f(t)e^{-st}\,dt$ 中的下限取 0^+ 或 0^- 不会影响其结果. 但如果 $f(t)$ 在 $t=0$ 处包含脉冲函数时，就必须明确指出是 0^+ 还是 0^-，因为

$$\mathscr{L}_+[f(t)] = \int_{0^+}^{+\infty} f(t)e^{-st}\,dt$$

$$\mathscr{L}_-[f(t)] = \int_{0^-}^{+\infty} f(t)e^{-st}\,dt = \int_{0^-}^{0^+} f(t)e^{-st}\,dt + \mathscr{L}_+[f(t)]$$

可见，当 $f(t)$ 在 $t=0$ 处有界时，$\int_{0^-}^{0^+} f(t)e^{-st}\,dt = 0$，即

$$\mathscr{L}_-[f(t)] = \mathscr{L}_+[f(t)]$$

当 $f(t)$ 在 $t=0$ 处包含了脉冲函数时，$\int_{0^-}^{0^+} f(t)e^{-st}\,dt \neq 0$，则

$$\mathscr{L}_-[f(t)] \neq \mathscr{L}_+[f(t)]$$

为了考虑这一情况，需将进行拉氏变换的函数 $f(t)$ 由 $t \geqslant 0$ 时有定义扩大为在 $t > 0$ 及 $t=0$ 的任意一个邻域内有定义.

规定 当 $f(t)$ 在 $t=0$ 处包含了脉冲函数时，

$$\mathscr{L}[f(t)] = \int_{0^-}^{+\infty} f(t)e^{-st}\,dt$$

但为了书写方便起见，仍写成式(23.1)的形式.

例 23.5 求单位脉冲函数 $\delta(t)$ 的拉氏变换.

解 根据拉氏变换的定义及 δ 函数的筛选性质，可得

$$\begin{aligned}\mathscr{L}[\delta(t)] &= \int_{0}^{+\infty} \delta(t)\mathrm{e}^{-st}\,\mathrm{d}t = \int_{0^-}^{+\infty} \delta(t)\mathrm{e}^{-st}\,\mathrm{d}t \\ &= \int_{-\infty}^{+\infty} \delta(t)\mathrm{e}^{-st}\,\mathrm{d}t = \mathrm{e}^{-st}\Big|_{t=0} = 1\end{aligned}$$

5. 拉氏变换的查表方法

在今后的实际工作中,大多数情况下是通过查拉氏变换表来进行拉氏变换的.本书已将工程实际中常遇到的一些函数及其拉氏变换列于附录 9 中,以备查找.

例 23.6 求 $f(t) = \cos 3t - \cos 2t$ 的拉氏变换.

解 在拉氏变换简表第 24 式中,令 $a = 3$, $b = 2$, 得

$$\mathscr{L}[\cos 3t - \cos 2t] = \frac{-5s}{(s^2+9)(s^2+4)}$$

利用拉氏变换简表,可以很容易求出很多函数的拉氏变换.将拉氏变换性质与查表结合起来,就能更快地获得所求函数的拉氏变换.

23.2 拉氏变换的性质

本节介绍拉氏变换的几个基本性质,它们在拉氏变换的实际应用中都是很有用的.为了叙述方便,在这些性质中,凡是进行拉氏变换的函数都假设其满足拉氏变换存在定理中的条件,并且把这些函数的增长指数都统一地取为 c.

1. 线性性质

若 α, β 是常数, $\mathscr{L}[f_1(t)] = F_1(s)$, $\mathscr{L}[f_2(t)] = F_2(s)$, 则有

$$\begin{cases}\mathscr{L}[\alpha f_1(t) + \beta f_2(t)] = \alpha F_1(s) + \beta F_2(s) \\ \mathscr{L}^{-1}[\alpha F_1(s) + \beta F_2(s)] = \alpha f_1(t) + \beta f_2(t)\end{cases} \tag{23.3}$$

根据定义,利用积分的线性性质即可证明上式.这个性质表明:函数线性组合的拉氏(逆)变换等于各函数拉氏(逆)变换的线性组合.

例 23.7 求 $f(t) = \sin 2t \sin 3t$ 的拉氏变换.

解
$$\sin 2t \sin 3t = -\frac{1}{2}(\cos 5t - \cos t)$$

由 $\mathscr{L}[\cos kt] = \dfrac{s}{s^2+k^2}$ $(\mathrm{Re}(s) > 0)$, 得

$$\mathscr{L}[\sin 2t \sin 3t] = -\frac{1}{2}\left(\frac{s}{s^2+25} - \frac{s}{s^2+1}\right) = \frac{12s}{(s^2+25)(s^2+1)} \quad (\mathrm{Re}(s) > 0)$$

例 23.8 已知 $F(s) = \dfrac{5s-1}{(s+1)(s-2)}$, 求 $\mathscr{L}^{-1}[F(s)]$.

解 由于

$$F(s)=\frac{5s-1}{(s+1)(s-2)}=\frac{2}{s+1}+\frac{3}{s-2}$$

且 $\mathscr{L}[e^{kt}]=\dfrac{1}{s-k}$，可得

$$\mathscr{L}^{-1}[F(s)]=2\mathscr{L}^{-1}\left[\frac{1}{s+1}\right]+3\mathscr{L}^{-1}\left[\frac{1}{s-2}\right]=2e^{-t}+3e^{2t}$$

当 $F(s)$ 为真分式有理函数时，可以通过将 $F(s)$ 可拆分为部分分式之和，再针对每一部分求出其拉氏逆变换，这种方法称为求像原函数的部分分式法.

2. 微分性质

1）导数的像函数

若 $\mathscr{L}[f(t)]=F(s)$，则有

$$\mathscr{L}[f'(t)]=sF(s)-f(0) \tag{23.4}$$

这个性质表明了一个函数导数的拉氏变换等于这个函数的拉氏变换乘以参变数 s，再减去函数的初值.

证 根据拉氏变换的定义和分部积分法，得到

$$\begin{aligned}\mathscr{L}[f'(t)]&=\int_0^{+\infty}f'(t)e^{-st}dt=\int_0^{+\infty}e^{-st}df(t)\\&=e^{-st}f(t)\big|_0^{+\infty}-\int_0^{+\infty}f(t)de^{-st}=-f(0)+s\int_0^{+\infty}f(t)e^{-st}dt\\&=s\mathscr{L}[f(t)]-f(0)^{*}=sF(s)-f(0)\quad(\mathrm{Re}(s)>c)\end{aligned}$$

推论 若 $\mathscr{L}[f(t)]=F(s)$，则有

$$\mathscr{L}[f^{(n)}(t)]=s^nF(s)-s^{n-1}f(0)-s^{n-2}f'(0)-\cdots-f^{(n-1)}(0) \tag{23.5}$$

特别，当初值 $f(0)=f'(0)=\cdots=f^{(n-1)}(0)=0$ 时，有

$$\mathscr{L}[f^{(n)}(t)]=s^nF(s) \tag{23.6}$$

此性质奠定了用拉氏变换方法求解微分方程(组)初值问题的理论基础，使得将 $f(t)$ 的微分方程转化为 $F(s)$ 的代数方程成为可能. 它对分析线性系统有着重要的作用. 下面利用它推算一些函数的拉氏变换.

例 23.9 利用微分性质求函数 $f(t)=\cos kt$ 的拉氏变换.

解 由于 $f(0)=1$，$f'(0)=0$，$f''(t)=-k^2\cos kt$，则

$$\mathscr{L}[-k^2\cos kt]=\mathscr{L}[f''(t)]=s^2F(s)-sf(0)-f'(0)$$

即

* $f(0)$ 总是指当 $t\to0^-$ 时 $f(t)$ 的极限.

$$-k^2\mathscr{L}[\cos kt]=s^2\mathscr{L}[\cos kt]-s$$

移项化简,得

$$\mathscr{L}[\cos kt]=\frac{s}{s^2+k^2}\quad(\mathrm{Re}(s)>0)$$

例 23.10 利用微分性质,求函数 $f(t)=t^m$ 的拉氏变换,其中 m 是正整数.

解 由于 $f(0)=f'(0)=\cdots=f^{(m-1)}(0)=0$,而 $f^{(m)}(t)=m!$,所以

$$\mathscr{L}[m!]=\mathscr{L}[f^{(m)}(t)]=s^m\mathscr{L}[f(t)]-s^{m-1}f(0)-s^{m-2}f'(0)-\cdots-f^{(m-1)}(0)$$

即

$$\mathscr{L}[m!]=s^m\mathscr{L}[t^m]$$

而 $\mathscr{L}[m!]=m!\mathscr{L}[1]=m!\frac{1}{s}$,所以

$$\mathscr{L}[t^m]=\frac{m!}{s^{m+1}}\quad(\mathrm{Re}(s)>0)\tag{23.7}$$

可以证明,对 $m>-1$ 的实常数,有

$$\mathscr{L}[t^m]=\frac{\Gamma(m+1)}{s^{m+1}}\quad(\mathrm{Re}(s)>0)$$

2) 像函数的导数

若 $\mathscr{L}[f(t)]=F(s)$,则

$$F'(s)=-\mathscr{L}[tf(t)]\quad(\mathrm{Re}(s)>c)\tag{23.8}$$

证 由 $F(s)=\int_0^{+\infty}f(t)\mathrm{e}^{-st}\mathrm{d}t$,利用求导与积分的换序*,可得

$$\frac{\mathrm{d}}{\mathrm{d}s}F(s)=\frac{\mathrm{d}}{\mathrm{d}s}\int_0^{+\infty}f(t)\mathrm{e}^{-st}\mathrm{d}t=\int_0^{+\infty}\frac{\mathrm{d}}{\mathrm{d}s}[f(t)\mathrm{e}^{-st}]\mathrm{d}t$$

$$=\int_0^{+\infty}-tf(t)\mathrm{e}^{-st}\mathrm{d}t=\mathscr{L}[-tf(t)]$$

再对 $F'(s)$施行同样步骤,反复进行,可得一般公式

$$F^{(n)}(s)=\mathscr{L}[(-t)^nf(t)]=(-1)^n\mathscr{L}[t^nf(t)]\quad(\mathrm{Re}(s)>c)\tag{23.9}$$

由上式立即可得

$$\mathscr{L}[t^nf(t)]=(-1)^nF^{(n)}(s)\quad(\mathrm{Re}(s)>c)$$

例 23.11 求函数 $f(t)=t\sin kt$ 的拉氏变换.

解 因为 $\mathscr{L}[\sin kt]=\frac{k}{s^2+k^2}$,根据上述微分性质,得

---

* 求导与积分的次序交换是有一定条件的,这里省略.后面碰到类似运算也同样处理.

$$\mathscr{L}[t\sin kt]=-\frac{\mathrm{d}}{\mathrm{d}s}\left(\frac{k}{s^2+k^2}\right)=\frac{2ks}{(s^2+k^2)^2}$$

同理可得

$$\mathscr{L}[t\cos kt]=-\frac{\mathrm{d}}{\mathrm{d}s}\left(\frac{s}{s^2+k^2}\right)=\frac{2s^2-s^2-k^2}{(s^2+k^2)^2}=\frac{s^2-k^2}{(s^2+k^2)^2}$$

3. 积分性质

1) 积分的像函数

若 $\mathscr{L}[f(t)]=F(s)$，则

$$\mathscr{L}\left[\int_0^t f(t)\mathrm{d}t\right]=\frac{1}{s}F(s) \tag{23.10}$$

证 设 $h(t)=\int_0^t f(t)\mathrm{d}t$，则有 $h'(t)=f(t)$，且 $h(0)=0$. 由微分性质，得

$$\mathscr{L}[h'(t)]=s\mathscr{L}[h(t)]-h(0)=s\mathscr{L}[h(t)]$$

即

$$\mathscr{L}\left[\int_0^t f(t)\mathrm{d}t\right]=\frac{1}{s}\mathscr{L}[f(t)]=\frac{1}{s}F(s)$$

这个性质表明：一个函数积分后再取拉氏变换等于这个函数的拉氏变换除以复参数 s.

反复应用式(23.10)，就可得到

$$\mathscr{L}\Big\{\underbrace{\int_0^t \mathrm{d}t\int_0^t \mathrm{d}t\cdots\int_0^t}_{n次} f(t)\mathrm{d}t\Big\}=\frac{1}{s^n}F(s) \tag{23.11}$$

2) 像函数的积分

若 $\mathscr{L}[f(t)]=F(s)$，则

$$\mathscr{L}\left[\frac{f(t)}{t}\right]=\int_s^{\infty}F(s)\mathrm{d}s \tag{23.12}$$

一般地，有

$$\mathscr{L}\left[\frac{f(t)}{t^n}\right]=\underbrace{\int_s^{\infty}\mathrm{d}s\int_s^{\infty}\mathrm{d}s\cdots\int_s^{\infty}}_{n次}F(s)\mathrm{d}s \tag{23.13}$$

证 $\int_s^{\infty}F(s)\mathrm{d}s=\int_s^{\infty}\left[\int_0^{+\infty}f(t)\mathrm{e}^{-st}\mathrm{d}t\right]\mathrm{d}s$

$$=\int_0^{+\infty}f(t)\left[\int_s^{\infty}\mathrm{e}^{-st}\mathrm{d}s\right]\mathrm{d}t=\int_0^{+\infty}\frac{f(t)}{t}\mathrm{e}^{-st}\mathrm{d}t$$

$$= \mathscr{L}\left[\frac{f(t)}{t}\right]$$

反复利用上式,就可得式(23.13).

例 23.12 求函数 $f(t)=\dfrac{\sin t}{t}$ 的拉氏变换.

解 因为 $\mathscr{L}[\sin t]=\dfrac{1}{s^2+1}$,根据像函数的积分性质,得

$$\mathscr{L}[f(t)]=\mathscr{L}\left[\frac{\sin t}{t}\right]=\int_s^{\infty}\frac{1}{s^2+1}\mathrm{d}s=\frac{\pi}{2}-\arctan s.$$

注意,在例 23.12 中,若取 $s=0$, 则有

$$\int_0^{+\infty}\frac{\sin t}{t}\mathrm{d}t=\frac{\pi}{2}-\arctan 0=\frac{\pi}{2}$$

类似地,如果积分 $\int_0^{+\infty}\dfrac{f(t)}{t}\mathrm{d}t$ 存在,在式(23.12)中,取 $s=0$, 则有

$$\int_0^{+\infty}\frac{f(t)}{t}\mathrm{d}t=\int_0^{\infty}F(s)\mathrm{d}s$$

此公式常用来计算某些积分. 例 23.12 启发我们:在拉氏变换及相关性质中将 s 取为某些特定的值可以用来求一些广义积分. 例如,取 $s=0$, 还可得

$$\int_0^{+\infty}f(t)\mathrm{d}t=F(0),\quad \int_0^{+\infty}tf(t)\mathrm{d}t=-F'(0)$$

但使用上述公式时必须先考察广义积分的存在性.

4. 位移性质

若 $\mathscr{L}[f(t)]=F(s)$, s_0 是复常数,则有

$$F(s-s_0)=\mathscr{L}[\mathrm{e}^{s_0t}f(t)]\quad(\mathrm{Re}(s-s_0)>c)\tag{23.14}$$

这个性质表明了一个像原函数乘以指数函数 e^{s_0t} 的拉氏变换等于其像函数平移 s_0 个单位.

证 根据拉氏变换定义,有

$$F(s-s_0)=\int_0^{+\infty}f(t)\mathrm{e}^{-(s-s_0)t}\mathrm{d}t=\int_0^{+\infty}[f(t)\mathrm{e}^{s_0t}]\mathrm{e}^{-st}\mathrm{d}t$$

$$=\mathscr{L}[\mathrm{e}^{s_0t}f(t)]\quad(\mathrm{Re}(s-s_0)>c)$$

例 23.13 求 $\mathscr{L}[\mathrm{e}^{-at}\sin kt]$, $\mathscr{L}[\mathrm{e}^{-at}\cos kt]$, $\mathscr{L}[\mathrm{e}^{at}t^m]$(其中 $m>-1$).

解 已知

$$\mathscr{L}[\sin kt]=\frac{k}{s^2+k^2},\quad \mathscr{L}[\cos kt]=\frac{s}{s^2+k^2},\quad \mathscr{L}[t^m]=\frac{\Gamma(m+1)}{s^{m+1}}$$

利用位移性质，可得

$$\mathscr{L}[\mathrm{e}^{-at}\sin kt]=\frac{k}{(s+a)^2+k^2}$$

$$\mathscr{L}[\mathrm{e}^{-at}\cos kt]=\frac{s+a}{(s+a)^2+k^2}$$

$$\mathscr{L}[\mathrm{e}^{at}t^m]=\frac{\Gamma(m+1)}{(s-a)^{m+1}}$$

5. 延迟性质

若 $\mathscr{L}[f(t)]=F(s)$，且 $t<0$ 时，$f(t)=0$，则对于任一非负数 $t_0\geqslant 0$，有

$$\mathscr{L}[f(t-t_0)]=\mathrm{e}^{-st_0}F(s) \tag{23.15}$$

证 根据式(23.1)，有

$$\begin{aligned}&\mathscr{L}[f(t-t_0)]\\&=\int_0^{+\infty}f(t-t_0)\mathrm{e}^{-st}\mathrm{d}t=\int_0^{t_0}f(t-t_0)\mathrm{e}^{-st}\mathrm{d}t+\int_{t_0}^{+\infty}f(t-t_0)\mathrm{e}^{-st}\mathrm{d}t\\&=\int_{t_0}^{+\infty}f(t-t_0)\mathrm{e}^{-st}\mathrm{d}t\end{aligned}$$

令 $t-t_0=u$，则 $t=u+t_0$，$\mathrm{d}t=\mathrm{d}u$，

$$\begin{aligned}上式&=\int_0^{+\infty}f(u)\mathrm{e}^{-s(u+t_0)}\mathrm{d}u=\mathrm{e}^{-st_0}\int_0^{+\infty}f(u)\mathrm{e}^{-su}\mathrm{d}u\\&=\mathrm{e}^{-st_0}\mathscr{L}[f(t)]=\mathrm{e}^{-st_0}F(s)\quad(\mathrm{Re}(s)>c)\end{aligned}$$

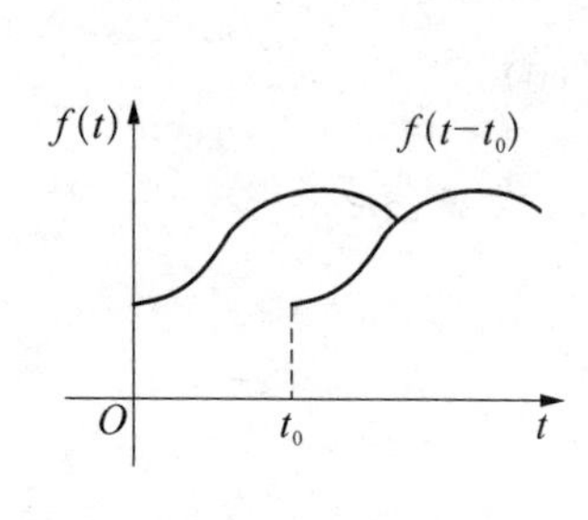

图 23.2 $f(t)$ 与 $f(t-t_0)$ 的图形

函数 $f(t-t_0)$ 与 $f(t)$ 相比，$f(t)$ 从 $t=0$ 开始有非零值，而 $f(t-t_0)$ 是从 $t=t_0$ 开始才有非零值，即延迟了一个时间 t_0. 从图像上讲，$f(t-t_0)$ 是由 $f(t)$ 沿 t 轴向右平移 t_0 而得(图 23.2).

此性质表明，时间函数延迟 t_0 的拉氏变换等于它的像函数乘以指数因子 e^{-st_0}.

例 23.14 求函数 $u(t-t_0)=\begin{cases}1, & t>t_0;\\0, & t<t_0\end{cases}$ 的拉氏变换，其中 $t_0\geqslant 0$.

解 已知 $\mathscr{L}[u(t)]=\dfrac{1}{s}$，根据延迟性质，可得

$$\mathscr{L}[u(t-t_0)]=\frac{1}{s}\mathrm{e}^{-st_0}$$

例 23.15 设 $f(t)$ 是周期为 T 的函数，且设 $f(t)$ 在一个周期上分段连续，记

$$f_1(t)=\begin{cases}f(t), & 0<t<T\\ 0, & 其他\end{cases}$$

求 $\mathscr{L}[f(t)]$.

解 $$f(t)=f_1(t)+f_1(t-T)+f_1(t-2T)+\cdots$$

记 $F_1(s)=\mathscr{L}[f_1(t)]=\int_0^T f(t)\mathrm{e}^{-st}\mathrm{d}t$，由延迟性质

$$\begin{aligned}\mathscr{L}[f(t)]&=F_1(s)+F_1(s)\mathrm{e}^{-Ts}+F_1(s)\mathrm{e}^{-2Ts}+\cdots\\&=F_1(s)(1+\mathrm{e}^{-Ts}+\mathrm{e}^{-2Ts}+\cdots)\\&=F_1(s)\cdot\frac{1}{1-\mathrm{e}^{-Ts}}\quad(\mathrm{Re}(s)>0\text{ 时，}|\mathrm{e}^{-Ts}|<1)\end{aligned}$$

即

$$\mathscr{L}[f(t)]=\frac{\int_0^T f(t)\mathrm{e}^{-st}\mathrm{d}t}{1-\mathrm{e}^{-Ts}}\quad(\mathrm{Re}(s)>0)\tag{23.16}$$

这是一个求周期函数拉氏变换的简单方法，此式可作为结论直接使用.

例 23.16 求如图 23.3 所示的周期矩形波的拉氏变换.

解 记 $f_1(t)=\begin{cases}A, & 0<t<\tau,\\ -A, & \tau<t<2\tau,\\ 0, & \text{其他}.\end{cases}$ 则

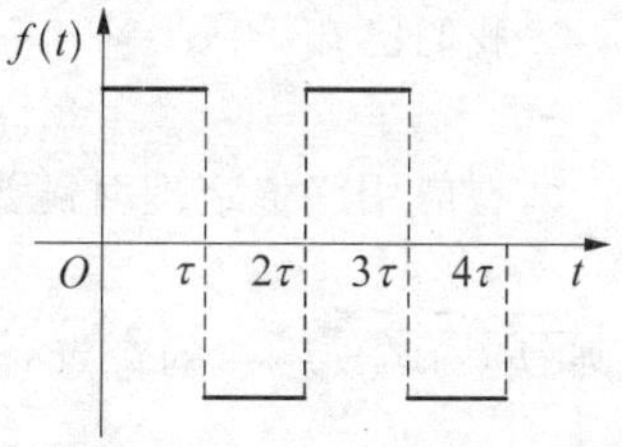

$$\begin{aligned}F_1(s)&=\mathscr{L}[f_1(t)]\\&=\int_0^{2\tau}f(t)\mathrm{e}^{-st}\mathrm{d}t=A\left(\int_0^{\tau}\mathrm{e}^{-st}\mathrm{d}t-\int_{\tau}^{2\tau}\mathrm{e}^{-st}\mathrm{d}t\right)\\&=\frac{A}{s}(1-2\mathrm{e}^{-\tau s}+\mathrm{e}^{-2\tau s})=\frac{A}{s}(1-\mathrm{e}^{-\tau s})^2\end{aligned}$$

图 23.3 周期矩形波

由周期函数的拉氏变换公式，可得

$$\mathscr{L}[f(t)]=\frac{A(1-\mathrm{e}^{-\tau s})^2}{s(1-\mathrm{e}^{-2\tau s})}=\frac{A}{s}\mathrm{th}\frac{\tau s}{2}$$

***6. 极限性质**

1) 初值定理

若 $\mathscr{L}[f(t)]=F(s)$，且 $\lim\limits_{s\to\infty}sF(s)$ 存在，则

$$f(0)=\lim_{s\to\infty}sF(s)\tag{23.17}$$

这个性质建立了函数 $f(t)$ 在坐标原点的值与函数 $sF(s)$ 的无穷远点的值之间的关系，即函数 $f(t)$ 在 $t=0$ 时的函数值可以通过 s 乘以 $f(t)$ 的拉氏变换 $F(s)$ 取 $s\to\infty$ 时的极限得到.

2) 终值定理

若 $\mathscr{L}[f(t)]=F(s)$，且 $f(+\infty)$ 存在，则

$$f(+\infty) = \lim_{s \to 0} sF(s) \tag{23.18}$$

这个性质建立了函数 $f(t)$ 在无穷远点的值与函数 $sF(s)$ 在坐标原点的值之间的关系,即函数 $f(t)$ 在 $t \to \infty$ 时的函数值可以通过 s 乘以 $f(t)$ 的拉氏变换 $F(s)$ 取 $s \to 0$ 时的极限得到.

在拉氏变换的应用中,一般是先得到 $F(s)$ 再去求出 $f(t)$. 但有时候我们并不关心函数 $f(t)$ 的表达式,只需知道 $f(t)$ 的特殊值 $f(0)$, $f(+\infty)$, 则利用初值定理和终值定理即可由 $F(s)$ 直接求出 $f(t)$ 的这两个值而不必先求出 $f(t)$.

例 23.17 若 $\mathscr{L}[f(t)] = \dfrac{1}{s+a}$, 求 $f(0)$, $f(+\infty)$.

解 由初值和终值定理,可得

$$f(0) = \lim_{s \to \infty} sF(s) = \lim_{s \to \infty} \frac{s}{s+a} = 1$$

$$f(+\infty) = \lim_{s \to 0} sF(s) = \lim_{s \to 0} \frac{s}{s+a} = 0$$

我们已知 $\mathscr{L}[e^{-at}] = \dfrac{1}{s+a}$, 即 $f(t) = e^{-at}$. 结果与上面所求一致.

在应用终值定理时需要注意条件是否满足. 例如,若对函数 $f(t)$, 有 $F(s) = \dfrac{1}{s^2+1}$, 则 $sF(s) = \dfrac{s}{s^2+1}$ 的奇点 $s = \pm j$ 位于虚轴上,就不满足终值定理的条件. 虽然 $\lim\limits_{s \to 0} sF(s) = \lim\limits_{s \to 0} \dfrac{s}{s^2+1} = 0$, 但

$$f(t) = \mathscr{L}^{-1}\left[\frac{1}{s^2+1}\right] = \sin t$$

显然 $\lim\limits_{t \to +\infty} f(t) = \lim\limits_{t \to +\infty} \sin t$ 是不存在的.

7. 卷积性质

1) 卷积的概念

按照傅里叶变换中卷积的定义,两个函数的卷积是指

$$f_1(t) * f_2(t) = \int_{-\infty}^{+\infty} f_1(\tau) f_2(t-\tau) d\tau$$

如果 $f_1(t)$ 与 $f_2(t)$ 都满足条件: 当 $t < 0$ 时, $f_1(t) = f_2(t) = 0$, 则上式可以写成

$$\begin{aligned} & f_1(t) * f_2(t) \\ = & \int_{-\infty}^{0} f_1(\tau) f_2(t-\tau) d\tau + \int_{0}^{t} f_1(\tau) f_2(t-\tau) d\tau + \int_{t}^{+\infty} f_1(\tau) f_2(t-\tau) d\tau \\ = & \int_{0}^{t} f_1(\tau) f_2(t-\tau) d\tau \end{aligned} \tag{23.19}$$

今后如不特别说明,都假定卷积按照式(23.19)进行.

例 23.18 求 $t * \sin t$.

解 $$t * \sin t = \int_0^t \tau \sin(t-\tau)\,\mathrm{d}\tau = \int_0^t \tau \mathrm{d}\cos(t-\tau)$$

$$= \tau\cos(t-\tau)\Big|_0^t - \int_0^t \cos(t-\tau)\,\mathrm{d}\tau = t - \sin t$$

这里的卷积具有傅氏变换中卷积类似的运算规律,也满足交换律、结合律及对加法的分配律,即

$$f_1(t) * f_2(t) = f_2(t) * f_1(t)$$

$$[f_1(t) * f_2(t)] * f_3(t) = f_1(t) * [f_2(t) * f_3(t)]$$

$$f_1(t) * [f_2(t) + f_3(t)] = f_1(t) * f_2(t) + f_1(t) * f_3(t)$$

按式(23.19)计算的卷积亦满足

$$|f_1(t) * f_2(t)| \leqslant |f_1(t)| * |f_2(t)|$$

2) 卷积定理

定理 23.2 假定 $f_1(t)$ 与 $f_2(t)$ 都满足拉氏变换存在定理中的条件,当 $t<0$ 时,$f_1(t) = f_2(t) = 0$,且 $\mathscr{L}[f_1(t)] = F_1(s)$,$\mathscr{L}[f_2(t)] = F_2(s)$,则 $f_1(t) * f_2(t)$ 的拉氏变换一定存在,且

$$\mathscr{L}[f_1(t) * f_2(t)] = F_1(s) \cdot F_2(s) \tag{23.20}$$

或

$$\mathscr{L}^{-1}[F_1(s) \cdot F_2(s)] = f_1(t) * f_2(t) \tag{23.21}$$

证 设 $f_1(t)$,$f_2(t)$的增长指数分别为 σ_1,σ_2,则在 $\mathrm{Re}(s) > \max(\sigma_1, \sigma_2)$ 上,

$$\mathscr{L}[f_1(t) * f_2(t)] = \int_0^{+\infty} [f_1(t) * f_2(t)]\mathrm{e}^{-st}\mathrm{d}t = \int_0^{+\infty}\left[\int_0^t f_1(\tau)f_2(t-\tau)\mathrm{d}\tau\right]\mathrm{e}^{-st}\mathrm{d}t$$

上面的积分可以看成 $tO\tau$ 平面上区域 D 内(图23.4)的一个二重积分,交换积分次序,可得

$$\mathscr{L}[f_1(t) * f_2(t)] = \int_0^{+\infty} f_1(\tau)\left[\int_\tau^{+\infty} f_2(t-\tau)\mathrm{e}^{-st}\mathrm{d}t\right]\mathrm{d}\tau$$

令 $t - \tau = u$,则

$$\int_\tau^{+\infty} f_2(t-\tau)\mathrm{e}^{-st}\mathrm{d}t = \int_0^{+\infty} f_2(u)\mathrm{e}^{-s(u+\tau)}\mathrm{d}u = \mathrm{e}^{-s\tau}F_2(s)$$

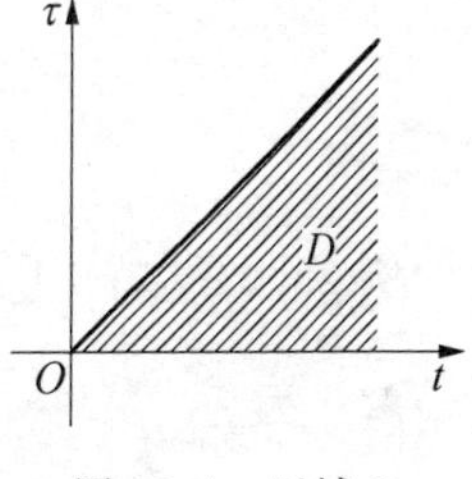

图 23.4 区域 D

从而

$$\mathscr{L}[f_1(t) * f_2(t)] = \int_0^{+\infty} f_1(\tau)\mathrm{e}^{-s\tau}F_2(s)\mathrm{d}\tau = F_2(s)\int_0^{+\infty} f_1(\tau)\mathrm{e}^{-s\tau}\mathrm{d}\tau = F_1(s) \cdot F_2(s)$$

这个性质表明:通过取拉氏变换,可以把两个函数的卷积化为这两个函数拉氏变换

的乘积.卷积定理可以推广到多个函数情形.一般地，若 $f_k(t)$ $(k=1, 2, \cdots, n)$满足拉氏变换存在定理中的条件，且

$$\mathscr{L}[f_k(t)] = F_k(s) \quad (k=1, 2, \cdots, n)$$

则有

$$\mathscr{L}[f_1(t) * f_2(t) * \cdots * f_n(t)] = F_1(s) \cdot F_2(s) \cdot \cdots \cdot F_n(s)$$

或

$$\mathscr{L}^{-1}[F_1(s) \cdot F_2(s) \cdot \cdots \cdot F_n(s)] = f_1(t) * f_2(t) * \cdots * f_n(t)$$

卷积定理可以用来求一些函数的拉氏逆变换.

例 23.19 若 $F(s) = \dfrac{1}{s^2(1+s^2)}$，求 $f(t)$.

解 因为 $F(s) = \dfrac{1}{s^2(1+s^2)} = \dfrac{1}{s^2} \cdot \dfrac{1}{s^2+1}$，取

$$F_1(s) = \frac{1}{s^2}, \quad F_2(s) = \frac{1}{s^2+1}$$

于是 $f_1(t) = t$，$f_2(t) = \sin t$.

根据卷积定理和例 23.18，可得

$$f(t) = f_1(t) * f_2(t) = t * \sin t = t - \sin t$$

例 23.20 若 $F(s) = \dfrac{s^2}{(s^2+1)^2}$，求 $f(t)$.

解 因为 $F(s) = \dfrac{s^2}{(s^2+1)^2} = \dfrac{s}{s^2+1} \cdot \dfrac{s}{s^2+1}$，所以

$$\begin{aligned} f(t) &= \mathscr{L}^{-1}\left[\frac{s}{s^2+1} \cdot \frac{s}{s^2+1}\right] = \cos t * \cos t \\ &= \int_0^t \cos\tau \cos(t-\tau)\,\mathrm{d}\tau = \frac{1}{2}\int_0^t [\cos t + \cos(2\tau - t)]\,\mathrm{d}\tau \\ &= \frac{1}{2}(t\cos t + \sin t) \end{aligned}$$

例 23.21 若 $\mathscr{L}[f(t)] = \dfrac{1}{(s^2+4s+13)^2}$，求 $f(t)$.

解 因为

$$\mathscr{L}[f(t)] = \frac{1}{[(s+2)^2+3^2]^2} = \frac{1}{9} \cdot \frac{3}{(s+2)^2+3^2} \cdot \frac{3}{(s+2)^2+3^2}$$

根据位移性质，有

$$\mathscr{L}^{-1}\left[\frac{3}{(s+2)^2+3^2}\right] = \mathrm{e}^{-2t}\sin 3t$$

所以

$$f(t)=\frac{1}{9}(e^{-2t}\sin 3t)*(e^{-2t}\sin 3t)$$

$$=\frac{1}{9}\int_0^t e^{-2\tau}\sin 3\tau\cdot e^{-2(t-\tau)}\sin 3(t-\tau)d\tau$$

$$=\frac{1}{9}e^{-2t}\int_0^t\frac{1}{2}[\cos(6\tau-3t)-\cos 3t]d\tau$$

$$=\frac{1}{18}e^{-2t}\left[\frac{\sin(6\tau-3t)}{6}-\tau\cos 3t\right]\Bigg|_0^t$$

$$=\frac{1}{54}e^{-2t}(-3t\cos 3t+\sin 3t)$$

23.3 拉氏逆变换

运用拉氏变换求解具体问题是常常需要在已知像函数 $F(s)$ 的情况下求它的像原函数 $f(t)$. 利用前面两节中拉氏变换的概念和性质可以求某些特殊像函数的像原函数，但这些还不能满足实际应用中的要求. 下面介绍一种更一般的方法，它直接用像函数表示出像原函数，再利用留数公式求出像原函数.

由拉氏变换与傅氏变换的关系可知，函数 $f(t)$ 的拉氏变换 $F(s)=F(\beta+j\omega)$ 实际上就是 $f(t)u(t)e^{-\beta t}$ 的傅氏变换.

因此，当 $f(t)u(t)e^{-\beta t}$ 满足傅氏积分定理的条件时，按傅氏积分公式，在 $f(t)$ 的连续点，有

$$f(t)u(t)e^{-\beta t}=\frac{1}{2\pi}\int_{-\infty}^{+\infty}F(\beta+j\omega)e^{j\omega t}d\omega\quad(t>0)$$

等式两边同乘以 $e^{\beta t}$，并考虑到它与积分变量无关，则

$$f(t)=\frac{1}{2\pi}\int_{-\infty}^{+\infty}F(\beta+j\omega)e^{(\beta+j\omega)t}d\omega\quad(t>0)$$

令 $\beta+j\omega=s$，有

$$f(t)=\frac{1}{2\pi j}\int_{\beta-j\infty}^{\beta+j\infty}F(s)e^{st}ds\quad(t>0)\tag{23.22}$$

这就是从像函数 $F(s)$ 求它的像原函数 $f(t)$ 的一般公式. 式(23.22)称为**拉氏逆变换式**，右端的积分称为**拉氏反演积分**. 它的积分路径是 s 平面上的一条直线 $\mathrm{Re}(s)=\beta$（沿着虚轴的方向从虚部的负无穷积分到虚部的正无穷).

对上式右端的复变函数的积分可以用留数方法计算.

定理 23.3 若 $s_1, s_2, \cdots, s_n$ 是函数 $F(s)$ 的所有奇点（适当选取 β 使这些奇点全在 $\mathrm{Re}(s)<\beta$ 的范围内)，且当 $s\to\infty$ 时，$F(s)\to 0$，则有

$$\frac{1}{2\pi \mathrm{j}}\int_{\beta-\mathrm{j}\infty}^{\beta+\mathrm{j}\infty} F(s)\mathrm{e}^{st}\,\mathrm{d}s = \sum_{k=1}^{n} \mathrm{Res}[F(s)\mathrm{e}^{st}, s_k]$$

即

$$f(t) = \sum_{k=1}^{n} \mathrm{Res}[F(s)\mathrm{e}^{st}, s_k] \quad (t>0) \tag{23.23}$$

（证明略）.

有了这个定理后，求像原函数的积分转化为求 $F(s)\mathrm{e}^{st}$ 在各奇点处的留数. 工程技术中最常见的是函数 $F(s)$ 为有理函数情形，即

$$F(s) = \frac{a_m s^m + a_{m-1}s^{m-1} + \cdots + a_1 s + a_0}{b_n s^n + b_{n-1}s^{n-1} + \cdots + b_1 s + b_0} = \frac{a_m s^m + a_{m-1}s^{m-1} + \cdots + a_1 s + a_0}{b_n(s-s_1)(s-s_2)\cdots(s-s_n)} = \frac{A(s)}{B(s)}$$

其中，$A(s)$ 和 $B(s)$ 是不可约的多项式，$B(s)$ 的次数是 n，$A(s)$ 的次数小于 $B(s)$ 的次数. 这时 $F(s)$ 满足定理所要求的条件. 考虑到 $B(s)$ 零点的情况，有下面两种情形：

(1) 如果 $B(s)$ 有 n 个一级零点 $s_1, s_2, \cdots, s_n$，即这些点都是 $\dfrac{A(s)}{B(s)}\mathrm{e}^{st}$ 的一级极点，根据留数的计算方法，有

$$f(t) = \sum_{k=1}^{n} \mathrm{Res}[F(s)\mathrm{e}^{st}, s_k] = \sum_{k=1}^{n} \frac{A(s_k)}{B'(s_k)}\mathrm{e}^{s_k t} \quad (t>0) \tag{23.24}$$

(2) 如果 s_1 为 $B(s)$ 的 m 级零点，$s_{m+1}, s_{m+2}, \cdots, s_n$ 是 $B(s)$ 的一级零点，即 s_1 为 $\dfrac{A(s)}{B(s)}\mathrm{e}^{st}$ 的 m 级极点，$s_{m+1}, s_{m+2}, \cdots, s_n$ 是 $\dfrac{A(s)}{B(s)}\mathrm{e}^{st}$ 的一级极点，根据留数的计算方法，得

$$\begin{aligned} f(t) &= \sum_{k=1}^{n} \mathrm{Res}\left[\frac{A(s)}{B(s)}\mathrm{e}^{st}, s_k\right] \\ &= \frac{1}{(m-1)!}\lim_{s\to s_1}\frac{\mathrm{d}^{m-1}}{\mathrm{d}s^{m-1}}\left[(s-s_1)^m\frac{A(s)}{B(s)}\mathrm{e}^{st}\right] + \sum_{k=m+1}^{n}\frac{A(s_k)}{B'(s_k)}\mathrm{e}^{s_k t} \end{aligned} \tag{23.25}$$

以上两公式都称为**赫维赛德**(Heaviside)**展开式**. 它们在用拉氏变换解常微分方程时经常用到.

例 23.22 求 $F(s) = \dfrac{k}{s^2+k^2}$ 的拉氏逆变换.

解 设 $A(s)=k$，$B(s)=s^2+k^2=(s+\mathrm{j}k)(s-\mathrm{j}k)$，则 $B(s)$ 的两个一级零点为 $-\mathrm{j}k$ 和 $\mathrm{j}k$，$B'(s)=2s$. 故

$$f(t) = \frac{A(\mathrm{j}k)}{B'(\mathrm{j}k)}\mathrm{e}^{\mathrm{j}kt} + \frac{A(-\mathrm{j}k)}{B'(-\mathrm{j}k)}\mathrm{e}^{-\mathrm{j}kt} = \frac{k}{2\mathrm{j}k}\mathrm{e}^{\mathrm{j}kt} + \frac{k}{-2\mathrm{j}k}\mathrm{e}^{-\mathrm{j}kt} = \sin kt \quad (t>0)$$

例 23.23 求 $F(s) = \dfrac{1}{s(s-1)^2}$ 的拉氏逆变换.

解 这里 $B(s)=s(s-1)^2$，$s=0$ 为 $B(s)$ 的一级零点，$s=1$ 为其二级零点. 由式(23.25)，知

$$\begin{aligned}f(t) &= \operatorname{Res}[F(s)e^{st}, 0] + \operatorname{Res}[F(s)e^{st}, 1] \\ &= \frac{1}{3s^2-4s+1}e^{st}\bigg|_{s=0} + \lim_{s\to 1}\frac{d}{ds}\left[(s-1)^2\frac{1}{s(s-1)^2}e^{st}\right] \\ &= 1 + \lim_{s\to 1}\left(\frac{t}{s}e^{st} - \frac{1}{s^2}e^{st}\right) = 1 + (te^t - e^t) = 1 + e^t(t-1) \quad (t>0)\end{aligned}$$

原则上讲,拉氏反演积分公式提供了求拉氏逆变换的通用方法,但通常我们根据像函数的具体情况,充分利用拉氏变换的各种性质,可灵活选用其他方法.如将像函数分解为一些基本函数的和或乘积,再利用线性性质、位移性质、延迟性质、卷积定理等,并结合这些基本函数的拉氏逆变换求出所需的拉氏逆变换.

下面再举几个例子.

例 23.24 求 $F(s)=\dfrac{1}{s^2(s+1)}$ 的拉氏逆变换.

解 $F(s)$是有理分式,将其分解成部分分式,有

$$F(s)=\frac{1}{s^2(s+1)}=\frac{-1}{s}+\frac{1}{s^2}+\frac{1}{s+1}$$

根据 $\mathscr{L}^{-1}\left[\dfrac{1}{s^{m+1}}\right]=\dfrac{t^m}{m!}$ 及位移性质 $\mathscr{L}^{-1}\left[\dfrac{1}{(s-a)^{m+1}}\right]=\dfrac{t^m}{m!}e^{at}$,所以

$$f(t)=\mathscr{L}^{-1}\left[\frac{1}{s^2(s+1)}\right]=-1+t+e^{-t} \quad (t>0)$$

例 23.25 求 $F(s)=\dfrac{1}{s(s^2+1)^2}$ 的拉氏逆变换.

解 本例可采用上例相同方法,也可以用卷积定理或拉氏反演定理求解,但计算较为麻烦,这里直接由拉氏积分变换表中第31式,取 $a=1$,得

$$f(t)=1-\cos t-\frac{1}{2}t\sin t$$

例 23.26 求 $F(s)=\dfrac{s^2-a^2}{(s^2+a^2)^2}$ 的拉氏逆变换.

解 在拉氏积分变换表中找不到现成的公式,但

$$F(s)=\frac{s^2}{(s^2+a^2)^2}-\frac{a^2}{(s^2+a^2)^2}$$

等式右边两项可分别利用拉氏积分变换表中第30和29式,所以

$$\mathscr{L}^{-1}\left[\frac{s^2}{(s^2+a^2)^2}\right]=\frac{1}{2a}(\sin at+at\cos at)$$

$$\mathscr{L}^{-1}\left[\frac{a^2}{(s^2+a^2)^2}\right]=\frac{1}{2a}(\sin at-at\cos at)$$

从而

$$f(t)=\mathscr{L}^{-1}[F(s)]=t\cos at$$

例 23.27 求 $F(s)=\dfrac{1}{(s+1)(s-2)(s+3)}$ 的逆变换.

解法 1 由拉氏积分变换表中第 36 式,可得

$$f(t)=\mathscr{L}^{-1}[F(s)]=\frac{e^{-t}}{(-2-1)(3-1)}+\frac{e^{2t}}{(1+2)(3+2)}+\frac{e^{-3t}}{(1-3)(-2-3)}$$

$$=-\frac{1}{6}e^{-t}+\frac{1}{15}e^{2t}+\frac{1}{10}e^{-3t}$$

解法 2 因 $F(s)$ 是有理分式,将其分解成部分分式,有

$$F(s)=\frac{1}{(s+1)(s-2)(s+3)}=\frac{-\frac{1}{6}}{s+1}+\frac{\frac{1}{15}}{s-2}+\frac{\frac{1}{10}}{s+3}$$

所以

$$f(t)=-\frac{1}{6}e^{-t}+\frac{1}{15}e^{2t}+\frac{1}{10}e^{-3t}$$

拉氏逆变换的解法较多,今后在拉氏逆变换的求解中,应视具体问题灵活选取求解方法.

23.4 拉氏变换的应用

我们知道,很多物理系统,如电路系统、自动控制系统、振动系统等的研究,可以归结为求解常系数线性微分方程的初值问题. 由于拉氏变换提供了求解初值问题的一种简便方法,所以拉氏变换在各种线性系统理论分析中应用十分广泛.

本节主要讨论拉氏变换在解常系数线性微分方程(或方程组)方面的应用.

例 23.28 求方程 $y''+2y'-3y=e^{-t}$ 满足初始条件 $y|_{t=0}=0, y'|_{t=0}=1$ 的解.

解 设 $\mathscr{L}[y(t)]=Y(s)$,对方程的两边取拉氏变换,并考虑到初始条件,则得

$$s^2Y(s)-1+2sY(s)-3Y(s)=\frac{1}{s+1}$$

解这个关于 $Y(s)$ 的代数方程,得

$$Y(s)=\frac{s+2}{(s+1)(s^2+2s-3)}=\frac{s+2}{(s+1)(s-1)(s+3)}$$

为了求 $Y(s)$ 的拉氏逆变换,将它写成部分分式形式,有

$$Y(s)=-\frac{1}{4}\cdot\frac{1}{s+1}+\frac{3}{8}\cdot\frac{1}{s-1}-\frac{1}{8}\cdot\frac{1}{s+3}$$

对上式取拉氏逆变换,得

$$y(t)=\mathscr{L}^{-1}[F(s)]=-\frac{1}{4}e^{-t}+\frac{3}{8}e^{t}-\frac{1}{8}e^{-3t}=\frac{1}{8}(3e^{t}-2e^{-t}-e^{-3t})$$

这就是所求微分方程的解.

由上例的求解过程可以看出,用拉氏变换求解初值问题的步骤可以归纳为三步:

(1) 对方程两端取拉氏变换,把微分方程转化为像函数的代数方程;

(2) 解关于像函数的代数方程,求出像函数;

(3) 取像函数的拉氏逆变换就可得出原微分方程的解.

上述求解过程如图 23.5 所示.

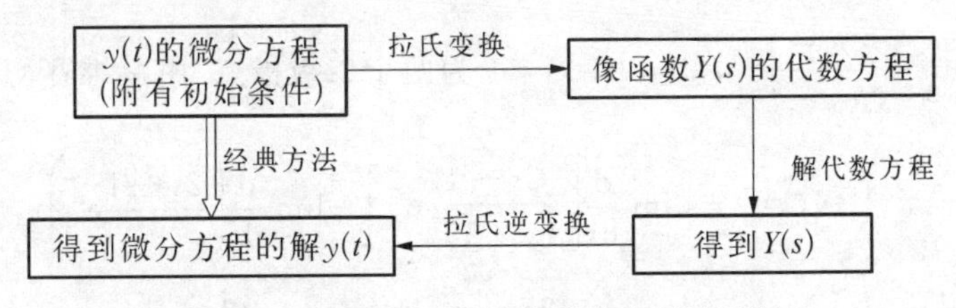

图 23.5 利用拉氏变换解微分方程的过程

求解微分方程的经典方法是先求出微分方程的通解(含任意常数),然后再根据初始条件确定通解中的任意常数.拉氏变换法与之相比有以下两方面的优点:

(1) 拉氏变换法把常系数微分方程转化为像函数的代数方程时已经使用了所给的初始条件(由拉氏变换的微分性质可知),因而省去了经典方法中由通解求特解的这一步骤.

(2) 当初始条件全部为 0 时(这在工程实际中是常见的),用拉氏变换求解就更为简便,而在微分方程的一般解法中并不会因此有所简化.

例 23.29 求方程组

$$\begin{cases} y''-x''+x'-y=\mathrm{e}^t-2 \\ 2y''-x''-2y'+x=-t \end{cases}$$

满足初始条件 $\begin{cases} y(0)=y'(0)=0; \\ x(0)=x'(0)=0 \end{cases}$ 的解.

解 对方程组两个方程两边取拉氏变换,设 $\mathscr{L}[y(t)]=Y(s)$, $\mathscr{L}[x(t)]=X(s)$,并考虑到初始条件,得

$$\begin{cases} s^2Y(s)-s^2X(s)+sX(s)-Y(s)=\dfrac{1}{s-1}-\dfrac{2}{s} \\ 2s^2Y(s)-s^2X(s)-2sY(s)+X(s)=-\dfrac{1}{s^2} \end{cases}$$

整理化简后,得

$$\begin{cases} (s+1)Y(s)-sX(s)=\dfrac{-s+2}{s(s-1)^2} \\ 2sY(s)-(s+1)X(s)=-\dfrac{1}{s^2(s-1)} \end{cases}$$

解此线性方程组，得 $\begin{cases} Y(s) = \dfrac{1}{s(s-1)^2}, \\ X(s) = \dfrac{2s-1}{s^2(s-1)^2}. \end{cases}$

由例 23.23 知

$$y(t) = \mathscr{L}^{-1}[Y(s)] = 1 - \mathrm{e}^t + t\mathrm{e}^t$$

对于 $X(s) = \dfrac{2s-1}{s^2(s-1)^2}$，$s = 0$，$s = 1$ 为两个二级极点. 由赫维赛德展开式，知

$$\begin{aligned} x(t) &= \mathscr{L}^{-1}[X(s)] = \lim_{s\to 0}\frac{\mathrm{d}}{\mathrm{d}s}\left[\frac{2s-1}{(s-1)^2}\mathrm{e}^{st}\right] + \lim_{s\to 1}\frac{\mathrm{d}}{\mathrm{d}s}\left(\frac{2s-1}{s^2}\mathrm{e}^{st}\right) \\ &= \lim_{s\to 0}\left[t\mathrm{e}^{st}\ \frac{2s-1}{(s-1)^2} - \frac{2s}{(s-1)^3}\mathrm{e}^{st}\right] + \lim_{s\to 1}\left[t\mathrm{e}^{st}\ \frac{2s-1}{s^2} + \mathrm{e}^{st}\ \frac{2(1-s)}{s^2}\right] \\ &= -t + t\mathrm{e}^t \end{aligned}$$

所以此初值问题的解为 $\begin{cases} y(t) = 1 - \mathrm{e}^t + t\mathrm{e}^t, \\ x(t) = -t + t\mathrm{e}^t. \end{cases}$

下面我们给出一个求解变系数微分方程初值问题的例子.

例 23.30 求方程 $ty'' + (1-2t)y' - 2y = 0$ 满足初始条件 $y|_{t=0} = 1, y'|_{t=0} = 2$ 的解.

解 对方程两边取拉氏变换，设 $\mathscr{L}[y(t)] = Y(s)$，即

$$\mathscr{L}[ty''] + \mathscr{L}[(1-2t)y'] - \mathscr{L}[2y] = 0$$

即

$$-\frac{\mathrm{d}}{\mathrm{d}s}[s^2Y(s) - sy(0) - y'(0)] + sY(s) - y(0) + 2\frac{\mathrm{d}}{\mathrm{d}s}[sY(s) - y(0)] - 2Y(s) = 0$$

由初始条件 $y|_{t=0} = 1, y'|_{t=0} = 2$，得

$$(2-s)Y'(s) - Y(s) = 0$$

这是可变量分离的一阶微分方程，即

$$\frac{\mathrm{d}Y}{Y} = -\frac{\mathrm{d}s}{s-2}$$

积分后，可得

$$\ln Y(s) = -\ln(s-2) + \ln C$$

所以

$$Y(s) = \frac{C}{s-2}$$

取拉氏逆变换可得 $y(t) = C\mathrm{e}^{2t}$，令 $t = 0$，有

$$1 = y(0) = C$$

故方程满足初始条件的解为 $y(t) = \mathrm{e}^{2t}$.

拉氏变换还可以用于求解积分方程.

例 23.31 求解积分方程：$y(t) = g(t) + \int_0^t y(\tau)r(t-\tau)\mathrm{d}\tau$，其中 $g(t), r(t)$ 是已知

函数.

解 注意到方程右端的积分就是卷积 $y(t)*r(t)$,对方程两端取拉氏变换,记

$$\mathscr{L}[y(t)]=Y(s),\quad \mathscr{L}[g(t)]=G(s),\quad \mathscr{L}[r(t)]=R(s)$$

由卷积定理,可得

$$Y(s)=G(s)+Y(s)R(s)$$

解得 $Y(s)=\dfrac{G(s)}{1-R(s)}$. 所以

$$y(t)=\mathscr{L}^{-1}[Y(s)]=\mathscr{L}^{-1}\left[\frac{G(s)}{1-R(s)}\right]$$

特别地,对 $y(t)=t+\int_0^t y(\tau)\sin(t-\tau)\mathrm{d}\tau$, 可得

$$Y(s)=\frac{G(s)}{1-R(s)}=\frac{1}{s^2}+\frac{1}{s^4}$$

所以

$$y(t)=\mathscr{L}^{-1}[Y(s)]=t+\frac{t^3}{6}.$$

可以看出这一积分方程实际上是一个卷积型的积分方程,它有着许多实际应用. 例如在更新过程中有许多重要的量(如更新函数、更新密度等)均满足这一方程. 因此在更新过程中特别称此积分方程为更新方程.

下面我们再给出一些用拉普拉斯变换的方法求解实际问题的例子.

例 23.32 在铅直放置的弹簧下端挂着质量为 m 的物体,作用在物体上的只有外力 $f(t)$及与瞬时速度成正比的阻力. 设物体自静止平衡位置 $x=0$ 开始运动,求该物体的运动规律 $x=x(t)$,其中 t 表示时间.(设弹簧的弹性系数为 k)

解 设阻力为 $\beta x'$,恢复力是 $-kx$,则由牛顿定律,得

$$mx''=-\beta x'-kx+f(t)\quad 或\quad mx''+\beta x'+kx=f(t)$$

初始条件为 $x(0)=x'(0)=0$.

对微分方程两边取拉氏变换,并考虑到初始条件,得到

$$(ms^2+\beta s+k)X(s)=F(s)$$

其中 $X(s)=\mathscr{L}[x(t)]$,$F(s)=\mathscr{L}[f(t)]$. 解得

$$X(s)=\frac{F(s)}{ms^2+\beta s+k}=\frac{F(s)}{m\left[\left(s+\frac{\beta}{2m}\right)^2+R\right]}\quad\left(R=\frac{k}{m}-\frac{\beta^2}{4m}\right)$$

情况 1 当 $R>0$ 时 (即小阻尼时),令 $R=\omega^2$,利用

$$\mathscr{L}^{-1}\left[\frac{1}{\left(s+\frac{\beta}{2m}\right)^2+\omega^2}\right]=\mathrm{e}^{-\frac{\beta}{2m}t}\cdot\frac{\sin\omega t}{\omega}$$

及卷积定理,可得

$$\begin{aligned}x(t)&=\mathscr{L}^{-1}[X(s)]=\frac{1}{m}\left(\mathrm{e}^{-\frac{\beta}{2m}t}\cdot\frac{\sin\omega t}{\omega}\right)*f(t)\\&=\frac{1}{\omega m}\int_0^t f(\tau)\mathrm{e}^{-\frac{\beta}{2m}(t-\tau)}\sin\omega(t-\tau)\mathrm{d}\tau\end{aligned}$$

情况 2 当 $R=0$ 时(即临界阻尼时),利用

$$\mathscr{L}^{-1}\left[\frac{1}{\left(s+\frac{\beta}{2m}\right)^2}\right]=t\mathrm{e}^{-\frac{\beta}{2m}t}$$

及卷积定理,可得

$$\begin{aligned}x(t) &= \mathscr{L}^{-1}[X(s)] = \frac{1}{m}(t\mathrm{e}^{-\frac{\beta}{2m}t}) * f(t)\\ &= \frac{1}{m}\int_0^t f(\tau)(t-\tau)\mathrm{e}^{-\frac{\beta}{2m}(t-\tau)}\mathrm{d}\tau\end{aligned}$$

情况 3 当 $R<0$ 时 (即大阻尼时),令 $R=-\alpha^2$,利用

$$\mathscr{L}^{-1}\left[\frac{1}{\left(s+\frac{\beta}{2m}\right)^2-\alpha^2}\right]=\mathrm{e}^{-\frac{\beta}{2m}t}\cdot\frac{\mathrm{sh}\alpha t}{\alpha}$$

及卷积定理,可得

$$\begin{aligned}x(t) &= \mathscr{L}^{-1}[X(s)] = \frac{1}{m}\left(\mathrm{e}^{-\frac{\beta}{2m}t}\cdot\frac{\mathrm{sh}\alpha t}{\alpha}\right) * f(t)\\ &= \frac{1}{\alpha m}\int_0^t f(\tau)\mathrm{e}^{-\frac{\beta}{2m}(t-\tau)}\mathrm{sh}\alpha(t-\tau)\mathrm{d}\tau\end{aligned}$$

由以上讨论可知,对任意外力 $f(t)$ 来说,求该物体的运动规律问题变成了计算定积分的问题.

例 23.33 *RLC* 电路是一种由电阻 R、电感 L、电容 C 组成的电路结构. 若在 *RLC* 电路中,串接直流电源 E(图 23.6),求回路中的电流强度 $i(t)$.

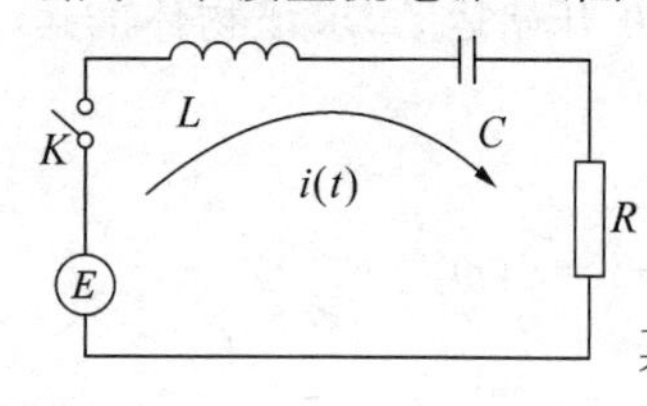

图 23.6 *RLC* 电路

解 根据基尔霍夫定律,有

$$E=U_C+U_L+U_R \tag{23.26}$$

其中,$U_R=R\cdot i(t)$, $U_L=L\cdot\frac{\mathrm{d}i(t)}{\mathrm{d}t}$, $i(t)=C\cdot\frac{\mathrm{d}U_C}{\mathrm{d}t}$,即

$$U_C=\frac{1}{C}\int_0^t i(t)\mathrm{d}t$$

将它们代入式(23.26),可得

$$\frac{1}{C}\int_0^t i(t)\mathrm{d}t+R\cdot i(t)+L\frac{\mathrm{d}i(t)}{\mathrm{d}t}=E$$

初值为 $i(0)=i'(0)=0$.

这是 *RLC* 串联电路中电流强度 $i(t)$ 所满足的关系式,对该方程两边取拉氏变换,设 $I(s)=\mathscr{L}[i(t)]$,则有

$$\frac{1}{Cs}I(s)+RI(s)+LsI(s)=\frac{E}{s}$$

解得

$$I(s)=\frac{E}{s\left(Ls+R+\frac{1}{Cs}\right)}=\frac{E}{Ls^2+Rs+\frac{1}{C}}$$

求 $I(s)$的拉氏逆变换,得

$$i(t)=L^{-1}[I(s)]$$

特别地,若取 $C=1,R=1,L=2,E=10$,则

$$I(s)=\frac{10}{s\left(2s+1+\frac{1}{s}\right)}=\frac{10}{2s^2+s+1}=\frac{10}{2\left(s+\frac{1}{4}\right)^2+\frac{7}{8}}=5\cdot\frac{4}{\sqrt{7}}\cdot\frac{\frac{\sqrt{7}}{4}}{\left(s+\frac{1}{4}\right)^2+\left(\frac{\sqrt{7}}{4}\right)^2}$$

求拉氏逆变换,得

$$i(t)=\frac{5\times 4}{\sqrt{7}}e^{-\frac{1}{4}t}\cdot\sin\frac{\sqrt{7}}{4}t=\frac{20}{\sqrt{7}}e^{-\frac{1}{4}t}\cdot\sin\frac{\sqrt{7}}{4}t.$$

 数学实验基础知识

基本命令	功　能
L=laplace(F)	返回默认自变量 t 的函数 F 的 Laplace 变换,返回 s 的函数;若 F=F(s),则返回 t 的函数
L=laplace(F, t)	以 t 代替 s 为变量的 Laplace 变换,即返回 t 的函数
L=laplace(F, w, z)	以 z 代替 s 的 Laplace 变换(F 为 w 的函数)
F=ilaplace(L)	返回默认独立变量 s 的函数 L 的 Laplace 逆变换,默认返回 t 的函数
F=ilaplace(L, y)	返回以 y 代替默认变量 t 的函数
F=ilaplace(L, y, x)	返回 F(x)=int(L(y) * exp(x * y), y, c-i * inf, c+i * inf)

例 1　求函数 $f_1(x)=x^5$, $f_2(s)=e^{as}$, $f_3(w)=\sin(xw)$ 的拉氏变换.

```
≫syms a s t w x
≫L1=laplace(x^5)
≫L2=laplace(exp(a * s))
≫L3=laplace(sin(x * w), w, t)
```

输出结果为:

```
L1=120/s^6
L2=1/(t-a)
L3=x/(t^2+x^2)
```

即

$$\mathscr{L}[x^5]=\frac{120}{s^6},\quad \mathscr{L}[e^{as}]=\frac{1}{t-a},\quad \mathscr{L}[\sin xw]=\frac{x}{t^2+x^2}$$

例 2　求函数 $F_1(s)=\frac{1}{s-1}$, $F_2(t)=\frac{1}{t^2+1}$, $F_3(t)=t^{-\frac{5}{2}}$, $F_4(y)=\frac{y}{y^2+w^2}$ 的拉氏逆变换.

```
≫syms s t w x y
≫f1=ilaplace(1/(s-1))
≫f2=ilaplace(1/(t^2+1))
≫f3=ilaplace(t^(sym(-5/2)), x)
```

```
≫f4=ilaplace(y/(y^2+w^2), y, x)
```

输出结果为：

```
f1=exp(t)
f2=sin(x)
f3=4/3*x^(3/2)/pi^(1/2)
f4=cos(x*w)
```

即

$$\mathscr{L}^{-1}\left[\frac{1}{s-1}\right]=\mathrm{e}^{t},\quad \mathscr{L}^{-1}\left[\frac{1}{t^2+1}\right]=\sin x,\quad \mathscr{L}^{-1}[t^{-\frac{5}{2}}]=\frac{4}{3\sqrt{\pi}}x^{\frac{3}{2}},\quad \mathscr{L}^{-1}\left[\frac{y}{y^2+\omega^2}\right]=\cos(\omega x)$$

*　*　*　*　*

本章从傅氏变换引出拉氏变换的概念，介绍了拉氏变换的一些基本性质及拉氏逆变换的求解方法，给出了拉氏变换在微分方程（或方程组）及积分方程求解中的应用.

函数 $f(t)$ $(t\geqslant 0)$ 的拉氏变换实质上就是 $f(t)u(t)\mathrm{e}^{-\beta t}(\beta>0)$ 的傅氏变换，即

$$\mathscr{L}[f(t)]=\int_0^{+\infty}f(t)\mathrm{e}^{-st}\,\mathrm{d}t=\int_{-\infty}^{+\infty}f(t)u(t)\mathrm{e}^{-\beta t}\cdot\mathrm{e}^{-\mathrm{j}\omega t}\,\mathrm{d}t=\mathscr{F}[f(t)u(t)\mathrm{e}^{-\beta t}]$$

因此拉氏变换保留了傅氏变换的许多性质，其中有些性质（如微分性质、卷积等）比傅氏变换更便于使用. 由于拉氏变换存在的条件比傅氏变换存在的条件要弱得多，所以拉氏变换有更加广泛的应用.

这里所介绍的拉氏变换应称为单边拉氏变换. 但拉氏变换式

$$\mathscr{L}[f(t)]=\int_0^{+\infty}f(t)\mathrm{e}^{-st}\,\mathrm{d}t$$

中，函数 $f(t)$ 在 $t=0$ 无界时，$f(t)$ 的拉氏变换应理解为

$$\mathscr{L}[f(t)]=\int_{0^-}^{+\infty}f(t)\mathrm{e}^{-st}\,\mathrm{d}t$$

与单边拉氏变换对应的还有双边拉氏变换. 对拉氏变换离散化还可以导出序列的 z 变换.

本章常用词汇中英文对照

拉氏逆变换	inverse Laplace transform	初值	initial value
分段连续	piecewise continuous	终值	terminal value
增长指数	exponent of growth	卷积	convolution
绝对收敛	absolutely convergent	赫维赛德展开式	Heaviside expansion
一致收敛	uniformly convergent	微分方程	differential equation
延迟性质	delay property	积分方程	integral equation

习　题　23

1. 求下列函数的拉氏变换，并查表验证结果（k 为实数）.

(1) $\sin\frac{t}{2}$　　(2) e^{-2t}　　(3) t^2　　(4) $\sin t\cos t$

(5) $\text{sh}\,kt$　　(6) $\text{ch}\,kt$　　(7) $\cos^2 t$　　(8) $\sin^2 t$

2. 求下列函数的拉氏变换.

(1) $f(t)=\begin{cases}3, & 0\leqslant t<2\\ -1, & 2\leqslant t<4\\ 0, & t\geqslant 4\end{cases}$　　(2) $f(t)=\begin{cases}3, & t<\dfrac{\pi}{2}\\ \cos t, & t\geqslant\dfrac{\pi}{2}\end{cases}$

(3) $f(t)=e^{3t}+2\delta(t)$　　(4) $f(t)=\cos t\delta(t)-\sin tu(t)$

3. 设 $f(t)$ 是以 2π 为周期的函数,且在一个周期内的表达式为 $f(t)=\begin{cases}\sin t, & 0<t\leqslant\pi,\\ 0, & \pi<t<2\pi,\end{cases}$ 求 $\mathscr{L}[f(t)]$.

4. 利用拉氏变换的性质求下列函数的拉氏变换.

(1) $f(t)=t^2+3t+2$　　(2) $f(t)=1-te^t$

(3) $f(t)=(t-1)^2e^t$　　(4) $f(t)=t\cos at$

(5) $f(t)=5\sin 2t-3\cos 2t$　　(6) $f(t)=e^{-4t}\cos 4t$

5. 利用 $\mathscr{L}[tf(t)]=-F'(s)$ 或 $f(t)=-\dfrac{1}{t}\mathscr{L}^{-1}[F'(s)]$,计算下列各式.

(1) 设 $f(t)=te^{-3t}\sin 2t$,求 $F(s)$;　　(2) 设 $f(t)=t\int_0^t e^{-3t}\sin 2t\mathrm{d}t$,求 $F(s)$;

(3) 设 $f(t)=\int_0^t te^{-3t}\sin 2t\mathrm{d}t$,求 $F(s)$;　　(4) 设 $F(s)=\ln\dfrac{s+1}{s-1}$,求 $f(t)$.

6. 利用 $\mathscr{L}\left[\dfrac{f(t)}{t}\right]=\int_s^{\infty}F(s)\mathrm{d}s$ 或 $f(t)=t\mathscr{L}^{-1}\left[\int_s^{\infty}F(s)\mathrm{d}s\right]$,求解下列各题.

(1) 设 $f(t)=\dfrac{\sin kt}{t}$,求 $F(s)$;　　(2) 设 $f(t)=\dfrac{e^{-3t}\sin 2t}{t}$,求 $F(s)$;

(3) 设 $f(t)=\int_0^t\dfrac{e^{-3t}\sin 2t}{t}\mathrm{d}t$,求 $F(s)$;　　(4) 设 $F(s)=\dfrac{s}{(s^2-1)^2}$,求 $f(t)$.

7. 计算下列积分.

(1) $\int_0^{+\infty}\dfrac{e^{-t}-e^{-2t}}{t}\mathrm{d}t$　　(2) $\int_0^{+\infty}\dfrac{1-\cos t}{t}e^{-t}\mathrm{d}t$　　(3) $\int_0^{+\infty}te^{-2t}\mathrm{d}t$

(4) $\int_0^{+\infty}e^{-3t}\cos 2t\mathrm{d}t$　　(5) $\int_0^{+\infty}te^{-3t}\sin 2t\mathrm{d}t$　　(6) $\int_0^{+\infty}\dfrac{e^{-t}\sin^2 t}{t}\mathrm{d}t$

8. 利用拉氏变换的性质求下列函数的拉氏逆变换.

(1) $F(s)=\dfrac{1}{s+3}$　　(2) $F(s)=\dfrac{1}{(s+1)^4}$

(3) $F(s)=\dfrac{2s+3}{s^2+9}$　　(4) $F(s)=\dfrac{s+3}{(s+1)(s-3)}$

(5) $F(s)=\dfrac{s+1}{s^2+s-6}$　　(6) $F(s)=\dfrac{2s+5}{s^2+4s+13}$

9. 求下列函数的拉氏逆变换.

(1) $F(s)=\dfrac{1}{(s^2+4)^2}$　　(2) $F(s)=\dfrac{s}{s+2}$

(3) $F(s)=\dfrac{2s+1}{s(s+1)(s+2)}$　　(4) $F(s)=\dfrac{1}{s^4+5s^2+4}$

(5) $F(s)=\dfrac{s+1}{9s^2+6s+5}$　　(6) $F(s)=\ln\dfrac{s^2-1}{s^2}$

(7) $F(s)=\dfrac{s+2}{(s^2+4s+5)^2}$

(8) $F(s)=\dfrac{1}{(s^2+2s+2)^2}$

(9) $F(s)=\dfrac{s^2+4s+4}{(s^2+4s+13)^2}$

(10) $F(s)=\dfrac{2s^2+s+5}{s^3+6s^2+11s+6}$

(11) $F(s)=\dfrac{s+3}{s^3+3s^2+6s+4}$

(12) $F(s)=\dfrac{2s^2+3s+3}{(s+1)(s+3)^3}$

10. 求下列函数在区间$[0,+\infty)$上的卷积.

(1) $1*1$

(2) $t*t$

(3) t^m*t^n(m, n 为正整数)

(4) $t*e^t$

(5) $\sin t*\cos t$

(6) $\sin kt*\sin kt$ ($k\neq 0$)

11. 利用卷积定理证明:$\mathscr{L}^{-1}\left[\dfrac{s}{(s^2+a^2)^2}\right]=\dfrac{t}{2a}\sin at$.

12. 解下列微分方程或方程组.

(1) $y''+4y'+3y=e^{-t}$, $y(0)=y'(0)=1$

(2) $y'''+3y''+3y'+y=1$, $y(0)=y'(0)=y''(0)=0$

(3) $y''-y=4\sin t+5\cos 2t$, $y(0)=-1$, $y'(0)=-2$

(4) $y''-2y'+2y=2e^t\cos t$, $y(0)=y'(0)=0$

(5) $y'''+y'=e^{2t}$, $y(0)=y'(0)=y''(0)=0$

(6) $\begin{cases}x'+x-y=e^t,\\ y'+3x-2y=2e^t,\end{cases}$ $x(0)=y(0)=1$

(7) $\begin{cases}(2x''-x'+9x)-(y''+y'+3y)=0, & x(0)=x'(0)=1\\ (2x''+x'+7x)-(y''-y'+5y)=0, & y(0)=y'(0)=0\end{cases}$

(8) $\begin{cases}x''+2x'+\displaystyle\int_0^t y(\tau)d\tau=0,\\ 4x''-x'+y=e^{-t},\end{cases}$ $x(0)=0$, $x'(0)=-1$

13. 求解积分方程 $f(t)=2t-3-\displaystyle\int_0^t f(t-\tau)e^{\tau}d\tau$.

第六篇 GONG CHENG SHU XUE

数理方程与特殊函数

数学物理方程是指自然科学与工程技术的各门分支中出现的一些偏微分方程(有时也包括积分方程、微分积分方程等),它们反映了物理量在空间与时间的变化规律.例如,静电场中电场强度或电动势在空间中的分布、电磁波的电场强度与磁感应强度在空间与时间中的变化情况、半导体扩散工程中杂质浓度等.反映这些变化规律的基本方程都属于数学物理方程的范围.

微积分产生后,人们开始把力学中的一些问题和规律,归结为微分方程进行研究.早在18世纪初,人们已经把弦振动问题归结为如下的偏微分方程

$$\frac{\partial^2 u}{\partial t^2} = a^2 \frac{\partial^2 u}{\partial x^2}$$

并探讨了它的解法. 随后，人们又陆续了解到液体的运动、弹性体的平衡和振动、热传导、电磁的相互作用、原子核与电子的相互作用等自然现象的基本规律，把它们写成偏微分方程的形式，并且求出了典型问题的解答，进一步通过实践，验证这些基本规律的正确性. 因此数学物理方程对于认识自然界基本规律是非常重要的.

在建立这些基本规律的同时，还要利用这些规律来研究复杂的工程技术问题，就需要求解大量的数学物理方程，但这些方程的求解往往是困难的. 自从计算机的出现以后，随着计算机技术的发展，即使相当复杂的问题，也有可能计算出方程的数值解. 这就使数学物理方程在实际问题的研究中发挥着重要的作用.

在研究数学物理方程的同时，人们对偏微分方程的性质也了解得越来越多，越来越深入，形成了数学中的一门重要分支——偏微分方程理论. 数学物理方程既有悠久的历史，又不断地充实发展与完善，同时也不断地提出新的问题和方法，有力地促进了许多相关学科的发展，并从中引进了许多解决问题的工具. 所以数学物理方程是纯粹数学的许多分支和自然科学各部门间的一个桥梁.

第 24 章　数学物理方程和定解条件的推导

质点力学研究质点的位移怎样随着时间而变化，电路问题研究电流或电压怎样随时间而变化. 这些问题都是研究某个物理量（位移、电流或电压等）怎样随时间而变化的规律. 这往往导出以时间为自变量的常微分方程.

但是，在科学技术和生产实际中还常常要求研究某个物理量在空间某个区域中分布情况以及它怎样随时间而变化，这些问题中的自变量不仅仅有时间，而且还有空间坐标，这些物理规律用偏微分方程表达出来，称为**数学物理方程**.

数学物理方程按照所代表的物理过程（或状态）可分为三类：

(1) 描述振动和波动特征的波动方程

$$u_{tt} = a^2 \Delta u + f$$

其中，$u = u(x, y, z; t)$ 代表平衡时坐标为 (x, y, z) 的点在 t 时刻的位移（未知函数），a 是波的传播速度，$f = f(x, y, z; t)$ 是与源有关的已知函数，Δ（或记为 ∇^2）是拉普拉斯算子

$$\Delta \equiv \frac{\partial^2}{\partial x^2} + \frac{\partial^2}{\partial y^2} + \frac{\partial^2}{\partial z^2}$$

而 $u_{tt} = \dfrac{\partial^2 u}{\partial t^2}$.

(2) 反映输运过程的扩散（或热传导）方程

$$u_t = D \Delta u + f$$

其中，$u = u(x, y, z; t)$ 表示物质的浓度（或物体的温度），D 是扩散（或热传导）系数，$f = f(x, y, z; t)$ 是与源有关的已知量，$u_t = \dfrac{\partial u}{\partial t}$.

(3) 描绘稳定过程（或状态）的泊松（Poisson）方程

$$\Delta u = -f$$

其中，$u = u(x, y, z)$ 是表示稳定现象特征的物理量，$f = f(x, y, z)$ 是与源有关的已知量，如静电场中的电势等.

数学物理方程是反映物理过程或状态的一般规律，跟具体条件无关，具体问题则由定解条件反映.

本章重点讨论怎样把物理规律表达成数学物理方程以及具体的物理问题怎样建立定解条件，数学物理方程如何进行分类.

24.1 数学物理方程的导出

本节讨论怎样将物理问题表达成数学物理方程，希望读者不要只看到下面所导出的数学物理方程，而是要掌握这种“翻译”方法.

既然物理规律描述的是邻近地点和邻近时刻之间的联系，它不牵涉边界条件，推导数学物理方程也用不着考虑边界上的物理条件和系统的初始状态.

数学物理方程导出步骤如下：首先，确定所要研究的物理量 u，从研究的系统中划出一小部分，根据物理规律分析邻近部分和这个小部分的相互作用，这种相互作用在一个短时间里怎样影响物理量 u；其次，把这种影响用算式表达出来，经分析简化整理就是数学物理方程.

下面就以几个具体的物理模型为例，导出代表物理过程（或状态）的三类数学物理方程，借此给出导出（或建立）数学物理方程的一般方法.

1. 弦的微小横振动方程

所谓“横振动”是指全部运动出现在一个平面上，而且弦上的点沿垂直于弦所在直线方向上运动. 长度为 l 的弦上任一点可用其坐标 x 的数值来表示，给定弦上各点在不同时刻的位置，便可描述弦的振动过程.

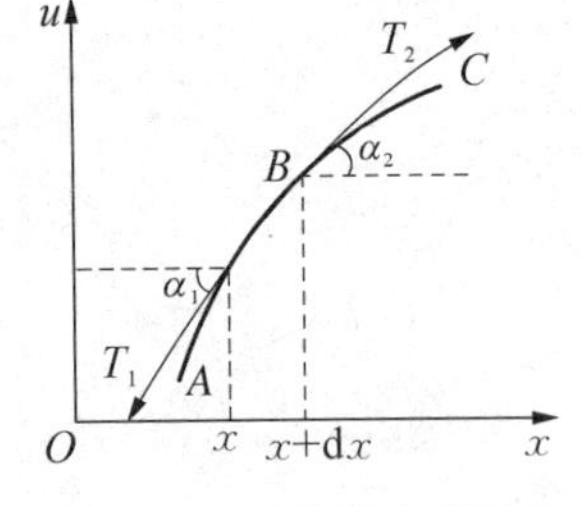

图 24.1 弦的微小横振动

把重量可以忽略不计的弦绷紧，它在不振动时是一条线段，取该线段所在直线为 x 轴，如图 24.1 所示.

弦上各点的横向位移 u 是位置 x 和时间 t 的函数，记为 $u(x, t)$.

把弦细分成许多极小的小段，拿区间 $(x, x+\mathrm{d}x)$ 上的小段 B 为代表加以研究，B 既然没有重量而且非常柔软，它就只受到邻段 A 和 C 的张力 T_1 和 T_2.

弦的每小段都没有纵向（即 x 方向）的运动，所以作用于 B 段的纵合力为 0.

$$T_2\cos\alpha_2 - T_1\cos\alpha_1 = 0 \tag{24.1}$$

B 的长度为

$$\mathrm{d}s = \sqrt{(\mathrm{d}x)^2 + (\mathrm{d}u)^2}$$

在微小振动条件下 $\mathrm{d}s \approx \sqrt{(\mathrm{d}x)^2} = \mathrm{d}x$，用 ρ 表示单位长度的弦的质量，则 B 的质量是 $\rho\mathrm{d}x$. 于是根据牛顿第二定律：$F = ma$，写出 B 段的横向运动方程

$$T_2\sin\alpha_2 - T_1\sin\alpha_1 = (\rho\mathrm{d}x)u_{tt} \tag{24.2}$$

其中，$u_{tt} = \dfrac{\partial^2 u}{\partial t^2}$.

对于微小振动，因为 $|\alpha_1| \ll 1$，所以有

$$\cos\alpha_1 = \frac{1}{\sqrt{1+u_x^2(x,t)}} \approx 1, \quad \cos\alpha_2 = \frac{1}{\sqrt{1+[u_x(x+\Delta x,t)]^2}} \approx 1$$

$$\sin\alpha_1 \approx \tan\alpha_1, \quad \sin\alpha_2 \approx \tan\alpha_2$$

而 $\tan\alpha$ 是切线的斜率，$\frac{\partial u}{\partial x} = u_x$，即有 $\sin\alpha_1 \approx u_x|_x$，$\sin\alpha_2 \approx u_x|_{x+dx}$. 在微小振动条件下，$B$ 段的纵向平衡方程和横向平衡方程简化成

$$\begin{cases} T_2 - T_1 = 0 & (24.3) \\ T_2 u_x|_{x+dx} - T_1 u_x|_x = u_{tt}\rho dx & (24.4) \end{cases}$$

式(24.3)指出 $T_1 = T_2$. 即张力不随位置 x 而异，它在整根弦中取同一值. 又由于 $ds \approx dx$，即长度 ds 在振动过程中不随时间 t 而变，故张力不随时间而变. 总之张力既跟 x 无关，也跟 t 无关. 它是常数，记为 T，这样式(24.4)可改写为

$$T \cdot \frac{u_x|_{x+dx} - u_x|_x}{dx} = \rho u_{tt}$$

在 $dx \to 0$ 时，可以得到

$$\rho u_{tt} - T u_{xx} = 0 \tag{24.5}$$

其实 B 是作为代表的一个小段，弦中各小段的运动方程都是如此. 因此式(24.5)是弦作微小横振动的运动方程. 通常简单地说成弦振动方程.

对均匀弦，各小段的密度 ρ 是相同的，即 ρ 为常数，引用 $a^2 = T/\rho$ 把弦振动方程改写成

$$u_{tt} - a^2 u_{xx} = 0 \tag{24.6}$$

若弦在振动过程中还受到外力的作用，设作用在单位长度上的横向力是 $F(x,t)$，则式(24.2)应修正为

$$T_2\sin\alpha_2 - T_1\sin\alpha_1 + F(x,t)dx = (\rho dx) \cdot u_{tt}$$

式(24.6)相应地修改为

$$u_{tt} - a^2 u_{xx} = f(x,t) \tag{24.7}$$

其中，$f(x,t) = F(x,t)/\rho$，表示单位质量上弦所受的横向力.

式(24.6)与式(24.7)的差别在于式(24.7)的右端多了一个与未知函数 u 无关的项 $f(x,t)$，这个项称为**自由项**. 我们把包括有非零自由项的方程称为**非齐次方程**，自由项等于0的方程称为**齐次方程**. 因此，式(24.6)为齐次方程，式(24.7)为非齐次方程.

2. 均匀杆的纵振动

一根杆，只要其中任一小段有纵向振动，必然使它的邻段压缩或伸长，这邻段的压缩或伸长又使它自己的邻段压缩或伸长，这样任一小段的纵振动必然传播到整根杆. 这种振动的传播就是波.

在杆的纵振动问题中，所研究的是杆上各点的纵向位移 $u(x, t)$.

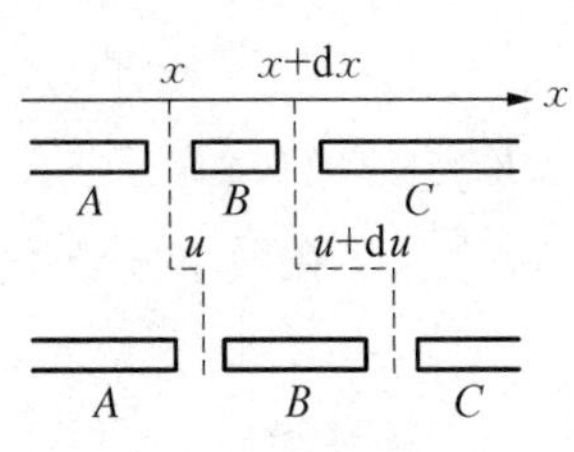

图 24.2 杆的纵振动

把杆细分成许多极小的小段. 拿区间 $(x, x+\mathrm{d}x)$ 上的小段 B(图 24.2)为代表加以研究. 在振动过程中，B 两端的位移分别记为 u 和 $u+\mathrm{d}u = u+\dfrac{\partial u}{\partial x}\mathrm{d}x$. 显然，$B$ 段的伸长是 $\mathrm{d}u = \dfrac{\partial u}{\partial x}\mathrm{d}x = u_x\mathrm{d}x$，而相对伸长则是 $\dfrac{\mathrm{d}u}{\mathrm{d}x} = \dfrac{u_x\mathrm{d}x}{\mathrm{d}x} = u_x$.

确切地说，在杆作纵振动时，相对伸长 u_x 还随地点而异. 在 B 的两端，相对伸长就不一样，分别是 $u_x\big|_x$ 和 $u_x\big|_{x+\mathrm{d}x}$. 如果杆的材料的杨氏模量是 Y，杆的横截面面积为 S，那么，B 两端的应力(即单位横截面两方面的相互作用力)分别是 $Yu_x\big|_x$ 和 $Yu_x\big|_{x+\mathrm{d}x}$. 这就是说，邻段 A 和 C 作用于 B 两端的力分别是 $-YSu_x$ 和 $YSu_x\big|_{x+\mathrm{d}x}$. 于是，写出 B 段的运动方程

$$\rho S\mathrm{d}xu_{tt} = YSu_x\big|_{x+\mathrm{d}x} - YSu_x\big|_x = YS\frac{\partial u_x}{\partial x}\mathrm{d}x$$

式中，ρ 为杆的线密度，用 $S\mathrm{d}x$ 除上式两边，得

$$\rho u_{tt} - Yu_{xx} = 0 \tag{24.8}$$

该方程称为杆的纵振动方程.

对于均匀杆，各小段的 Y 和 ρ 都是相同的，即 Y 和 ρ 是常数，通常引用记号 $a^2 = Y/\rho$ 把杆纵振动方程改写成

$$u_{tt} - a^2u_{xx} = 0 \tag{24.9}$$

这跟弦振动方程(24.6)形式上是完全一样的. a 也就是纵振动在杆中传播的速度.

杆的受迫纵振动方程也跟弦的受迫振动方程(24.7)完全一样，只是其中 $F(x, t)$ 应是纵向外力.

从弦的横振动和杆的纵振动的研究可以发现，不同的物理过程中的物理规律，都可用同一个数学物理方程来表示. 正因为这样，就有可能用一种物理现象去模拟另一种物理现象.

3. 传输线方程

对于直流电或低频的交流电，基尔霍夫(Kirchhoff)定律指出同一支路中电流相等. 但对较高频率的交流电，电路中导线的自感和电容的效应不能忽略，因而同一支路中的电流未必相等.

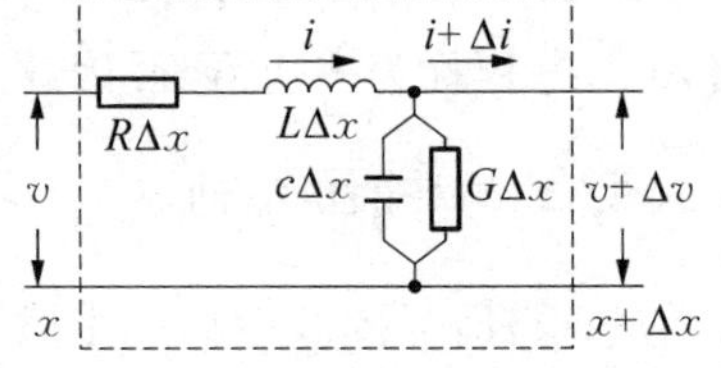

图 24.3 高频传输线电路图

现考虑一来一往的高频传输线，它被当作具有分布参数的导体(图 24.3). 研究这种导体内的电流流动规律. 在具有分布参数的导体中，电流通过的情况，可用电流强度 i 与电压 v 来描述，此外 i 与 v 都是 x，t 的函数，记为 $i(x, t)$ 与 $v(x, t)$，以 R，L，C，G 分别表示

下列参数：

R——每一回路单位长度的串联电阻；

L——每一回路单位长度的串联电感；

C——每单位长度的分路电容；

G——每单位长度的分路电导.

根据基尔霍夫第二定律，在长度为 $\mathrm{d}x$ 传输线中，电压降应等于电动势之和，即

$$v-(v+\mathrm{d}v)=R\mathrm{d}xi+L\mathrm{d}x\frac{\partial i}{\partial t}$$

由此

$$\frac{\partial v}{\partial x}=-Ri-L\frac{\partial i}{\partial t} \tag{24.10}$$

另外，由基尔霍夫第一定律，流入节点 x 的电流应等于流出该节点的电流，即

$$i=i+\mathrm{d}i+C\mathrm{d}x\frac{\partial v}{\partial t}+G\mathrm{d}xv$$

或

$$\frac{\partial i}{\partial x}=-C\frac{\partial v}{\partial t}-Gv \tag{24.11}$$

将式(24.10)与式(24.11)合并，即得 i，v 应满足如下方程组

$$\begin{cases}\dfrac{\partial i}{\partial x}+C\dfrac{\partial v}{\partial t}+Gv=0\\[2mm]\dfrac{\partial v}{\partial x}+L\dfrac{\partial i}{\partial t}+Ri=0\end{cases}$$

从这个方程组消去 v（或 i）即得 i（或 v）所满足的方程

$$\frac{\partial^2 i}{\partial x^2}=LC\frac{\partial^2 i}{\partial t^2}+(RC+GL)\frac{\partial i}{\partial t}+GRi \tag{24.12}$$

或

$$\frac{\partial^2 v}{\partial x^2}=LC\frac{\partial^2 v}{\partial t^2}+(RC+GL)\frac{\partial v}{\partial t}+GRv \tag{24.13}$$

式(24.12)或式(24.13)称为**传输线方程**.

根据不同的情况，对参数 R，L，C，G 作不同的规定，就可得到传输线方程的各种特殊形式. 例如，在高频传输的情况下，$G=R=0$，此时式(24.12)与式(24.13)可简化为

$$\begin{cases}\dfrac{\partial^2 i}{\partial t^2}=\dfrac{1}{LC}\dfrac{\partial^2 i}{\partial x^2}\\[2mm]\dfrac{\partial^2 v}{\partial t^2}=\dfrac{1}{LC}\dfrac{\partial^2 v}{\partial x^2}\end{cases}$$

这两个方程为**高频传输线方程**.

4. 热传导方程

设有一根横截面积为 A 的均匀细杆，沿杆长方向有温度差，其侧面绝热，考虑杆的热量传播的过程.

由于杆是均匀且细的，所以在任何时刻都可以把杆的横截面上的温度视为相同的；由于其侧面绝热，因此热量会沿杆长方向传导. 所以这是一个一维问题.

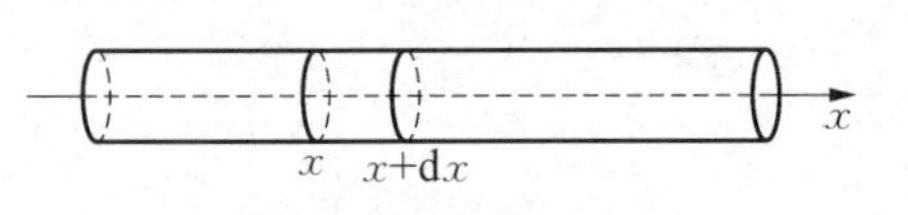

图 24.4　杆的热传导

为方便起见，如图 24.4 所示，取 x 轴与杆重合，以 $u(x, t)$ 表示杆在点 x 处时刻 t 的温度.

从杆的内部中划出一小段 $\mathrm{d}x$，考察这一小段在时间间隔 $\mathrm{d}t$ 内热量的流动情况.

设 c 为杆的比热容（单位物质升高单位温度所需热量），则该小段在时间间隔 $\mathrm{d}t$ 内流动的热量为

$$Q = c(\rho A\,\mathrm{d}x)[u(x, t+\mathrm{d}t) - u(x, t)]$$

当 $\mathrm{d}t$ 充分小时

$$Q \approx c\rho A u_t \,\mathrm{d}x\mathrm{d}t$$

由傅里叶传热定律知：当物体内存在温差时，热量由温度高处流向温度低处，单位时间内流过单位面积的热量 q（热流强度）与温度下降率成正比

$$q = -k\frac{\partial u}{\partial \boldsymbol{n}}$$

其中，k 为导热率；$\frac{\partial u}{\partial \boldsymbol{n}}$是方向为所通过曲面的外法线方向的方向导数；而负号表示由温度高的地方指向温度低的地方. 故在 $\mathrm{d}t$ 的时间内沿 Ox 轴正向流入 x 处截面的热量为

$$Q_1(x) = -ku_x(x, t)A\mathrm{d}t$$

在 Δt 时间内由 $x+\mathrm{d}x$ 处的截面流出的热量为

$$Q_2(x+\mathrm{d}x) = -ku_x(x+\mathrm{d}x, t)A\mathrm{d}t$$

又设杆内有热源，其热源密度为 $F(x, t)$（单位时间内单位体积所放出的热量），则在 $\mathrm{d}t$ 内，杆内热源在 $\mathrm{d}x$ 段产生的热量为

$$Q_3 = F(x, t)(A\mathrm{d}x)\mathrm{d}t$$

根据能量守恒定律，流入 $\mathrm{d}x$ 段的总热量与 $\mathrm{d}x$ 段中热源产生的热量，应正好是 $\mathrm{d}x$ 段温度升高所吸收的热量，即

$$Q = Q_1 - Q_2 + Q_3$$

故有

$$c\rho A u_t \mathrm{d}x\mathrm{d}t = -ku_x(x, t)A\mathrm{d}t + ku_x(x+\mathrm{d}x, t)A\mathrm{d}t + FA\mathrm{d}x\mathrm{d}t$$

$$c\rho u_t = \frac{k[u_x(x+\mathrm{d}x, t) - u_x(x, t)]}{\mathrm{d}x} + F$$

两边令 $dx\to 0$ 取极限 $u_t=\frac{k}{c\rho}u_{xx}+\frac{F}{c\rho}$. 即

$$u_t=Du_{xx}+f(x,t)$$

其中, $D=\frac{k}{c\rho}$, $f=\frac{F}{c\rho}$, f 表示按单位热容量、单位质量计算的热源密度. 该方程称为**一维的热传导方程**.

5. 扩散方程

由于浓度不均匀,物质从浓度高的地方向浓度低的地方转移,这种现象叫**扩散**.

在扩散问题中,主要是研究浓度 u 在空间中分布和时间中变化规律 $u(x,y,z,t)$.

扩散运动的强弱可用单位时间里通过单位横截面积的原子数或分子数表示,称为**扩散流强度**,记为 q. 扩散运动的起源是浓度的不均匀,浓度不均匀程度可用浓度梯度 ∇u 表示.

扩散流强度和浓度梯度的关系,用扩散定律表示为

$$q=-D\nabla u \tag{24.14}$$

这里,负号表示扩散转移方向(浓度减少的方向)与浓度梯度(浓度增大的方向)相反,比例系数 D 叫扩散系数.

对一维扩散,式(24.14)表示为

$$q=-D\frac{\partial u}{\partial x} \tag{24.15}$$

现利用扩散定律来研究一维扩散问题中的浓度在空间中的分布和在时间中变化的规律 $u(x,y,z,t)$.

如图 24.5 所示,考虑小平行六面体.

既然扩散只沿 x 方向进行,在左面,流量 $q|_x\mathrm{d}y\mathrm{d}z$ 是流入的,在右面,流量 $q|_{x+\mathrm{d}x}\mathrm{d}y\mathrm{d}z$ 则是流出的,

其净流入量 $=(q|_x-q|_{x+\mathrm{d}x})\mathrm{d}y\mathrm{d}z=-\frac{\partial q}{\partial x}\mathrm{d}x\mathrm{d}y\mathrm{d}z$

代入式(24.15),净流入量 $=\frac{\partial}{\partial x}(Du_x)\cdot\mathrm{d}x\mathrm{d}y\mathrm{d}z$.

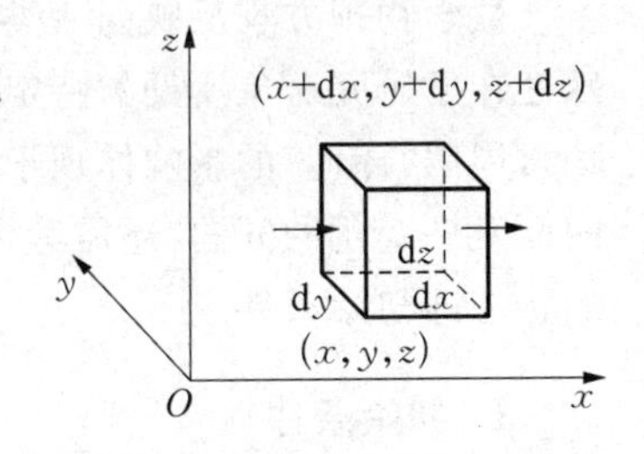

图 24.5 物质浓度的扩散

如果平行六面体里没有源或汇(即这物质的原子或分子既不从其他物质转化出来也不转化为其他物质),则浓度的时间变化率

$$\frac{\partial u}{\partial t}=\frac{\partial}{\partial x}(Du_x) \tag{24.16}$$

这称为**(一维)扩散方程**.

若扩散系数在空间中是常数,则扩散方程(24.16)简化成

$$u_t-Du_{xx}=0$$

引用记号 $a^2=D$，则扩散方程写成

$$u_t-a^2u_{xx}=0$$

对于三维问题，那就不仅需要计算穿过图 24.5 所示的小平行六面体的左右两面的流量，而且要计算穿过前后上下四个面的流量，其结果是**三维扩散方程**

$$u_t-\left[\frac{\partial}{\partial x}(Du_x)+\frac{\partial}{\partial y}(Du_y)+\frac{\partial}{\partial y}(Du_z)\right]=0 \tag{24.17}$$

当 D 为常数时，则式(24.17)可化为

$$u_t-a^2(u_{xx}+u_{yy}+u_{zz})=0$$

即

$$u_t-a^2\Delta u=0 \tag{24.18}$$

6. 稳定浓度分布

如果扩散运动持续进行，最终达到稳定状态，空间中各点的浓度不再随时间变化，即 $u_t=0$，于是三维扩散方程(24.17)成为浓度的稳定分布方程

$$\frac{\partial}{\partial x}(Du_x)+\frac{\partial}{\partial x}(Du_y)+\frac{\partial}{\partial x}(Du_z)=0 \tag{24.19}$$

如果扩散系数在空间中是均匀的，则(24.19)可化为拉普拉斯方程

$$\Delta u=0 \tag{24.20}$$

24.2 定解条件

数学物理方程反映同一类物理现象的共同规律，就物理现象来说，各个具体问题的特殊性在于研究对象所处的特定“环境”和“历史”. 因为物理的联系总是要通过中介的(各种场)，周围“环境”的影响体现于边界所表现的物理状况，即边界条件. 同时，为了求解随时间而发展变化的问题，还需考虑研究对象的特定“历史”，即它在早先某个所谓“初始”时刻的状态即**初始条件**.

1. 初始条件

对于输运过程(扩散、热传导)，初始状态指的是所研究的物理量 u 的初始分布(初始浓度分布，初始温度分布)，因此初始条件是

$$u(x,y,z,t)\big|_{t=0}=\varphi(x,y,z) \tag{24.21}$$

其中，$\varphi(x,y,z)$为已知函数.

对于振动过程(如弦、杆等振动)，只给初始“位移”

$$u(x,y,z,t)\big|_{t=0}=\varphi(x,y,z) \tag{24.22}$$

是不够的，还要给出初始速度

$$u_t(x,\ y,\ z,\ t)\big|_{t=0}=\psi(x,\ y,\ z) \tag{24.23}$$

注意,初始条件应当给出整个系统的初始状态,而不仅仅是系统中个别地点的初始状态,如一根长为l两端固定的弦用手把它的中点朝横向拨开距离h(图24.6),然后放手任其振动,所谓初始时刻就是放手的那个瞬间,初始条件就是放手那个瞬间的弦的位移和速度.初始速度显然为0,即

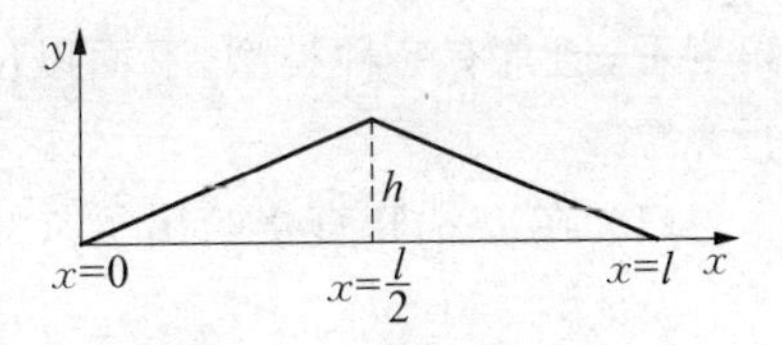

图 24.6 弦的初始状态形状

$$u_t(x,\ t)\big|_{t=0}=0$$

至于初始位移如写成

$$u(x,\ t)\big|_{t=0}=h$$

那就错了,因为h只是弦的中点处位移,其他各点的位移并不是h.考虑到弦的初始形状是由两条线段衔接而成,初始位移应是

$$u(x,\ t)\big|_{t=0}=\begin{cases}(2h/l)x, & x\in\left[0,\ \dfrac{l}{2}\right)\\ (2h/l)(l-x), & x\in\left[\dfrac{l}{2},\ l\right]\end{cases} \tag{24.24}$$

还有一类"没有初始条件的问题",如拉普拉斯方程等是描述稳恒状态的,与初始状态无关,所以不提初始条件.

2. 边界条件

所谓**边界条件**是指所研究的物理量在空间位置变量变化的边界上所满足的约束条件.我们先从弦振动问题出发,研究弦在振动时,其端点(以$x=a$表示这个端点)所受的约束情况,通常有三种类型:

(1) 固定端,此时对应于这种状态的边界条件为

$$u(x,\ t)\big|_{x=a}=0 \quad 或 \quad u(a,\ t)=0$$

(2) 自由端,即弦在这个端点不受位移方向的外力,从而在这个端点弦在位移方向张力为零,即

$$T\frac{\partial u}{\partial x}\bigg|_{x=a}=0 \quad 或 \quad u_x(a,\ t)=0 \tag{24.25}$$

(3) 弹性支承端,即弦在这个端点被某个弹性体所支承,设弹性支承原来的位置为$u=0$,则$u\big|_{x=a}$就表示弹性支承的应变.由胡克(Hooke)定律知,弦在$x=a$处沿位移方向张力$T\dfrac{\partial u}{\partial x}\bigg|_{x=a}$应等于弹力$-ku\big|_{x=a}$,即$T\dfrac{\partial u}{\partial x}\bigg|_{x=a}=-ku\big|_{x=a}$,从而

$$\left(\frac{\partial u}{\partial x}+\sigma u\right)\bigg|_{x=a}=0 \tag{24.26}$$

这里$\sigma=\dfrac{k}{T}$.

对其他的物理现象如热传导问题也有类似的边界条件.

总之,不论对弦振动问题、热传导还是稳恒状态问题,它们所对应的边界条件,从数学角度看,通常有三种类型,下面以位置变量是三维变量为例对这三种类型边界条件分别进行介绍.

(1) 在边界 Γ 直接给出了未知函数 u 的数值,即

$$u|_{\Gamma}=f_1(x, y, z; t) \quad (x, y, z)\in\Gamma \tag{24.27}$$

这种形式的边界条件称为**第一类边界条件**,又称为**狄利克雷边界条件**.

(2) 在边界 Γ 上给出了未知函数 u 沿曲面 S 的外法线方向的方向导数,即

$$\left.\frac{\partial u}{\partial \boldsymbol{n}}\right|_{\Gamma}=f_2(x, y, z; t) \quad (x, y, z)\in\Gamma \tag{24.28}$$

这种形式的边界条件称为**第二类边界条件**,又称为**诺伊曼**(Neumann)**边界条件**.

(3) 在边界 Γ 上给出了未知函数 u 和函数沿曲面 S 的外法线方向的方向导数的某种线性组合,即

$$\left.\left(\frac{\partial u}{\partial \boldsymbol{n}}+\sigma u\right)\right|_{\Gamma}=f_3(x, y, z; t) \quad (x, y, z)\in\Gamma \tag{24.29}$$

这种形式的边界条件称为**第三类边界条件**,又称为**洛平**(Robin)**边界条件**.

不论哪一类边界条件,当它的数学表达式的自由项(即不依赖于 u 的项)恒为0时,则这种边界条件称为齐次的,否则称为非齐次的.

24.3 定解问题的提法

前面推导了三种不同类型的数学物理方程,这些方程中出现的未知函数的偏导数的最高阶都是二阶,且它们对未知函数及其各阶偏导数来说都是线性的,所以这类方程在数学上称为二阶线性偏微分方程,本篇主要讨论这种形式的方程.

若一个函数具有某偏微分方程中所需要的各阶连续偏导数,并且代入该方程中能使它变成恒等式,则此函数称为该方程的解(古典解).把初始条件和边界条件统称为定解条件.把某个偏微分方程和相应的定解条件结合在一起,就构成了一个**定解问题**.

只有初始条件,没有边界条件的定解问题称为**初值问题**(或柯西问题);只有边界条件,没有初始条件的定解问题称为**边值问题**;既有初始条件也有边界条件的定解问题称为**混合问题**.

从数学角度讲,一个定解问题提得是否符合实际情况,可从三方面检验:

(1) 解的存在性,即定解问题是否有解.

(2) 解的唯一性,即定解问题是否只有一个解.

(3) 解的稳定性.

所谓解的**稳定性**就是当定解条件有微小变动时,解是否相应的只有微小的变动,如果确定如此,此解便称为稳定的,否则所得的解就无实用价值.因为定解条件通常是利用实验方法获得的,因而所得到的结果,总有一定的误差,如果因此造成解的变动很大,那么这

种解显然与客观实际不相符.

如果一个定解问题存在唯一且稳定的解,则此定解问题称为**适定的**.以后,我们讨论的重点将放在定解问题的解法上,而很少讨论它的适定性,这是因为讨论定解问题的适定性往往十分困难,而本篇所讨论的定解问题都是古典的,它们的适定性都是经过证明了的.

最后,介绍二阶线性偏微分方程的一个重要特性:**叠加原理**.

考虑一个含 n 个自变量的二阶线性偏微分方程的最一般形式

$$Lu \equiv \sum_{i,\,k=1}^{n} A_{ik} \frac{\partial^2 u}{\partial x_i \partial x_k} + \sum_{i=1}^{n} B_i \frac{\partial u}{\partial x_i} + Cu = f \tag{24.30}$$

其中,A_{ik}, B_i, C, f 都只是 x_1, x_2, $\cdots$, x_n 的已知函数,与未知函数 u 无关.在两个自变量的情形,式(24.30)可写为

$$\begin{aligned} &A(x,\,y)\frac{\partial^2 u}{\partial x^2} + 2B(x,\,y)\frac{\partial^2 u}{\partial x \partial y} + C(x,\,y)\frac{\partial^2 u}{\partial y^2} \\ &+ D(x,\,y)\frac{\partial u}{\partial x} + E(x,\,y)\frac{\partial u}{\partial y} + F(x,\,y)u = f(x,\,y) \end{aligned} \tag{24.31}$$

线性偏微分方程式(24.30)的叠加原理是指:若 u_i 为方程 $Lu_i = f_i$ $(i = 1,\,2,\,\cdots)$ 的解,而且级数 $u = \sum_{i=1}^{\infty} C_i u_i$ 收敛,并且能够逐项微分两次,其中C_i $(i = 1,\,2,\,\cdots)$为任意常数,则 u 一定是方程

$$Lu = \sum_{i=1}^{\infty} C_i f_i$$

的解(当然要假定这个方程右端的级数是收敛的).特别地,如果 $u_i (i = 1,\,2,\,\cdots)$是二阶线性齐次方程 $Lu = 0$ 的解,则只要 $u = \sum_{i=1}^{\infty} C_i u_i$ 收敛,并且可以逐项微分两次,则 u 一定是此方程的解.该结论的证明非常简单,读者可自行完成.

24.4 数学物理方程的分类

研究两个自变量 x 和 y 的二阶线性偏微分方程

$$a_{11}u_{xx} + 2a_{12}u_{xy} + a_{22}u_{yy} + b_1 u_x + b_2 u_y + cu + f = 0 \tag{24.32}$$

其中,a_{11}, a_{12}, a_{22}, b_1, b_2, c, f 只是 x 和 y 的函数.以下假定 a_{11}, a_{12}, a_{22}, b_1, b_2, c, f 都是实函数.

作变量代换 $\begin{cases} x = x(\xi,\eta), \\ y = y(\xi,\eta), \end{cases}$ 即

$$\begin{cases} \xi = \xi(x,\,y) \\ \eta = \eta(x,\,y) \end{cases} \tag{24.33}$$

其雅可比(Jacobi)式：$\frac{\partial(\xi,\eta)}{\partial(x, y)} \neq 0$. 通过变换式(24.33)，$u(x, y)$成为$\xi$和$\eta$函数,采用新变量$\xi$和$\eta$后的方程为

$$A_{11}u_{\xi\xi}+2A_{12}u_{\xi\eta}+A_{22}u_{\eta\eta}+B_1u_\xi+B_2u_\eta+Cu+F=0 \tag{24.34}$$

其中,系数为

$$\begin{cases} A_{11}=a_{11}\xi_x^2+2a_{12}\xi_x\xi_y+a_{22}\xi_y^2 \\ A_{12}=a_{11}\xi_x\eta_x+a_{12}(\xi_x\eta_y+\xi_y\eta_x)+a_{22}\xi_y\eta_y \\ A_{22}=a_{11}\eta_x^2+2a_{12}\eta_x\eta_y+a_{22}\eta_y^2 \\ B_1=a_{11}\xi_{xx}+2a_{12}\xi_{xy}+a_{22}\xi_{yy}+b_1\xi_x+b_2\xi_y \\ B_2=a_{11}\eta_{xx}+2a_{12}\eta_{xy}+a_{22}\eta_{yy}+b_1\eta_x+b_2\eta_y \\ C=c \\ F=f \end{cases} \tag{24.35}$$

方程(24.34)仍是线性的.

从式(24.35)可以看出,如果取一阶偏微方程

$$a_{11}z_x^2+2a_{12}z_xz_y+a_{22}z_y^2=0 \tag{24.36}$$

一个特解作为新自变量ξ,则$a_{11}\xi_x^2+2a_{12}\xi_x\xi_y+a_{22}\xi_y^2=0$，从而$A_{11}=0$. 同理,如果取另一个特解作为新自变量$\eta$,则$A_{22}=0$. 这样,方程(24.36)就得以化简.

一阶偏微分方程(24.36)的求解可转化为常微分方程的求解.事实上，式(24.36)可以写成为

$$a_{11}\left(-\frac{z_x}{z_y}\right)^2-2a_{12}\left(-\frac{z_x}{z_y}\right)+a_{22}=0 \tag{24.37}$$

如果把$z(x, y)=$常数作为定义隐函数$y(x)$的方程,则$\frac{\mathrm{d}y}{\mathrm{d}x}=-\frac{z_x}{z_y}$，从而式(24.37)可以改写为

$$a_{11}\left(\frac{\mathrm{d}y}{\mathrm{d}x}\right)^2-2a_{12}\frac{\mathrm{d}y}{\mathrm{d}x}+a_{22}=0 \tag{24.38}$$

常微分方程(24.38)称为二阶线性偏微分方程(24.32)的**特征方程**,特征方程不定积分“$\xi(x, y)=$常数”和“$\eta(x, y)=$常数”称为**特征线**.

特征方程(24.38)可分为两个方程

$$\frac{\mathrm{d}y}{\mathrm{d}x}=\frac{a_{12}+\sqrt{a_{12}^2-a_{11}a_{22}}}{a_{11}} \tag{24.39}$$

$$\frac{\mathrm{d}y}{\mathrm{d}x}=\frac{a_{12}-\sqrt{a_{12}^2-a_{11}a_{12}}}{a_{11}} \tag{24.40}$$

根据式(24.39)和式(24.40),可利用根号下的符号划分偏微分方程(24.32)的类型：

(1) 当偏微分方程(24.32)系数满足 $a_{12}^2 - a_{11}a_{22} > 0$ 时,该方程称为双曲型方程;

(2) 当偏微分方程(24.32)系数满足 $a_{12}^2 - a_{11}a_{22} = 0$ 时,该方程称为抛物型方程;

(3) 当偏微分方程(24.32)系数满足 $a_{12}^2 - a_{11}a_{22} < 0$ 时,该方程称为椭圆型方程.

方程(24.32)的系数 a_{11}, a_{12} 和 a_{22} 可以是 x 和 y 的函数,所以,一个方程在自变量的某一区域属于某一类型,在另一个区域可能属于另一类型.容易验证

$$A_{12}^2 - A_{11}A_{22} = (a_{12}^2 - a_{11}a_{22})(\xi_x\eta_y - \xi_y\eta_x)^2$$

说明作变量代换时,方程的类型不变.

1. 双曲型方程

当 $a_{12}^2 - a_{11}a_{22} > 0$ 时,式(24.39)和式(24.40)各给出一族实的特征线

$$\xi(x,\ y) = \text{常数}, \quad \eta(x,\ y) = \text{常数}$$

取 $\xi = \xi(x,\ y)$, $\eta = \eta(x,\ y)$ 作为新变量,则式(24.32)经变换后成为

$$u_{\xi\eta} = -\frac{1}{2A_{12}}(B_1u_\xi + B_2u_\eta + Cu + F) \tag{24.41}$$

若再作变量代换 $\begin{cases}\xi = \alpha + \beta, \\ \eta = \alpha - \beta.\end{cases}$ 则式(24.41)可化为

$$u_{\alpha\alpha} - u_{\beta\beta} = -\frac{1}{A_{12}}[(B_1 + B_2)u_\alpha + (B_1 - B_2)u_\beta + 2Cu + 2F] \tag{24.42}$$

式(24.41)或式(24.42)是**双曲型方程的标准形式**.弦振方程(24.6)和传输线方程(24.12)等,都是标准的双曲型方程.

2. 抛物型方程

当 $a_{12}^2 - a_{11}a_{22} = 0$,两个特征方程(24.39)和(24.40)变为同一个方程

$$\frac{\mathrm{d}y}{\mathrm{d}x} = \frac{a_{11}}{a_{12}} \tag{24.43}$$

它们只能给出一族实特征线 $\xi(x,\ y) = $ 常数.取 $\xi = \xi(x,\ y)$ 作为新的自变量,取与$\xi(x,\ y)$无关的函数 $\eta = \eta(x,\ y)$ 作为另一新的自变量,即 $\eta(x,\ y)$不满足特征方程(24.43),则 $A_{22} \neq 0$,且可推出 $A_{12} = 0$,从而经变量代换后,方程(24.32)成为

$$u_{\eta\eta} = -\frac{1}{A_{22}}(B_1u_\xi + B_2u_\eta + Cu + F) \tag{24.44}$$

这是**抛物型方程的标准形式**.扩散方程(24.18)等都是标准形式的抛物型方程.

3. 椭圆型方程

当 $a_{12}^2 - a_{11}a_{22} < 0$ 时,式(24.39)与式(24.40)各给出一族复数的特征线

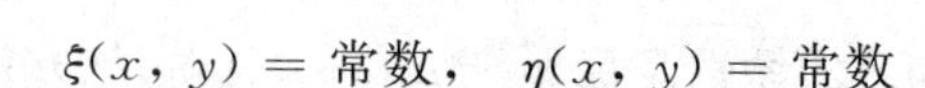

$$\xi(x,\ y)=\text{常数},\quad \eta(x,\ y)=\text{常数}$$

取 $\xi=\xi(x,\ y)$, $\eta=\eta(x,\ y)=\overline{\xi(x,\ y)}$,作变量代换后,方程(24.32)成为

$$u_{\xi\eta}=-\frac{1}{2A_{12}}(B_1u_\xi+B_2u_\eta+Cu+F) \tag{24.45}$$

注意这里 ξ 和 η 均为复数.再作变换 $\begin{cases}\xi=\alpha+\mathrm{i}\beta,\\ \eta=\alpha-\mathrm{i}\beta,\end{cases}$ 则方程(24.45)可化为

$$u_{\alpha\alpha}+u_{\beta\beta}=-\frac{1}{A_{12}}[(B_1+B_2)u_\alpha+\mathrm{i}(B_1-B_2)u_\beta+2Cu+F] \tag{24.46}$$

式(24.45)或式(24.46)是**椭圆型方程的标准形式**,拉普拉斯方程(24.20)在二维情况下是式(24.46)形式下的椭圆型方程.

例 24.1 求解方程 $u_{xx}+yu_{yy}=0$ 的双曲型区域、椭圆型区域及抛物型区域.

解 由方程可知 $a_{11}=1$, $a_{12}=0$, $a_{22}=y$.

$$a_{12}^2-a_{11}a_{22}=-y$$

当 $y<0$ 时,得 $a_{12}^2-a_{11}a_{22}>0$,方程是双曲型的;

当 $y=0$ 时,得 $a_{12}^2-a_{11}a_{22}=0$,方程是抛物型的;

当 $y>0$ 时,得 $a_{12}^2-a_{11}a_{22}<0$,方程是椭圆型的.

例 24.2 化方程 $\frac{\partial^2u}{\partial x^2}-4\frac{\partial^2u}{\partial x\partial y}+3\frac{\partial^2u}{\partial y^2}-2\frac{\partial u}{\partial x}+6\frac{\partial u}{\partial y}=0$ 为标准型.

解 这里 $a_{11}(x,\ y)=1$, $a_{12}(x,\ y)=-2$, $a_{22}(x,\ y)=3$.

$$a_{12}^2-a_{11}a_{22}=4-3=1>0\qquad \forall x,\ y\in\mathrm{R}$$

因而方程是双曲型方程,其特征方程为

$$(\mathrm{d}y)^2+4\mathrm{d}x\mathrm{d}y+3(\mathrm{d}x)^2=0$$

从而得两族特征线

$$\varphi(x,\ y)=y+x=c_1,\quad \psi(x,\ y)=y+3x=c_2$$

令 $\xi=y+x$, $\eta=y+3x$,并进行变换,得

$$\frac{\partial u}{\partial x}=\frac{\partial u}{\partial\xi}+3\frac{\partial u}{\partial\eta},\quad \frac{\partial u}{\partial y}=\frac{\partial u}{\partial\xi}+\frac{\partial u}{\partial\eta},\quad \frac{\partial^2u}{\partial x^2}=\frac{\partial^2u}{\partial\xi^2}+6\frac{\partial^2u}{\partial\xi\partial\eta}+9\frac{\partial^2u}{\partial\eta^2}$$

$$\frac{\partial^2u}{\partial x\partial y}=\frac{\partial^2u}{\partial\xi^2}+4\frac{\partial^2u}{\partial\xi\partial\eta}+3\frac{\partial^2u}{\partial\eta^2}$$

$$\frac{\partial^2u}{\partial y^2}=\frac{\partial^2u}{\partial\xi^2}+2\frac{\partial^2u}{\partial\xi\partial\eta}+\frac{\partial^2u}{\partial\eta^2}$$

代入原微分方程,化简得

$$\frac{\partial^2 u}{\partial\xi\partial\eta}-\frac{\partial u}{\partial\xi}=0$$

此方程为所给双曲型方程的标准型.

例 24.3 试将下述方程化为标准型.

$$\frac{1}{x^2}\frac{\partial^2 u}{\partial x^2}+\frac{1}{y^2}\frac{\partial^2 u}{\partial y^2}=0 \quad (x\neq 0,\ y\neq 0)$$

解 这里 $a_{11}=\frac{1}{x^2}$, $a_{12}(x,\ y)=0$, $a_{22}(x,\ y)=\frac{1}{y^2}$.

$$\frac{1}{x^2}\frac{\partial^2 u}{\partial x^2}+\frac{1}{y}\frac{\partial^2 u}{\partial y^2}=0 \quad (x\neq 0,\ y\neq 0)$$

$$a_{12}^2-a_{11}a_{22}=-\frac{1}{x^2y^2}<0$$

即当 $x\neq 0$, $y\neq 0$ 时,方程是椭圆型方程,其特征方程为

$$\frac{1}{x^2}(\mathrm{d}y)^2+\frac{1}{y^2}(\mathrm{d}x)^2=0$$

求得两族特征线为:$\begin{cases} y^2+\mathrm{i}x^2=c_1, \\ y^2-\mathrm{i}x^2=c_2. \end{cases}$

引入 $\xi=y^2$,$\eta=x^2$,

$$\frac{\partial u}{\partial x}=2x\frac{\partial u}{\partial\eta},\quad \frac{\partial u}{\partial y}=2y\frac{\partial u}{\partial\xi}$$

$$\frac{\partial^2 u}{\partial x^2}=2\frac{\partial u}{\partial\eta}+4x^2\frac{\partial^2 u}{\partial\eta^2}\quad \frac{\partial^2 u}{\partial y^2}=2\frac{\partial u}{\partial\xi}+4y^2\frac{\partial^2 u}{\partial\xi^2}$$

代入原方程后,得

$$\frac{1}{x^2}\left(2\frac{\partial u}{\partial\eta}+4x^2\frac{\partial^2 u}{\partial\eta^2}\right)+\frac{1}{y^2}\left(2\frac{\partial u}{\partial\xi}+4y^2\frac{\partial^2 u}{\partial\xi^2}\right)=0$$

即

$$\frac{\partial^2 u}{\partial\eta^2}+\frac{\partial^2 u}{\partial\xi^2}+\frac{1}{2}\left(\frac{1}{\eta}\frac{\partial u}{\partial\eta}+\frac{1}{\xi}\frac{\partial u}{\partial\xi}\right)=0$$

这即是标准化的椭圆型方程.

数学实验基础知识

利用 Matlab 的偏微分方程工具箱(PDE Toolbox),可以求解定解问题.其主要步骤为:

(1) 设置 PDE 的定解问题,即设置二维定解区域、边界条件以及方程的形式和系数.

(2) 用有限元法(FEM)求解 PDE,即利用网格剖分区域,将方程离散化以及求出数值解.

(3) 解的可视化.

基本命令	功　能
PDE ToolBox	偏微分方程工具箱，可以用来求解的基本方程有：椭圆型方程，抛物型方程，双曲型方程等
pdetool	启动求解偏微分方程的图形用户界面
mesh	生成网格，自动控制网格参数
solve	求解．设置初始条件及边界条件后，能给出定解问题的数值解

例　解热传导方程 $u_t - \Delta u = f$，边界条件是齐次的，定解区域自定．

解　具体求解可以按下面步骤进行：

（1）启动 Matlab，输入命令 Pdetool 并回车，就进入 GUI．在 Options 菜单下选择 Grid 命令，打开栅格．栅格使用户容易确定所绘图形的大小．

（2）选定定解区域．本题区域自定，具体可以用快捷工具画矩形等．

（3）选取边界．首先选择 Boundary 菜单中的 Boundary Mode 命令，进入边界模式；然后单击 Boundary 菜单中的 Specify Boundary Conditions 选项，打开 Boundary Conditions 对话框，输入边界条件．

（4）设置方程类型．选择 PDE 菜单中的 PDE Mode 命令，进入 PDE 模式．再单击 PDE 菜单中 PDE Specification 选项，打开 PDE Specification 对话框，设置方程类型．本例取抛物型方程

$$d\frac{\partial u}{\partial t} - \nabla(c\nabla u) + au = f$$

取参数 c，a，f，d 分别为 1，0，10，1．

（5）选择 Mesh 菜单中的 Initialize Mesh 命令，进行网格剖分．选择 Mesh 菜单中的 Refine Mesh 命令，使网格密集化．

（6）解偏微分方程并显示图形解．选择 Solve 菜单中的 Solve PDE 命令，解偏微分方程并显示图形解．

*　*　*　*　*

本章主要介绍了三类（双曲型、抛物型、椭圆型）数学物理方程的导出，同时由一些具体的物理现象导出了定解条件，包括初始条件与边界条件，而边界条件又介绍了三类边界条件．在本章的最后介绍了定解问题、适定性、稳定性等重要概念，同时介绍了二阶线性微分方程的叠加原理，两个变量的偏微分方程的分类，为以后各章的学习建立了理论基础．

本章常用词汇中英文对照

偏微分方程　partial differential equation(PDE)
数学物理方法　methods of mathematical physics
数学物理方程　equations of mathematical physics
初始条件　initial condition
初值问题　initial problem
边界条件　boundary condition
边值问题　boundary problem
椭圆型方程　elliptic equation
抛物型方程　parabolic equation

双曲型方程	hyperbolic equation
热传导方程	heat equation
扩散方程	diffusion equation
叠加原理	superposition principle

习　题　24

1. 按图 24.7 所示的 B 段弦作为代表，推导弦振动方程.

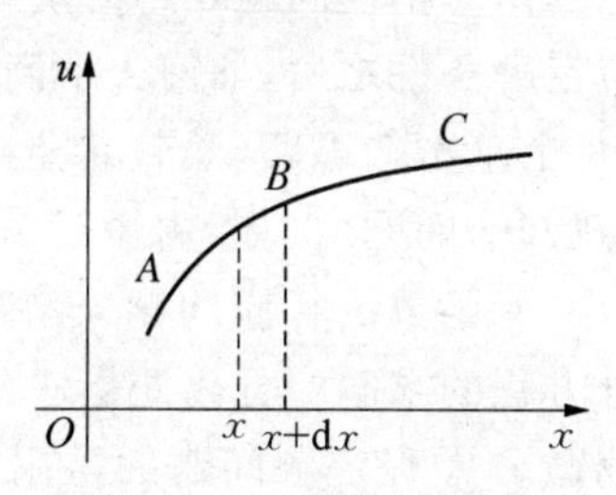

图 24.7　弦的横振动

2. 弦在阻尼介质中振动，单位长度的弦所受阻力 $F=-Ru_t$（比例常数 R 称为阻力系数），试推导弦在这阻尼介质中的振动方程.
3. 长为 l 的均匀杆，侧面绝缘，一端温度为 0，另一端有恒定热流 q（即单位时间内通过单位截面面积流入热量），杆的初始温度分布是 $\dfrac{x(l-x)}{2}$，试写出相应的定解问题.
4. 一均匀杆原长为 l，一端固定，另一端沿杆的轴线方向被拉长 e 而静止，突然放手任其振动，试建立振动方程与定解条件.
5. 若 $F(z)$，$G(z)$ 是任意两个二次连续可微函数，验证 $u=F(x+at)+G(x-at)$ 满足方程

$$\frac{\partial^2 u}{\partial t^2}=a^2\frac{\partial^2 u}{\partial x^2}$$

6. 化方程 $u_{xx}+2u_{xy}+u_{yy}+4u=0$ 为标准型.
7. 化方程 $u_{xx}+2u_{xy}+2u_{yy}=0$ 为标准型.

第 25 章　分离变量法

在第 24 章中介绍了物理学、力学和工程技术等方面的许多问题都归结为偏微分方程的定解问题，同时介绍了怎样把具体的物理问题表达为定解问题. 下面的任务是如何求解定解问题，即在已经列出方程与定解条件之后，如何去求满足方程和定解条件的解.

用数学的方法研究问题的一个基本的思路，总是希望把一个复杂的问题通过一定方式的处理化为简单的或者已经熟知的问题. 例如，由微积分学知，在计算多元函数的微分及重积分时，总是把它们转化为一元函数的相应问题来解决. 那么，是否能把求解偏微分方程的定解问题，转化为常微分方程的求解？分离变量法是常用的一种转化手法. 分离变量法又称傅里叶方法，它是解偏微分方程定解问题的常用方法之一，这个方法的特点在于，设法把偏微分方程化为常微分方程，从而使问题变得较易处理. 采用该方法能够求解相当多的定解问题，特别是一些常见区域(如矩形、长方体、圆、球、圆柱体等)上的混合问题和边值问题.

本章将从几类典型方程为齐次，边界条件也为齐次的定解问题出发，介绍分离变量法的实施步骤与方法. 同时也会介绍在极坐标系下如何使用分离变量法，当偏微分方程为非齐次方程时，如何求解定解问题的具体方法，最后还将介绍非齐次边界条件如何转化为齐次边界条件进行处理的方法.

25.1　有界弦的自由振动

根据第 24 章的结论，讨论两端固定弦的自由振动，可以归结为求解下列定解问题

$$\begin{cases} \dfrac{\partial^2 u}{\partial t^2} = a^2 \dfrac{\partial^2 u}{\partial x^2}, & 0 < x < l,\ t > 0 \quad (25.1) \\ u\Big|_{x=0} = 0,\ u\Big|_{x=l} = 0, & t > 0 \quad (25.2) \\ u\Big|_{t=0} = \varphi(x),\ u_t\Big|_{t=0} = \psi(x), & 0 < x < l \quad (25.3) \end{cases}$$

这个定解问题的特点是，偏微分方程是线性齐次的，边界条件也是齐次的. 现实世界中，有很多现象都具有这些特征，如乐器中弦的振动就是典型的两端固定的弦的自由振动，它所满足的定解问题就是上述定解问题.

从物理学知道，乐器发出的声音可分解成各种不同的频率的单音. 每种单音振动时的波形为正弦曲线，其振幅依赖时间 t，即每个单音可表示成

$$u(x,\ t) = A(t)\sin\omega x$$

的形式. 这种形式的特点是：$u(x,\ t)$中的变量 x 与 t 是分离开来的.

从这个物理模型上得到启发，要求解定解问题式(25.1)、式(25.2)、式(25.3)，先寻求

齐次方程式(25.1)及齐次方程边界条件式(25.2)的足够多个具有简单形式($u(x, t)$中的变量 x, t 被分离)的特解,再利用叠加原理,作这些特解的线性组合,使其满足初始条件式(25.3).

根据上面分析,解的一般形式可以表示为

$$u(x, t) = X(x)T(t) \tag{25.4}$$

把式(25.4)代入式(25.1)和边界条件(25.2),得

$$\begin{cases} XT'' - a^2 X'' T = 0 & (25.5) \\ X(0)T(t) = 0 & \\ X(l)T(t) = 0 & (25.6) \end{cases}$$

条件式(25.6)意义很清楚,即不论在什么时刻 t, $X(0)T(t)$和 $X(l)T(t)$总是0,这只能是

$$X(0) = X(l) = 0 \tag{25.7}$$

注意,如果边界条件不是齐次的,就不可能作出任何类似于式(25.7)的简单结论.方程式(25.5)变形,得

$$\frac{T''}{a^2 T} = \frac{X''}{X}$$

由于上式左边是时间 t 的函数,与 x 无关,而右边是 x 的函数,与时间 t 无关.要使等式成立,除非两边为同一常数,把这个常数记为$-\lambda$,代入上式中,可得到关于 T 与 X 的两个常微分方程,后者还带有条件式(25.7),即

$$T'' + \lambda a^2 T = 0 \tag{25.8}$$

$$\begin{cases} X''(x) + \lambda X(x) = 0 \\ X(0) = X(l) = 0 \end{cases} \tag{25.9}$$

先看关于 x 的方程和条件式(25.9),逐一考察 $\lambda < 0$, $\lambda = 0$ 和 $\lambda > 0$ 的三种可能性.

(1) 当 $\lambda < 0$ 时,方程式(25.9)的解为

$$X(x) = c_1 e^{\sqrt{-\lambda}x} + c_2 e^{-\sqrt{-\lambda}x}$$

积分常数 c_1 和 c_2 由条件式(25.7)确定,即

$$\begin{cases} c_1 + c_2 = 0 \\ c_1 e^{\sqrt{-\lambda}l} + c_2 e^{-\sqrt{-\lambda}l} = 0 \end{cases}$$

由此得 $c_1 = c_2 = 0$,从而 $X(x) = 0$,即 $u(x, t) \equiv 0$. 由于我们只求定解问题的非零解,于是 $\lambda < 0$ 的可能性排除.

(2) 当 $\lambda = 0$ 时,方程式(25.7)的通解为

$$X(x) = c_1 x + c_2$$

积分常数 c_1 和 c_2 由条件式(25.9)确定,即

$$\begin{cases} c_2 = 0 \\ c_1 l + c_2 = 0 \end{cases}$$

由此得 $c_1 = c_2 = 0$，同情况(1)，$\lambda = 0$ 的可能性也排除.

(3) 当 $\lambda > 0$ 时，方程式(25.9)的通解是

$$X(x) = c_1 \cos\sqrt{\lambda}x + c_2 \sin\sqrt{\lambda}x$$

任意常数 c_1 和 c_2 由式(25.7)确定. 即

$$c_1 = 0, \quad c_2 \sin\sqrt{\lambda}l = 0$$

由此仍然解出 $c_1 = c_2 = 0$，除非 $\sin\sqrt{\lambda}l = 0$. 在 $\sin\sqrt{\lambda}l = 0$ 的条件下，c_2 为任意常数. 而由 $\sin\sqrt{\lambda}l = 0$，可得 $\sqrt{\lambda}l = n\pi$ $(n = 0, \pm 1, \pm 2, \cdots)$，即

$$\lambda = \frac{n^2\pi^2}{l^2} \quad (n = 1, 2, \cdots) \tag{25.10}$$

这是因为 $n=0$ 时，$\lambda=0$ 排除，n 取负整数与正整数，λ 取值相同，故 λ 取值用(25.10)表示.

这样，分离变量过程中引入的常数 λ 不能为负数或 0，甚至也不能是任意正数，它必须取式(25.10)所给的特定值，才可能从方程和条件式(25.9)中得出非零解

$$X(x) = C_n \sin\frac{n\pi}{l}x \quad (n = 1, 2, 3, \cdots) \tag{25.11}$$

常数 λ 的特定数值式(25.10)称为式(25.9)的**固有值(特征值)**，相应的解式(25.11)称为式(25.9)的**固有函数(特征函数)**，求解式(25.9)的问题称为**固有值(特征值)问题**.

再看关于 T 的方程式(25.8). 根据式(25.10)，方程式(25.8)可写成

$$T'' + a^2\frac{n^2\pi^2}{l^2}T = 0$$

这个方程的解是

$$T(t) = A'_n \cos\frac{n\pi a}{l}t + B'_n \sin\frac{n\pi a}{l}t \tag{25.12}$$

其中，A'_n，B'_n 为任意常数.

把式(25.11)和式(25.12)代回式(25.4)，得

$$u_n(x, t) = \left(A_n \cos\frac{n\pi a}{l}t + B_n \sin\frac{n\pi a}{l}t\right)\sin\frac{n\pi}{l}x \quad (n = 1, 2, 3, \cdots) \tag{25.13}$$

这里，$A_n = A'_n C_n$，$B_n = B'_n C_n$.

式(25.13)为既满足方程式(25.1)又满足边界条件式(25.2)无穷多个特解.

为求定解问题的解，还必须满足条件式(25.3). 式(25.13)虽满足式(25.1)和式(25.2)，但不一定满足初始条件式(25.3)，为求出原问题的解，首先将式(25.13)中所有函数 $u_n(x, t)$ 叠加起来，得

$$u(x,\ t)=\sum_{n=1}^{\infty}u_n(x,\ t)=\sum_{n=1}^{\infty}\left(A_n\cos\frac{n\pi a}{l}t+B_n\sin\frac{n\pi a}{l}t\right)\sin\frac{n\pi}{l}x \tag{25.14}$$

由叠加原理知，$u_n(x,\ t)$显然满足方程式(25.1)及条件式(25.2)，现要选定各系数 A_n，B_n 使初始条件式(25.3)得以满足，为此将式(25.14)代入式(25.3)，可得

$$\begin{cases}\displaystyle\sum_{n=1}^{\infty}A_n\sin\frac{n\pi x}{l}=\varphi(x)\\ \displaystyle\sum_{n=1}^{\infty}B_n\frac{n\pi a}{l}\sin\frac{n\pi x}{l}=\psi(x)\end{cases}\quad(0<x<l) \tag{25.15}$$

式(25.15)的左边是傅里叶正弦级数，这就提示我们把右边的 $\varphi(x)$与 $\psi(x)$展开成傅里叶正弦级数，然后比较两边函数就可确定 A_n 和 B_n，得到

$$A_n=\frac{2}{l}\int_0^l\varphi(\xi)\sin\frac{n\pi\xi}{l}\mathrm{d}\xi,\quad B_n=\frac{2}{n\pi a}\int_0^l\psi(\xi)\sin\frac{n\pi\xi}{l}\mathrm{d}\xi \tag{25.16}$$

至此定解问题式(25.1)～式(25.3)已经解出，其解为式(25.14)，其中 A_n，B_n 由式(25.16)计算得出，我们把这样得到的形式解称为**傅里叶级数形式解**.

由傅里叶级数理论知，若在区间$[0,\ l]$中 $\varphi(x)$有直到二阶的连续导数，分段连续的三阶导数；$\psi(x)$有连续的一阶导数，分段连续的二阶导数，并且它还符合边界条件，则系数由式(25.16)给出的解式(25.14)存在.

从求解偏微分方程的方法来看，在大多数情况下，都是先求形式解，然后在一定条件下验证这个形式解就是古典解，在本书中不逐个去讨论求形式解就是古典解需加的条件，只要求得形式解，就认为定解问题得到解决.

回顾整个求解过程，可作图解，如图 25.1 所示.

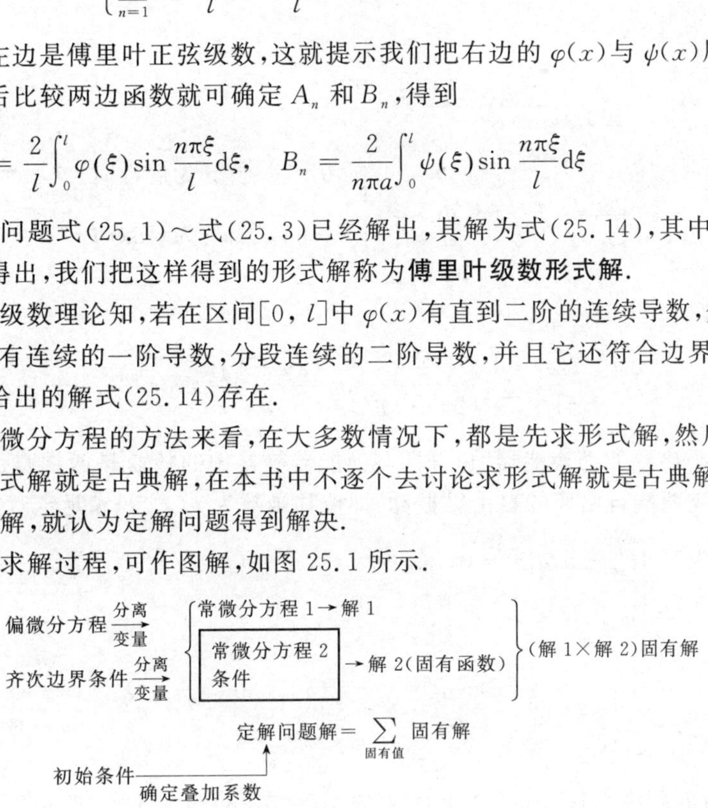

偏微分方程 —分离变量→ 常微分方程 1 → 解 1
齐次边界条件 —分离变量→ 常微分方程 2 条件 → 解 2(固有函数)
(解 1×解 2)固有解
定解问题解 = $\sum\limits_{固有值}$ 固有解
初始条件 —确定叠加系数→

图 25.1　分离变量法求解定解问题流程图

上述解法的关键在于把所要求的解写成分离变量形式，然后试探代入偏微分方程，从而把它分解为几个常微分方程，自变量各自分离开来，问题转化为求解常微分方程，从而可以将偏微分方程的问题的求解转化为常微分方程的求解，这种方法按其特点，称为**分离变量法**. 分离变量法可推广应用于其他各种定解问题.

例 25.1　设有一根长为 10 个单位的弦，两端固定，初速度为 0，位移为 $\varphi(x)=\dfrac{x(10-x)}{1000}$，求弦作横振动时的位移.

解　设位移函数为 $u(x,\ t)$，若给定 $a^2=10000$（此数与弦的材料、张力有关. 因材料为均匀杆，所以 $a^2=\dfrac{T}{\rho}$），函数 $u(x,\ t)$满足下列定解问题

$$\begin{cases} \dfrac{\partial^2 u}{\partial t^2} = 10000\dfrac{\partial^2 u}{\partial x^2}, & 0 < x < 10,\ t > 0 \\ u\big|_{x=0} = 0,\ u\big|_{x=10} = 0, & t > 0 \\ u\big|_{t=0} = \dfrac{x(10-x)}{1000},\ \dfrac{\partial u}{\partial t}\bigg|_{t=0} = 0, & 0 < x < 10 \end{cases}$$

该定解问题是定解问题式(25.1)、式(25.2)、式(25.3)在 $l = 10$ 下的情形.

显然这个问题的傅里叶级数形式解可由式(25.14)给出,按式(25.16),得

$$B_n = 0$$

$$A_n = \frac{1}{5000}\int_0^{10} x(10-x)\sin\frac{n\pi x}{10}\mathrm{d}x$$

$$= \frac{2}{5n^3\pi^3}(1-\cos n\pi) = \begin{cases} 0, & \text{当 } n \text{ 为偶数时} \\ \dfrac{4}{5n^3\pi^3}, & \text{当 } n \text{ 为奇数时} \end{cases}$$

故所求的解为

$$u(x,\ t) = \frac{4}{5\pi^3}\sum_{n=0}^{\infty}\frac{1}{(2n+1)^3}\sin\frac{(2n+1)\pi}{10}x\cos 10(2n+1)\pi t$$

例 25.2 磁致伸缩换能器、鱼群探测换能器等器件的核心是两端自由的均匀杆,它作纵振动.研究两端自由棒的自由纵振动,即位移函数为 $u(x,\ t)$满足定解问题

$$\begin{cases} u_{tt} - a^2 u_{xx} = 0, & 0 < x < l,\ t > 0 & (25.17) \\ u_x\bigg|_{x=0} = 0,\ u_x\bigg|_{x=l} = 0, & t > 0 & (25.18) \\ u\bigg|_{t=0} = \varphi(x),\ u_t\bigg|_{t=0} = \psi(x), & 0 < x < l & (25.19) \end{cases}$$

求 $u(x,\ t)$.

解 定解问题中方程(25.17)及边界条件式(25.18)均为齐次,把 $u(x,\ t)$写成分离变量形式

$$u(x,\ t) = X(x)T(t)$$

按分离变量法得关于 X 与 T 的常微分方程及后者满足的条件

$$T'' + \lambda a^2 T = 0 \tag{25.20}$$

$$\begin{cases} X'' + \lambda X = 0 \\ X'(0) = X'(l) = 0 \end{cases} \tag{25.21}$$

对问题式(25.21)同前面讨论 $\lambda < 0$ 排除

$\lambda = 0$ 时,方程式(25.21)的解是:$\begin{cases} X(x) = c_1 x + c_2, \\ X'(0) = 0,\ X'(l) = 0, \end{cases}$ 得 $c_1 = 0$,其解为 $X(x) =$

c_2 为任意值.

$\lambda > 0$ 时,方程式(25.21)的解为

$$X(x) = c_1 \cos\sqrt{\lambda}x + c_2 \sin\sqrt{\lambda}x$$

由条件 $X'(0) = X'(l) = 0$, 得 $c_2 = 0$, $c_1\sqrt{\lambda}\sin\sqrt{\lambda}l = 0$. 除非 $\sin\sqrt{\lambda}l = 0$ 才有非零解,即

$$\lambda = \frac{n^2\pi^2}{l^2} \quad (n = 1, 2, \cdots)$$

综上所述,得固有函数为

$$X(x) = c_1 \cos\sqrt{\lambda}x = c_1 \cos\frac{n\pi}{l}x \quad (n = 0, 1, 2, \cdots)$$

按上面的讨论可得

$$u(x, t) = A_0 + B_0 t + \sum_{n=1}^{\infty}\left(A_n \cos\frac{n\pi a}{l}t + B_n \sin\frac{n\pi a}{l}t\right)\cos\frac{n\pi}{l}x$$

至于 A_n, B_n 由初始条件式(25.19)来确定,即

$$\begin{cases} A_0 = \dfrac{1}{l}\displaystyle\int_0^l \varphi(\xi)\mathrm{d}\xi \\ B_0 = \dfrac{1}{l}\displaystyle\int_0^l \psi(\xi)\mathrm{d}\xi \end{cases}$$

$$A_n = \frac{2}{l}\int_0^l \varphi(\xi)\cos\frac{n\pi\xi}{l}\mathrm{d}\xi, \quad B_n = \frac{2}{n\pi a}\int_0^l \psi(\xi)\cos\frac{n\pi\xi}{l}\mathrm{d}\xi$$

数学实验基础知识

基本命令	功　能
hyperbolic(u0, ut0, tlist, b, p, e, t, c, a, f, d)	求解形如 $d\dfrac{\partial^2 u}{\partial t^2} - \nabla(c\nabla u) + au = f$ (双曲型偏微分方程),其中:参数 a, c, d, f 决定了方程的类型. b 代表求解域的边界条件,b 既可以是边界条件矩阵,也可以是相应的 PDE 边界条件 M 文件名;网格坐标描述矩阵 p, e, t 是由网格初始化命令得到的
[p, e, t]=initmesh(g)	网格初始化命令,其中,g 代表求解区域几何形状,是相应的 PDE 几何分类函数 M 文件名

例　用 Matlab 求解波动方程定解问题并动态显示解的分布

$$\begin{cases}\dfrac{\partial^2 u}{\partial t^2}-\left(\dfrac{\partial^2 u}{\partial x^2}+\dfrac{\partial^2 u}{\partial y^2}\right)=0\\ u\Big|_{x=1}=u\Big|_{x=-1}=0,\ \dfrac{\partial u}{\partial y}\Big|_{y=-1}=\dfrac{\partial u}{\partial y}\Big|_{y=1}=0\\ u(x,y,0)=a\tan\left[\sin\left(\dfrac{\pi}{2}x\right)\right],\ u_t(x,y,0)=2\cos(\pi x)\exp\left[\cos\left(\dfrac{\pi}{2}x\right)\right]\end{cases}$$

```
%(1) 题目定义
  g='squareg';          % 定义单位方形区域
  b='sguareb3';         % 左右零边界条件,顶底零导数边界条件
  c=1;a=0;f=0;d=1;
%(2) 初始的粗网格化
  [p,e, t]=initmesh('sguareg');
%(3) 初始条件
  x=p(1,:);
  y=p(2,:);
  u0=atan(sin(pi/2 * x));
  ut0=2 * cos(pi * x). * exp(cos(pi/2 * y));
%(4) 在时间段 0～5 内的 31 个点上求解
  n=31;
  tlist=linspace(0, 5, n)
%(5) 求解此双曲型问题可以取得结果
  u1=hyperbolic(u0, ut0, tlist, b, p, e, t, c, a, f, d)
```

25.2 有限杆上的热传导

考虑下列定解问题

$$\begin{cases}u_t=a^2u_{xx}, & 0<x<l,\ t>0 & (25.22)\\ u(0,t)=u(l,t)=0, & t>0 & (25.23)\\ u(x,0)=\varphi(x), & 0<x<l & (25.24)\end{cases}$$

为了求解此问题，仍采用分离变量法，首先求满足边界条件，且可表达成形式

$$u(x,t)=X(x)T(t) \tag{25.25}$$

的解，将式(25.25)代入方程式(25.22)中，有

$$\frac{1}{a^2}\frac{T'}{T}=\frac{X''}{X}=-\lambda$$

其中，λ 为常数.

由此可得到

$$T'+a^2\lambda T=0 \tag{25.26}$$

$$X''+\lambda X=0 \tag{25.27}$$

由边界条件式(25.23)，得 $X(0)=X(l)=0$.

为了决定函数 $X(x)$，我们得到一个固有值问题

$$\begin{cases} X''+\lambda X=0 \\ X(0)=X(l)=0 \end{cases} \tag{25.28}$$

此方程的求解在25.1节中已经讨论过，即证明了只有当

$$\lambda_n=\left(\frac{n\pi}{l}\right)^2 \quad (n=1,\ 2,\ \cdots)$$

时，方程式(25.27)才有非零解

$$X_n(x)=C'_n\sin\frac{n\pi}{l}x$$

方程式(25.26)对应于 λ_n 的解为

$$T_n=A'_n\mathrm{e}^{-a^2\lambda_n t}$$

式中，A'_n 是尚未确定的系数.

可以得到满足式(25.22)和边界条件式(25.23)的解

$$u_n(x,\ t)=X_n(x)T_n(t)=C_n\mathrm{e}^{-a^2\lambda_n t}\sin\frac{n\pi}{l}x$$

这里，$C_n=A'_nC'_n$.

现求定解问题的解，将定解问题的解形式上表成一个级数

$$u(x,\ t)=\sum_{n=1}^{\infty}C_n\mathrm{e}^{-\left(\frac{n\pi}{l}\right)^2a^2t}\sin\frac{n\pi}{l}x \tag{25.29}$$

显然 $u(x,\ t)$满足边界条件，要使它满足初始条件，必须满足

$$\varphi(x)=u(x,\ 0)=\sum_{n=1}^{\infty}C_n\sin\frac{n\pi}{l}x \tag{25.30}$$

要使式(25.30)成立，只要 $\varphi(x)$在$[0,\ l]$上满足狄利克雷收敛条件即可，此时 C_n 就是函数 $\varphi(x)$在区间$(0,\ l)$展开成正弦级数的傅里叶系数.

$$C_n=\frac{2}{l}\int_0^l\varphi(x)\sin\frac{n\pi}{l}x\,\mathrm{d}x \tag{25.31}$$

由此得到了定解问题的解为式(25.29)，其中 C_n 由式(25.31)决定.

通过上面两节的讨论，我们对分离变量法已经有了初步的了解，利用分离变量法求解定解问题主要步骤为：

(1) 首先将偏微分方程的定解问题通过分离变量转化为常微分方程的定解问题，这对线性齐次偏微分方程来说是可以做到的.

(2) 确定固有值与固有函数. 由于固有函数是要经过叠加的，所以用来确定固有函数的方程与条件，经过叠加后仍要满足. 当边界条件齐次时，求固有函数就是求一个常微分方程满足齐次边界条件的非零解.

(3) 定出固有函数与固有值之后，再解其他的常微分方程，把得到的解与固有函数乘起来成为 $u_n(x,\ t)$，这时 $u_n(x,\ t)$中包含任意常数.

(4) 最后将所有 $u_n(x, t)$ 叠加起来成为级数形式，利用其余的定解条件确定任意常数，这时需要把定解条件中的已知函数展开成固有函数项的级数形式.

 **数学实验基础知识**

基本命令	功　能
pararbolic(u0, tlist, b, p, e, t, c, a, f, d)	求解形如 $$d\frac{\partial u}{\partial t}-\nabla(c\nabla u)+au=f$$ (抛物型偏微分方程)，其中：参数 a, c, d, f 决定了方程的类型. b 代表求解域的边界条件，b 既可以是边界条件矩阵，也可以是相应的 PDE 边界条件 M 文件名；网格坐标描述矩阵 p, e, t 是由网格初始化命令得到的
[p, e, t]=initmesh(g)	网格初始化命令，其中，g 代表求解区域几何形状，是相应的 PDE 几何分类函数 M 文件名

例　求解下列热传导定解问题

$$\begin{cases}\dfrac{\partial u}{\partial t}-\left(\dfrac{\partial^2 u}{\partial x^2}+\dfrac{\partial^2 u}{\partial y^2}\right)=0\\ u(x, y, t)\big|_{x=y=-1}=u(x, y, t)\big|_{x=y=1}=0\\ u(x, y, 0)=\begin{cases}1 & (r\leqslant 0.4)\\ 0 & (r>0.4)\end{cases}\end{cases}$$

```
%(1) 定义题目
  g='squareg';                 % 定义单位方形区域
  b='squareb1';                % 定义零边界条件
  c=1; a=0; f=1; d=1;
%(2) 网格化
  [p, e, t]=initmesh(g);
%(3) 定义初始条件
  u0=zreos(size(p, 2), 1)                        % 产生零矩阵 u0，size(p, 2)返回 p 的列数
  ix=find(sqrt(p(1,:).^2+p(2,:).^2)<0.4)         % ix 是符合 √(x²+y²) < 0.4 的矩阵
  u0(ix)=ones(size(ix));                         %产生行数与 ix 的行数相同的全 1 方阵
%(4) 在时间段是 0～0.1 的 20 个点上求解
  nframes=20;
  tlist=linspace(0, 0.1, nframes);
%(5) 求解此抛物问题可以得到结果
  u1=pararbolic(u0, tlist, b, p, e, t, c, a, f, d);
```

25.3　稳恒状态下的定解问题

在第 24 章中研究过，当扩散或传热达到稳恒状态时，即浓度或温度不再随时间变化

时，浓度或温度应满足拉普拉斯方程

$$\Delta u = 0$$

下面分别就位置变量变化区域为矩形域或圆域时，讨论该类方程的求解问题.

1. 矩形域内二维拉普拉斯方程的定解问题

考察矩形薄板内稳定状态下的温度分布情况.

设该薄板的两对边绝热，而其余两边一边温度保持为0，另一边的温度为已知.

假设该矩形薄板的温度分布函数为 $u(x, y)$，则其满足下面的定解问题

$$\begin{cases} u_{xx} + u_{yy} = 0, \quad 0 < x < a, 0 < y < b \\ u_x\big|_{x=0} = u_x\big|_{x=a} = 0 \\ u\big|_{y=0} = f(x),\ u\big|_{y=b} = 0 \end{cases}$$

令 $u(x, y) = X(x)Y(y)$，分别代入方程与定解条件中，并分离变量，得

$$X'' - \mu x = 0, \qquad Y'' + \mu y = 0$$
$$X'(0) = X'(a) = 0, \quad Y(b) = 0$$

解固有值问题 $\begin{cases} X'' - \mu x = 0, \\ X'(0) = X'(a) = 0, \end{cases}$ 得

$$\mu = -\frac{n^2\pi^2}{a^2} \quad (n = 0, 1, 2, \cdots), \quad X_n(x) = A_n \cos\frac{n\pi}{a}x$$

其中，A_n 为任意常数.

将 $\mu = -\dfrac{n^2\pi^2}{a^2}$ 代入 $Y(y)$ 的方程中，得

$$Y'' - \frac{n^2\pi^2}{a^2}Y = 0$$

其通解为

$$Y_n(y) = \begin{cases} C_0 y + D_0, & n = 0 \\ C_n \operatorname{ch}\dfrac{n\pi}{a}y + D_n \operatorname{sh}\dfrac{n\pi}{a}y = E_n \operatorname{sh}\dfrac{n\pi}{a}(y + F_n), & n \neq 0 \end{cases}$$

其中

$$E_n = \sqrt{D_n^2 - C_n^2}, \quad F_n = \frac{a}{n\pi}\operatorname{arcth}\frac{C_n}{D_n} \quad (n = 1, 2, \cdots)$$

由边界条件：$Y(b) = 0$，有

$$\begin{cases} C_0 b + D_0 = 0 \\ E_n \operatorname{sh}\dfrac{n\pi}{a}(b + F_n) = 0 \quad n \neq 0 \end{cases}$$

故有 $C_0 = -\dfrac{D_0}{b}$，$F_n = -b\ (E_n \neq 0)$，因此

$$Y_n(y)=\begin{cases}D_0\dfrac{b-y}{b}, & n=0\\ E_n\operatorname{sh}\dfrac{n\pi}{a}(y-b), & n\neq 0\end{cases}$$

从而有

$$u_n(x,\ y)=X_n(x)Y_n(y)=\begin{cases}\dfrac{a_0}{2}\dfrac{b-y}{b}, & n=0\\ a_n\cos\dfrac{n\pi}{a}x\operatorname{sh}\dfrac{n\pi}{a}(y-b), & n\neq 0\end{cases}$$

其中，$\dfrac{a_0}{2}=A_0D_0$，$a_n=A_nE_n$. 于是有定解问题的形式解为

$$u(x,\ y)=\sum_{n=0}^{\infty}u_n(x,\ y)=\frac{a_0}{2}\frac{b-y}{b}+\sum_{n=1}^{\infty}a_n\cos\frac{n\pi}{a}x\operatorname{sh}\frac{n\pi}{a}(y-b)$$

将非齐次边界条件代入上面的形式解可得

$$f(x)=\frac{a_0}{2}+\sum_{n=1}^{\infty}a_n\cos\frac{n\pi x}{a}\operatorname{sh}\left(-\frac{n\pi b}{a}\right)$$

可得到系数为

$$a_0=\frac{2}{a}\int_0^a f(x)\mathrm{d}x \tag{25.32}$$

$$a_n=\frac{-2}{a\operatorname{sh}\dfrac{n\pi b}{a}}\int_0^a f(x)\cos\frac{n\pi x}{a}\mathrm{d}x \tag{25.33}$$

于是此定解问题的解为

$$u_n(x,\ t)=\frac{b-y}{b}\frac{a_0}{2}+\sum_{n=1}^{\infty}a_n\operatorname{sh}\frac{n\pi}{a}(b-y)\cos\frac{n\pi x}{a}$$

其中，a_0，a_n 由式(25.32)和式 (25.33)确定.

数学实验基础知识

基本命令	功　能
assempde(b, p, e, t, c, a, f, d)	求解形如 $-\nabla(c\nabla u)+au=f$（椭圆型偏微分方程），其中：参数 a，c，f 为参数. b 代表求解域的边界条件，b 既可以是边界条件矩阵，也可以是相应的 PDE 边界条件 M 文件名；网格坐标描述矩阵 p，e，t 是由网格初始化命令得到的
[p, e, t]=initmesh(g)	网格初始化命令，其中，g 代表求解区域几何形状，是相应的 PDE 几何分类函数 M 文件名

命令的具体使用方法以及相关的解题步骤可参看 25.1 节及 25.2 节相关的例子.

2. 圆域内二维拉普拉斯方程的定解问题

设一个半径为 ρ_0 的薄圆盘,上、下两面绝热,圆周边缘温度分布为已知,求达到稳恒状态时圆盘内的温度分布.

在第 24 章中已介绍稳恒状态时温度分布与时间与关,其温度分布应满足拉普拉斯方程:$\Delta u = 0$,因边界形状是圆周,它在极坐标下的方程为 $\rho = \rho_0$,所以,在极坐标系下边界条件可表示为

$$u\big|_{\rho=\rho_0} = f(\theta)$$

上式表明,边界条件用极坐标表示形式很简单.因此,我们有理由将原方程用极坐标表示出来得到下面的边值问题

$$\begin{cases}\Delta u = \dfrac{1}{\rho}\dfrac{\partial}{\partial\rho}\left(\rho\dfrac{\partial u}{\partial\rho}\right)+\dfrac{1}{\rho^2}\dfrac{\partial^2 u}{\partial\theta^2} = 0 & (25.34)\\ u(\rho_0, \theta) = f(\theta) & (25.35)\end{cases}$$

按实际物理意义,圆盘内部的温度有限,由一点处温度为定值知,u 还应满足

$$|u(0, \theta)| < +\infty \tag{25.36}$$

$$u(\rho, \theta) = u(\rho, \theta + 2\pi) \tag{25.37}$$

式(25.37)称为**自然周期条件**.

现求满足方程式(25.34)及条件式 (25.35)、式(25.36)、式(25.37)的解.

采用分离变量法,先令 $u(\rho, \theta) = R(\rho)\phi(\theta)$ 代入式(25.34),有

$$R''\phi + \frac{1}{\rho}R'\phi + \frac{1}{\rho^2}R\phi'' = 0$$

即

$$\frac{\rho^2 R'' + \rho R'}{R} = -\frac{\phi''}{\phi}$$

令比值常数为 λ,即得两常微分方程

$$\begin{cases}\phi'' + \lambda\phi = 0\\ \rho^2 R'' + \rho R' - \lambda R = 0\end{cases}$$

再由条件式(25.36)和式(25.37)可得 $|R(0)| < +\infty$, $\phi(\theta + 2\pi) = \phi(\theta)$. 即得到两个常微分方程的定解问题

$$\begin{cases}\phi'' + \lambda\phi = 0\\ \phi(\theta + 2\pi) = \phi(\theta)\end{cases} \tag{25.38}$$

$$\begin{cases}\rho^2 R'' + \rho R' - \lambda R = 0\\ |R(0)| < +\infty\end{cases} \tag{25.39}$$

由于式(25.38)的条件具有可加性,故先求解式(25.38),用与 25.1 节同样方法,得:

当 $\lambda < 0$ 时,问题式(25.38)无非零解;

当 $\lambda = 0$ 时,它的解为 $\phi_0(\theta) = a'$ (常数);

当 $\lambda > 0$ 时，取 $\lambda = \beta^2$，这时式(25.38)的解为

$$\phi_\beta(\theta) = a'_\beta \cos\beta\theta + b'_\beta \sin\beta\theta$$

且为使 $\phi_\beta(\theta)$ 以 2π 为周期，β 必须为整数 n. 取 $n = 1, 2, \cdots$，则可将上面的解 $\phi_\beta(\theta)$ 表示成

$$\phi_n(\theta) = a'_n \cos n\theta + b'_n \sin n\theta$$

至此，我们已经定出了固有值问题式(25.38)的固有值 $\lambda_n = \beta_n^2 = n^2$，固有函数 $\phi_n(\theta)$. 下面求解问题式(25.39)，其中的方程是欧拉(Euler)方程，它的通解为

$$R_0 = C_0 + d_0 \ln\rho, \qquad 当\ \lambda = 0$$

$$R_n = C_n \rho^n + d_n \rho^{-n}, \quad 当\ \lambda = n^2$$

为保证 $|R(0)| < +\infty$，只有 $d_n = 0\ (n = 0, 1, 2, \cdots)$. 即

$$R_n = C_n \rho^n \quad (n = 0, 1, 2, \cdots)$$

利用叠加原理，方程式(25.34)满足条件式(25.35)、式(25.36)、式(25.37)的解为

$$u(\rho, \theta) = \frac{a_0}{2} + \sum_{n=1}^{\infty} \rho^n (a_n \cos n\theta + b_n \sin n\theta) \tag{25.40}$$

利用边界条件式(25.35)，得

$$f(\theta) = \frac{a_o}{2} + \sum_{n=1}^{\infty} \rho_0{}^n (a_n \cos n\theta + b_n \sin n\theta)$$

式中，$\frac{a_o}{2} = a'_0 C_0$，$a_n = a'_n C_n$，$b_n = b'_n C_n$.

a_0，$\rho_0^n a_n$，$\rho_0^n b_n$ 就是 $f(\theta)$ 展成傅氏级数的系数，即有

$$\begin{cases} a_0 = \dfrac{1}{\pi}\displaystyle\int_0^{2\pi} f(\theta)\mathrm{d}\theta \\ a_n = \dfrac{1}{\rho_0^n \pi}\displaystyle\int_0^{2\pi} f(\theta)\cos n\theta \mathrm{d}\theta \\ b_n = \dfrac{1}{\rho_0^n \pi}\displaystyle\int_0^{2\pi} f(\theta)\sin n\theta \mathrm{d}\theta \end{cases} \tag{25.41}$$

故定解问题的解为式(25.40)，其中系数 a_0，a_n，b_n 由式(25.41)决定.

有时为了理论的研究方便起见，将式(25.39)确定系数代入式(25.40)中化简，得

$$u(\rho, \theta) = \frac{1}{\pi}\int_0^{2\pi} f(t)\left[\frac{1}{2} + \sum_{n=1}^{\infty}\left(\frac{\rho}{\rho_0}\right)^n \cos n(\theta - t)\right]\mathrm{d}t$$

利用恒等式

$$\frac{1}{2} + \sum_{n=1}^{\infty} K^n \cos n(\theta - t) = \frac{1}{2}\,\frac{1 - K^2}{1 - 2K\cos(\theta - t) + K^2} \quad (|K| < 1)$$

将上式代入到解的表达式中，得

$$u(\rho,\ \theta) = \frac{1}{2\pi}\int_0^{2\pi} f(t)\,\frac{\rho_0^2 - \rho^2}{\rho_0^2 + \rho^2 - 2\rho_0\rho\cos(\theta - t)}\mathrm{d}t \tag{25.42}$$

式(25.42)称为**圆域内的泊松**(Poisson)**公式**.

例 25.3 解下列定解问题

$$\begin{cases}\dfrac{\partial^2 u}{\partial\rho^2} + \dfrac{1}{\rho}\dfrac{\partial u}{\partial\rho} + \dfrac{1}{\rho^2}\dfrac{\partial^2 u}{\partial\theta^2} = 0, & \rho < \rho_0\\ u\big|_{\rho=\rho_0} = A\cos\theta, & A\ \text{为常数}\end{cases}$$

解 利用式(25.41)，并注意三角函数的正交性可得

$$b_n = 0,\quad a_1 = \frac{A}{\rho_0},\quad a_n = 0\ (n \neq 1)$$

代入式(25.40)，得

$$u(\rho,\ \theta) = \frac{A\rho}{\rho_0}\cos\theta$$

25.4 非齐次方程的解法

前面讨论的偏微分方程都限于齐次的，本节将讨论非齐次方程的解法，着重介绍关于弦的强迫振动的定解问题，所用方法对其他类型方程也适用.

考虑下列定解问题

$$\text{I}\qquad \begin{cases}\dfrac{\partial^2 u}{\partial t^2} = a^2\dfrac{\partial^2 u}{\partial x^2} + f(x,\ t), & 0 < x < l,\ t > 0\\ u\big|_{x=0} = u\big|_{x=l} = 0, & t > 0\\ u\big|_{t=0} = \varphi(x),\ \dfrac{\partial u}{\partial t}\Big|_{t=0} = \psi(x), & 0 < x < l\end{cases}$$

为求解此定解问题，我们先讨论一种简单的非齐次方程的情形. 考虑如下定解问题

$$\text{II}\qquad \begin{cases}\dfrac{\partial^2 u}{\partial t^2} - a^2\dfrac{\partial^2 u}{\partial x^2} = f(x,\ t)\\ u\Big|_{x=0} = u\Big|_{x=l} = 0\\ u\big|_{t=0} = u_t\Big|_{t=0} = 0\end{cases}$$

对问题 II，我们有**齐次化原理**(不加证明给出)：若 $W(x,\ t,\ \tau)$是定解问题

$$
\text{III}\qquad \begin{cases}\dfrac{\partial^2 W}{\partial t^2}-a^2\dfrac{\partial^2 W}{\partial x^2}=0 \quad (t>\tau)\\ W\big|_{t=\tau}=0,\ \dfrac{\partial W}{\partial t}\Big|_{t=\tau}=f(x,\tau)\\ W\big|_{x=0}=W\big|_{x=l}=0\end{cases}
$$

的解(参数 $\tau\geqslant 0$),则 $u(x,t)=\int_0^t W(x,\tau)\mathrm{d}\tau$ 是问题 II 的解.

对问题 III,令 $t'=t-\tau$,则可化为

$$
\text{IV}\qquad \begin{cases}\dfrac{\partial^2 W}{\partial t'^2}-a^2\dfrac{\partial^2 W}{\partial x^2}=0\\ W\big|_{t'=0}=0,\ W_{t'}\big|_{t'=0}=f(x,\tau)\\ W\big|_{x=0}=W\big|_{x=l}=0\end{cases}
$$

关于定解问题 IV,由于方程和边界条件均为齐次,因此采用 25.1 节中的分离变量法,得

$$
W=W(x,t;\tau)=\sum_{n=1}^{\infty}B_n(\tau)\sin\frac{n\pi a}{l}(t-\tau)\sin\frac{n\pi}{l}x
$$

这里

$$
B_n(\tau)=\frac{2}{n\pi a}\int_0^l f(\xi,\tau)\sin\frac{n\pi}{l}\xi\mathrm{d}\xi
$$

由齐次化原理

$$
u(x,t)=\int_0^t W(x,t;\tau)\mathrm{d}\tau=\sum_{n=1}^{\infty}\left[\int_0^t B_n(\tau)\sin\frac{n\pi a}{l}(t-\tau)\mathrm{d}\tau\right]\sin\frac{n\pi}{l}x
$$

它是解问题 II 的解.

上面 $u(x,t)$ 实际上可看成将函数 $u(x,t)$ 按问题 II 所对应的齐次方程的固有函数进行展开

$$
u(x,t)=\sum_{n=1}^{\infty}v_n(t)\sin\frac{n\pi}{l}x
$$

因此,求问题 II 的解实际上可将上面的形式解代入定解问题 II 中,同时将自由项 $f(x,t)$ 也按固有函数类展开成如下的级数形式:

$$
f(x,t)=\sum_{n=1}^{\infty}f_n(t)\sin\frac{n\pi}{l}x
$$

其中,$f_n=\dfrac{2}{l}\int_0^l f(x,t)\sin\dfrac{n\pi}{l}x\mathrm{d}x$.

将 $u(x,t)$, $f(x,t)$ 的级数形式代入问题 II 的方程中,得

$$
\sum_{n=1}^{\infty}\left[v''_n(t)+\frac{a^2n^2\pi^2}{l^2}v_n(t)-f_n(t)\right]\sin\frac{n\pi x}{l}\equiv 0
$$

由此得

$$v''_n(t)+\frac{a^2n^2\pi^2}{l^2}v_n(t)=f_n(t)$$

再由问题 II 的定解条件,得

$$v_n(0)=0\quad v'_n(0)=0$$

这样,确定 $v_n(t)$ 只要解下面常微分方程

$$\begin{cases}v''_n(t)+\dfrac{a^2n^2\pi^2}{l^2}v_n(t)=f_n(t)\\ v_n(0)=0,\ v'_n(0)=0\end{cases}$$

用拉氏变换解上面的常微分方程,得

$$v_n(t)=\frac{l}{n\pi a}\int_0^t f_n(\tau)\sin\frac{n\pi a(t-\tau)}{l}\mathrm{d}\tau$$

从而得问题 II 的解

$$u(x,t)=\sum_{n=1}^{\infty}v_n(t)\sin\frac{n\pi}{l}x$$

其中,$v_n(t)$ 由上式给出. 所得定解问题解的形式与利用齐次化原理所导出的形式完全一致.

这里所给问题 II 的求法,实质是将方程的自由项及解都按齐次方程所对应的固有函数展开,从而确定其系数. 这种方法称为**固有函数法**.

现回到问题 I,它可归结为下面两类问题:

$$u(x,t)=V(x,t)+W(x,t)$$

其中,V 满足

$$\text{I}'\quad\begin{cases}\dfrac{\partial^2V}{\partial t^2}=a^2\dfrac{\partial^2V}{\partial x^2}, & 0<x<l,\ t>0\\ V\big|_{x=0}=V\big|_{x=l}=0, & t>0\\ V\big|_{t=0}=\varphi(x),\ V_t\big|_{t=0}=\psi(x), & 0<x<l\end{cases}$$

W 满足

$$\text{II}'\quad\begin{cases}\dfrac{\partial^2W}{\partial t^2}=a^2\dfrac{\partial^2W}{\partial x^2}+f(x,t), & 0<x<l,\ t>0\\ W\big|_{x=0}=W\big|_{x=l}=0, & t>0\\ W\big|_{t=0}=0,\ \dfrac{\partial W}{\partial t}\bigg|_{t=0}=0, & 0<x<l\end{cases}$$

不难验证,若 V, W 分别是问题 I′和 II″的解,则 $u(x,t)=V(x,t)+W(x,t)$ 必为问题 I 的解;而问题 I′在 25.1 节中已经解决,问题 II″即为问题 II,也已解决. 综合上述结论非

齐次方程的定解问题得到解决.

下面通过一具体的例子,讨论非齐次方程求解方法的运用.

例 25.4 在环形域 $a \leqslant \sqrt{x^2+y^2} \leqslant b\ (0<a<b)$ 内求解下列定解问题

$$\begin{cases} \dfrac{\partial^2 u}{\partial x^2}+\dfrac{\partial^2 u}{\partial y^2}=12(x^2-y^2), & a<\sqrt{x^2+y^2}<b \\ u\Big|_{\sqrt{x^2+y^2}=a}=0,\ \dfrac{\partial u}{\partial \boldsymbol{n}}\Big|_{\sqrt{x^2+y^2}=b}=0 \end{cases}$$

解 由于求解区域是环形域,选用极坐标系,上述问题用极坐标表示出来,即

$$\begin{cases} \dfrac{1}{\rho}\dfrac{\partial}{\partial \rho}\left(\rho\dfrac{\partial u}{\partial \rho}\right)+\dfrac{1}{\rho^2}\left(\dfrac{\partial^2 u}{\partial \theta^2}\right)=12\rho^2\cos 2\theta & (25.43) \\ u\big|_{\rho=a}=0,\ \dfrac{\partial u}{\partial \rho}\Big|_{\rho=b}=0 & (25.44) \end{cases}$$

这是一个非齐次方程带有齐次边界条件的问题,采用固有函数法,可令式(25.43)和式(25.44)的解为

$$u(\rho,\theta)=\sum_{n=0}^{\infty}[A_n(\rho)\cos n\theta+B_n(\rho)\sin n\theta]$$

代入式(25.41),整理得

$$\sum_{n=0}^{\infty}\left\{\left[A''_n(\rho)+\frac{1}{\rho}A'_n(\rho)-\frac{n^2}{\rho^2}A_n(\rho)\right]\cos n\theta+\left[B''_n(\rho)+\frac{1}{\rho}B'_n(\rho)-\frac{n^2}{\rho^2}(\rho)\right]\sin n\theta\right\}$$
$$=12\rho^2\cos 2\theta$$

比较两端关于 $\cos n\theta$, $\sin n\theta$ 的系数,得

$$A''_2(\rho)+\frac{1}{\rho}A'_2(\rho)-\frac{4}{\rho^2}A_2(\rho)=12\rho^2 \tag{24.45}$$

$$A''_n(\rho)+\frac{1}{\rho}A'_n(\rho)-\frac{n^2}{\rho^2}A_n(\rho)=0 \quad (n\neq 2) \tag{25.46}$$

$$B''_n(\rho)+\frac{1}{\rho}B'_n(\rho)-\frac{n^2}{\rho^2}B_n(\rho)=0 \tag{25.47}$$

再由条件式(25.44),得

$$A_n(a)=A'_n(b)=0 \tag{25.48}$$

$$B_n(a)=B'_n(b)=0 \tag{25.49}$$

方程式(25.46)和式(25.47)均为齐次的欧拉方程,它们的通解为

$$A_n(\rho)=c_n\rho^n+d_n\rho^{-n}$$

$$B_n(\rho)=c'_n\rho^n+d'_n\rho^{-n}$$

其中, c_n, d_n, c'_n, d'_n 均为任意常数. 由条件式(25.48)和式(25.49),得

$$A_n(\rho) \equiv 0 \quad (n \neq 2)$$
$$B_n(\rho) \equiv 0$$

故下面任务是确定 $A_2(\rho)$. 它是一个非齐次欧拉方程,利用待定系数法可求得它的一个特解

$$A_2^*(\rho) = \rho^4$$

所以它的通解为

$$A_2(\rho) = C_1\rho^2 + C_2\rho^{-2} + \rho^4$$

由条件式(25.48)确定 C_1, C_2, 得

$$C_1 = -\frac{a^6 + 2b^6}{a^4 + b^4}, \quad C_2 = -\frac{a^4 b^4 (a^2 - 2b^2)}{a^4 + b^4}$$

最后求出原定解问题的解为

$$u(\rho, \theta) = -\frac{1}{a^4 + b^4}[(a^6 + 2b^6)\rho^2 + a^4 b^4 (a^2 - 2b^2)\rho^{-2} - (a^4 + b^4)\rho^4]\cos 2\theta$$

25.5 非齐次边界条件的处理

前面几节中用到的分离变量法有个前提,即边界条件必须是齐次的. 但是许多实际问题中,非齐次边界条件也是可能的. 如把弦的一端 $x = 0$ 固定起来,迫使另一端 $x = l$ 作谐振动 $u(x, t) = A\sin\omega t$, 弦的初始位移和初始速度都是 0. 这个定解问题是

$$\begin{cases} u_{tt} - a^2 u_{xx} = 0, & 0 < x < l, t > 0 & (25.50) \\ u|_{x=0} = 0, \ u|_{x=l} = A\sin\omega t, & t > 0 & (25.51) \\ u|_{t=0} = u_t|_{t=0} = 0, & 0 < x < l & (25.52) \end{cases}$$

该定解问题中的边界条件 $u|_{x=l} = A\sin\omega t$ 不是齐次的. 当边界条件不是齐次的时候如何处理?

处理的思路是: 设法消除这个非齐次边界条件,为此选取一个满足边界条件式(25.51)的函数 $v(x, t)$,如

$$v(x, t) = A\frac{x}{l}\sin\omega t$$

令所求的 $u(x, t)$ 为这个 $v(x, t)$ 与某个待求的 $w(x, t)$ 的叠加,即

$$u(x, t) = v(x, t) + w(x, t)$$

代入式(25.50),由于方程和条件都是线性的,就把 u 的定解问题转化为 $w(x, t)$ 的定解问题

$$\begin{cases} w_{tt} - a^2 w_{xx} = -\left[(u_1)_{tt} + \left(\dfrac{u_2 - u_1}{l} \right)_{tt} x \right] \\ w\big|_{x=0} = 0,\ w\big|_{x=l} = 0 \\ w\Big|_{t=0} = -\left[u_1(0) + \dfrac{u_2(0) - u_1(0)}{l} x \right] \\ w_t\Big|_{t=0} = -\left[u_1'(0) + \dfrac{u_2'(0) - u_1'(0)}{l} x \right] \end{cases}$$

这里边界条件已经齐次化了.而关于 $w(x,t)$ 的定解问题是 25.4 节里已经讨论过的情形,可按前面介绍的方法求解.

一般地,若边界条件式(25.51)满足

$$u\big|_{x=0} = u_1(t),\quad u\big|_{x=l} = u_2(t)$$

可取 v 为 x 的一次式,即设

$$v(x,t) = A(t)x + B(t)$$

利用条件 $w\big|_{x=0} = w\big|_{x=l} = 0$,得

$$A(t) = \frac{1}{l}[u_2(t) - u_1(t)],\quad B(t) = u_1(t)$$

显然函数 $v(x,t) = u_1(t) + \dfrac{u_2(t) - u_1(t)}{l} x$ 就满足上述的边界条件,因而只要作代换

$$u = w + \left(u_1 + \frac{u_2 - u_1}{l} x \right)$$

就能使新的未知函数 w 满足齐次边界条件.

原定解问题可化为

$$\begin{cases} w_{tt} - a^2 w_{xx} = -\left[(u_1)_{tt} + \left(\dfrac{u_2 - u_1}{l} \right)_{tt} x \right] \\ w\big|_{x=0} = 0,\ w\big|_{x=l} = 0 \\ w\Big|_{t=0} = -\left[u_1(0) + \dfrac{u_2(0) - u_1(0)}{l} x \right] \\ w_t\Big|_{t=0} = -\left[u_1'(0) + \dfrac{u_2'(0) - u_1'(0)}{l} x \right] \end{cases}$$

即将原问题化成一个齐次边界条件非齐次方程的定解问题.

以上各节说明了如何用分离变量法解定解问题,现将一般解定解问题的主要步骤小结如下:

(1) 根据边界的形状选取适当的坐标系,选取原则是在此坐标系下,边界条件的表达形式最简单.

(2) 若边界条件是非齐次的,又没有其他条件可用来定固有函数,则不论方程是否为齐次,必须先作函数的代换化为具有齐次边界条件的问题然后求解.

(3) 非齐次方程,齐次边界条件的定解问题(不论初始条件如何)可分为两个定解问题:其一是具有原来定解条件的齐次方程的定解问题;其二是具有齐次定解条件的非齐次方程的定解问题.第一个问题可采用分离变量法求解,第二个问题可采用固有函数法求解.

例 25.5 求下列定解问题

$$\begin{cases}\dfrac{\partial^2 u}{\partial t^2}=a^2\dfrac{\partial^2 u}{\partial x^2}+A \quad 0<x<l,\ t>0 & (25.53)\\ u\big|_{x=0}=0,\ u\big|_{x=l}=B & (25.54)\\ u\big|_{t=0}=\dfrac{\partial u}{\partial t}\Big|_{t=0}=0 & (25.55)\end{cases}$$

的形式解.其中 A 和 B 均为常数.

解 这个定解问题特点是,方程及边界条件都是非齐次的.根据上述原则,首先应将非齐次的边界条件化成齐次的.由于方程式(25.53)的自由项及边界条件式(25.55)都与 t 无关,所以可按下面代换将方程与边界条件都变成齐次的.

令 $u(x,t)=v(x,t)+w(x)$,代入方程式(25.53),得

$$\frac{\partial^2 u}{\partial t^2}=\frac{\partial^2 v}{\partial t^2}=a^2\left[\frac{\partial^2 v}{\partial x^2}+w''(x)\right]+A$$

为使这个方程及边界条件同时化成齐次的,选 $w(x)$ 满足

$$\begin{cases}a^2 w''(x)+A=0\\ w\big|_{x=0}=0,\ w\big|_{x=l}=B\end{cases} \tag{25.56}$$

该问题是关于 x 的二阶常微分方程的边值问题,可以直接求解.此方程的解为

$$w(x)=-\frac{A}{2a^2}x^2+\left(\frac{Al}{2a^2}+\frac{B}{l}\right)x$$

求出 $w(x)$ 之后,再由式(25.55)可知,$v(x,t)$ 为下列定解问题

$$\begin{cases}\dfrac{\partial^2 v}{\partial t^2}=a^2\dfrac{\partial^2 v}{\partial x^2} & (25.57)\\ v\big|_{x=0}=v\big|_{x=l}=0 & (25.58)\\ v\big|_{t=0}=-w(x),\ \dfrac{\partial v}{\partial t}\Big|_{t=0}=0 & (25.59)\end{cases}$$

的解.

采用分离变量法,可得式(25.57)满足齐次边界条件式(25.58)的解为

$$v(x,t)=\sum_{n=1}^{\infty}\left(C_n\cos\frac{an\pi}{l}t+D_n\sin\frac{an\pi}{l}t\right)\sin\frac{n\pi}{l}x \tag{25.60}$$

利用式(25.59)可得 $D_n=0$.

于是定解问题式(25.58)、式(25.59)、式(25.60)的解可表示为

$$v(x,\ t)=\sum_{n=1}^{\infty}C_n\cos\frac{n\pi a}{l}t\sin\frac{n\pi}{l}x$$

代入式(25.59)中第一个条件，得

$$-w(x)=\sum_{n=1}^{\infty}C_n\sin\frac{n\pi}{l}x$$

即

$$\frac{A}{2a^2}x^2-\left(\frac{Al}{2a^2}+\frac{B}{l}\right)x=\sum_{n=1}^{\infty}C_n\sin\frac{n\pi}{l}x$$

由傅氏级数的系数公式，得

$$\begin{aligned}C_n&=\frac{2}{l}\int_0^l\left[\frac{A}{2a^2}x^2-\left(\frac{Al}{2a^2}+\frac{B}{l}\right)x\right]\sin\frac{n\pi}{l}x\,\mathrm{d}x\\&=-\frac{2Al^2}{a^2n^3\pi^3}+\frac{2}{n\pi}\left(\frac{Al^2}{a^2n^2\pi^2}+B\right)\cos n\pi\end{aligned}\tag{25.61}$$

因此，原问题的解为

$$u(x,\ t)=-\frac{A}{2a^2}x^2+\left(\frac{Al}{2a^2}+\frac{B}{l}\right)x+\sum_{n=1}^{\infty}C_n\cos\frac{n\pi a}{l}t\sin\frac{n\pi}{l}x$$

其中 C_n 由式(25.61)确定.

例 25.6 研究细杆导热问题，杆的初始温度是均匀的，设为 u_0，保持杆的一端温度不变设为 u_0，另一端有恒定的强度设为 q_0 的热流进入，求温度的变化规律$u(x,\ t)$

解 杆上温度 $u(x,\ t)$满足下列定解问题

$$\begin{cases}u_t-a^2u_{xx}=0\\u\big|_{x=0}=u_0,\ u_x\big|_{x=l}=q_0/k\\u\big|_{t=0}=u_0\end{cases}$$

边界条件不是齐次的，首先要处理这个问题，取一个既满足边界条件又满足方程的函数 $v(x,\ t)$

$$v(x,\ t)=u_0+\frac{q_0}{k}x$$

令所求的 $u(x,\ t)$为这个 $v(x,\ t)$与某个待求的 $w(x,\ t)$叠加，即

$$u(x,\ t)=v(x,\ t)+w(x,\ t)$$

代入定解问题中，则将其转化为关于 $w(x,\ t)$的定解问题，此时方程可以化为

$$w_t-a^2w_{xx}=-(v_t-a^2v_{xx})=0$$

因此，关于 $w(x,\ t)$的定解问题为

$$\begin{cases} w_t - a^2 w_{xx} = 0 \\ w\big|_{x=0} = (u-v)\big|_{x=0} = 0 \\ w_x\big|_{x=l} = (u_x - v_x)\big|_{x=l} - 0 \\ w\Big|_{t=0} = (u-v)\Big|_{t=0} = -\dfrac{q_0}{k}x \end{cases}$$

所得到的关于 $w(x, t)$ 的定解问题边界条件是齐次的，可按分离变量法求解

令

$$w(x, t) = X(x)T(t)$$

代入原方程和边界条件可得关于 $X(x)$ 和关于 $T(t)$ 的常微分方程以及关于 $X(x)$ 的条件

$$T' + a^2\lambda T = 0 \tag{25.62}$$

$$\begin{cases} X'' + \lambda X = 0 & (25.63) \\ X(0) = 0,\ X''(t) = 0 & (25.64) \end{cases}$$

式(25.63)和式(25.64)构成一个固有值问题，其固有值是

$$\lambda_n = \frac{\left(n+\dfrac{1}{2}\right)^2 \pi^2}{l^2} \quad (n = 0, 1, 2, \cdots) \tag{25.65}$$

固有函数为

$$X_n(x) = C'_n \sin\frac{\left(n+\dfrac{1}{2}\right)\pi}{l}x \quad (n = 0, 1, 2, \cdots) \tag{25.66}$$

将式(25.66)代入关于 T 的方程，式(25.60)应写成

$$T' + a^2 \frac{\left(n+\dfrac{1}{2}\right)^2 \pi^2}{l^2} T = 0$$

这个方程通解是

$$T(t) = C e^{-\frac{\left(n+\frac{1}{2}\right)^2 \pi^2 a^2 t}{l^2}}$$

这样，$w(x, t)$ 的形式解应是

$$w(x, t) = \sum_{n=0}^{\infty} C_n e^{-\frac{\left(n+\frac{1}{2}\right)^2 \pi^2 a^2 t}{l^2}} \sin\frac{\left(n+\dfrac{1}{2}\right)\pi}{l}x \tag{25.67}$$

C_n 由初始条件确定，即

$$\sum_{n=0}^{\infty} C_n \sin\frac{\left(n+\dfrac{1}{2}\right)\pi}{l}x = \frac{-q_0}{k}x$$

注意,本例中的固有函数 $\sin\frac{(2n+1)}{2l}\pi x$ 既不同于第一类边界条件的固有函数 $\sin\frac{n\pi}{l}x$,又不同于第二类齐次边界条件的固有函数 $\cos\frac{n\pi}{l}x$. 其实,只要把边界条件作延拓,就可以通过第一类边界条件固有函数导出. 将本例中对应的边界条件 $u\big|_{x=l}=0$ 的变化区间 $(0,\ l)$ 偶延拓到区间 $(l,\ 2l)$ 上,延拓后相应边界条件是 $u\big|_{x=l}=0, u_x\big|_{x=l}=0, u\big|_{x=2l}=0$. 在该边界条件下对应的固有函数是 $\sin\frac{n\pi}{2l}x$,其中 n 为整数. 它同时应满足

$$u_x\Big|_{x=l}=0\ \text{即}\left(\sin\frac{n\pi}{2l}x\right)'\Big|_{x=l}=\frac{n\pi}{2l}\cos\frac{n\pi}{2}=0$$

这表明 n 只能取奇数. 这时,相应的固有函数是 $\sin\frac{(2n+1)}{2l}\pi x$.

将 $-\frac{q_0}{k}x$ 在 $(0,\ 2l)$ 上展开傅里叶正弦级数,比较系数,得

$$C_n=\frac{2}{l}\int_0^l\left(-\frac{q_0}{k}x\right)\sin\frac{\left(n+\frac{1}{2}\right)\pi}{l}x\,\mathrm{d}x=(-1)^{n+1}\frac{2q_0 l}{k\left(n+\frac{1}{2}\right)^2\pi^2}\tag{25.68}$$

于是求得关于 $w(x,\ t)$ 的解为式(25.67),其系数 C_n 由式(25.68)决定. 最后得到关于 $u(x,\ t)$ 的定解问题的解为

$$u(x,\ t)=v(x,\ t)+w(x,\ t)=u_0+\frac{q_0}{k}x+w(x,\ t)$$

其中,$w(x,\ t)$ 由式(25.67)决定,系数 C_n 由式(25.68)决定.

* * * * *

本章主要介绍了求解齐次方程满足齐次边界条件的分离变量法. 为此,引入了固有值问题及固有函数的概念,分离变量法对各种类型的方程都是适用的. 同时,利用此方法导出了矩形区域内二维拉普拉斯方程的定解问题的解,在极坐标下求出了拉普拉斯方程在圆域内的定解问题的解,进一步给出了圆域内泊松公式. 最后分别介绍了非齐次方程及非齐次边界条件的处理,对非齐次方程,非齐次边界条件的定解问题可分成两个定解问题,一个定解问题的方程是齐次方程,另一个定解问题的方程是非齐次的. 当方程是非齐次,边界条件与初始条件均是齐次的时,可用固有函数法求解. 对非齐次边界条件,可通过函数代换,将非齐次的边界条件化为齐次边界条件的定解问题然后求解.

本章常用词汇中英文对照

齐次微分方程	homogeneous differential equations
非齐次微分方程	non-homogeneous differential equations
齐次边界条件	homogeneous boundary condition

非齐次边界条件	non-homogeneous boundary condition
分离变量法	method of separation of variables
本征值	eigenvalues
本征值问题	eigenvalues problem
本征函数	eigenfunction
极坐标系	polar coordinates

习　题　25

1. 就下列初始条件及边界条件解弦的自由振动方程. 即求解下面的定解问题.

$$\begin{cases} u_{tt}=a^2u_{xx} \\ u|_{t=0}=0, u_t|_{t=0}=x(l-x) \\ u|_{x=0}=u|_{x=l}=0 \end{cases}$$

2. 就下列初始条件及边界条件解弦的自由振动方程. 即求解下面的定解问题.

$$\begin{cases} u_{tt}-a^2u_{xx}=0 \\ u|_{t=0}=\begin{cases} x, & 0<x\leqslant\dfrac{1}{2} \\ 1-x, & \dfrac{1}{2}<x<1 \end{cases} \\ \left.\dfrac{\partial u}{\partial t}\right|_{t=0}=x(x-1),\ u|_{x=0}=u|_{x=1}=0 \end{cases}$$

3. 试求适合下列初始条件及边界条件的一维热传导问题的解. 即求解下面的定解问题.

$$\begin{cases} u_t-a^2u_{xx}=0 \\ u|_{t=0}=x(l-x) \\ u|_{x=0}=u|_{x=l}=0 \end{cases}$$

4. 解一维热传导方程,即求解定解问题: $\begin{cases} u_t-a^2u_{xx}=0, \\ u|_{t=0}=x, \\ u_x|_{x=0}=u_x|_{x=l}=0. \end{cases}$

5. 求定解问题: $\begin{cases} \dfrac{\partial u}{\partial t}=a^2\dfrac{\partial^2 u}{\partial x^2}+A, \\ u|_{x=0}=u|_{x=l}=0, \\ u|_{t=0}=0 \end{cases}$ 的解.

6. 求满足定解问题: $\begin{cases} u_t-a^2u_{xx}=0, \\ u|_{x=0}=10,\ u|_{x=l}=5, \\ u|_{t=0}=kx \end{cases}$ (k 为常数)的解.

7. 试求定解问题 $\begin{cases} \dfrac{\partial u}{\partial t}=a^2\dfrac{\partial^2 u}{\partial x^2}+f(x), \\ u|_{x=0}=A,\ u|_{x=l}=B, \\ u|_{t=0}=g(x) \end{cases}$ 的解的一般形式.

8. 在扇形域内求定解问题: $\begin{cases} \Delta u=0, \\ u|_{\theta=0}=u|_{\theta=\alpha}=0, \\ u|_{\rho=a}=f(\theta) \end{cases}$ 的解.

9. 长为 l 的弦,两端固定,弦中张力为 T,在距一端为 x_0 的一点以力 F_0 把弦拉开,然后突然撤除这力,求解弦的振动.

10. 求解下列定解问题

$$\begin{cases} \dfrac{\partial^2 u}{\partial t^2} = a^2 \dfrac{\partial^2 u}{\partial x^2} + f(x) \\ u\Big|_{x=0} = M_1, \quad u\Big|_{x=l} = M_2 \\ u\Big|_{t=0} = \varphi(x), \quad \dfrac{\partial u}{\partial t}\Big|_{t=0} = \psi(x) \end{cases}$$

11. 在矩形域内求解下列定解问题

$$\begin{cases} \Delta u = f(x, y) \\ u\Big|_{x=0} = \varphi_1(y), \quad u\Big|_{x=a} = \varphi_2(y) \\ u\Big|_{y=0} = \psi_1(y), \quad u\Big|_{y=b} = \psi_2(y) \end{cases}$$

第 26 章　行波法与积分变换法

在第 25 章中详细地讨论了分离变量法，它是求解有限区域内定解问题的一个常用方法. 但在很多情形下，分离变量法不再适用. 为此，本章将介绍另外两种求解定解问题的方法，一种是行波法，另一种是积分变换法. 行波法只用于求解无界区域内波动方程的定解问题. 积分变换法不受方程类型的限制，主要用于无界域，但对有界域也能应用.

26.1　一维波动方程的达朗贝尔公式

1. 达朗贝尔公式

对无限长的弦自由振动等物理问题，都具有相同的微分方程

$$u_{tt}-a^2u_{xx}=0 \tag{26.1}$$

采用 24.4 节中变量代换的方法将方程形式简化. 方程(26.1)的特征方程为

$$(\mathrm{d}x)^2-a^2(\mathrm{d}t)^2=0 \tag{26.2}$$

其特征线分别为

$$x+at=c_1,\quad x-at=c_2 \tag{26.3}$$

因此可作变换 $\begin{cases}\xi=x+at,\\ \eta=x-at.\end{cases}$ 于是方程式(26.1)成为

$$u_{\xi\eta}=0 \tag{26.4}$$

此方程的通解易求，先对 η 积分，得 $u_\xi=f(\xi)$. 其中 f 是任意函数，再对 ξ 积分，就易得方程式(26.4)的通解：

$$u=\int f(\xi)\mathrm{d}\xi+f_2(\eta)=f_1(\xi)+f_2(\eta)$$

其中 f_1，f_2 都是任意函数. 从而方程式(26.1)的通解为

$$u=f_1(x+at)+f_2(x-at) \tag{26.5}$$

对各具体问题，还要确定 f_1，f_2 的具体形式，即它必须满足初始条件

$$u\big|_{t=0}=\varphi(x),\quad u_t\big|_{t=0}=\psi(x)$$

将初始条件代入通解式(26.5)，得

$$f_1(x)+f_2(x)=\varphi(x),\quad af'_1(x)-af'_2(x)=\psi(x)$$

即

$$\begin{cases} f_1(x)+f_2(x)=\varphi(x) \\ f_1(x)-f_2(x)=\dfrac{1}{a}\displaystyle\int_{x_0}^{x}\psi(\xi)\mathrm{d}\xi+f_1(x_0)-f_2(x_0) \end{cases}$$

由此得解

$$f_1(x)=\frac{1}{2}\varphi(x)+\frac{1}{2a}\int_{x_0}^{x}\psi(\xi)\mathrm{d}\xi+\frac{1}{2}[f_1(x_0)-f_2(x_0)]$$

$$f_2(x)=\frac{1}{2}\varphi(x)-\frac{1}{2a}\int_{x_0}^{x}\psi(\xi)\mathrm{d}\xi-\frac{1}{2}[f_1(x_0)-f_2(x_0)]$$

于是，从通解式(26.5)挑选出符合给定初始条件的特解：

$$u(x,t)=\frac{1}{2}[\varphi(x+at)+\varphi(x-at)]+\frac{1}{2a}\int_{x-at}^{x+at}\psi(\xi)\mathrm{d}\xi \tag{26.6}$$

此公式称为**达朗贝尔**(D'Alembert)**公式**.

例 26.1 求解初值问题

$$\begin{cases} u_{tt}-a^2u_{xx}=0 \\ u(x,0)=\cos x,\ u_t(x,0)=\mathrm{e}^{-1} \end{cases}$$

解 由达朗贝尔公式有，$\varphi(x)=\cos x$，$\psi(x)=\mathrm{e}^{-1}$，则

$$\begin{aligned} u(x,t) &= \frac{1}{2}[\cos(x+at)+\cos(x-at)]+\frac{1}{2a}\int_{x-at}^{x+at}\mathrm{e}^{-1}\mathrm{d}\xi \\ &= \cos at\cos x+\frac{t}{\mathrm{e}}. \end{aligned}$$

2. 传播波

由式(26.5)可见，波动方程的解可表成形如 $f_1(x+at)$ 和 $f_2(x-at)$ 两函数的和，通过它们可特别清楚地看出波动传播的性质，现讨论如下.

对

$$\bar{u}(x,t)=F(x-at)\quad(a>0) \tag{26.7}$$

显然它是齐次波动方程的解. 给 t 以不同的值就可看出作一维自由振动的物体在各时刻的相应振动状态，在 $t=0$ 时 $\bar{u}(x,t)=F(x)$，如图 26.1 中实线所示，经 t_0 时刻后，$\bar{u}(x,t)=F(x-at_0)$，在(x,a)平面上，它相当于原来的图形向右平移一段距离 at_0，如图 26.1 中虚线所示. 随着时间的推移这图形还要不断地向右移动，这说明当齐次波动方程的解为式(26.7)时，振动的波形以常速度 a 向右传播. 因此，齐次波动方程的这种形式如 $F(x-at)$ 的解所述的振动规律，称为**右传播波**. 同样，形如 $G(x+at)$ 的解，称为**左传播波**. 从此可以知道，方程式(26.1)中出现的常数 a，表示波动的传播速度. 上述这种把定解问题的解表示为右传播波和左传播波相叠加的方法，又称为**传播波法**.

3. 影响区域、依赖区间和决定区域

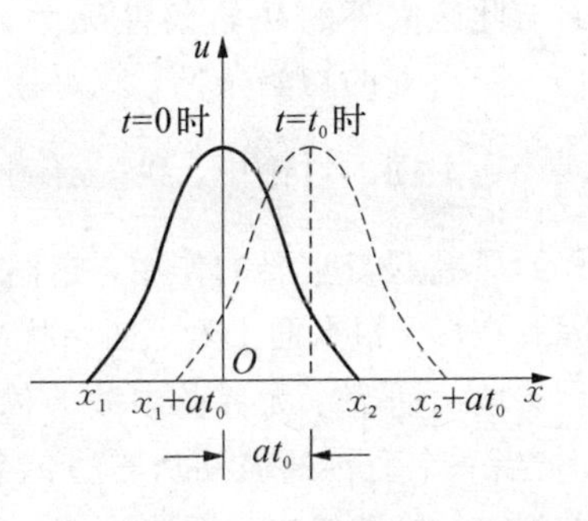

图 26.1 右传播波

从上面的讨论我们看到，波动是以一定的速度 a 向两个方向传播的. 因此，如果在初始时刻 $t=0$ 振动仅在一有限区间 $[x_1, x_2]$ 上存在，那么，经过时间 t 后，它所传到的范围(受初始条件影响到的范围)就由不等式

$$x_1 - at \leqslant x \leqslant x_2 + at \quad (t > 0) \tag{26.8}$$

所限定，而在此范围外则仍处于静止的状态. 在 (x, t) 平面上，式(26.8)所表示的区域(见图 26.2)称为区间 $[x_1, x_2]$ 上(初始条件)的**影响区域**，在这区域中，初值问题的解 $u(x, t)$ 的数值是受到区间 $[x_1, x_2]$ 上初始条件的影响的；而在此区域外，$u(x, t)$ 的数值则不受区间 $[x_1, x_2]$ 上初始条件的影响. 特别，将区间 $[x_1, x_2]$ 收缩为一点 x_0，就可得一点 x_0 的影响区域为过此点的两条斜率各为 $\pm\dfrac{1}{a}$ 的直线 $(x=x_0 \pm at)$ 所夹成的角形区域(图 26.3).

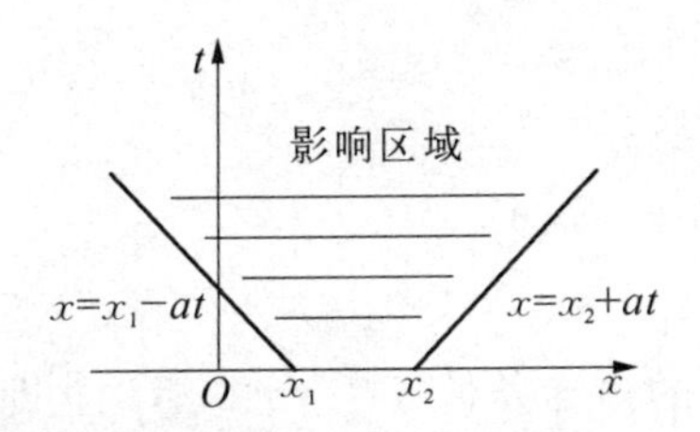

图 26.2 区间 $[x_1, x_2]$ 上的影响区域

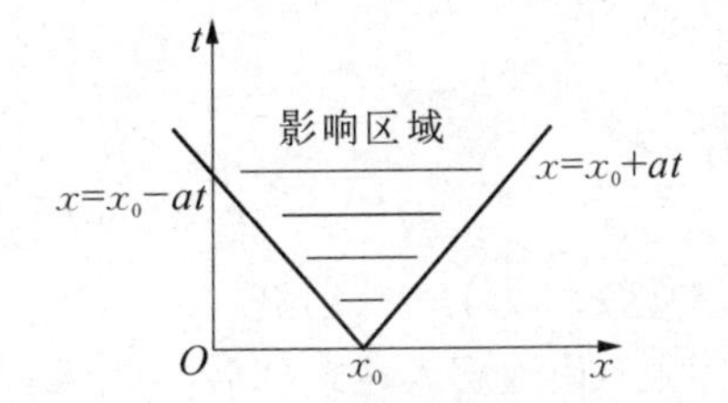

图 26.3 点 x_0 的影响区域

反过来考察这样的问题：初值问题的解在一点 (x, t) 的数值同 x 轴上哪些点的初始条件有关？从求解公式(26.6)可看到，解在 (x, t) 点的数值仅依赖于 x 轴的区间 $[x-at, x+at]$，称该区间为点 (x, t) 的**依赖区间**. 它是过点 (x, t) 分别作斜率 $\pm\dfrac{1}{a}$ 的直线与 x 轴所交截得的区间(图 26.4).

这样，对初始时刻 $t=0$ 上的一个区间 $[x_1, x_2]$，过点 x_1 作斜率为 $\dfrac{1}{a}$ 的直线 $x=x_1+at$，过点 x_2 作斜率为 $-\dfrac{1}{a}$ 的直线 $x=x_2-at$，它们和区间 $[x_1, x_2]$ 一起，构成一个三角形区域(图 26.5). 此三角形区域中的数值就是完全由区间 $[x_1, x_2]$ 上的初始条件决定，

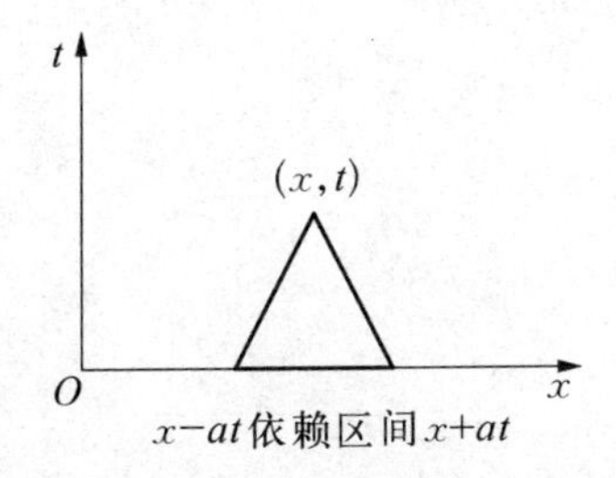

图 26.4 点 (x, t) 的依赖区间

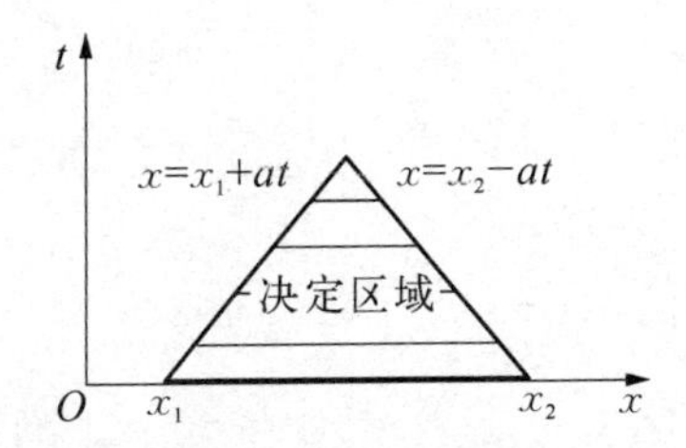

图 26.5 区间 $[x_1, x_2]$ 的决定区域

而与此区间外的初始条件无关，这个区域就称为区间$[x_1, x_2]$的决定区域. 给定区间$[x_1, x_2]$上的初始条件，就可在其决定区域中决定初值问题的解.

在上面的讨论中，我们看到在(x, t)平面上斜率为$\pm\frac{1}{a}$的直线$x = x_0 \pm at$对波动方程的研究起着重要的作用，它们称为波动方程的**特征线**. 波动实际上是沿特征线传播的，因此在(x, t)平面上看，初始扰动影响只在过扰动点的两根特征线范围内发生.

前面研究了无界弦中波的传播情形，现考察弦线的一个端点(假设左端)为固定的情形. 当一个左传播波动从右边传到此固定端点时，由于此端点是固定的，它限制了弦线的振动，给弦线以一反作用力，使原来的波传回去产生了一个右传播波. 这种现象称为波的反射，所产生的右传播波称为反射波.

假定固定端点为原点$x = 0$，而左边传播波表示为$f(x+at)$，它在$0 < x_1 \leqslant at + x \leqslant x_2$以外恒为0. 为了计算端点产生的反射波，我们设想在原来端点的左边也有弦线，在这弦线上有向右传播波$g(x-at)$，它在原点和波$f(x+at)$对端点的作用相抵消. 利用它和波$f(x+at)$在原点叠加的效果应该为0，就得到

$$g(-at) + f(at) = 0 \tag{26.9}$$

因此

$$g(x-at) = -f(-x+at)$$

它就是波$f(x+at)$的反射波.

实际上，由通解表达式(26.5)代入一端固定的边界条件$u|_{x=0} = 0$后，立即可得式(26.9)，因此一端固定无限长弦的振动的解为

$$u = f(x+at) - f(-x+at) \quad (x > 0)$$

其中f为任意光滑函数.

下面举例说明，如何通过变换将方程化简来求解定解问题.

例 26.2 求下列柯西问题

$$\begin{cases} \dfrac{\partial^2 u}{\partial x^2} + 2\dfrac{\partial^2 u}{\partial x \partial y} - 3\dfrac{\partial^2 u}{\partial y^2} = 0 & (26.10) \\ u|_{y=0} = 3x^2, \ \dfrac{\partial u}{\partial y}\Big|_{y=0} = 0 & (26.11) \end{cases}$$

的解.

解 先确定所给方程的特征线，为此写出它的特征方程

$$(\mathrm{d}y)^2 - 2\mathrm{d}x\mathrm{d}y - 3(\mathrm{d}x)^2 = 0 \tag{26.12}$$

它的两族积分曲线为

$$3x - y = c_1, \quad x + y = c_2$$

作变换

$$\begin{cases} \xi = 3x - y \\ \eta = x + y \end{cases}$$

容易验证，经过变换原方程化成 $\frac{\partial^2 u}{\partial\xi\partial\eta}=0$. 它的通解为

$$u=f_1(\xi)+f_2(\eta)$$

其中，f_1，f_2 是两个任意二次连续可微的函数，原方程式(26.12)的通解为

$$u(x,\ y)=f_1(3x-y)+f_2(x+y) \tag{26.13}$$

把式(26.13)代入条件式(26.11)，得

$$f_1(3x)+f_2(x)=3x^2 \tag{26.14}$$

$$-f'_1(3x)+f'_2(x)=0 \tag{26.15}$$

从式(26.15)，得

$$-\frac{1}{3}f_1(3x)+f_2(x)=c' \tag{26.16}$$

从式(26.14)与式(26.16)，可得

$$f_1(3x)=\frac{9}{4}x^2-c',\quad f_2(x)=\frac{3}{4}x^2+c'$$

即

$$\begin{cases} f_1(x)=\dfrac{1}{4}x^2-c' \\ f_2(x)=\dfrac{3}{4}x^2+c' \end{cases}$$

代入通解中得方程的解为

$$u(x,\ y)=\frac{1}{4}(3x-y)^2+\frac{3}{4}(x+y)^2=3x^2+y^2$$

26.2 三维波动方程的泊松公式

在 26.1 节中讨论了一维波动方程的初值问题，获得了达朗贝尔公式. 但只研究一维波动方程还不能满足工程技术上的要求，如在研究交变电磁场时要讨论三维波动方程. 本节将讨论三维波动方程的柯西问题

$$\begin{cases} \dfrac{\partial^2 u}{\partial t^2}=a^2\left(\dfrac{\partial^2 u}{\partial x^2}+\dfrac{\partial^2 u}{\partial y^2}+\dfrac{\partial^2 u}{\partial z^2}\right) \quad (-\infty<x,\ y,\ z<+\infty;\ t>0) \\ u\big|_{t=0}=\varphi(x,\ y,\ z),\ \dfrac{\partial u}{\partial t}\Big|_{t=0}=\psi(x,\ y,\ z) \end{cases}$$

在讨论一维波动方程时，我们详细地介绍了如何用行波法来求解一维的波动问题. 因此自然想到，若能通过某种方法将三维的波动问题化为一维的波动问题，则

可借助 26.1 节的结果来求得三维波动方程的解. 为此，我们引入球平均法.

设 $M_0(x_0, y_0, z_0)$ 为空间一点，则以 M_0 为球心，以 r 为半径的球面上任一点 $M(x, y, z)$ 用球坐标可表示

$$\begin{cases} x = x_0 + r\cos\theta\sin\varphi \\ y = y_0 + r\sin\theta\sin\varphi \quad 0 \leqslant \theta \leqslant 2\pi,\ 0 \leqslant \varphi \leqslant \pi \\ z = z_0 + r\cos\varphi \end{cases}$$

引入球平均函数

$$\begin{aligned} & v(x_0, y_0, z_0, r) \\ = & \frac{1}{4\pi r^2}\iint_{S_r^{M_0}} w(x_0 + r\cos\theta\sin\varphi, y_0 + r\sin\theta\sin\varphi, z_0 + r\cos\varphi) r^2 \sin\varphi \mathrm{d}\theta \mathrm{d}\varphi \end{aligned} \tag{26.17}$$

称 $v(x_0, y_0, z_0, r)$ 为函数 $w(M)$ 在以 M_0 为中心，r 为半径的球面 $S_r^{M_0}$ 上的平均值.

显然，$v(x_0, y_0, z_0, r)$ 是 r 的函数，M_0 为一个参量，$v(x_0, y_0, z_0, r)$ 与 $w(x_0, y_0, z_0)$ 之间的关系有如下的引理：

引理 26.1 对于任意给定的二阶连续可微函数 w，由等式(26.17)所确定的函数 $v(x_0, y_0, z_0, r)$ 满足方程

$$\frac{\partial^2 v}{\partial r^2} - \Delta v + \frac{2}{r}\frac{\partial v}{\partial r} = 0 \tag{26.18}$$

及初始条件

$$v\big|_{r=0} = w(x_0, y_0, z_0), \quad \frac{\partial v}{\partial r}\bigg|_{r=0} = 0$$

其中，$\Delta v = \dfrac{\partial^2 v}{\partial x_0^2} + \dfrac{\partial^2 v}{\partial y_0^2} + \dfrac{\partial^2 v}{\partial z_0^2}$.

（引理证明略）

利用该引理，可以证明，函数 $u(x_0, y_0, z_0, t) = tv(x_0, y_0, z_0, ta)$ 满足波动方程

$$\frac{\partial^2 u}{\partial t^2} = a^2\left(\frac{\partial^2 u}{\partial x_0^2} + \frac{\partial^2 u}{\partial y_0^2} + \frac{\partial^2 u}{\partial z_0^2}\right) \tag{26.19}$$

及初始条件

$$u\big|_{t=0} = 0, \quad \frac{\partial u}{\partial t}\bigg|_{t=0} = w(x_0, y_0, z_0)$$

事实上，有

$$\frac{\partial u}{\partial t} = v(x_0, y_0, z_0, at) + at\frac{\partial v(x_0, y_0, z_0, at)}{\partial r}$$

$$\frac{\partial^2 u}{\partial t^2} = 2a\frac{\partial v(x_0, y_0, z_0, at)}{\partial r} + a^2 t\frac{\partial^2 v(x_0, y_0, z_0, at)}{\partial r^2}$$

其中，$\dfrac{\partial v(x_0, y_0, z_0, at)}{\partial r}$ 是导数 $\dfrac{\partial v(x_0, y_0, z_0, r)}{\partial r}$ 当 $r=at$ 时的值，其余意义同此.

将上面的表达式代入波动方程式(26.19)中，它是方程式(26.18)在 $r=at$ 时的特殊情形，因此 $u(x_0, y_0, z_0, t)$ 满足波动方程式(26.19). $u(x_0, y_0, z_0, t)$ 满足的初始条件可由 $v(x_0, y_0, z_0, r)$ 所满足的初始条件导出. 这样就证明了函数 $u(x_0, y_0, z_0, t)$ 确实满足一个特殊的初值问题

$$\begin{cases}\dfrac{\partial^2 u}{\partial t^2}=a^2\left(\dfrac{\partial^2 u}{\partial x_0^2}+\dfrac{\partial^2 u}{\partial y_0^2}+\dfrac{\partial^2 u}{\partial z_0^2}\right)\\ u\big|_{t=0}=0,\ \dfrac{\partial u}{\partial t}\Big|_{t=0}=w(x_0, y_0, z_0)\end{cases}\tag{26.20}$$

由于波动方程式(26.19)是常系数线性齐次方程，容易验证：$u_1=\dfrac{\partial u}{\partial t}$ 也满足这个方程. 现确定 u_1 所满足初始条件，对于函数 $u_1=\dfrac{\partial u}{\partial t}$，我们直接可得到

$$u_1\big|_{t=0}=\frac{\partial u}{\partial t}\Big|_{t=0}=w(x_0, y_0, z_0)$$

又由波动方程式(26.19)，有

$$\frac{\partial u_1}{\partial t}\Big|_{t=0}=\frac{\partial^2 u}{\partial t^2}\Big|_{t=0}=a^2\left(\frac{\partial^2 u}{\partial x_0^2}+\frac{\partial^2 u}{\partial y_0^2}+\frac{\partial^2 u}{\partial z_0^2}\right)\Big|_{t=0}=0$$

其中，上式的最后一个等式可直接利用 $u=tv$ 得到.

综合上面的讨论，可以得到函数 u_1 满足波动方程式(26.19)及初始条件

$$u_1\big|_{t=0}=w(x_0, y_0, z_0),\quad \frac{\partial u_1}{\partial t}\Big|_{t=0}=0$$

应用以上结果，可得到齐次波动方程的柯西问题的解. 事实上，按照叠加原理，原定解问题分解为以下两个问题

$$\begin{cases}\dfrac{\partial^2 u_1}{\partial t^2}=a^2\left(\dfrac{\partial^2 u_1}{\partial x^2}+\dfrac{\partial^2 u_1}{\partial y^2}+\dfrac{\partial^2 u_1}{\partial z^2}\right)\\ u_1\big|_{t=0}=\varphi(x, y, z),\ \dfrac{\partial u_1}{\partial t}\Big|_{t=0}=0\end{cases}$$

及

$$\begin{cases}\dfrac{\partial^2 u_2}{\partial t^2}=a^2\left(\dfrac{\partial^2 u_2}{\partial x^2}+\dfrac{\partial^2 u_2}{\partial y^2}+\dfrac{\partial^2 u_2}{\partial z^2}\right)\\ u_2\big|_{t=0}=0,\ \dfrac{\partial u_2}{\partial t}\Big|_{t=0}=\psi(x, y, z)\end{cases}$$

的解的叠加.

由前面的结果，对第二个定解问题，取 $w(x, y, z)=\psi(x, y, z)$，得 $u_2(x, y, z, t)$ 可表示为

$$\begin{aligned}
u_2(x, y, z, t) &= tv(x, y, z, at) \\
&= \frac{t}{4\pi a^2 t^2}\iint_{S_{at}^M}\psi(x+at\cos\theta\sin\varphi,\ y+at\sin\theta\sin\varphi,\ z+at\cos\varphi)\mathrm{d}s \\
&= \frac{1}{4\pi a^2 t}\iint_{S_{at}^M}\psi\mathrm{d}s \\
&= \frac{t}{4\pi}\int_0^{2\pi}\mathrm{d}\theta\int_0^{\pi}\psi(x+at\cos\theta\sin\varphi,\ y+at\sin\theta\sin\varphi,\ z+at\cos\varphi)\sin\varphi\mathrm{d}\varphi
\end{aligned}$$

对第一个问题，取 $w=\varphi(x, y, z)$，得 $u_1(x, y, z, t)$ 可表示为

$$\begin{aligned}
&u_1(x, y, z, t) \\
&= \frac{\partial u}{\partial t} = \frac{\partial}{\partial t}\left[\frac{t}{4\pi}\int_0^{2\pi}\mathrm{d}\theta\int_0^{\pi}\varphi(x+at\cos\theta\sin\varphi,\ y\right. \\
&\quad \left. +at\sin\theta\sin\varphi, z+at\cos\varphi)\sin\varphi\mathrm{d}\varphi\right] \\
&= \frac{\partial}{\partial t}\left[\frac{1}{4\pi a^2 t}\iint_{S_{at}^M}\varphi\mathrm{d}S\right]
\end{aligned}$$

因此可求得三维波动方程的柯西问题的解为

$$u(x, y, z, t) = \frac{\partial}{\partial t}\left(\frac{1}{4\pi a^2 t}\iint_{S_{at}^M}\varphi\mathrm{d}S\right) + \frac{1}{4\pi a^2 t}\iint_{S_{at}^M}\psi\mathrm{d}S \tag{26.21}$$

其中，S_{at}^M 表示以点 $M(x, y, z)$ 为球心、at 为半径的球面，$\mathrm{d}S$ 表示球面的面积单元.

例 26.3 设已知 $\varphi(x, y, z)=x+y+z$，$\psi(x, y, z)=0$，求方程

$$\frac{\partial^2 u}{\partial t^2} = a^2\left(\frac{\partial^2 u}{\partial x^2}+\frac{\partial^2 u}{\partial y^2}+\frac{\partial^2 u}{\partial z^2}\right)$$

相应柯西问题的解.

解 将给定的初始条件 $\varphi(x, y, z)$，$\psi(x, y, z)$ 代入式(26.21)，得所要求的解为

$$\begin{aligned}
&u(x, y, z, t) \\
&= \frac{\partial}{\partial t}\left\{\frac{t}{4\pi}\int_0^{2\pi}\mathrm{d}\theta\int_0^{\pi}[x+y+z+at(\cos\theta\sin\varphi+\sin\theta\sin\varphi+\cos\varphi)]\sin\varphi\mathrm{d}\varphi\right\} \\
&= \frac{\partial}{\partial t}\left\{\frac{t}{4\pi}\left[(x+y+z)\int_0^{2\pi}\mathrm{d}\theta\int_0^{\pi}\sin\varphi\mathrm{d}\varphi\right]\right\} \\
&= x+y+z
\end{aligned}$$

26.3　积分变换法举例

在积分变换学习中，我们已经熟悉常微分方程的傅氏变换与拉氏变换的解法，对常微分方程施行拉氏变换，常微分方程转换为代数方程，而且初始条件一并考虑进去了，解出代数方程之后进行反演就得到原来那个常微分方程的解.基于这一事实，我们自然会想到积分变换也能用于解偏微分方程.在偏微分方程两端对某个变量取积分变换就能消去求未知函数对该自变量求偏导数的运算，得到像函数的简单微分方程，如果原来的偏微分方程中只包含有两个自变量，通过一次变换就能得到像函数的常微分方程.下面通过例题来说明用积分变换法解偏微分方程定解问题的一般步骤.

例 26.4　求解半无界弦的振动问题

$$\begin{cases} u_{tt} = a^2 u_{xx} \\ u(0, t) = f(t), \lim\limits_{x\to\infty} u(x, t) = 0 \quad (t \geqslant 0) \\ u(x, 0) = 0, u_t(x, 0) = 0 \quad (0 \leqslant x < \infty) \end{cases}$$

解　对方程两边关于变量 t 作拉氏变换，并记

$$U(x, p) = \mathscr{L}[u(x, t)] = \int_0^{+\infty} u(x, t) e^{-pt} dt$$

则

$$p^2 U(x, p) - pu(x, 0) - u_t(x, 0) = a^2 \frac{d^2 U(x, p)}{dx^2}$$

代入初始条件,得

$$\frac{d^2 U}{dx^2} - \frac{p^2}{a^2} U(x, p) = 0 \tag{26.22}$$

再对边界条件关于 t 作拉氏变换，并记 $F(p) = \mathscr{L}[f(t)]$，则有

$$\begin{cases} U(0, p) = F(p) \\ \lim\limits_{x\to\infty} U(x, p) = 0 \end{cases} \tag{26.23}$$

常微分方程式(26.22)的通解为

$$U(x, p) = C_1(p) e^{-\frac{px}{a}} + C_2(p) e^{\frac{px}{a}}$$

代入边界条件式(26.23),得

$$C_2(p) = 0, \quad C_1(p) = F(p)$$

故

$$U(x, p) = e^{-\frac{px}{a}} F(p)$$

作反演变换，利用拉氏变换的延迟性质，可得

$$u(x,t)=\mathscr{L}^{-1}\left[\mathrm{e}^{-\frac{px}{a}}F(p)\right]=\begin{cases}0, & t<\dfrac{x}{a}\\ f\left(t-\dfrac{x}{a}\right), & t\geqslant\dfrac{x}{a}\end{cases}$$

例 26.5 求解长为 l 的均匀细杆的热传导问题

$$\begin{cases}u_t=a^2u_{xx} & (0<x<l)\\ u_x(0,t)=0,\ u(l,t)=u_1 & (t\geqslant 0)\\ u(x,0)=u_0 & (0\leqslant x\leqslant l)\end{cases}$$

解 对方程和边界条件(关于变量 t)进行拉氏变换，记 $\mathscr{L}[u(x,t)]=U(x,p)$，并考虑到初始条件，则得

$$\frac{\mathrm{d}^2U}{\mathrm{d}x^2}-\frac{p}{a^2}U+\frac{u_0}{a^2}=0 \tag{26.24}$$

$$\begin{cases}U_x(0,p)=0\\ U(l,p)=\dfrac{u_1}{p}\end{cases} \tag{26.25}$$

方程式(26.24)的通解为

$$U(x,p)=\frac{u_0}{p}+c_1(p)\operatorname{sh}\frac{\sqrt{p}}{a}x+c_2(p)\operatorname{ch}\frac{\sqrt{p}}{a}x$$

由边界条件式(26.25)定出 $c_1(p)$，$c_2(p)$，便得

$$U(x,p)=\frac{u_0}{p}+\frac{u_1-u_0}{p}\cdot\frac{\operatorname{ch}\dfrac{\sqrt{p}}{a}x}{\operatorname{ch}\dfrac{\sqrt{p}}{a}l}$$

由

$$\mathscr{L}^{-1}\left[\frac{\operatorname{ch}\dfrac{\sqrt{p}}{a}x}{p\operatorname{ch}\dfrac{\sqrt{p}}{a}l}\right]=1+\frac{4}{\pi}\sum_{k=1}^{\infty}\frac{(-1)^k}{2k-1}\cos\frac{(2k-1)\pi x}{2l}\mathrm{e}^{-\frac{a^2\pi^2(2k-1)^2}{4l^2}t}$$

故

$$\begin{aligned}u(x,t)&=\mathscr{L}^{-1}[U(x,p)]\\&=u_1+(u_1-u_0)\frac{4}{\pi}\sum_{k=1}^{\infty}\frac{(-1)^k}{2k-1}\cos\frac{(2k-1)\pi x}{2l}\mathrm{e}^{-\frac{a^2\pi^2(2k-1)^2}{4l^2}t}\end{aligned}$$

通过以上两个例子可以看出，用积分变换法解定解问题的过程大致可分为以下

几步：

(1) 根据自变量的变化范围以及定解条件的具体情况，选取适当的积分变换然后对方程的两端取变换，把一个含两个变量的偏微分方程化为含一个变量的常微分方程.

(2) 对定解条件取相应的变换，导出新方程的定解条件.

(3) 解所得常微分方程，求得原定解问题解的变换式(即像函数).

(4) 对所得的变换式取逆变换，得到原定解问题的解.

当然，在作傅氏(或拉氏)变换解定解问题时，是假定所求的解及定解条件中的已知函数都是能够取傅氏(或拉氏)变换的，即假定它们的傅氏(或拉氏)变换都存在，一个未知函数在它求出以前是很难判断它是否存在傅氏(或拉氏)变换的，所以，在未做综合工作之前，用积分变换法所求的解都只是形式的解.

下面再举两个用积分变换法求解偏微分方程的例子.

例 26.6 求解无界弦的振动

$$\begin{cases} u_{tt} - a^2 u_{xx} = 0 \\ u\big|_{t=0} = \varphi(x),\ u_t\big|_{t=0} = \psi(x) \end{cases}$$

解 对方程关于 t 作拉氏变换，令

$$U(x,\ p) = \int_0^{+\infty} u(x,\ t)\mathrm{e}^{-pt}\mathrm{d}t$$

变换的结果是

$$p^2 U(x,\ p) - p\varphi(x) - \psi(x) - a^2 U_{xx} = 0$$

这个齐次常微分方程的通解是

$$\begin{aligned} U(x,\ p) = {} & A\mathrm{e}^{px/a} + B\mathrm{e}^{-px/a} - \frac{1}{2a}\mathrm{e}^{px/a}\int \frac{\mathrm{e}^{-p\xi/a}}{p}[\psi(\xi) + p\varphi(\xi)]\mathrm{d}\xi \\ & + \frac{1}{2a}\mathrm{e}^{-px/a}\int \frac{\mathrm{e}^{p\xi/a}}{p}[\psi(\xi) + p\varphi(\xi)]\mathrm{d}\xi \end{aligned}$$

注意到 $\left|\lim\limits_{x\to-\infty} U(x,\ p)\right| < \infty$，所以 $A = 0$；$\left|\lim\limits_{x\to+\infty} U(x,\ p)\right| < \infty$，所以 $B = 0$. 为保证积分收敛，第一个积分的下限应为 $+\infty$，第二个积分的下限应为 $-\infty$，这样

$$\begin{aligned} U(x,\ p) = {} & -\frac{1}{2a}\int_{+\infty}^{x} \frac{\mathrm{e}^{-p(\xi-x)/a}}{p}[\psi(\xi) + p\varphi(\xi)]\mathrm{d}\xi \\ & + \frac{1}{2a}\int_{-\infty}^{x} \frac{\mathrm{e}^{-p(x-\xi)/a}}{p}[\psi(\xi) + p\varphi(\xi)]\mathrm{d}\xi \\ = {} & \left[\frac{1}{2a}\int_{x}^{+\infty} \frac{\mathrm{e}^{-p(\xi-x)/a}}{p}\psi(\xi)\mathrm{d}\xi + \frac{1}{2a}\int_{-\infty}^{x} \frac{\mathrm{e}^{-p(x-\xi)/a}}{p}\psi(\xi)\mathrm{d}\xi\right] \\ & + \left[\frac{1}{2a}\int_{x}^{+\infty} \frac{\mathrm{e}^{-p(\xi-x)/a}}{p}p\varphi(\xi)\mathrm{d}\xi + \frac{1}{2a}\int_{-\infty}^{x} \frac{\mathrm{e}^{-p(x-\xi)/a}}{p}p\varphi(\xi)\mathrm{d}\xi\right] \\ = {} & F(x,\ p) + G(x,\ p) \end{aligned}$$

其中

$$F(x,p)=\frac{1}{2a}\int_{x}^{+\infty}\frac{\mathrm{e}^{-p(\xi-x)/a}}{p}\psi(\xi)\mathrm{d}\xi+\frac{1}{2a}\int_{-\infty}^{x}\frac{\mathrm{e}^{-p(x-\xi)/a}}{p}\psi(\xi)\mathrm{d}\xi$$

$$G(x,p)=\frac{1}{2a}\int_{x}^{+\infty}\frac{\mathrm{e}^{-p(\xi-x)/a}}{p}p\varphi(\xi)\mathrm{d}\xi+\frac{1}{2a}\int_{-\infty}^{x}\frac{\mathrm{e}^{-p(x-\xi)/a}}{p}p\varphi(\xi)\mathrm{d}\xi$$

$G(x,p)$与$F(x,p)$相比较，$\varphi(\xi)$代替了$\psi(\xi)$，并且多一个因子p.因此，先对$F(x,p)$进行拉氏逆变换，得到像原函数之后，把ψ改为φ并对t求导就得$G(x,p)$的像原函数.

运用卷积定理,得

$$\mathscr{L}^{-1}\left[\frac{1}{2a}\int_{x}^{+\infty}\frac{\mathrm{e}^{-p(\xi-x)/a}}{p}\psi(\xi)\mathrm{d}\xi\right]=\frac{1}{2a}\int_{x}^{x+at}\psi(\xi)\mathrm{d}\xi$$

$$\mathscr{L}^{-1}\left[\frac{1}{2a}\int_{-\infty}^{x}\frac{\mathrm{e}^{-p(x-\xi)/a}}{p}\psi(\xi)\mathrm{d}\xi\right]=\frac{1}{2a}\int_{x-at}^{x}\psi(\xi)\mathrm{d}\xi$$

这样，原定解问题的解为

$$\begin{aligned}u(x,t)&=\frac{1}{2a}\int_{x-at}^{x+at}\psi(\xi)\mathrm{d}\xi+\frac{\partial}{\partial t}\left[\frac{1}{2a}\int_{x-at}^{x+at}\varphi(\xi)\mathrm{d}\xi\right]\\&=\frac{1}{2}[\varphi(x+at)+\varphi(x-at)]+\frac{1}{2a}\int_{x-at}^{x+at}\psi(\xi)\mathrm{d}\xi\end{aligned}$$

这就是达朗贝尔公式.

例 26.7(无界杆上的热传导问题) 设有一根无限长的杆，杆上具有强度为$F(x,p)$的热源，杆的初始温度为$\varphi(x)$，试求$t>0$时杆上温度的分布规律.

解 这个问题可归结为求解下列定解问题

$$\begin{cases}\dfrac{\partial u}{\partial t}=a^2\dfrac{\partial^2 u}{\partial x}+f(x,t) & -\infty<x<+\infty,\ t>0\\ u\big|_{t=0}=\varphi(x)\end{cases}\tag{26.26}$$

其中$f(x,t)=\dfrac{1}{\rho c}F(x,t)$.

现用傅氏变换来解，用记号$U(\omega,t)$，$G(\omega,t)$分别表示函数$u(x,t)$，$f(x,t)$关于变量x的傅氏变换，即

$$U(\omega,t)=\int_{-\infty}^{+\infty}u(x,t)\mathrm{e}^{-\mathrm{j}\omega x}\mathrm{d}x,\quad G(\omega,t)=\int_{-\infty}^{+\infty}f(x,t)\mathrm{e}^{-\mathrm{j}\omega x}\mathrm{d}x$$

对式(26.26)中的方程两端取关于x的傅氏变换，根据傅氏变换的微分性质，得到

$$\frac{\mathrm{d}U(\omega,t)}{\mathrm{d}t}=-a^2\omega^2U(\omega,t)+G(\omega,t)\tag{26.27}$$

这是一个含参变量ω的常微分方程，为导出方程式(26.27)的定解条件，对式(26.26)中的条件式两端也取傅氏变换，并且以$\phi(\omega)$表示$\varphi(x)$的傅氏变换，得

$$U(\omega, t)\big|_{t=0} = \phi(\omega) \tag{26.28}$$

方程式(26.27)是一阶常微分方程，它满足初始条件式(26.28)的解为

$$U(\omega, t) = \phi(\omega)\mathrm{e}^{-a^2\omega^2 t} + \int_0^t G(\omega, \tau)\mathrm{e}^{-a^2\omega^2(t-\tau)}\mathrm{d}\tau$$

为求出原定解问题的解 $u(x, t)$，还需要对 $U(\omega, t)$ 取傅氏逆变换，由傅氏变换表可查得

$$\mathscr{F}^{-1}[\mathrm{e}^{-a^2\omega^2 t}] = \frac{1}{2a\sqrt{\pi t}}\mathrm{e}^{-\frac{x^2}{4a^2 t}}$$

再根据傅氏变换的变积公式,可得

$$\begin{aligned} u(x, t) &= \mathscr{F}^{-1}[U(\omega, t)] \\ &= \frac{1}{2a\sqrt{\pi t}}\int_{-\infty}^{+\infty}\varphi(\xi)\mathrm{e}^{-\frac{(x-\xi)^2}{4a^2 t}}\mathrm{d}\xi + \frac{1}{2a\sqrt{\pi}}\int_0^t \mathrm{d}\tau\int_{-\infty}^{+\infty}\frac{f(\xi, \tau)}{\sqrt{t-\tau}}\mathrm{e}^{-\frac{(x-\xi)^2}{4a^2(t-\tau)}}\mathrm{d}\xi \end{aligned}$$

这样就得到原定解问题的解.

通过上面几个例子，我们对积分变换法解定解问题的步骤已有所了解，掌握这些步骤并不困难，主要困难在于：

(1) 如何选取恰当的积分变换. 对这个问题应从两方面来考虑，首先要注意自变量的变化范围，傅氏变换要求作变换的自变量在 $(-\infty, +\infty)$ 内变化. 其次要注意定解条件的形式，根据拉氏变换的微分性质

$$\mathscr{L}[f^{(n)}(t)] = p^n\mathscr{L}[f(t)] - p^{n-1}f(0) - p^{n-2}f'(0) - \cdots - f^{(n-1)}(0)$$

可以看出，要对某自变量取拉氏变换，必须在定解条件中给出自变量等于 0 的函数值及有关导数值.

(2) 定解条件中哪些需要取变换，哪些不需要取变换. 这个问题容易解决，凡是对方程取变换时没有用到的条件都要对它取变换，使它转化为新方程的定解条件.

(3) 如何顺利求出逆变换，解决这个问题主要依靠积分变换表，以及运用积分变换的有关性质，有时还要利用到计算反演积分的留数定理.

* * * * *

本章主要介绍了一维波动方程达朗贝尔公式、三维波动方程的泊松公式以及利用积分变换法求解偏微分方程.

达朗贝尔公式的推导采用的是行波法，这个方法对求一维方程是非常有效的，而泊松公式的推导采用的是球平均法，它是从一维波动方程的求法中得到启示的. 积分变换法在工程技术中有着广泛应用，它可克服求解偏微分方程时非齐次边界条件不好处理的问题.

本章常用词汇中英文对照

一维波动方程	one-dimension wave equation	三维方程	three-dimension equation
稳恒状态	steady state	达朗贝尔公式	D'Alembert formula

无界区域	infinite domain	球形域	sphere domain
无限长的棒	infinite rod	积分变换法	integral transform method
逆变换	inverse transform	积分核	kernel of an integral transform

习 题 26

1. 求方程 $\dfrac{\partial^2 u}{\partial x \partial y} = x^2 y$ 满足边界条件 $u\big|_{y=0} = x^2$，$u\big|_{x=1} = \cos y$ 的解.

2. 求解 $\begin{cases} u_{xx} + 2u_{xy} - 3u_{yy} = 0 \quad (-\infty < x < +\infty,\ y > 0), \\ u\big|_{y=0} = \sin x,\ u_y\big|_{y=0} = x. \end{cases}$

3. 求下列方程的通解.

(1) $3u_{xx} + 10u_{xy} + 3u_{yy} = 0$

(2) $u_{xx} + yu_{yy} + \dfrac{1}{2}u_y = 0 \quad (y < 0)$

4. 求方程 $\dfrac{\partial^2 u}{\partial t^2} = a^2\left(\dfrac{\partial^2 u}{\partial x^2} + \dfrac{\partial^2 u}{\partial y^2} + \dfrac{\partial^2 u}{\partial z^2}\right)$ 满足初始条件 $u\big|_{t=0} = x^3 + y^2 z$，$\dfrac{\partial u}{\partial t}\bigg|_{t=0} = 0$ 的解.

5. 求方程 $u_{tt} = a^2(u_{xx} + u_{yy} + u_{zz})$ 满足初始条件 $u\big|_{t=0} = 0$，$u_t\big|_{t=0} = 2xy$ 的解.

6. 求解硅片的恒定表面浓度扩散问题，把硅片的厚度当作无限大，这是半无边界空间的定解问题.

$$\begin{cases} u_t - a^2 u_{xx} = 0 \quad (x > 0) \\ u\big|_{x=0} = N_0,\ u\big|_{t=0} = 0 \end{cases}$$

7. 用傅氏变换法求解下列定解问题.

$$\begin{cases} \dfrac{\partial^2 u}{\partial t^2} = \dfrac{\partial^2 u}{\partial x^2} \quad (-\infty < x < +\infty,\ t > 0) \\ u\big|_{t=0} = \varphi(x) \\ \dfrac{\partial u}{\partial t}\bigg|_{t=0} = \psi(x) \end{cases}$$

8. 用积分变换法解求解定解问题.

$$\begin{cases} u_{xx} + 2u_{xy} - 3u_{yy} = 0 \quad (-\infty < x < +\infty,\ y > 0) \\ u\big|_{y=0} = \sin x,\ u_y\big|_{y=0} = x \end{cases}$$

第 27 章　拉普拉斯方程的格林函数法

本章重点介绍求解拉普拉斯方程的格林(Green)函数法. 先讨论方程解的一些重要性质，再建立格林函数的概念，然后通过格林函数建立拉普拉斯方程第一边值问题解的解析表达式.

27.1　拉普拉斯方程边值问题的提法

在第 24 章中，我们从稳定浓度的分布推导出了三维拉普拉斯方程

$$\Delta u \equiv \frac{\partial^2 u}{\partial x^2}+\frac{\partial^2 u}{\partial y^2}+\frac{\partial^2 u}{\partial z^2}=0$$

作为描述稳定和平衡等物理现象的拉普拉斯方程，由于它的变化过程与时间无任何关系，当然不能提初始条件，至于边界条件，如第 24 章所述有三种类型. 应用较多的是两类边值的问题.

1. 第一类边值问题

在空间(x, y, z)某一区域Ω的边界Γ上给定了连续函数，要求这样一个函数$u(x, y, z)$，它在闭域$\Omega+\Gamma$(或记为$\bar{\Omega}$)上连续，在Ω内有二阶连续偏导数，且满足拉普拉斯方程，在Γ上与已知函数f相重合，即

$$u\big|_{\Gamma}=f \tag{27.1}$$

此问题称为**第一类边值问题**，也称为**狄利克雷问题**，简称**狄氏问题**. 我们把具有二阶偏导数且满足拉普拉斯方程的函数称为**调和函数**.

因此，狄氏问题也可说成，在区域Ω内找一个调和函数，它在边界Γ上与某已知函数一致.

2. 第二类边值问题

在某光滑闭曲面Γ上给出连续函数f，要求一个函数$u(x, y, z)$，它在Γ内部的区域Ω中是调和函数，在$\Omega+\Gamma$上连续，在Γ上任一点处法向导数$\frac{\partial u}{\partial \boldsymbol{n}}$存在，且等于已知函数$f$在该点的值，即

$$\frac{\partial u}{\partial \boldsymbol{n}}\bigg|_{\Gamma}=f \tag{27.2}$$

这里 $\boldsymbol{n}$ 是 Γ 的外法向向量.

该问题称为**第二类边值问题**.第二类边值问题又称为**诺伊曼问题**.

以上两个边值问题都是在边界 Γ 上给定某些边界条件，在区域内部求拉普拉斯方程的解，这样的问题称为**内问题**.

还有一类与内问题相反的提法，把它与内问题相区别分别称为狄氏外问题与诺伊曼外问题.

3. 狄氏外问题

在空间(x, y, z)的某一闭曲面 Γ 上给定连续函数 f，要求这样一个函数 $u(x, y, z)$，它在 Γ 的外部区域 Ω' 内调和，在 $\Omega'+\Gamma$ 上连续，当点(x, y, z)趋于无穷时，$u(x, y, z)$满足条件

$$\lim_{r\to\infty} u(x, y, z) = 0 \quad (r = \sqrt{x^2+y^2+z^2})^{*} \tag{27.3}$$

且在边界 Γ 上取所给的函数值

$$u|_{\Gamma} = f \tag{27.4}$$

该问题称为**狄氏外问题**.

4. 诺伊曼外问题

在光滑的闭曲面 Γ 上给定连续函数 f，要求这样一个函数 $u(x, y, z)$，它在闭曲面 Γ 的外部区域 Ω' 内调和，在 $\Omega'+\Gamma$ 上连续，在无穷远处满足条件式(27.3)，且在 Γ 上任一点的法向导数 $\frac{\partial u}{\partial \boldsymbol{n}'}$ 存在，并满足

$$\left.\frac{\partial u}{\partial \boldsymbol{n}'}\right|_{\Gamma} = f \tag{27.5}$$

这里 $\boldsymbol{n}'$ 是边界曲面 Γ 的内法向向量.该问题称为**诺伊曼外问题**.

下面将重点讨论狄氏内问题与诺伊曼内问题，所采用方法可以用于研究相应的外问题.

27.2 格林公式

在研究椭圆型方程时，我们会经常利用格林公式，该公式是由高斯公式直接推出的，为此先介绍格林公式.

在最简单场合下的高斯公式形式如下

$$\iiint_{\Omega} \frac{\partial R}{\partial z} \mathrm{d}V = \iint_{\Gamma} R\cos\gamma \,\mathrm{d}S$$

* 由于拉普拉斯方程的外问题是在无穷域上给出的，定解问题的解应加以限制.基于在电学上总是假定在无穷处的电位为零，所以在外问题中常常要求附加条件式(27.3).

这里,Ω 是以足够光滑的曲面 Σ 为边界的空间区域,而 $R(x, y, z)$ 是任意一个在 $\Omega+\Gamma$(这里 Γ 为区域 Ω 的边界)上连续而在 Ω 内有连续偏导数的函数,γ 是 z 轴与 Γ 的外法线所夹的角.

高斯公式的一般形式可以写为如下的形式

$$\iiint_{\Omega}\left(\frac{\partial P}{\partial x}+\frac{\partial Q}{\partial y}+\frac{\partial R}{\partial z}\right)\mathrm{d}V=\iint_{\Gamma}(P\cos\alpha+Q\cos\beta+R\cos\gamma)\mathrm{d}S$$

现在利用高斯公式来推导格林公式.

设 $u=u(x, y, z)$, $v=v(x, y, z)$ 及其一阶导函数在 $\bar{\Omega}$ 上是连续函数,在 Ω 内部具有二阶连续导函数.

在高斯公式中令 $P=u\dfrac{\partial v}{\partial x}$, $Q=u\dfrac{\partial v}{\partial y}$, $R=u\dfrac{\partial v}{\partial z}$,即可得到**第一格林公式**

$$\iiint_{\Omega}u\Delta v\mathrm{d}V=\iint_{\Gamma}u\frac{\partial v}{\partial \boldsymbol{n}}\mathrm{d}S-\iiint_{\Omega}\left(\frac{\partial u}{\partial x}\cdot\frac{\partial v}{\partial x}+\frac{\partial u}{\partial y}\cdot\frac{\partial v}{\partial y}+\frac{\partial u}{\partial z}\cdot\frac{\partial v}{\partial z}\right)\mathrm{d}V \tag{27.6}$$

这里,$\dfrac{\partial}{\partial \boldsymbol{n}}=\cos\alpha\dfrac{\partial}{\partial x}+\cos\beta\dfrac{\partial}{\partial y}+\cos\gamma\dfrac{\partial}{\partial z}$ 是沿外法线方向的方向导数算子.

考虑到

$$\mathrm{grad}\,u\cdot\mathrm{grad}\,v=\nabla u\cdot\nabla v=\frac{\partial u}{\partial x}\frac{\partial v}{\partial x}+\frac{\partial u}{\partial y}\frac{\partial v}{\partial y}+\frac{\partial u}{\partial z}\frac{\partial v}{\partial z}$$

则第一格林公式又可以表示为如下的形式

$$\iiint_{\Omega}u\Delta v\mathrm{d}V=-\iiint_{\Omega}\nabla u\cdot\nabla v\mathrm{d}V+\iint_{\Gamma}u\frac{\partial v}{\partial \boldsymbol{n}}\mathrm{d}S$$

在上式中,交换函数 u 与函数 v 的位置,则有

$$\iiint_{\Omega}v\Delta u\mathrm{d}V=-\iiint_{\Omega}\nabla v\cdot\nabla u\mathrm{d}V+\iint_{\Gamma}v\frac{\partial u}{\partial \boldsymbol{n}}\mathrm{d}S$$

将上面两式相减,可以得到

$$\iiint_{\Omega}(u\Delta v-v\Delta u)\mathrm{d}V=\iint_{\Gamma}\left(u\frac{\partial v}{\partial \boldsymbol{n}}-v\frac{\partial u}{\partial \boldsymbol{n}}\right)\mathrm{d}S \tag{27.7}$$

这里 Γ 可以是分片光滑的曲面.式(27.7)称为**第二格林公式**.

容易证明,若

$$r_{M_0M}=\sqrt{(x-x_0)^2+(y-y_0)^2+(z-z_0)^2}$$

是点 $M_0(x_0, y_0, z_0)$ 与 $M(x, y, z)$ 的距离,则函数 $v(x, y, z)=\dfrac{1}{r_{M_0M}}$ 除 $M_0(x_0, y_0, z_0)$ 外必满足拉普拉斯方程.

设 $u(M)$ 与它的一阶导函数在 $\bar{\Omega}$ 上连续,而在 Ω 内有连续的二阶导函数,现考虑函

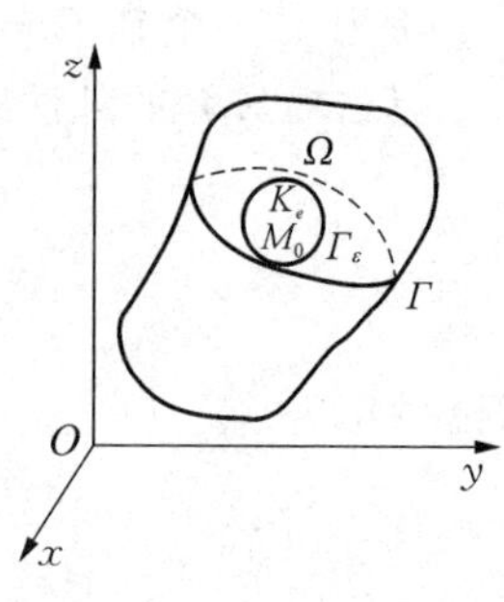

图 27.1　空间区域 Ω

数 $v(x, y, z)=\dfrac{1}{r_{M_0M}}$（这里 $M_0(x_0, y_0, z_0)$是 Ω 的一个内点），既然 Ω 内部有间断点 $M_0(x_0, y_0, z_0)$，因此不能直接在区域 Ω 内对于 u 与 v 应用第二格林公式. 但是，若设 K_ε 是以 M_0 点为球心，而以 ε 为半径的球，并记 Γ_ε 球 K_ε 的边界，外法线方向指向球面内侧. 则函数在以 $\Gamma+\Gamma_\varepsilon$ 为边界的区域 $\Omega-K_\varepsilon$ 上是有界函数，如图 27.1 所示.

对于函数 u 与 $v=\dfrac{1}{r}$，在区域 $\Omega-K_\varepsilon$ 内应用第二格林公式，则得

$$\iiint\limits_{\Omega-K_\varepsilon}\left(u\Delta\frac{1}{r}-\frac{1}{r}\Delta u\right)\mathrm{d}V$$

$$=\iint\limits_{\Gamma}\left[u\frac{\partial}{\partial \boldsymbol{n}}\left(\frac{1}{r}\right)-\frac{1}{r}\frac{\partial u}{\partial \boldsymbol{n}}\right]\mathrm{d}S+\iint\limits_{\Gamma_\varepsilon}u\frac{\partial}{\partial \boldsymbol{n}}\left(\frac{1}{r}\right)\mathrm{d}S-\iint\limits_{\Gamma_\varepsilon}\frac{1}{r}\frac{\partial u}{\partial \boldsymbol{n}}\mathrm{d}S \tag{27.8}$$

计算边界 Γ_ε 的内法向导数

$$\frac{\partial}{\partial \boldsymbol{n}}\left(\frac{1}{r}\right)\Big|_{\Gamma_\varepsilon}=-\frac{\partial}{\partial r}\left(\frac{1}{r}\right)\Big|_{r=\varepsilon}=\frac{1}{\varepsilon^2}$$

利用积分中值定理，可得

$$\iint\limits_{\Gamma_\varepsilon}u\frac{\partial}{\partial \boldsymbol{n}}\left(\frac{1}{r}\right)\mathrm{d}S=\frac{1}{\varepsilon^2}\iint\limits_{\Gamma_\varepsilon}u\,\mathrm{d}S=\frac{1}{\varepsilon^2}4\pi\varepsilon^2u^*=4\pi u^* \tag{27.9}$$

此处 u^* 是函数 $u(M)$在球面 Γ_ε 上某点的值.

现在把第三个积分变换成

$$\iint\limits_{\Gamma_\varepsilon}\frac{1}{r}\frac{\partial u}{\partial \boldsymbol{n}}\mathrm{d}S=\frac{1}{\varepsilon}\iint\limits_{\Gamma_\varepsilon}\frac{\partial u}{\partial \boldsymbol{n}}\mathrm{d}S=\frac{1}{\varepsilon}\cdot 4\pi\varepsilon^2\left(\frac{\partial u}{\partial \boldsymbol{n}}\right)^*=4\pi\varepsilon\left(\frac{\partial u}{\partial \boldsymbol{n}}\right)^* \tag{27.10}$$

此处$\left(\dfrac{\partial u}{\partial \boldsymbol{n}}\right)^*$是函数的内法向方向的方向导数在球面 Γ_ε 上某点的取值.

把(27.9)、(27.10)两式代入式(27.8)，并注意在 $\Omega-K_\varepsilon$ 内，函数$\dfrac{1}{r}$满足拉普拉斯方程，即有 $\Delta\left(\dfrac{1}{r}\right)=0$，从而

$$\iiint\limits_{\Omega-K_\varepsilon}\left(-\frac{1}{r}\right)\Delta u\mathrm{d}V=\iint\limits_{\Gamma}\left[u\frac{\partial}{\partial \boldsymbol{n}}\left(\frac{1}{r}\right)-\frac{1}{r}\frac{\partial u}{\partial \boldsymbol{n}}\right]\mathrm{d}S+4\pi u^*-4\pi\varepsilon\left(\frac{\partial u}{\partial \boldsymbol{n}}\right)^* \tag{27.11}$$

现令半径 ε 趋向于 0，于是有：

$\lim\limits_{\varepsilon\to 0}u^*=u(M_0)$，这是因为 $u(M)$是连续函数.

$\lim\limits_{\varepsilon\to 0}4\pi\varepsilon\left(\dfrac{\partial u}{\partial \boldsymbol{n}}\right)^{*}=0$，这是因为函数 $u(M)$ 在 Ω 内具有一阶的连续导函数，从而它的内法向方向的方向导函数

$$\frac{\partial u}{\partial \boldsymbol{n}}=\frac{\partial u}{\partial x}\cos\alpha+\frac{\partial u}{\partial y}\cos\beta+\frac{\partial u}{\partial z}\cos\gamma$$

在 M_0 点的邻域是有界函数，利用极限的性质即可得到.

进一步，由广义积分的定义可以得到

$$\lim_{\varepsilon\to 0}\iiint\limits_{\Omega-K_\varepsilon}\left(-\frac{1}{r}\Delta u\right)\mathrm{d}V=\iiint\limits_{\Omega}\left(-\frac{1}{r}\Delta u\right)\mathrm{d}V$$

综上所述，对式(27.1)两边让半径 ε 趋向于 0，可以得到下列关系式

$$4\pi u(M_0)=-\iint\limits_{\Gamma}\left[u(P)\frac{\partial}{\partial \boldsymbol{n}}\left(\frac{1}{r_{M_0P}}\right)-\frac{1}{r_{M_0P}}\frac{\partial u}{\partial \boldsymbol{n}}\right]\mathrm{d}S-\iiint\limits_{\Omega}\frac{\Delta u}{r_{M_0P}}\mathrm{d}V \tag{27.12}$$

有时也把上关系式称为基本积分公式.

把调和函数 $u(M)$ 用到式(27.12)中，则有

$$u(M)=\frac{1}{4\pi}\iint\limits_{\Gamma}\left[\frac{1}{r_{MP}}\frac{\partial u}{\partial \boldsymbol{n}}-u(P)\frac{\partial}{\partial \boldsymbol{n}}\left(\frac{1}{r_{MP}}\right)\right]\mathrm{d}S \tag{27.13}$$

该公式表明，Ω 区域内的调和函数在某点 M 的值可以用其边界曲面上 Γ 的曲面积分表示.

下面介绍调和函数基本性质：

(1) 假设函数 v 在以曲面 Γ 为界的闭域 $\bar{\Omega}$ 是调和的，若 S 是完全在 Ω 内的一个任意闭曲面，则有

$$\iint\limits_{S}\frac{\partial v}{\partial \boldsymbol{n}}\mathrm{d}S=0 \tag{27.14}$$

事实上，若把一个任意的调和函数代入第一格林公式中，并令 $u\equiv 1$，则立即可得式(27.14).

由式(27.14)，对诺伊曼内问题，只有在满足条件 $\iint\limits_{S}f\mathrm{d}S=0$ 时才能有解，此条件为诺伊曼内问题有解的必要条件.

(2) 假定函数 $u(M)$ 在某一区域 Ω 内是调和的，M_0 是 Ω 的任一内点，若 Γ_a 是以 M_0 为球心而以 a 为半径的完全在区域 Ω 内部的一个球面，则下列公式

$$u(M_0)=\frac{1}{4\pi a^2}\iint\limits_{\Gamma_a}u\mathrm{d}S$$

必成立(中值定理).

证　把式(27.13)应用到球心为点 M_0 的球 Ω_a 上及它的球面 Γ_a 上

$$4\pi u(M_0)=-\iint_{\Gamma_a}\left[u\frac{\partial}{\partial \boldsymbol{n}}\left(\frac{1}{r}\right)-\frac{1}{r}\frac{\partial u}{\partial \boldsymbol{n}}\right]\mathrm{d}S$$

注意到在 Γ_a 上,有 $\frac{1}{r}=\frac{1}{a}$ 及$\iint_{\Gamma_a}\frac{\partial u}{\partial \boldsymbol{n}}\mathrm{d}S=0$;又有

$$\frac{\partial}{\partial \boldsymbol{n}}\left(\frac{1}{r}\right)\Big|_{\Gamma_a}=\frac{\partial}{\partial r}\left(\frac{1}{r}\right)\Big|_{r=a}=-\frac{1}{a^2}$$

所以 $u(M_0)=\frac{1}{4\pi a^2}\iint_{\Gamma_a}u\,\mathrm{d}S$, 这就是我们所要证明的.

该定理告诉我们,若 Γ_a 是任意一个以 M_0 点为球心的球面,假定球不会超出函数 $u(M)$的调和区外,则这调和函数在点 M_0 上的值等于它在球面 Γ_a 上的平均值.

(3) 假定函数 $u(M)$在闭区域 $\Omega+\Gamma$ 上是有定义的,且连续,又假定 u 在内部满足方程式 $\Delta u=0$,则函数 $u(M)$必在曲面 Γ 上达到最大值与最小值(最大值原理).

其证明可参见相关文献.

最大值原理告诉我们,调和函数在其边界上取得最大值与最小值.

(4) 拉普拉斯方程解的唯一性.

我们将证明如下的结论,狄氏问题在 $C^1(\bar{\Omega})\cap C^2(\Omega)$内的解是唯一的;诺伊曼问题的解除了相差一常数外也是唯一确定的.

证 以 u_1, u_2 表示定解问题的两个解,则它们的差 $v=u_1-u_2$ 必是原问题满足零边界条件的解.对于狄氏问题,v 满足

$$\begin{cases}\Delta v=0 & (x,y,z)\in\Omega\\ v|_{\Gamma}=0\end{cases}\tag{27.15}$$

对于诺伊曼问题,v 满足

$$\begin{cases}\Delta v=0 & (x,y,z)\in\Omega\\ \frac{\partial v}{\partial \boldsymbol{n}}\Big|_{\Gamma}=0\end{cases}\tag{27.16}$$

下面说明满足条件式(27.15)和式(27.16)的函数所具有的性质.

在第一格林公式中,取 $u=v=u_1-u_2$,则得

$$0=\iint_{\Gamma}v\frac{\partial v}{\partial \boldsymbol{n}}\mathrm{d}S-\iiint_{\Omega}(\mathrm{grad}\,v)^2\mathrm{d}V$$

由条件式(27.15)或式(27.16)得,在 Ω 内必有 $\mathrm{grad}\,v\equiv 0$,

$$\frac{\partial v}{\partial x}=\frac{\partial v}{\partial y}=\frac{\partial v}{\partial z}=0$$

从而 $v\equiv C$ (C 为常数).

对于狄氏问题,由 $v|_{\Gamma}=0$,故 $v=0$,从而证明了我们的结论.

27.3 格林函数

上一节中给出了调和函数可以利用边界曲面的积分表示的基本积分公式.很自然的想法是，满足拉普拉斯方程的狄氏问题是否可以利用这个关系式得到满足定解的解析表示呢.

格林函数的方法对边值问题的解的解析表示将是很方便的工具.为此先介绍拉普拉斯方程的格林函数的定义及其性质.

设函数 u 及其一阶导函数在 $\bar{\Omega}$ 上连续，且在 Ω 内有二阶导函数，则有

$$u(M_0)=\frac{1}{4\pi}\iint_{\Gamma}\left[\frac{1}{r_{M_0M}}\frac{\partial u}{\partial \boldsymbol{n}}-u(M)\frac{\partial}{\partial \boldsymbol{n}}\left(\frac{1}{r_{M_0M}}\right)\right]\mathrm{d}S-\frac{1}{4\pi}\iiint_{\Omega}\frac{\Delta u}{r_{M_0M}}\mathrm{d}V \tag{27.17}$$

成立.

设 $v(M)$ 是在 Ω 内到处无奇点的一调和函数，由第二格林公式

$$\iiint_{\Omega}(u\Delta v-v\Delta u)\mathrm{d}V=\iint_{\Gamma}\left(u\frac{\partial v}{\partial \boldsymbol{n}}-v\frac{\partial u}{\partial \boldsymbol{n}}\right)\mathrm{d}S$$

$$0=\iint_{\Gamma}\left(v\frac{\partial u}{\partial \boldsymbol{n}}-u\frac{\partial v}{\partial \boldsymbol{n}}\right)\mathrm{d}S-\iiint_{\Omega}v\Delta u\mathrm{d}V \tag{27.18}$$

把(27.17)、(27.18)两式相加,得

$$u(M_0)=\iint_{\Gamma}\left(G\frac{\partial u}{\partial \boldsymbol{n}}-u\frac{\partial G}{\partial \boldsymbol{n}}\right)\mathrm{d}S-\iiint_{\Omega}G\Delta u\mathrm{d}V \tag{27.19}$$

这里，$G(M, M_0)=\dfrac{1}{4\pi r_{M_0M}}+v$ 是含 $M_0(x, y, z)$ 与 $M(x, y, z)$ 两点的函数，M_0 是定点，因此 x, y, z 在此处是变量.

函数 G 在区域 Ω 内，除 $M=M_0$ 点外处处满足 $\Delta G=0$.

但在 $M=M_0$ 点上函数 G 有形如 $\dfrac{1}{4\pi r}$ 奇性，让我们选择这样的函数 v，使 $G|_{\Gamma}=0$. 即

$$v|_{\Gamma}=-\left.\frac{1}{4\pi r_{M_0M}}\right|_{\Gamma}$$

这样定出的函数 G 就称为方程 $\Delta u=0$ 的第一边值问题的格林函数.

格林函数使我们能够给出方程 $\Delta u=0$ 的第一边值问题的解的显式表示.事实上，由式(27.19),并利用 u 在边界 Γ 上所满足条件式(27.1),得

$$u(M_0)=-\iint_{\Gamma}u\frac{\partial G}{\partial \boldsymbol{n}}\mathrm{d}S=-\iint_{\Gamma}f\frac{\partial G}{\partial \boldsymbol{n}}\mathrm{d}S \tag{27.20}$$

应该注意式(27.20)是用格林公式推得的，所以函数 u 与 G 及曲面 Γ 都必须满足格林公

式中所规定的条件. 在式(27.20)中还含有$\frac{\partial G}{\partial \boldsymbol{n}}$, 它在曲面Γ上的存在性不能由函数$G$的定义直接推出.

从上面的讨论可以看出, 只要求出了格林函数, 就能容易地求出狄氏问题的解, 下面重点介绍函数G的求法.

格林函数G是借助函数v而求出的, 而函数v就是边界条件为$v|_{\Gamma} = -\frac{1}{4\pi r_{M_0M}}\Big|_{\Gamma}$, 方程$\Delta v = 0$的狄氏问题的解. 这看起来是狄氏问题的一种特殊提法而已, 但是, 调和函数v在一些特殊区域的求解是比较简单的.

格林函数$G(M, M_0) = \frac{1}{4\pi r_{M_0M}} + v$在静电学上的意义是放置在$M_0$点的点电荷所造成的在$M$点的势, M_0点是指在接地的导电面Γ内部一点, 第一项$\frac{1}{4\pi r_{M_0M}}$显然是在自由空间点电荷的势, 第二项v是表示在导电电面Γ上感应电荷场的势.

27.4 两种特殊区域的格林函数及狄氏问题的解

从27.3节的讨论中我们知道, 只要求出了格林函数, 就能求出狄氏问题的解. 而求解格林函数又归结为一个特殊狄氏问题的求解, 这看起来好像又回到了问题研究的起点, 但是, 对一些特殊区域来说, 相应的格林函数的求解可以通过特殊的方法求得. 下面介绍求格林函数的方法.

求格林函数常用的方法是静电像法. 其方法如下: 当作格林函数

$$G(M, M_0) = \frac{1}{4\pi r_{MM_0}} + v$$

时, 感应场v是想象为放置在曲面Γ外的电荷场, 而且电荷是这样选择的, 它的条件

$$v|_{\Gamma} = -\frac{1}{4\pi r_{MM_0}}\Big|_{\Gamma}$$

能满足, 这些电荷称为点M_0关于曲面Γ的静电像, 即点电荷M_0与静电像产生的电场使得电位在曲面Γ上为0. 在许多情况下, 选择这样的电荷并不会有困难.

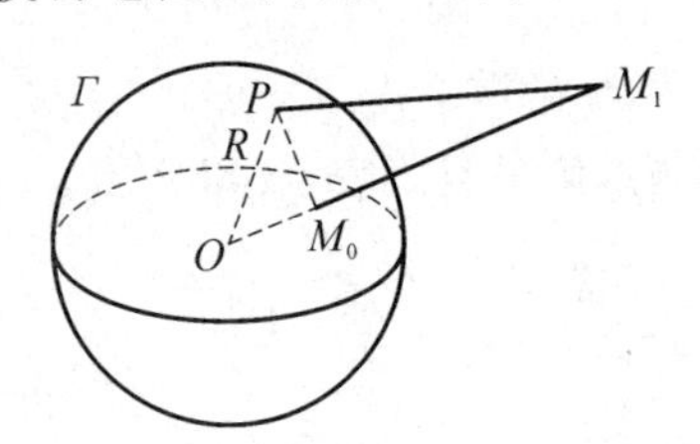

图27.2 球面的逆矢径变换

作为一个例子, 我们考虑关于球的格林函数.

设有半径为R而球心为点O的一个球, 试找它的格林函数.

在M_0点放置一单位电荷, 而且在经过M_0点的半径上截出一线段OM_1使$\rho_0\rho_1 = R^2$, 这里$\rho_0 = OM_0$, $\rho_1 = OM_1$(图27.2). 使M_0点与M_1对应的变换, 称为逆矢径变换

(也叫球变换)，点 M_1 称为 M_0 点关于球面 Γ 的共轭点. 下面证明，自球面上任意一点 P 到 M_0 点距离与到 M_1 点的距离必成比例. 这是由于$\triangle OPM_0 \backsim \triangle OPM_1$,从而有

$$\frac{r_0}{r_1} = \frac{\rho_0}{R} = \frac{R}{\rho_1} \tag{27.21}$$

其中，$r_0 = |\overrightarrow{M_0P}|$，$r_1 = |\overrightarrow{M_1P}|$. 从式(27.21)的比例式可以得到，对于球上任一点，必有

$$r_0 = \frac{\rho_0}{R} r_1$$

所以调和函数 $v = -\frac{R}{\rho_0}\frac{1}{r_1}$ 在球面上所取的值与函数$\frac{1}{r_0}$在球面上的值相同，v 显然就是放置在 M_1 点的而强度为$\frac{R}{\rho_0}$的电荷的势. 可见函数

$$G(M, M_0) = \frac{1}{4\pi}\left(\frac{1}{r_0} - \frac{R}{\rho_0}\frac{1}{r_1}\right) \tag{27.22}$$

就是要找的球形域的格林函数，因它是在 M_0 点有奇性$\frac{1}{4\pi r_0}$，而在球面上等于 0 的调和函数.

现在利用它求方程

$$\Delta u \equiv \frac{\partial^2 u}{\partial x^2} + \frac{\partial^2 u}{\partial y^2} + \frac{\partial^2 u}{\partial y^2} = 0$$

在球上满足边界条件

$$u|_\Gamma = f$$

的狄利克雷问题的解. 为此,我们要计算$\frac{\partial G}{\partial n}$在球面 Γ 上的值. 注意到

$$\frac{1}{r_{M_0M}} = \frac{1}{\sqrt{\rho_0^2 + \rho^2 - 2\rho_0\rho\cos\gamma}}$$

$$\frac{1}{r_{M_1M}} = \frac{1}{\sqrt{\rho_1^2 + \rho^2 - 2\rho_1\rho\cos\gamma}}$$

其中,$\rho = r_{OM}$,γ 是$\overrightarrow{OM_0}$和$\overrightarrow{OM}$ 的夹角(由于 M_1 是 M_0 的共轭点,γ 也是OM_1 和 OM 的夹角),并利用式(27.22)就得到格林函数

$$G(M, M_0) = \frac{1}{4\pi}\left[\frac{1}{\sqrt{\rho_0^2 + \rho^2 - 2\rho_0\rho\cos\gamma}} - \frac{R}{\sqrt{\rho_0^2\rho^2 - 2R^2\rho_0\rho\cos\gamma + R^4}}\right]$$

这里利用了 $\rho_1 = \frac{R^2}{\rho_0}$.

$$\left.\frac{\partial G}{\partial n}\right|_{\rho=R}=\left.\frac{\partial G}{\partial \rho}\right|_{\rho=R}$$

$$=\frac{1}{4\pi}\left[\frac{\rho-\rho_0\cos\gamma}{(\rho_0^2+\rho^2-2\rho_0\rho\cos\gamma)^{\frac{3}{2}}}-\frac{R(\rho_0^2\rho-R^2\rho_0\cos\gamma)}{(\rho_0^2\rho^2-2R\rho_0\rho\cos\gamma+R^4)^{\frac{3}{2}}}\right]\Bigg|_{\rho=R} \tag{27.23}$$

$$=\frac{1}{4\pi R}\frac{R^2-\rho_0^2}{(R^2+\rho_0^2-2R\rho_0\cos\gamma)^{\frac{3}{2}}}$$

因此,由(27.20)就得到了在球上的狄利克莱问题的解的表达式

$$u(M_0)=\frac{1}{4\pi R}\iint_{\Gamma} f(M)\frac{R^2-\rho_0^2}{(R^2+\rho_0^2-2R\rho_0\cos\gamma)^{\frac{3}{2}}}\mathrm{d}S_M \tag{27.24}$$

引入以球心为原点的球坐标系,设(R, θ, φ)为M点坐标,又设$(\rho_0, \theta_0, \varphi_0)$为$M_0$点的坐标,$\gamma$是矢径$\overrightarrow{OM}$与$\overrightarrow{OM_0}$的夹角. 于是式(27.24)可写成

$$u(\rho_0, \theta_0, \varphi_0)=\frac{R}{4\pi}\int_0^{2\pi}\int_0^{\pi} f(\theta, \varphi)\frac{R^2-\rho_0^2}{(R^2-2R\rho_0\cos\gamma+\rho_0^2)^{3/2}}\sin\theta\mathrm{d}\theta\mathrm{d}\varphi \tag{27.25}$$

式中,由于$\overrightarrow{OM}$, $\overrightarrow{OM_0}$的方向余弦分别为$(\sin\theta\cos\varphi, \sin\theta\sin\varphi, \cos\theta)$, $(\sin\theta_0\cos\varphi_0, \sin\theta_0\sin\varphi_0, \cos\theta_0)$,因此

$$\cos\gamma=\cos\theta\cos\theta_0+\sin\theta\sin\theta_0(\cos\varphi\cos\varphi_0+\sin\varphi\sin\varphi_0)$$

$$=\cos\theta\cos\theta_0+\sin\theta\sin\theta_0\cos(\varphi-\varphi_0)$$

式(27.25)称为球的泊松积分.

对球外区域格林函数可按同样的方法处理,也能得到

$$u(\rho_0, \theta_0, \varphi_0)=\frac{R}{4\pi}\int_0^{2\pi}\mathrm{d}\varphi\int_0^{\pi} f(\theta, \varphi)\frac{\rho_1^2-R^2}{(R^2-2R\rho_1\cos\gamma+\rho_1^2)^{3/2}}\sin\theta\mathrm{d}\theta \tag{27.26}$$

下面讨论半空间的格林函数.

设在点$M_0(x_0, y_0, z_0)$放置一单位电荷,它在无穷区间内造成电场,其势由函数

$$\frac{1}{4\pi}\cdot\frac{1}{r_{M_0M}}\quad(\text{这里 } r_{M_0M}=\sqrt{(x-x_0)^2+(y-y_0)^2+(z-z_0)^2})$$

决定.

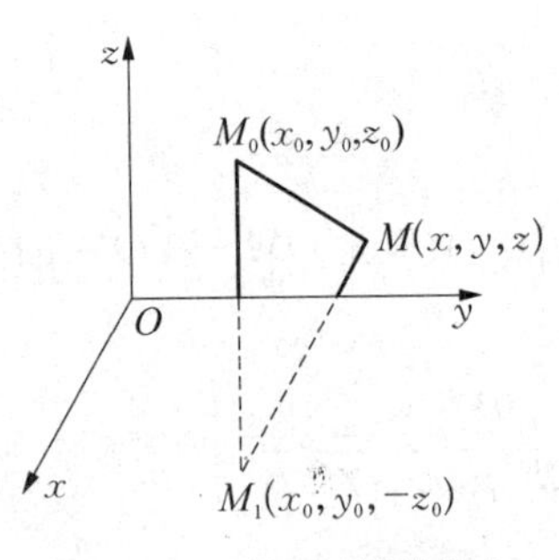

图 27.3 半空间的镜像点

不难看出,感应场v就是单位负电荷放置于$M_1(x_0, y_0, -z_0)$点的场,这里M_1点就是M_0点关于平面$z=0$的镜像点(图 27.3).

格林函数G为$G(M_1, M_0)=\dfrac{1}{4\pi r_0}-\dfrac{1}{4\pi r_1}$. 这里,$r_0=|\overrightarrow{M_0M}|$, $r_1=|\overrightarrow{M_1M}|$. 函数$G$当$z=0$时等于0,而且$G$在$M_0$点有所需要的奇性.

计算出

$$\frac{\partial G}{\partial \boldsymbol{n}}=-\frac{\partial G}{\partial z}\Big|_{z=0},\quad \frac{\partial G}{\partial z}=\frac{1}{4\pi}\left(-\frac{z-z_0}{r_0^3}+\frac{z+z_0}{r_1^3}\right)$$

令 $z=0$,得

$$\frac{\partial G}{\partial \boldsymbol{n}}\Big|_{z=0}=-\frac{\partial G}{\partial z}\Big|_{z=0}=-\frac{z_0}{2\pi r_0^3}$$

利用式(27.20)可以给出第一边界问题的解

$$u(M_0)=\frac{1}{2\pi}\iint_{\Sigma_0}\frac{z_0}{r_{M_0M}^3}f(M)\mathrm{d}S_M$$

此处 Σ_0 是 $z=0$ 平面，$f(M)=u|_{z=0}$. 该解又可写为

$$u(x_0,y_0,z_0)=\frac{1}{2\pi}\int_{-\infty}^{\infty}\int_{-\infty}^{\infty}\frac{z_0}{[(x-x_0)^2+(y-y_0)^2+z_0^2]^{\frac{3}{2}}}f(x,y)\mathrm{d}x\mathrm{d}y$$

以上的推导都是形式上的，即假定定解问题在满足有关条件下得到解的公式，至于是否一定是相应定解问题的解，还应该加以验证，这里验证过程省略.

* * * * *

本章主要是讨论拉普拉斯方程及其相关定解条件的定解问题的求解，具体讨论了狄氏问题和诺伊曼问题.其讨论的方法是把定解问题转化成格林函数的求解.在转化的过程中，我们引入了格林公式，利用格林公式，引进了拉普拉斯方程的格林函数，最后利用格林函数把狄氏问题的解表示出来.在本章的最后，我们利用电像法给出了半空间的格林函数与球域的格林函数，并给出了这两种特殊区域的狄氏问题的解.

本章常用词汇中英文对照

格林函数	Green function	格林公式	Green formula
边值问题	boundary-value problems	法向导数	normal derivative
共轭点	conjugate point	泊松积分	Poisson integral
变换	transform	矢径	radius vector
镜像法	enantiomorphous method	特殊区域	speacial domain

习 题 27

1. 证明平面上的格林公式

$$\iint_D(v\Delta u-u\Delta v)\mathrm{d}\sigma=\int_C\left(v\frac{\partial u}{\partial \boldsymbol{n}}-u\frac{\partial v}{\partial \boldsymbol{n}}\right)\mathrm{d}s$$

其中,C 是区域 D 的边界曲线，$\mathrm{d}s$ 是弧微分.

2. 验证 $u=\ln\frac{1}{\rho}$ 是二维拉普拉斯方程的解.其中 $\rho=\sqrt{(x-x_0)^2+(y-y_0)^2}$.

3. 在二维情况下，建立调和函数类似于式(27.13)的积分表达式.

4. 试定义平面上的格林函数，并导出类似于(27.20)的平面上狄氏问题解的表达式.

5. 求证圆域 $x^2+y^2\leqslant R^2$ 的格林函数为

$$G(M,M_0)=\frac{1}{2\pi}\left(\ln\frac{1}{r_{M_0M}}-\ln\frac{R}{\rho_0}\frac{1}{r_{M_1M}}\right)$$

并由此推出圆内问题的泊松公式.

6. 求解圆的狄氏问题：$\begin{cases}u_{xx}+u_{yy}=-xy & \rho<a,\\ u\mid_{\rho=a}.\end{cases}$

第 28 章　贝塞尔函数

在第 25 章中利用分离变量法研究了一维波动方程及热传导方程等问题，当位置坐标的维数增加时，如何利用分离变量法来求解呢？本章将通过引入柱坐标系，在柱坐标系下利用分离变量法求解定解问题，引出贝塞尔方程并讨论这个方程解的一些性质. 同时，在一般情况下，贝塞尔方程不能用初等函数表示，从而就导入一类特殊函数，称为贝塞尔函数. 贝塞尔函数具有一系列性质，在求解数学物理问题时主要是引用贝塞尔函数的正交完备性.

28.1　贝塞尔方程的引出

考虑一平面薄板的瞬时温度分布，它满足下面的热传导方程

$$u_t - a^2 \Delta u = 0 \tag{28.1}$$

这里，$\Delta u = \dfrac{\partial^2 u}{\partial x^2} + \dfrac{\partial^2 u}{\partial y^2}$.

试把时间变量 t 和二维变量 (x, y) 分离，以 $u(x, y, t) = T(t)v(x, y)$ 代入式(28.1)，得

$$T'v - a^2 T \Delta v = 0$$

用 Tv 除以上式两边，可得

$$\frac{T'}{a^2 T} = \frac{\Delta v}{v}$$

注意到两边的变量可知上式两边为常数，记为 $-k^2$，即 $\dfrac{T'}{a^2 T} = \dfrac{\Delta v}{v} = -k^2$. 这样就可得到两个分离的方程

$$T' + k^2 a^2 T = 0 \tag{28.2}$$

$$\Delta v + k^2 v = 0 \tag{28.3}$$

若 $k = 0$，则式(28.2) 和式 (28.3) 分别退化为 $T' = 0$ 和拉普拉斯方程 $\Delta v = 0$，下面着重讨论 $k \neq 0$ 的情况.

常微分方程式(28.2)的解为

$$T(t) = C\mathrm{e}^{-k^2 a^2 t}$$

偏微分方程式(28.3)是**亥姆霍兹**(Helmholtz)**方程**，假设上面定解问题满足条件

$$u|_{t=0} = \varphi(x, y), \quad u|_{x^2+y^2=\rho_0^2} = 0$$

为了求这个方程满足条件 $v|_{x^2+y^2=\rho_0^2} = 0$ 的非零解，我们引用平面上的极坐标系，

将方程式(28.3)及边界条件写成极坐标形式,得

$$\begin{cases}\dfrac{\partial^2 v}{\partial \rho^2}+\dfrac{1}{\rho}\dfrac{\partial v}{\partial \rho}+\dfrac{1}{\rho^2}\dfrac{\partial^2 v}{\partial \theta^2}+k^2 v=0 \quad \rho<\rho_0 & (28.4)\\ v\big|_{\rho=\rho_0}=0 & (28.5)\end{cases}$$

这里,$v(\rho,\theta)=v(\rho\cos\theta,\rho\sin\theta)$.

再令 $v(\rho,\theta)=R(\rho)Q(\theta)$,代入式(28.4)并分离变量,得

$$Q''(\theta)+\mu Q(\theta)=0 \tag{28.6}$$

$$\rho^2 R''(\rho)+\rho R'(\rho)+(k^2\rho^2-\mu)R(\rho)=0 \tag{28.7}$$

由 $u(x,y,t)$ 是单值函数,所以 $v(x,y,t)$ 也必为单值,因此 $Q(\theta)$ 应该是以 2π 为周期函数,这就决定了 μ 只能等于如下的数

$$0,1^2,2^2,\cdots,m^2,\cdots \tag{28.8}$$

对应于 $\mu_m=m^2$,有

$$Q_0(\theta)=\frac{a_0}{2} \quad (常数) \tag{28.9}$$

$$Q_m(\theta)=a_m\cos m\theta+b_m\sin m\theta \tag{28.10}$$

所以 $\mu_m=m^2$ 代入式(28.7)中,得

$$\rho^2 R''(\rho)+\rho R'(\rho)+(k^2\rho^2-m^2)R(\rho)=0 \tag{28.11}$$

该方程称为 **m 阶的贝塞尔(Bessel)方程**.

在式(28.11)中,令 $k\rho=t$,$F(t)=R(\rho)$,则式(28.11)可化为

$$t^2F''(t)+tF(t)+(t^2-m^2)F(t)=0$$

这是贝塞尔方程的另一种形式.

28.2 贝塞尔方程的求解

在 28.1 节中,我们从热传导问题引出了贝塞尔方程,本节讨论该方程的解法.为此,先把方程式(28.11)用通常形式表示为

$$x^2\frac{\mathrm{d}^2 y}{\mathrm{d}x^2}+x\frac{\mathrm{d}y}{\mathrm{d}x}+(x^2-m^2)y=0 \tag{28.12}$$

其中,m 为任意实数或复数. 我们讨论仅限于实数,把方程式(28.12)的解表示成级数的形式*,有

---

* 方程式(28.12)是方程 $y''+\dfrac{a(x)}{x}y'+\dfrac{b(x)}{x^2}y=0$ 的一个特例,其中 $a(x)$,$b(x)$ 在 $x=0$ 处可展开幂级数.可证明,这个方程至少存在一个形如 $y(x)=x^r\sum\limits_{m=0}^{\infty}C_m x^m$ 的解,参阅《高等数学教程》三卷三分册(叶彦谦译,人民教育出版社出版)第五章.

$$y(x) = a_s x^s + a_{s+1} x^{s+1} + \cdots + a_{s+k} x^{s+k} + \cdots$$

$$y'(x) = s a_s x^{s-1} + (s+1) a_{s+1} x^s + (s+k+1) a_{s+k+1} x^{s+k} + \cdots$$

$$y''(x) = s(s-1) a_s x^{s-2} + (s+1) s a_{s+1} x^{s-1} + \cdots + (s+k+2)(s+k+1) a_{s+k+2} x^{s+k} + \cdots$$

代入微分方程式(28.12)，比较两边系数，有

$$\begin{cases} (s^2 - m^2) a_s = 0 \\ [(s+1)^2 - m^2] a_{s+1} = 0 \\ [(s+2)^2 - m^2] a_{s+2} + a_s = 0 \\ [(s+k)^2 - m^2] a_{s+k} + a_{s+k-2} = 0 \quad (k = 3, 4, \cdots) \end{cases}$$

考虑到第一个系数 $a_s \neq 0$，第一个方程即是判定方程

$$s^2 - m^2 = 0$$

由此解得第一项幂次

$$s_1 = m \quad 或 \quad s_2 = -m$$

由第二个方程即 $[(\pm m + 1)^2 - m^2] a_{s+1} = 0$，得 $a_{s+1} = 0$. 利用以下各式进行系数比较，可以得到递推公式为

$$[(s+k)^2 - m^2] a_{s+k} + a_{s+k-2} = 0$$

即

$$a_{s+k} = -\frac{1}{(s+k)^2 - m^2} a_{s+k-2} = \frac{-1}{(s+k+m)(s+k-m)} a_{s+k-2}$$

先取 $s_1 = m$，递推公式为

$$a_{m+k} = -a_{m+k-2} / k(2m+k)$$

于是

$$a_{m+2} = -\frac{1}{2(2m+2)} a_m = -\frac{1}{1!(m+1)} \frac{1}{2^2} a_m$$

$$a_{m+3} = -\frac{1}{3(2m+3)} a_{m+1} = 0$$

$$a_{m+4} = \frac{-1}{4(2m+4)} a_{m+2} = -\frac{1}{2(m+2)} \frac{1}{2^2} a_{m+2} = \frac{1}{2!(m+1)(m+2)} \frac{1}{2^4} a_m$$

$$\cdots$$

$$a_{m+2k} = (-1)^k \frac{1}{k!(m+1)(m+2)\cdot \cdots \cdot (m+k)} \frac{1}{2^{2k}} a_m$$

$$a_{m+2k+1} = 0$$

这样，得到到贝塞尔方程的一个特解

$$y_1(x)=a_m x^m\left[1-\frac{1}{1!(m+1)}\left(\frac{x}{2}\right)^2+\frac{1}{2!(m+1)(m+2)}\left(\frac{x}{2}\right)^4-\cdots\right.$$

$$\left.+(-1)^k\frac{1}{k!(m+1)\cdot\cdots\cdot(m+k)}\left(\frac{x}{2}\right)^{2k}+\cdots\right]$$

$$=a_m x^m\sum_{k=0}^{\infty}(-1)^k\frac{1}{k!(m+1)\cdot\cdots\cdot(m+k)}\left(\frac{x}{2}\right)^{2k} \tag{28.13}$$

还需要确定这个级数的收敛半径，此级数的收敛半径为

$$R=\lim_{k\to\infty}|(a_{m+k-2}/a_{m+k})^{1/2}|=\lim_{k\to\infty}\sqrt{|k(2m+k)|}=\infty$$

这就是说，只要 x 有限，级数解(28.13)就收敛.通常取

$$a_m=\frac{1}{2^m\Gamma(m+1)}$$

并把这个解称为 **m 阶贝塞尔函数**，记为 $\mathrm{J}_m(x)$，即

$$\mathrm{J}_m(x)=\sum_{k=0}^{\infty}(-1)^k\frac{1}{k!\Gamma(m+k+1)}\left(\frac{x}{2}\right)^{m+2k} \tag{28.14}$$

再取 $s_2=-m$，按照类似的方法可得贝塞尔方程的另一特解

$$y_2(x)=a_{-m}x^{-m}\left[1-\frac{1}{1!(-m+1)}\left(\frac{x}{2}\right)^2+\frac{1}{2!(-m+1)(-m+2)}\left(\frac{x}{2}\right)^4\right.$$

$$\left.-\cdots+(-1)^k\frac{1}{k!(-m+1)\cdot\cdots\cdot(-m+k)}\left(\frac{x}{2}\right)^{2k}+\cdots\right]$$

$$=a_{-m}x^{-m}\sum_{k=0}^{\infty}(-1)^k\frac{1}{k!(-m+1)\cdot\cdots\cdot(-m+k)}\left(\frac{x}{2}\right)^{2k} \tag{28.15}$$

这个级数的收敛半径为

$$R=\lim_{k\to\infty}|(a_{-m+k-2}/a_{-m+k})^{1/2}|=\lim_{k\to\infty}\sqrt{|k(-2m+k)|}=\infty$$

这就是说，只要 x 有限，级数解式(28.15)就收敛，通常取

$$a_{-m}=1/2^{-m}\Gamma(-m+1)$$

并把这个解称为 **$-m$ 阶贝塞尔函数**，记为 $\mathrm{J}_{-m}(x)$，即

$$\mathrm{J}_{-m}(x)=\sum_{k=0}^{\infty}(-1)^k\frac{1}{k!\Gamma(-m+k+1)}\left(\frac{x}{2}\right)^{-m+2k}$$

显然，若 m 不为整数或 0，J_m 与 J_{-m} 是线性无关的，因为当 $x\to 0$ 时，

$$\mathrm{J}_m(x)=\left(\frac{x}{2}\right)^m\sum_{k=0}^{\infty}(-1)^k\frac{1}{k!\Gamma(m+k+1)}\left(\frac{x}{2}\right)^{2k}\sim\left(\frac{x}{2}\right)^m\frac{1}{\Gamma(m+1)}\to 0$$

类似地，当 $x\to 0$ 时

$$\mathrm{J}_{-m}(x) \sim \left(\frac{x}{2}\right)^{-m} \frac{1}{\Gamma(-m+1)} \to \infty$$

因此

$$\frac{\mathrm{J}_m(x)}{\mathrm{J}_{-m}(x)} \sim \left(\frac{x}{2}\right)^{2m} \frac{\Gamma(-m+1)}{\Gamma(m+1)} \neq \text{常数} \quad (\text{当 } x \to 0)$$

由此可得，在 m 不为整数时，$\mathrm{J}_m(x)$ 和 $\mathrm{J}_{-m}(x)$ 是线性无关的. 从而贝塞尔方程的通解是这两个特解 $\mathrm{J}_m(x)$ 和 $\mathrm{J}_{-m}(x)$ 的线性叠加，即

$$C_1\mathrm{J}_m(x) + C_2\mathrm{J}_{-m}(x) \tag{28.16}$$

由于 $-m$ 阶贝塞尔函数 $\mathrm{J}_{-m}(x)$ 含有 x 的负幂项，从而

$$\lim_{x\to 0}\mathrm{J}_{-m}(x) = \infty$$

所以，如果所研究的区域包含点 $x=0$，通常就从式(28.16) 排除了 $\mathrm{J}_{-m}(x)$，而只有 $\mathrm{J}_m(x)$. 可以说，当贝塞尔方程在点 $x=0$ 具有自然的边界条件时，其方程的解可以表示为

$$y(x) = C\mathrm{J}_m(x)$$

我们把 $\mathrm{J}_m(x)$ 与 $\mathrm{J}_{-m}(x)$ 均称为**第一类贝塞尔函数**.

当 m 为正整数或 0 时，$\Gamma(k+m+1) = (k+m)!$，

$$\mathrm{J}_m(x) = \sum_{k=0}^{\infty}(-1)^k \frac{x^{m+2k}}{2^{m+2k}k!(m+k)!} \quad (m = 0, 1, 2, \cdots) \tag{28.17}$$

注意，在 m 不为整数时，方程式(28.12)的通解除了可以写成式(28.16)以外还可写成其他形式，只要能够找到该方程另一个与 $\mathrm{J}_m(x)$ 线性无关的解，它与 $\mathrm{J}_m(x)$ 就可构成式(28.12)的通解，这样的特解是容易形成的. 例如，在式(28.16)中取 $C_1 = \cot m\pi$，$C_2 = -\csc m\pi$，则得到式(28.12)的另一个特解

$$\mathrm{Y}_m(x) = \cot m\pi \mathrm{J}_m(x) - \csc m\pi \mathrm{J}_{-m}(x) = \frac{\mathrm{J}_m(x)\cos m\pi - \mathrm{J}_{-m}(x)}{\sin m\pi} \tag{28.18}$$

这里 m 不为整数.

显然，$\mathrm{Y}_m(x)$ 与 $\mathrm{J}_m(x)$ 是线性无关的. 因此，方程式(28.12)的通解可写成

$$y = A\mathrm{J}_m(x) + B\mathrm{Y}_m(x) \tag{28.19}$$

由式(28.18)确定的函数 $\mathrm{Y}_m(x)$ 称为**第二类贝塞尔函数**，或称诺伊曼函数.

上面讨论说明，当 m 不为整数时，贝塞尔方程式(28.12)的通解由式(28.16)或式(28.19)表示；当 m 为正整数时，$\mathrm{J}_m(x)$ 与 $\mathrm{J}_{-m}(x)$ 是线性相关的. 不妨设 m 为正整数 M(m 为负整数时，会得到同样的结果)，则在式(28.14)中，$\dfrac{1}{\Gamma(-M+k+1)}$ 当 $k=0, 1, \cdots, (M-1)$ 时均为 0，这时级数从 $k=M$ 起才开始出现非零项，于是式(28.14)可写成

$$\mathrm{J}_{-M}(x) = \sum_{k=M}^{\infty}(-1)^k \frac{1}{k!\Gamma(-M+k+1)}\left(\frac{x}{2}\right)^{-M+2k}$$

$$
\begin{aligned}
&=(-1)^M\left[\frac{x^M}{2^M M!}-\frac{x^{M+2}}{2^{M+2}(M+1)!}+\frac{x^{M+4}}{2^{M+4}(M+2)!2!}+\cdots\right]\\
&=(-1)^M \mathrm{J}_M(x)
\end{aligned}
$$

即 $\mathrm{J}_M(x)$ 与 $\mathrm{J}_{-M}(x)$ 线性相关，这时 $\mathrm{J}_M(x)$ 与 $\mathrm{J}_{-M}(x)$ 已不能构成贝塞尔方程的通解了. 为了求出贝塞尔方程的通解，还要求出一个与 $\mathrm{J}_m(x)$ 线性无关的特解.

另一特解可由第二类贝塞尔函数给出. 不过当 m 为整数时，式(28.18)右端没有意义，必须修改第二类贝塞尔函数的定义，在 m 为整数的情况下，我们定义第二类贝塞尔函数为

$$
\mathrm{Y}_m(x)=\lim_{\alpha\to m}\frac{\mathrm{J}_\alpha(x)\cos\alpha\pi-\mathrm{J}_{-\alpha}(x)}{\sin\alpha\pi}
$$

上式右端为 $\frac{0}{0}$ 型，经推导(该推导过程非常冗长与烦琐，这里不再详细讨论)，最后得到

$$
\mathrm{Y}_0(x)=\frac{2}{\pi}\mathrm{J}_0(x)\left(\ln\frac{x}{2}+c\right)-\frac{2}{\pi}\sum_{m=0}^{\infty}\frac{(-1)^m\left(\frac{x}{2}\right)^{2m}}{(m!)^2}\sum_{k=0}^{m-1}\frac{1}{k+1}
$$

$$
\begin{aligned}
\mathrm{Y}_m(x)=&\frac{2}{\pi}\mathrm{J}_m\left(\ln\frac{x}{2}+c\right)-\frac{1}{\pi}\sum_{k=0}^{m-1}\frac{(m-k-1)!}{k!}\left(\frac{x}{2}\right)^{-m+2k}\\
&-\frac{1}{\pi}\sum_{k=0}^{\infty}\frac{(-1)^k\left(\frac{x}{2}\right)^{m+2k}}{k!(m+k)!}\left(\sum_{l=0}^{m+k-1}\frac{1}{l+1}+\sum_{l=0}^{k-1}\frac{1}{l+1}\right)\quad(m=1,2,\cdots)
\end{aligned}
$$

其中，$c=\lim\limits_{n\to\infty}\left(1+\frac{1}{2}+\cdots+\frac{1}{n}-\ln n\right)=0.5772\cdots$，称为欧拉常数.

根据这个函数的定义，它确是贝塞尔方程的一个特解，而且与 $\mathrm{J}_m(x)$ 是线性无关的.

综上所述，不论 m 是否为整数，贝塞尔方程式(28.12)的通解都可表示为

$$
y(x)=A\mathrm{J}_m(x)+B\mathrm{Y}_m(x)
$$

其中，A, B 为任意常数，m 为任意实数.

数学实验基础知识

基本命令	功能
besselj(nu, z)	j 是第一类贝塞尔函数，nu 是阶(nu 不必是整数，但必须是实数)，z 是贝塞尔函数的自变量
bessely(nu, z)	y 是第二类贝塞尔函数，nu 是阶(nu 不必是整数，但必须是实数)，z 是贝塞尔函数的自变量

例 绘出第一类贝塞尔函数 J_0，J_1，J_2，J_3 的曲线.

```
>>clear
```

```
≫y=besselj(0:3, (0:0.2:10)')
≫figure(1)
≫plot((0:0.2:10)', y)
```

28.3 贝塞尔函数的递推公式

在28.2节中已经推导过，对第一类贝塞尔函数，m 阶贝塞尔函数可表示为

$$\mathrm{J}_m(x)=\sum_{k=0}^{\infty}\frac{(-1)^k}{k!\Gamma(m+k+1)}\left(\frac{x}{2}\right)^{m+2k} \tag{28.20}$$

当 m 为整数时式(28.20)成为

$$\mathrm{J}_m(x)=\sum_{k=0}^{\infty}\frac{(-1)^k}{k!(m+k)!}\left(\frac{x}{2}\right)^{m+2k} \tag{28.21}$$

从式(28.21)可看出 $\mathrm{J}_0(0)=1$, $\mathrm{J}_m(0)=0\ (m\neq 0)$.

特别地，当 $m=\dfrac{2k+1}{2}$ 时，称其为半奇数阶的贝塞尔函数，该类贝塞尔函数的特点是它们均可表示为初等函数. 如当 $m=1/2$ 时

$$\begin{aligned}\mathrm{J}_{\frac{1}{2}}(x)&=\sum_{k=0}^{\infty}\frac{(-1)^k}{k!\Gamma\left(k+\frac{1}{2}+1\right)}\left(\frac{x}{2}\right)^{2k+\frac{1}{2}}\\&=\frac{\left(\frac{x}{2}\right)^{\frac{1}{2}}}{\Gamma\left(\frac{3}{2}\right)}\left[1-\frac{\left(\frac{x}{2}\right)^2}{1!\cdot\frac{3}{2}}+\frac{\left(\frac{x}{2}\right)^4}{2!\cdot\frac{5}{2}\cdot\frac{3}{2}}-\cdots\right]\\&=\frac{\left(\frac{x}{2}\right)^{\frac{1}{2}}}{\frac{1}{2}\sqrt{\pi}}\left(1-\frac{x^2}{3!}+\frac{x^4}{5!}-\cdots\right)\\&=\sqrt{\frac{2}{\pi x}}\left(x-\frac{x^3}{3!}+\frac{x^5}{5!}-\cdots\right)=\sqrt{\frac{2}{\pi x}}\sin x\end{aligned} \tag{28.22}$$

类似地，当 $m=-\dfrac{1}{2}$ 时，可以证明

$$\mathrm{J}_{-\frac{1}{2}}(x)=\sqrt{\frac{2}{\pi x}}\cos x \tag{28.23}$$

从贝塞尔函数的级数表达式出发，可以建立两个不同阶贝塞尔函数之间的关系式.

结论1

$$\frac{\mathrm{d}}{\mathrm{d}x}[x^{-m}\mathrm{J}_m(x)]=-x^{-m}\mathrm{J}_{m+1}(x) \tag{28.24}$$

$$\frac{\mathrm{d}}{\mathrm{d}x}[x^m \mathrm{J}_m(x)] = x^m \mathrm{J}_{m-1}(x) \tag{28.25}$$

证 $\frac{\mathrm{d}}{\mathrm{d}x}[x^{-m}\mathrm{J}_m(x)] = \frac{\mathrm{d}}{\mathrm{d}x}\sum_{k=0}^{\infty}\frac{(-1)^k}{k!\Gamma(m+k+1)}\left(\frac{1}{2}\right)^{m+2k}x^{2k}$

$$= \sum_{k=1}^{\infty}\frac{(-1)^k 2k}{k!\Gamma(m+k+1)}\left(\frac{1}{2}\right)^{m+2k}x^{2k-1}$$

$$= \sum_{k=0}^{\infty}\frac{(-1)^k 2(k+1)}{(k+1)!\Gamma(m+k+1+1)}\left(\frac{1}{2}\right)^{m+2k+2}x^{2k+1}$$

$$= -x^{-m}\mathrm{J}_{m+1}(x)$$

类似地，可以证明

$$\frac{\mathrm{d}}{\mathrm{d}x}[x^m \mathrm{J}_m(x)] = x^m \mathrm{J}_{m-1}(x)$$

在式(28.24)中，令 $m=0$，可得

$$\mathrm{J}_0'(x) = -\mathrm{J}_1(x)$$

在式(28.25)中，令 $m=1$，可得

$$[x\mathrm{J}_1(x)]' = x\mathrm{J}_0(x)$$

这两个公式在数理方程求解的研究中是很有用的.利用递推公式(28.24)与式(28.25)还可以推出 $\mathrm{J}_m(x)$，$\mathrm{J}_{m+1}(x)$，$\mathrm{J}_{m-1}(x)$之间联系的递推公式.

结论 2

$$\mathrm{J}_m(x) = \frac{x}{2m}[\mathrm{J}_{m-1}(x) + \mathrm{J}_{m+1}(x)] \tag{28.26}$$

$$\mathrm{J}_m'(x) = \frac{1}{2}[\mathrm{J}_{m-1}(x) - \mathrm{J}_{m+1}(x)] \tag{28.27}$$

证 式(28.24)和式(28.25)依求导数法则可写为

$$-m\mathrm{J}_m(x) + x\mathrm{J}_m'(x) = -x\mathrm{J}_{m+1}(x)$$

$$m\mathrm{J}_m(x) + x\mathrm{J}_m'(x) = x\mathrm{J}_{m-1}(x)$$

从上面两式中分别相减或相加即可证明式(28.26)与式(28.27).

递推公式(28.26)表明，可利用较低阶的贝塞尔函数求出较高阶的贝塞尔函数，如利用零阶和一阶贝塞尔函数数值表可以求出二阶以至任何整数阶的贝塞尔函数的数值.利用式(28.27)可以给出贝塞尔函数的导数值.

特别需要指出的是，上面所得到的关于第一类贝塞尔函数递推公式，对第二类贝塞尔函数也成立，这里不再证明.

$$\begin{cases}\dfrac{\mathrm{d}}{\mathrm{d}x}[x^m \mathrm{Y}_m(x)] = x^m \mathrm{Y}_{m-1}(x) \\ \dfrac{\mathrm{d}}{\mathrm{d}x}[x^{-m} \mathrm{Y}_m(x)] = -x^{-m} \mathrm{Y}_{m+1}(x) \\ \mathrm{Y}_{m-1}(x) + \mathrm{Y}_{m+1}(x) = \dfrac{2m}{x}\mathrm{Y}_m(x)\end{cases} \tag{28.28}$$

作为递推公式的一个应用，我们考虑半奇数阶的贝塞尔函数：

利用已有的半奇数阶的贝塞尔函数 $\mathrm{J}_{\frac{1}{2}}(x)$，$\mathrm{J}_{-\frac{1}{2}}(x)$及递推公式(28.26)，有

$$\begin{aligned}\mathrm{J}_{\frac{3}{2}}(x) &= \frac{1}{x}\mathrm{J}_{\frac{1}{2}}(x) - \mathrm{J}_{-\frac{1}{2}}(x) = \sqrt{\frac{2}{\pi x}}\left(-\cos x + \frac{1}{x}\sin x\right) \\ &= -\sqrt{\frac{2}{\pi}}x^{\frac{3}{2}}\left(\frac{1}{x}\frac{\mathrm{d}}{\mathrm{d}x}\right)\left(\frac{\sin x}{x}\right)\end{aligned}$$

同理可得

$$\mathrm{J}_{-\frac{3}{2}} = \sqrt{\frac{2}{\pi}}x^{\frac{3}{2}}\left(\frac{1}{x}\frac{\mathrm{d}}{\mathrm{d}x}\right)\left(\frac{\cos x}{x}\right)$$

一般地，可得

$$\begin{cases}\mathrm{J}_{n+\frac{1}{2}}(x) = (-1)^n\sqrt{\dfrac{2}{\pi}}x^{n+\frac{1}{2}}\left(\dfrac{1}{x}\dfrac{\mathrm{d}}{\mathrm{d}x}\right)^n\left(\dfrac{\sin x}{x}\right) \\ \mathrm{J}_{-\left(n+\frac{1}{2}\right)}(x) = \sqrt{\dfrac{2}{\pi}}x^{n+\frac{1}{2}}\left(\dfrac{1}{x}\dfrac{\mathrm{d}}{\mathrm{d}x}\right)^n\left(\dfrac{\cos x}{x}\right)\end{cases}$$

从上式可看出，半奇数阶的贝塞尔函数都是初等函数.

28.4 函数展开成贝塞尔函数的级数

利用贝塞尔函数求解数学物理方程的定解问题，最终都要把已知函数按贝塞尔方程的固有函数类进行展开.为此先要弄清楚其固有函数系形式是什么，然后说明此固有函数系为正交的.

1. 贝塞尔方程函数的零点

由28.1节的讨论可知，利用分离变量法，定解问题求解最终化为求解贝塞尔方程的固有值问题

$$\begin{cases}\rho^2 R''(\rho) + \rho R'(\rho) + (k^2\rho^2 - m^2)R(\rho) = 0 & (28.29) \\ R(\rho)\,|_{\rho=\rho_0} = 0,\ |R(0)| < +\infty & (28.30)\end{cases}$$

方程式(28.29)的通解可以表示为

$$R(\rho) = A\mathrm{J}_m(k\rho) + B\mathrm{Y}_m(k\rho)$$

由零点处的有界性得 $B=0$，即

$$R(\rho)=A\mathrm{J}_m(k\rho) \tag{28.31}$$

利用条件式(28.30),可得

$$\mathrm{J}_m(k\rho_0)=0$$

这就说明，为求出上述固有值问题的固有值 λ，必须计算 $\mathrm{J}_m(x)$的零点.

关于 $\mathrm{J}_m(x)$的零点有以下结论：

(1) $\mathrm{J}_m(x)$有无穷多个单重实零点，且这无穷多个零点在 x 轴上是关于原点对称分布的，因而 $\mathrm{J}_m(x)$有无穷多个正的零点.

(2) $\mathrm{J}_m(x)$的零点与 $\mathrm{J}_{m+1}(x)$ 的零点彼此相间分布的，即 $\mathrm{J}_m(x)$ 的任意两相邻零点之间必存在一个且仅有一个 $\mathrm{J}_{m+1}(x)$ 的零点.

(3) 以 $\mu_r^{(m)}$ 表示 $\mathrm{J}_m(x)$正零点，则 $\mu_{r+1}^{(m)}-\mu_r^{(m)}$ 当 $r\to\infty$ 时无限接近于 π，即$\mathrm{J}_m(x)$几乎是以 2π 为周期的周期函数.

利用上述关于贝塞尔函数的结论，利用 $\mathrm{J}_m(k\rho_0)=0$ 可得

$$k\rho_0=\mu_r^{(m)}\quad(r=1,2,\cdots) \tag{28.32}$$

$$k=\mu_r^{(m)}/\rho_0$$

与这些固有值相对应的固有函数为

$$R_r(\rho)=\mathrm{J}_m\left(\frac{\mu_r^{(m)}}{\rho_0}\rho\right)\quad(r=1,2,\cdots) \tag{28.33}$$

值得指出的是，第二类贝塞尔函数 $\mathrm{Y}_m(x)$的正零点与第一类贝塞尔函数$\mathrm{J}_m(x)$的正零点也相间分布的，这从渐近公式容易得到. 利用贝塞尔函数的零点分布及其性态，可以画出它的图形，如图 28.1 和图 28.2 所示.

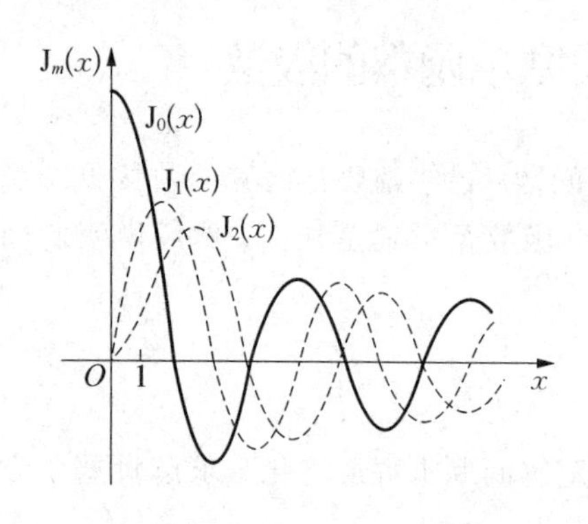

图 28.1　各阶第一类贝塞尔函数

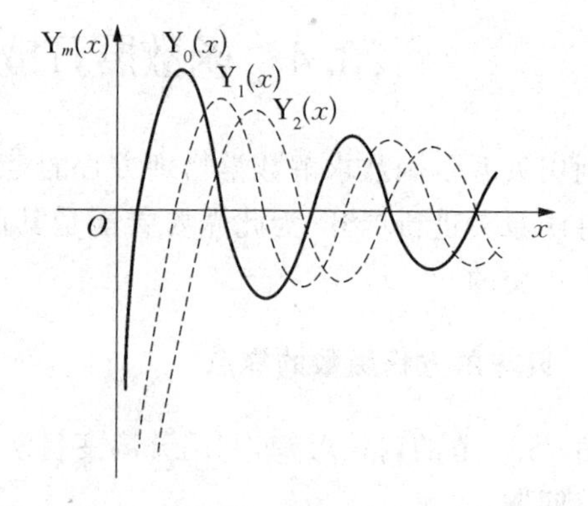

图 28.2　各阶第二类贝塞尔函数

2. 贝塞尔函数的正交性

关于贝塞尔函数的正交性有如下的定理：

定理 28.1　函数系 $\mathrm{J}_m(\lambda_1\rho)$, $\mathrm{J}_m(\lambda_2\rho)$, $\cdots$, $\mathrm{J}_m(\lambda_n\rho)$, $\cdots$ $(m>-1)$ 以 ρ 为权，在

$[0, l]$上构成正交函数系，即若 $\lambda_i l$ 是 $\mathrm{J}_m(x)$ 的第 i 个正零点 $\mu_i^{(m)}$，$\lambda_i=\frac{1}{l}\mu_i^{(m)}$ $(i=1, 2, \cdots, n)$，则当 $i\neq j$ 时，有

$$\int_0^l \rho \mathrm{J}_m(\lambda_i\rho)\mathrm{J}_m(\lambda_j\rho)\mathrm{d}\rho=0 \tag{28.34}$$

证 λ 取两个不同非负值 λ_i，λ_j 时，贝塞尔方程

$$\frac{\mathrm{d}^2R}{\mathrm{d}\rho^2}+\frac{1}{\rho}\frac{\mathrm{d}R}{\mathrm{d}\rho}+\left(\lambda^2-\frac{m^2}{\rho^2}\right)R=0$$

相应的解 $\mathrm{J}_m(\lambda_i\rho)$，$\mathrm{J}_m(\lambda_j\rho)$有等式

$$\frac{\mathrm{d}^2\mathrm{J}_m(\lambda_i\rho)}{\mathrm{d}\rho^2}+\frac{1}{\rho}\frac{\mathrm{d}\mathrm{J}_m(\lambda_i\rho)}{\mathrm{d}\rho}+\left(\lambda_i^2-\frac{m^2}{\rho^2}\right)\mathrm{J}_m(\lambda_i\rho)=0$$

$$\frac{\mathrm{d}^2\mathrm{J}_m(\lambda_j\rho)}{\mathrm{d}\rho^2}+\frac{1}{\rho}\frac{\mathrm{d}\mathrm{J}_m(\lambda_j\rho)}{\mathrm{d}\rho}+\left(\lambda_j^2-\frac{m^2}{\rho^2}\right)\mathrm{J}_m(\lambda_j\rho)=0$$

即

$$\frac{1}{\rho}\frac{\mathrm{d}}{\mathrm{d}\rho}\left[\rho\frac{\mathrm{d}\mathrm{J}_m(\lambda_i\rho)}{\mathrm{d}\rho}\right]+\left(\lambda_i^2-\frac{m^2}{\rho^2}\right)\mathrm{J}_m(\lambda_i\rho)=0$$

$$\frac{1}{\rho}\frac{\mathrm{d}}{\mathrm{d}\rho}\left[\rho\frac{\mathrm{d}\mathrm{J}_m(\lambda_j\rho)}{\mathrm{d}\rho}\right]+\left(\lambda_j^2-\frac{m^2}{\rho^2}\right)\mathrm{J}_m(\lambda_j\rho)=0$$

将上两式分别乘以 $\mathrm{J}_m(\lambda_j\rho)$,$\mathrm{J}_m(\lambda_i\rho)$后相减，得

$$\begin{aligned}&(\lambda_i^2-\lambda_j^2)\rho\mathrm{J}_m(\lambda_i\rho)\mathrm{J}_m(\lambda_j\rho)\\&=-\mathrm{J}_m(\lambda_j\rho)\frac{\mathrm{d}}{\mathrm{d}\rho}\left[\rho\frac{\mathrm{d}\mathrm{J}_m(\lambda_i\rho)}{\mathrm{d}\rho}\right]+\mathrm{J}_m(\lambda_i\rho)\frac{\mathrm{d}}{\mathrm{d}\rho}\left[\rho\frac{\mathrm{d}\mathrm{J}_m(\lambda_j\rho)}{\mathrm{d}\rho}\right]\end{aligned}$$

两边在区间$[0, l]$上取积分，应用分部积分法，得

$$\begin{aligned}&(\lambda_i^2-\lambda_j^2)\int_0^l\rho\mathrm{J}_m(\lambda_i\rho)\mathrm{J}_m(\lambda_j\rho)\mathrm{d}\rho\\&=\left[\rho\mathrm{J}_m(\lambda_i\rho)\frac{\mathrm{d}\mathrm{J}_m(\lambda_j\rho)}{\mathrm{d}\rho}-\rho\mathrm{J}_m(\lambda_j\rho)\frac{\mathrm{d}\mathrm{J}_m(\lambda_i\rho)}{\mathrm{d}\rho}\right]\Bigg|_0^l\\&=[\lambda_j\rho\mathrm{J}_m(\lambda_i\rho)\mathrm{J}'_m(\lambda_j\rho)-\lambda_i\rho\mathrm{J}_m(\lambda_j\rho)\mathrm{J}'_m(\lambda_i\rho)]\Big|_0^l\end{aligned}$$

当 $m>-1$ 时，右边在下限 $\rho=0$ 处的值为 0. 事实上，由于

$$\mathrm{J}_m(\lambda\rho)=\sum_{n=0}^{\infty}\frac{(-1)^n}{n!\Gamma(m+n+1)}\left(\frac{\lambda\rho}{2}\right)^{2n+m}$$

$$\mathrm{J}'_m(\lambda\rho)=\frac{1}{2}\sum_{n=0}^{\infty}\frac{(-1)^n(2n+m)}{n!\Gamma(m+n+1)}\left(\frac{\lambda\rho}{2}\right)^{2n+m-1}$$

$\mathrm{J}_m(\lambda\rho)$的第一项为 $\frac{1}{\Gamma(m+1)}\left(\frac{\lambda\rho}{2}\right)^m$，而 $\mathrm{J}'_m(\lambda\rho)$ 的第一项为 $\frac{m}{2\Gamma(m+1)}\left(\frac{\lambda\rho}{2}\right)^{m-1}$，因此，右

边前项 $\lambda_j\rho\mathrm{J}_m(\lambda_i\rho)\mathrm{J}'_m(\lambda_j\rho)$ 的展开式的第一项为$\dfrac{m(\lambda_i\lambda_j)^m}{2^{2m}[\Gamma(m+1)]^2}\rho^{2m}$，而后项 $\lambda_i\rho\mathrm{J}_m(\lambda_j\rho)\mathrm{J}'_m(\lambda_i\rho)$ 展开式的第一项与它完全一样从而抵消了，所以右边的级数式实际上是从 ρ^{2m+2} 的项开始的. 由于 $m>-1$，因而下限 $\rho=0$ 处的值为 0. 积分等式成为

$$(\lambda_i^2-\lambda_j^2)\int_0^l \rho\mathrm{J}_m(\lambda_i\rho)\mathrm{J}_m(\lambda_j\rho)\mathrm{d}\rho = l[\lambda_j\mathrm{J}_m(\lambda_i l)\mathrm{J}'_m(\lambda_j l)-\lambda_i\mathrm{J}_m(\lambda_j l)\mathrm{J}'_m(\lambda_i l)]$$

按题设，λ_i，λ_j 是方程 $\mathrm{J}_m(\lambda l)=0$ 的根，或是方程 $\mathrm{J}'_m(\lambda l)=0$ 的根，从而上面积分等式右端两项均为 0. 又由于 $\lambda_i\neq\lambda_j$，故有

$$\int_0^l \rho\mathrm{J}_m(\lambda_i\rho)\mathrm{J}_m(\lambda_j\rho)\mathrm{d}\rho = 0 \quad (m>-1)$$

3. 贝塞尔函数的模

在求已知函数的傅里叶-贝塞尔级数展开式时，除了要用到贝塞尔函数系的正交性外，还需计算积分 $\int_0^l \rho\mathrm{J}_m^2(\lambda_i\rho)\mathrm{d}\rho$ 的值，其平方根称为贝塞尔函数 $\mathrm{J}_m(\lambda_i\rho)$的模.

以 $2\rho^2R'$乘以贝塞尔方程

$$\frac{\mathrm{d}^2R}{\mathrm{d}\rho^2}+\frac{1}{\rho}\frac{\mathrm{d}R}{\mathrm{d}\rho}+\left(\lambda^2-\frac{m^2}{\rho^2}\right)R=0$$

得

$$2\rho^2R'R''+2\rho R'^2+2(\lambda^2\rho^2-m^2)RR'=0$$

把它写成

$$\frac{\mathrm{d}}{\mathrm{d}\rho}[\rho^2R'^2+(\lambda^2\rho^2-m^2)R^2]-2\lambda^2\rho R^2=0$$

取积分，得

$$2\lambda^2\int_0^\rho \rho R^2\mathrm{d}\rho=\rho^2R'^2+(\lambda^2\rho^2-m^2)R^2-[-m^2R^2(0)]$$

现取 $R(\rho)=\mathrm{J}_m(\lambda\rho)$，则 $R'(\rho)=\lambda\mathrm{J}'_m(\lambda\rho)$，代入上式，得

$$\int_0^\rho \rho\mathrm{J}_m^2(\lambda\rho)\mathrm{d}\rho=\frac{\rho^2}{2}\left[\mathrm{J}'^2_m(\lambda\rho)+\left(1-\frac{m^2}{\lambda^2\rho^2}\right)\mathrm{J}_m^2(\lambda\rho)\right]+\frac{m^2}{2\lambda^2}\mathrm{J}_m^2(0)$$

由于 $m\neq0$ 时，$\mathrm{J}_m(0)=0$；而 $m=0$ 时 $\mathrm{J}_0(0)=1$，因而对任何 m，$\dfrac{m^2}{2\lambda^2}\mathrm{J}_m(0)=0$. 把上述积分的变上限定为 $\rho=l$，就有

$$\int_0^l \rho\mathrm{J}_m^2(\lambda\rho)\mathrm{d}\rho=\frac{l^2}{2}\left[\mathrm{J}'^2_m(\lambda l)+\left(1-\frac{m^2}{\lambda^2l^2}\right)\mathrm{J}_m^2(\lambda l)\right] \tag{28.35}$$

根据前面所讨论的两种情形，相应有：

若 λ_i 是方程 $\mathrm{J}_m(\lambda l)=0$ 的正根$\left(\text{即 }\lambda_i=\dfrac{\mu_i^{(m)}}{l}，\mu_i^{(m)}\text{ 为 }\mathrm{J}_m(x)\text{ 的第 }i\text{ 个正零点}\right)$，则式

(28.35)成为

$$\int_0^l \rho J_m^2(\lambda_i\rho)\mathrm{d}\rho = \frac{l^2}{2}J'^2_m(\lambda_i l) \tag{28.36}$$

利用递推公式

$$\frac{\mathrm{d}}{\mathrm{d}x}[x^{-m}J_m(x)] = -x^{-m}J_{m+1}(x)$$

有

$$J'_m(x) = \frac{m}{x}J_m(x) - J_{m+1}(x)$$

因而可得

$$\int_0^l \rho J_m^2(\lambda_i\rho)\mathrm{d}\rho = \frac{l^2}{2}J_{m+1}^2(\lambda_i l)$$

亦即

$$\int_0^l \rho J_m^2\left(\frac{\mu_i^{(m)}}{l}\rho\right)\mathrm{d}\rho = \frac{l^2}{2}J_{m+1}^2(\mu_i^{(m)}) \tag{28.37}$$

综合式(28.34)、式(28.36)及式(28.37),我们有如下的结论:

$$\int_0^l \rho J_m(\lambda_i\rho)J_m(\lambda_j\rho)\mathrm{d}\rho = \begin{cases}0, & i \neq j \\ \dfrac{l^2}{2}J'^2_m(\mu_i^{(m)}) = \dfrac{l^2}{2}J_{m+1}^2(\mu_i^{(m)}), & i = j\end{cases} \tag{28.38}$$

4. 函数展开成贝塞尔函数的级数

众所周知，把函数 $f(\rho)$ 展开为傅里叶级数，是用相应的三角级数表示此函数，由于贝塞尔函数系与三角函数系有相仿的正交性，因此定义于区间 $[0, l]$ 上，满足一定条件的任何函数也可按贝塞尔函数系 $\left\{J_m\left(\frac{\mu_i^{(m)}}{l}\rho\right)\right\}$ $(i = 1, 2, \cdots)$ 展开，即

$$f(\rho) = c_1 J_m\left(\frac{\mu_1^{(m)}}{l}\rho\right) + c_2 J_m\left(\frac{\mu_2^{(m)}}{l}\rho\right) + \cdots + c_k J_m\left(\frac{\mu_k^{(m)}}{l}\rho\right) + \cdots = \sum_{k=1}^{\infty} c_k J_m\left(\frac{\mu_k^{(m)}}{l}\rho\right) \tag{28.39}$$

其中，$\mu_k^{(m)}$ 表示函数 $J_m(x)$ $(m > -1)$ 的第 k 个正零点. 级数中的系数，利用贝塞尔函数系的正交性可化为下式计算

$$c_k = \frac{2}{l^2 J_{m+1}^2(\mu_k^{(m)})}\int_0^l \rho f(\rho) J_m\left(\frac{\mu_k^{(m)}}{l}\rho\right)\mathrm{d}\rho \tag{28.40}$$

级数式(28.39)称为**傅里叶-贝塞尔级数**，也可称为**广义傅氏级数**，其系数 c_k 就简称为**广义傅氏系数**. 广义傅氏系数也有与三角系数相同的收敛定理.

定理 28.2 如果 $f(x)$ 在 $[0, l]$ 上满足狄利克雷条件，则当 $0 < x < l$ $(m > -1)$ 时，

它的广义傅氏级数收敛，且在连续点处，级数和等于 $f(x)$，在间断点处，级数的和等于

$$\frac{1}{2}[f(x-0)+f(x+0)].$$

例 28.1 将函数 $f(x)=1$ 在 $[0,1]$ 上展成 $\{J_0(\mu_k^{(0)}(x))\}$ 的广义傅氏级数.

解 按式(28.40)计算的广义傅氏系数为

$$C_k=\frac{2}{J_1^2(\mu_k^{(0)})}\int_0^1 xJ_0(\mu_k^{(0)}x)\mathrm{d}x$$

利用递推公式 $\frac{\mathrm{d}}{\mathrm{d}x}[xJ_1(x)]=xJ_0(x)$，计算积分

$$\begin{aligned}\int_0^1 xJ_0(\mu_k^{(0)}x)\mathrm{d}x&=\frac{1}{(\mu_k^{(0)})^2}\int_0^1\mu_k^{(0)}xJ_0(\mu_k^{(0)}x)\mathrm{d}(\mu_k^{(0)}x)\\&=\frac{1}{(\mu_k^{(0)})^2}\int_0^1\mathrm{d}[\mu_k^{(0)}xJ_1(\mu_k^{(0)}x)]=\frac{1}{\mu_k^{(0)}}J_1(\mu_k^{(0)})\end{aligned}$$

因此

$$C_k=\frac{2}{\mu_k^{(0)}J_1(\mu_k^{0})}\quad(k=1,2,\cdots)$$

于是得

$$1=\frac{2}{\mu_1^{(0)}J_1(\mu_1^{(0)})}J_0(\mu_1^{(0)}x)+\frac{2}{\mu_2^{(0)}J_1(\mu_2^{(0)})}J_0(\mu_2^{(0)}x)+\cdots+\frac{2}{\mu_k^{(0)}J_1(\mu_k^{(0)})}J_0(\mu_k^{(0)}x)+\cdots$$

例 28.2 利用一阶贝塞尔函数将函数 $f(x)=x$，展开成傅里叶-贝塞尔级数，其中 $0<x<3$.

解 我们利用函数 $f(x)$ 的傅里叶-贝塞尔级数定义，利用式(28.40)计算的广义傅氏系数

$$C_k=\frac{2}{l^2J_2^2(\mu_k^{(1)})}\int_0^l x^2J_1\left(\frac{\mu_k^{(1)}}{l}x\right)\mathrm{d}x$$

在 $l=3$ 时，有

$$C_k=\frac{2}{9J_2^2(\mu_k^{(1)})}\int_0^3 x^2J_1\left(\frac{\mu_k^{(1)}}{3}x\right)\mathrm{d}x$$

为了计算积分，利用微分递推公式 $\frac{\mathrm{d}}{\mathrm{d}x}[x^2J_2(x)]=x^2J_1(x)$，可得

$$C_k=\frac{6}{[\mu_k^{(1)}]^3J_2^2(\mu_k^{(1)})}\int_0^{\mu_k^{(1)}}\frac{\mathrm{d}}{\mathrm{d}x}[x^2J_2(x)]\mathrm{d}x=\frac{6}{\mu_k^{(1)}J_2(\mu_k^{(1)})}$$

所以函数 $f(x)$ 的傅里叶-贝塞尔级数展开式为

$$f(x)=6\sum_{k=1}^{\infty}\frac{1}{\mu_k^{(1)}J_2(\mu_k^{(1)})}J\left(\frac{\mu_k^{(1)}}{3}x\right)$$

下面通过例子说明贝塞尔函数在求解定解问题时的用法.

例 28.3 设半径为1的薄均匀圆盘，边界上温度为0，初始时刻圆盘内的温度分布为 $1-\rho^2$，其中 ρ 是圆盘内任一点的极半径，求圆盘内温度分布规律.

解 由于是在圆域求解问题，故采用极坐标较为方便，注意到定解条件与 θ 无关，所以温度 u 只是 ρ，t 的函数，于是根据问题的要求，圆盘内的温度分布可归结为下列定解问题

$$\begin{cases}\dfrac{\partial u}{\partial t}=a^2\left(\dfrac{\partial^2 u}{\partial \rho^2}+\dfrac{1}{\rho}\dfrac{\partial u}{\partial \rho}\right), \quad 0<\rho<1 \\ u\,|_{\rho=1}=0 \\ u\,|_{t=0}=1-\rho^2\end{cases}$$

的求解. 此外，由物理意义有自然边界条件 $|u|<\infty$，且当 $t\to\infty$ 时，$u\to 0$.

令

$$u(\rho,t)=F(\rho)T(t)$$

代入方程，得

$$FT'=a^2\left(F''+\frac{1}{\rho}F'\right)T \quad 或 \quad \frac{T'}{a^2T}=\frac{F''+\frac{1}{\rho}F'}{F}=-k^2$$

由此得

$$\rho^2F''+\rho F'+k^2\rho^2F=0 \tag{28.41}$$

$$T'+a^2k^2T=0 \tag{28.42}$$

方程式(28.42)的解为

$$T(t)=c\mathrm{e}^{-a^2k^2t}$$

此时方程式(28.41)的通解为

$$F(\rho)=c_1\mathrm{J}_0(k\rho)+c_2\mathrm{Y}_0(k\rho)$$

由 $u(\rho,t)$ 满足自然边界条件可知 $c_2=0$. 再由定解条件得，$\mu_n^{(0)}(x)$ 的正零点，则

$$k_n=\mu_n^{(0)} \quad (n=1,2,\cdots)$$

综合上述结果，可得

$$F_n(\rho)=A_n\mathrm{J}_0(\mu_n^{(0)}\rho), \quad T_n(t)=B_n\mathrm{e}^{-a^2(\mu_n^{(0)})^2t}$$

从而

$$u_n(\rho,t)=C_n\mathrm{e}^{-a^2(\mu_n^{(0)})^2t}\mathrm{J}_0(\mu_n^{(0)}\rho)$$

其中，$C_n=A_nB_n$.

利用叠加原理，可得原问题的解为

$$u(\rho, t) = \sum_{n=1}^{\infty} C_n e^{-a^2 (\mu_n^{(0)})^2 t} J_0(\mu_n^{(0)} \rho)$$

由定解条件 $u|_{t=0} = 1 - \rho^2$，得

$$1 - \rho^2 = \sum_{n=1}^{\infty} C_n J_0(\mu_n^{(0)} \rho)$$

经计算,得

$$C_n = \frac{2}{[J'_0(\mu_n^{(0)})]^2} \int_0^1 (1 - \rho^2) \rho J_0(\mu_n^{(0)} \rho) d\rho = \frac{4J_2(\mu_n^{(0)})}{(\mu_n^{(0)})^2 J_1^2(\mu_n^{(0)})}$$

所以所求定解问题的解为

$$u(\rho, t) = \sum_{n=1}^{\infty} \frac{4J_2(\mu_n^{(0)})}{(\mu_n^{(0)})^2 J_1^2(\mu_n^{(0)})} J_0(\mu_n^{(0)} \rho) e^{-a^2 (\mu_n^{(0)})^2 t}$$

其中 $\mu_n^{(0)}$ 是 $J_0(\rho)$的正零点.

例 28.4 半径为 a 高 r 的圆柱体，下底和侧面保持温度为零度，上底温度为 $u = u_0$，求柱内温度分布.

解 由于所考虑的区域为柱体，因此可以选择柱坐标系研究问题.温度分布满足下面的定解问题

$$\begin{cases} \Delta u = 0 \\ u|_{\rho=a} = 0 \\ u|_{z=0} = 0, \; u|_{z=h} = u_0 \end{cases}$$

由于问题关于 z 轴对称，且边界条件与 φ 无关，故可设

$$u(\rho, z) = R(\rho) Z(z)$$

代入方程中,得

$$z'' - k^2 z = 0, \quad \rho^2 R'' + \rho R' + (k^2 \rho^2 - 0) R = 0$$

并由边界条件 $u|_{\rho=a} = 0$，得

$$R(a) Z(z) = 0$$

即 $R(a) = 0$.

解固有值问题

$$\begin{cases} \rho^2 R'' + \rho R' + k^2 \rho^2 R = 0 \\ R(a) = 0 \end{cases}$$

并注意到 $R(0) \to$有限的自然边界条件，有

$$R_m(\rho) = C'_m J_0(k_m^{(0)} \rho)$$

其中，$k_m^{(0)} = \dfrac{\mu_m^{(0)}}{a}$，这里 $\mu_m^{(0)}$ 是零阶贝塞尔函数的第 m 个正零点.

将 $k_m^{(0)}$ 代入关于 z 的方程，得其通解为

$$Z_m = A_m e^{k_m^{(0)} z} + B_m e^{-k_m^{(0)} z}$$

这样得到

$$u_m = R_m Z_m = \left(A_m e^{k_m^{(0)} z} + B_m e^{-k_m^{(0)} z}\right) C'_m J_0(k_m^{(0)} \rho)$$

又由边界条件 $u|_{z=0} = 0$，有 $A_m + B_m = 0$，所以

$$u_m = C_m \operatorname{sh}(k_m^{(0)} z) J_0(k_m^{(0)} \rho)$$

从而

$$u = \sum_{m=1}^{\infty} u_m = \sum_{m=1}^{\infty} C_m \operatorname{sh}(k_m^{(0)} z) J_0(k_m^{(0)} \rho)$$

又由边界条件 $u|_{z=h} = u_0$，有

$$\sum_{m=1}^{\infty} C_m \operatorname{sh}(k_m^{(0)} h) J_0(k_m^{(0)} \rho) = u_0$$

从而

$$C_m \operatorname{sh}(k_m^{(0)} h) = \frac{2}{a^2} \frac{1}{J_1^2(k_m^{(0)} a)} \int_0^a \rho u_0 J_0(k_m^{(0)} \rho) d\rho$$

由递推公式

$$(k_m^{(0)} \rho) J_0(k_m^{(0)} \rho) = \frac{d}{d(k_m^{(0)} \rho)} [k_m^{(0)} \rho J_1(k_m^{(0)} \rho)]$$

所以

$$\begin{aligned}
\int_0^a \rho J_0(k_m^{(0)} \rho) d\rho &= \frac{1}{(k_m^{(0)})^2} \int_0^a k_m^{(0)} \rho J_0(k_m^{(0)} \rho) d(k_m^{(0)} \rho) \\
&= \frac{1}{(k_m^{(0)})^2} \int_0^a \frac{d}{d(k_m^{(0)} \rho)} [k_m^{(0)} \rho J_1(k_m^{(0)} \rho)] d(k_m^{(0)} \rho) \\
&= \frac{1}{(k_m^{(0)})^2} [k_m^{(0)} \rho J_1(k_m^{(0)} \rho)]_0^a \\
&= \frac{a}{k_m^{(0)}} J_1(k_m^{(0)} a)
\end{aligned}$$

从而

$$C_m = \frac{2u_0}{\operatorname{sh}\left(\frac{\mu_m^{(0)}}{a} h\right) \mu_m^{(0)} J_1(\mu_m^0)}$$

故定解问题的解为

$$u=\sum_{m=1}^{\infty}\frac{2u_0}{\mu_m^{(0)}}\frac{\operatorname{sh}\frac{\mu_m^{(0)}}{a}z}{\operatorname{sh}\frac{\mu_m^{(0)}}{a}h}\frac{J_0\left(\frac{\mu_m^{(0)}}{a}\rho\right)}{J_1(\mu_m^{(0)})}$$

* * * * *

本章从三维热传导方程出发，导出了亥姆霍兹方程，为了求解亥姆霍兹方程，利用分离变量法导出了贝塞尔方程，通过求贝塞尔方程的级数解，分别得到了第一类与第二类贝塞尔函数，在讨论过程中，分别研究了 m 为整数与非整数两种情形下，贝塞尔函数的线性相关性，并且利用第一、第二类贝塞尔函数给出了贝塞尔方程的通解.最后，我们建立了贝塞尔函数的递推公式，把高阶的贝塞尔函数用较低阶的贝塞尔函数表示出来.并利用贝塞尔函数的正交性，将函数展开成贝塞尔函数的级数，进一步给出了利用贝塞尔函数求解数学物理方程的定解问题的方法.

本章常用词汇中英文对照

柱坐标	cylindrical coordinates	正交系	orthogonal sets
圆柱体	circular cylinder	权函数	weight function
贝塞尔函数	Bessel function	广义傅里叶展开	generalized Fourier expansion
收敛性	convergence	傅里叶-贝塞尔展开	Fourier-Bessel expansion
递推关系	recurrence relations	傅里叶-贝塞尔级数	Fourier-Bessel series

习 题 28

1. 当 m 为正整数时，讨论 $J_m(x)$ 的收敛范围.
2. 写出 $J_0(x)$，$J_1(x)$，$J_m(x)$（m 为正整数）的级数表示的前 5 项.
3. 证明 $J_{2n-1}(0)=0$. 其中，$n=1,2,\cdots$.
4. 计算 $\frac{d}{dx}J_0(ax)$.
5. 计算 $\frac{d}{dx}[xJ_1(ax)]$.
6. 证明：$y=J_n(ax)$ 为方程 $x^2y''+xy'+(a^2x^2-n^2)y=0$ 的解.
7. 证明

$$J_{\frac{3}{2}}(x)=\sqrt{\frac{2}{\pi x}}\left[\frac{1}{x}\cos\left(x-\frac{\pi}{2}\right)+\sin\left(x-\frac{\pi}{2}\right)\right]$$

$$J_{\frac{5}{2}}(x)=\sqrt{\frac{2}{\pi x}}\left[\left(1-\frac{3}{x^2}\right)\sin(x-\pi)+\frac{3}{x}\cos(x-\pi)\right]$$

8. 试证：$y=x^{\frac{1}{2}}J_{\frac{3}{2}}(x)$ 是方程 $x^2y''+(x^2-2)y=0$ 的一个解.

第 29 章　勒让德多项式

本章将在球坐标系下通过对拉普拉斯方程采用分离变量法，引出勒让德(Legendre)方程，并讨论这个方程的解法及有关性质.

29.1　勒让德方程的引出

考虑拉普拉斯方程：$\Delta u=0$. 利用球坐标系：$\begin{cases}x=r\cos\varphi\sin\theta,\\ y=r\sin\varphi\sin\theta,\\ z=r\cos\theta,\end{cases}$ 可将方程变换为

$$\frac{1}{r^2}\frac{\partial}{\partial r}\left(r^2\frac{\partial u}{\partial r}\right)+\frac{1}{r^2\sin\theta}\frac{\partial}{\partial\theta}\left(\sin\theta\frac{\partial u}{\partial\theta}\right)+\frac{1}{r^2\sin^2\theta}\frac{\partial^2 u}{\partial\varphi^2}=0 \tag{29.1}$$

利用分离变量法求解该方程. 首先，把 r 跟 θ, φ 分离，假设

$$u(r,\theta,\varphi)=R(r)Y(\theta,\varphi)$$

代入式(29.1)，得

$$\frac{Y}{r^2}\frac{\mathrm{d}}{\mathrm{d}r}\left(r^2\frac{\mathrm{d}R}{\mathrm{d}r}\right)+\frac{R}{r^2\sin\theta}\frac{\partial}{\partial\theta}\left(\sin\theta\frac{\partial Y}{\partial\theta}\right)+\frac{R}{r^2\sin^2\theta}\frac{\partial^2 Y}{\partial\varphi^2}=0$$

用 r^2/RY 遍乘各项并适当移项，即得

$$\frac{1}{R}\frac{\mathrm{d}}{\mathrm{d}r}\left(r^2\frac{\mathrm{d}R}{\mathrm{d}r}\right)=-\frac{1}{Y\sin\theta}\frac{\partial}{\partial\theta}\left[\sin\theta\frac{\partial Y}{\partial\theta}\right]-\frac{1}{Y}\frac{1}{\sin^2\theta}\frac{\partial^2 Y}{\partial\varphi^2}$$

该等式左边是 r 的函数，与 θ, φ 无关；右边是 θ, φ 的函数，跟 r 无关. 两边相等只能是同一常数，设此常数为 $l(l+1)$，这样上方程可分解为

$$\frac{\mathrm{d}}{\mathrm{d}r}\left(r^2\frac{\mathrm{d}R}{\mathrm{d}r}\right)-l(l+1)R=0 \tag{29.2}$$

$$\frac{1}{\sin\theta}\frac{\partial}{\partial\theta}\left(\sin\theta\frac{\partial Y}{\partial\theta}\right)+\frac{1}{\sin^2\theta}\frac{\partial^2 Y}{\partial\varphi^2}+l(l+1)Y=0 \tag{29.3}$$

常微分方程式(29.2)即为欧拉型方程，它的解为

$$R(r)=Cr^l+D\frac{1}{r^{l+1}} \tag{29.4}$$

偏微分方程式(29.3)称为**球函数方程**.

进一步分离变量，假设

$$Y(\theta,\varphi)=Z(\theta)\phi(\varphi)$$

代入函数方程式(29.3)，得

$$\frac{\phi}{\sin\theta}\frac{\mathrm{d}}{\mathrm{d}\theta}\left(\sin\theta\frac{\mathrm{d}Z}{\mathrm{d}\theta}\right)+\frac{Z}{\sin^2\theta}\frac{\mathrm{d}^2\phi}{\mathrm{d}\varphi^2}+l(l+1)Z\phi=0$$

用$\dfrac{\sin^2\theta}{Z\phi}$遍乘各项并适当移项，得

$$\frac{\sin\theta}{Z}\frac{\mathrm{d}}{\mathrm{d}\theta}\left(\sin\theta\frac{\mathrm{d}Z}{\mathrm{d}\theta}\right)+l(l+1)\sin^2\theta=-\frac{1}{\phi}\frac{\mathrm{d}^2\phi}{\mathrm{d}\varphi^2}$$

由于等式两边分别是θ与φ的函数，故只能是同一常数，记为λ，这样就可以分解为两个常微分方程

$$\frac{\sin\theta}{Z}\frac{\mathrm{d}}{\mathrm{d}\theta}\left(\sin\theta\frac{\mathrm{d}Z}{\mathrm{d}\theta}\right)+[l(l+1)\sin^2\theta]=\lambda$$

即

$$\sin\theta\frac{\mathrm{d}}{\mathrm{d}\theta}\left(\sin\theta\frac{\mathrm{d}Z}{\mathrm{d}\theta}\right)+[l(l+1)\sin^2\theta-\lambda]Z=0 \tag{29.5}$$

$$\phi''+\lambda\phi=0 \tag{29.6}$$

微分方程式(29.6)其实还有一个没有写出来的自然的周期条件

$$\phi(\varphi+2\pi)=\phi(\varphi)$$

常微分方程式(29.6)和自然的周期条件构成固有值问题，固有值是

$$\lambda=m^2\quad(m=0,1,2,\cdots) \tag{29.7}$$

固有函数是

$$\phi(\varphi)=A_m\cos m\varphi+B_m\sin m\varphi$$

再看式(29.5)，根据式(29.7)，应把式(29.5)改写为

$$\frac{1}{\sin\theta}\frac{\mathrm{d}}{\mathrm{d}\theta}\left(\sin\theta\frac{\mathrm{d}Z}{\mathrm{d}\theta}\right)+\left[l(l+1)-\frac{m^2}{\sin^2\theta}\right]Z=0 \tag{29.8}$$

通常用

$$\theta=\arccos x,\quad 即\quad x=\cos\theta$$

把自变量从θ换为x(x只是$\cos\theta$的记号,并不是直角坐标)，就把方程式(29.8)化为

$$\frac{\mathrm{d}}{\mathrm{d}x}\left[(1-x^2)\frac{\mathrm{d}Z}{\mathrm{d}x}\right]+\left[l(l+1)-\frac{m^2}{1-x^2}\right]Z=0 \tag{29.9}$$

即

$$(1-x^2)\frac{\mathrm{d}^2Z}{\mathrm{d}x^2}-2x\frac{\mathrm{d}Z}{\mathrm{d}x}+\left[l(l+1)-\frac{m^2}{1-x^2}\right]Z=0 \tag{29.10}$$

这称为**l阶缔合勒让德方程**.

如果位置变量的变化区域关于 xOy 面对称，并且定解条件与 φ 无关，则定解问题的解 u 跟 φ 无关，从而 $\phi(\varphi)$ 跟 φ 无关. 从 $\phi(\varphi)$ 的表达式看，即 $m=0$，而在$m=0$时，方程式(29.10)成为

$$(1-x^2)\frac{\mathrm{d}^2Z}{\mathrm{d}x^2}-2x\frac{\mathrm{d}Z}{\mathrm{d}x}+l(l+1)Z=0 \tag{29.11}$$

该微分方程称为 **l 阶的勒让德方程**.

29.2 勒让德方程的求解

把式(29.11)的未知函数记为 y，则方程变为

$$(1-x^2)\frac{\mathrm{d}^2y}{\mathrm{d}x^2}-2x\frac{\mathrm{d}y}{\mathrm{d}x}+l(l+1)y=0 \tag{29.12}$$

其中，l 为实数(对复数情形略去).

设 $y(x)=a_0+a_1x+\cdots+a_kx^k+\cdots$，则

$$y'(x)=a_1+2a_2x+3a_3x^2+\cdots+(k+1)a_{k+1}x^k+\cdots$$

$$y''(x)=2\cdot1\cdot a_2+3\cdot2a_3x+\cdots+(k+2)(k+1)a_{k+2}x^k+\cdots$$

将 $y(x)$，$y'(x)$，$y''(x)$代入方程式(29.12)，合并并整理，有

$$(k+2)(k+1)a_{k+2}+(l^2+l-k^2-k)a_k=0$$

一般的系数递推公式是

$$a_{k+2}=\frac{k^2-l(l+1)+k}{(k+2)(k+1)}a_k=\frac{(k-l)(k+l+1)}{(k+2)(k+1)}a_k \tag{29.13}$$

$$a_{2k}=\frac{(2k-2-l)(2k-4-l)\cdots(2-l)(-l)(l+2)\cdots(l+2k-1)}{(2k)!}a_0$$

$$a_{2k+1}=\frac{(2k-1-l)(2k-3-l)\cdots(1-l)(l+1)\cdots(l+2k)}{(2k+1)!}a_1$$

这样，将以上系数代入 $y(x)$表达式中，可以得到 l 阶勒让德方程的通解

$$y(x)=y_0(x)+y_1(x)$$

其中

$$y_0(x)=a_0+\frac{(-l)(l+1)}{2!}a_0x^2+\frac{(2-l)(-l)(l+1)(l+3)}{4!}a_0x^4+\cdots+a_{2k}x^{2k}+\cdots \tag{29.14}$$

$$y_1(x)=a_1x+\frac{(1-l)(l+2)}{3!}a_1x^3+\frac{(3-l)(1-l)(l+2)(l+4)}{5!}a_1x^5+\cdots+a_{2k+1}x^{2k+1}+\cdots \tag{29.15}$$

如果方程中的常数 l 是某个偶数，如 $2k$，则 $y_0(x)$只到 x^{2k}项为止，于是$y_0(x)$不再是无穷级数而是 $2k$ 次多项式，且式中只有偶数幂项.至于 $y_1(x)$仍是无穷级数.

同理，若方程中的常数 l 是某个奇数，则 $y_1(x)$不再是无穷级数而是多项式，而且式中只有奇数幂项，至于 $y_0(x)$仍是无穷级数.

对于级数式(29.14)和式(29.15)，还需要确定其收敛半径.利用幂级数收敛半径的求法,有

$$R=\lim_{n\to\infty}\left|\left[\frac{(n+2)(n+1)}{(n-l)(n+l+1)}\right]^{1/2}\right|=\lim_{n\to\infty}\left|\left[\frac{\left(1+\frac{2}{n}\right)\left(1+\frac{1}{n}\right)}{\left(1-\frac{l}{n}\right)\left(1+\frac{l+1}{n}\right)}\right]^{1/2}\right|=1$$

这样，级数解式(29.14)和式(29.15) 在 $|x|<1$ 收敛，而在$|x|>1$ 发散.由于我们在29.1节已经说明x只代表$\cos\theta$，故$|x|\leqslant 1$.应该说明的是在$\theta=0$，π时$x=\pm 1$，此时式(29.14) 和式(29.15) 在 $x=\pm 1$ 发散，而且勒让德方程的任一个解都不可能在 $x=\pm 1$ 有限.

因此 l 阶勒让德方程的通解是级数式(29.14)和式(29.15)的线性组合，级数式(29.14)和式(29.15)在 $|x|<1$ 收敛，它在 $x=\pm 1$ 发散.

29.3 勒让德多项式

在 29.2 节中已经指出，在 l 为整数条件下，勒让德方程两个线性独立的特解之一退化为 l 次多项式，我们称该多项式称为 **l 阶的勒让德多项式**，通常记为$\mathrm{P}_l(x)$,下面具体写出勒让德多项式.

为了使表达形式简洁，且使所得的多项式的最高次幂项 x^l 的系数为

$$a_l=\frac{(2l)!}{2^l(l!)^2}$$

利用递推公式(29.13)

$$a_k=\frac{(k+2)(k+1)}{(k-l)(k+l+1)}a_{k+2}$$

就可把其他系数一一推算出来，如

$$a_{l-2}=\frac{-l(l-1)}{2(2l-1)}a_l=\frac{-(2l-2)!}{2^l(l-1)!(l-2)!}$$

这样，勒让德多项式终于具体写出

$$\mathrm{P}_l(x)=\sum_{k=0}^{\frac{l}{2}\text{或}\frac{l-1}{2}}(-1)^k\frac{(2l-2k)!}{2^l k!(l-k)!(l-2k)!}x^{l-2k}\tag{29.16}$$

例如，前 4 个勒让德多项式是

$$\mathrm{P}_0(x)=1,\quad \mathrm{P}_1(x)=x$$

$$\mathrm{P}_2(x)=\frac{1}{2}(3x^2-1),\quad \mathrm{P}_3(x)=\frac{1}{2}(5x^3-3x)$$

且 $\mathrm{P}_0(1)=\mathrm{P}_1(1)=\cdots=1$.

下面计算 $\mathrm{P}_l(0)$：

如 $l=2n+1$，为奇数，则 $\mathrm{P}_l(x)$ 上含奇次幂，不含常数项，从而 $\mathrm{P}_{2n+1}(0)=0$. 如 $l=2n$，为偶数，则 $\mathrm{P}_{2n}(x)$ 中含有常数项，按式(29.16)，即有

$$\mathrm{P}_{2n}(0)=(-1)^n\frac{(2n-1)!!}{(2n)!!}$$

勒让德多项式除了可以用上述的形式表达之外，还可以用微分的形式表示，这样的表达式称为勒让德多项式的微分表达式，其具体形式为

$$\mathrm{P}_l(x)=\frac{1}{2^l l!}\frac{\mathrm{d}^l}{\mathrm{d}x^l}(x^2-1)^l \tag{29.17}$$

式(29.17)又称为勒让德多项式的**罗德里格斯**(Rodrigues)**公式**.

下面给出式(29.17)的一个证明.

证 由二项式展开定理

$$(a+b)^k=\sum_{n=0}^{k}\frac{k!}{n!(k-n)!}a^{k-n}b^n$$

可得到

$$(x^2-1)^l=\sum_{n=0}^{l}\frac{(-1)^n l!}{n!(l-n)!}x^{2l-2n}$$

因此

$$\begin{aligned}
&\frac{1}{2^l l!}\frac{\mathrm{d}^l}{\mathrm{d}x^l}(x^2-1)^l\\
&=\frac{1}{2^l l!}\sum_{n=0}^{l}\frac{(-1)^n l!}{n!(l-n)!}\frac{\mathrm{d}^l}{\mathrm{d}x^l}x^{2l-2n}\\
&=\sum_{n=0}^{\left[\frac{l}{2}\right]}\frac{(-1)^n}{2^l n!(l-n)!}(2l-2n)(2l-2n-1)\cdots(2l-2n-l+1)x^{l-2n}\\
&=\sum_{n=0}^{\left[\frac{l}{2}\right]}\frac{(-1)^n(2l-2n)!}{2^l n!(l-n)!(l-2n)!}x^{l-2n}=\mathrm{P}_l(x)
\end{aligned}$$

勒让德多项式还可以用积分的形式表示，其积分表达式为

$$\mathrm{P}_l(x)=\frac{1}{2\pi\mathrm{i}}\oint_C\frac{(\xi^2-1)^l}{2^l(\xi-x)^{l+1}}\mathrm{d}\xi \tag{29.18}$$

其中，C 为包围 $\xi=x$ 的回路. 此表达式又称为**施列夫利**(Schlafli)**公式**.

证 令 $f(z)=(z^2-1)^l$，由解析函数的 n 阶导数公式，有

$$\frac{\mathrm{d}^l}{\mathrm{d}z^l}(z^2-1)=\frac{l!}{2\pi\mathrm{i}}\oint_C\frac{(\xi^2-1)^l}{(\xi-z)^{l+1}}\mathrm{d}\xi$$

即

$$\frac{\mathrm{d}^l}{\mathrm{d}x^l}(x^2-1)=\frac{l!}{2\pi\mathrm{i}}\oint_C\frac{(\xi^2-1)^l}{(\xi-x)^{l+1}}\mathrm{d}\xi$$

上式两边同乘以因子$\frac{1}{2^l l!}$，便得

$$\mathrm{P}_l(x)=\frac{1}{2\pi\mathrm{i}}\oint_C\frac{(\xi^2-1)^l}{2^l(\xi-x)^{l+1}}\mathrm{d}\xi$$

数学实验基础知识

基本命令	功　能
Legendre(n, x)	表示 n 阶的勒让德多项式，x 是勒让德多项式自变量

例 画出 1 阶至 5 阶勒让德多项式的图形.

```
≫x=0:0.01:1
≫y1=legendre(1, x);
≫y2=legendre(2, x);
≫y3=legendre(3, x);
≫y4=legendre(4, x);
≫y5=legendre(5, x);
≫plot(x, y1(1, :), x, y2(1, :), x, y3(1, :), x, y4(1, :), x, y5(1, :))
```

29.4 勒让德多项式的递推公式

1. 勒让德多项式的母函数

勒让德多项式可看成某解析函数的泰勒级数展开式中的系数，这个解析函数就称为**勒让德多项式的母函数**.

定理 29.1 函数 $\phi(x,z)=\dfrac{1}{\sqrt{1-2xz+z^2}}$ 为勒让德多项式的母函数.

证 将 $\phi(x,z)=\dfrac{1}{\sqrt{1-2xz+z^2}}$ 展开成 z 的泰勒级数. 因当 $|t|<1$ 时

$$(1-t)^{-\frac{1}{2}}=1+\frac{1}{2}t+\frac{1}{2}\,\frac{3}{4}t^2+\cdots+\frac{1\cdot 3\cdot\cdots\cdot(2n-1)}{2\cdot 4\cdot\cdots\cdot 2n}t^n+\cdots$$

因此当 $|2xz-z^2|<1$ 时，就有

$$\phi(x,\ y)=1+\frac{1}{2}(2xz-z^2)+\frac{1}{2}\cdot\frac{3}{4}(2xz-z^2)^2+\cdots$$
$$+\frac{1\cdot3\cdot\cdots\cdot(2n-1)}{2\cdot4\cdot\cdots\cdot2n}(2xz-z^2)^n+\cdots$$
$$=\sum_{n=0}^{\infty}\frac{1\cdot3\cdot\cdots\cdot(2n-1)}{2\cdot4\cdot\cdots\cdot2n}z^n(2x-z)^n$$
$$=\sum_{n=0}^{\infty}\sum_{k=0}^{n}\frac{1\cdot3\cdot\cdots\cdot(2n-1)}{2\cdot4\cdot\cdots\cdot2n}\cdot\frac{(-1)^k n!}{k!(n-k)!}(2x)^{n-k}z^{n+k}$$
$$=\sum_{m=0}^{\infty}\sum_{k=0}^{\left[\frac{m}{2}\right]}\frac{(-1)^k 1\cdot3\cdot\cdots\cdot[2(m-k)-1]}{2^{m-k}k!(m-2k)!}(2x)^{m-2k}z^m$$
$$=\sum_{m=0}^{\infty}\left[\sum_{k=0}^{\left[\frac{m}{2}\right]}\frac{(-1)^k(2m-2k)!}{2^m k!(m-k)!(m-2k)!}x^{m-2k}\right]z^m$$
$$=\sum_{m=0}^{\infty}\mathrm{P}_m(x)z^m \tag{29.19}$$

因此，$\phi(x,\ z)$为勒让德多项式的母函数.

2. 勒让德多项式的递推公式

(1)
$$(2n+1)x\mathrm{P}_n(x)=(n+1)\mathrm{P}_{n+1}(x)+n\mathrm{P}_{n-1}(x) \tag{29.20}$$

证 由母函数展开式(29.19)，两边对 z 求导，有

$$(x-z)(1-2xz+z^2)^{-\frac{3}{2}}=\sum_{n=1}^{\infty}n\mathrm{P}_n(x)z^{n-1}$$

用 $(1-2xz+z^2)$ 乘上式后，并对等式左边利用展开式(29.19)，有

$$(x-z)\sum_{n=0}^{\infty}\mathrm{P}_n(x)z^n=(1-2xz+z^2)\sum_{n=1}^{\infty}n\mathrm{P}_n(x)z^{n-1}$$

合并 z 的同次项，得

$$\sum_{n=0}^{\infty}[(2n+1)x\mathrm{P}_n(x)z^n-(n+1)\mathrm{P}_n(x)z^{n+1}-n\mathrm{P}_n(x)z^{n-1}]=0$$

此恒等式左端各次幂 z^n 的系数均应为 0，故得

$$(2n+1)x\mathrm{P}_n(x)-n\mathrm{P}_{n-1}(x)-(n+1)\mathrm{P}_{n+1}(x)=0$$

(2)
$$\mathrm{P}'_{n+1}(x)=x\mathrm{P}'_n(x)+(n+1)\mathrm{P}_n(x) \tag{29.21}$$

证 由展开式(29.21)两边对 x 求导，有

$$z(1-2xz+z^2)^{-\frac{3}{2}}=\sum_{n=0}^{\infty}\mathrm{P}'_n(x)z^n$$

同上述(1)的推导过程类似，可得关系式

$$\mathrm{P}_n(x)=\mathrm{P}'_{n+1}(x)-2x\mathrm{P}'_n(x)+\mathrm{P}'_{n-1}(x) \tag{29.22}$$

对式(29.20)两边求导,得

$$(2n+1)P_n(x)+(2n+1)xP'_n(x)=(n+1)P'_{n+1}(x)+nP'_{n-1}(x)$$

式(29.22)两边同时乘以 n 并与上式两边对应相减即可得公式(29.21).

(3)
$$nP_n(x)=xP'_n(x)-P'_{n-1}(x) \tag{29.23}$$

证 由式(29.21)与式(29.22)消去 $P'_{n+1}(x)$ 即得.

(4)
$$nP_{n-1}(x)-P'_n(x)+xP'_{n-1}(x)=0 \tag{29.24}$$

证 将式(29.20)两边求导与式(29.23)的 n 倍消去,这也就是式(29.24),只是下标换一位而已.

(5)
$$(2n+1)P_n(x)=P'_{n+1}(x)-P'_{n-1}(x) \tag{29.25}$$

证 由式(29.20)两边求导,知

$$(2n+1)P_n(x)+(2n+1)xP'_n(x)=(n+1)P'_{n+1}(x)+nP'_{n-1}(x)$$

式(29.21)的 n 倍与上式相减,得

$$(2n+1)P_n(x)+(n+1)xP'_n(x)=P'_{n+1}(x)+(n+1)nP_n(x)+nP'_{n-1}(x)$$

而由式(29.23)

$$(n+1)P'_{n-1}(x)=(n+1)xP'_n(x)-n(n+1)P_n(x)$$

代入上式可得证式(29.25)成立.

例 29.1 计算积分 $I=\int_{-1}^{1}P_l(x)\mathrm{d}x$.

解 当 $l=0$ 时,$P_0(x)=1$,此时 $I=\int_{-1}^{1}P_0(x)\mathrm{d}x=2$. 当 $l>0$ 时,由公式(29.25):$(2l+1)P_l(x)=P'_{l+1}(x)-P'_{l-1}(x)$,得

$$\begin{aligned}I&=\frac{1}{2l+1}\int_{-1}^{1}[P'_{l+1}(x)-P'_{l-1}(x)]\mathrm{d}x\\&=\frac{1}{2l+1}[P_{l+1}(1)-P_{l+1}(-1)-P_{l-1}(1)+P_{l-1}(-1)]\end{aligned}$$

注意到

$$P_l(1)\equiv 1,\quad P_l(-1)=(-1)^lP_l(1)=(-1)^l$$

于是可得

$$I=\frac{1}{2l+1}[1-(-1)^{l+1}-1+(-1)^{l-1}]=\begin{cases}0, & l\neq 0\\2, & l=0\end{cases}$$

例 29.2 证明:

(1) $P_{2n+1}(0)=0\ (n=0,1,\cdots)$ (2) $P_{2n}(0)=\dfrac{(-1)^n(2n-1)!!}{(2n)!!}$

证 在母函数关系式中取 $x=0$,则有

$$\frac{1}{\sqrt{1+t^2}} = \sum_{l=0}^{\infty} \mathrm{P}_l(0) \cdot t^l$$

又

$$\frac{1}{\sqrt{1+t^2}} = 1 - \frac{1}{2}t^2 + \frac{1 \cdot 3}{2 \cdot 4}t^4 + \cdots + \frac{(-1)^n (2n-1)!!}{(2n)!!}t^{2n} + \cdots$$

比较上面两式，有

$$1 - \frac{1}{2}t^2 + \frac{1 \cdot 3}{2 \cdot 4}t^4 + \cdots + \frac{(-1)^n (2n-1)!!}{(2n)!!}t^{2n} + \cdots = \sum_{l=0}^{\infty} \mathrm{P}_l(0) t^l$$

等式两边 t^l 所对应的系数相等即可得所证.

例 29.3　设 $m \geqslant 1$，$n \geqslant 1$，证明

$$(m+n+1)\int_0^1 x^m \mathrm{P}_n(x)\mathrm{d}x = m\int_0^1 x^{m-1}\mathrm{P}_{n-1}(x)\mathrm{d}x$$

证　由递推公式(29.23)，有

$$\begin{aligned}
n\int_0^1 x^m \mathrm{P}_n(x)\mathrm{d}x &= \int_0^1 x^m [x\mathrm{P}_n'(x) - \mathrm{P}_{n-1}'(x)]\mathrm{d}x \\
&= x^{m+1}\mathrm{P}_n(x)\big|_0^1 - \int_0^1 (m+1)x^m \mathrm{P}_n(x)\mathrm{d}x \\
&\quad - x^m \mathrm{P}_{n-1}(x)\big|_0^1 + \int_0^1 m x^{m-1}\mathrm{P}_{n-1}(x)\mathrm{d}x \\
&= -(m+1)\int_0^1 x^m \mathrm{P}_n(x)\mathrm{d}x + m\int_0^1 x^{m-1}\mathrm{P}_{n-1}(x)\mathrm{d}x
\end{aligned}$$

29.5　函数展成勒让德多项式的级数

在应用勒让德多项式解决数学物理方程的定解问题时，需要将给定在区间(−1，1)内的函数按勒让德多项式展开为无穷级数. 为此先要证明不同阶数的所有勒让德多项式构成一个正交函数系. 然后讨论把定义在(−1，1)内的函数展成勒让德多项式的无穷级数的方法.

1. 勒让德多项式的正交性

关于勒让德多项式的正交性，可以证明如下结论

$$\int_{-1}^1 \mathrm{P}_m(x)\mathrm{P}_n(x)\mathrm{d}x = \begin{cases} 0, & m \neq n \\ \dfrac{2}{2n+1}, & m = n \end{cases} \tag{29.26}$$

通常把定积分 $\int_{-1}^1 \mathrm{P}_n^2(x)\mathrm{d}x$ 的平方根称为**勒让德多项式的模值**.

证　先证明其正交性，即

$$\int_{-1}^{1} \mathrm{P}_m(x)\mathrm{P}_n(x)\mathrm{d}x = 0 \quad (m \neq n)$$

由于 $\mathrm{P}_m(x)$ 和 $\mathrm{P}_n(x)$ 分别为 m 阶和 n 阶勒让德方程的一特解，故有

$$\frac{\mathrm{d}}{\mathrm{d}x}\left[(1-x^2)\frac{\mathrm{d}\mathrm{P}_m(x)}{\mathrm{d}x}\right] + m(m+1)\mathrm{P}_m(x) = 0$$

$$\frac{\mathrm{d}}{\mathrm{d}x}\left[(1-x^2)\frac{\mathrm{d}\mathrm{P}_n(x)}{\mathrm{d}x}\right] + n(n+1)\mathrm{P}_n(x) = 0$$

以 $\mathrm{P}_n(x)$ 乘第一式，$\mathrm{P}_m(x)$ 乘第二式，再把结果相减，然后积分，得

$$\int_{-1}^{1} \mathrm{P}_n(x)\frac{\mathrm{d}}{\mathrm{d}x}[(1-x^2)\mathrm{P}'_m(x)]\mathrm{d}x - \int_{-1}^{1} \mathrm{P}_m(x)\frac{\mathrm{d}}{\mathrm{d}x}[(1-x^2)\mathrm{P}'_n(x)]\mathrm{d}x$$

$$+[m(m+1)-n(n+1)]\int_{-1}^{1} \mathrm{P}_n(x)\mathrm{P}_m(x)\mathrm{d}x = 0$$

对前两项利用部分积分，得

$$(1-x^2)\mathrm{P}_n(x)\mathrm{P}'_m(x)\Big|_{-1}^{1} - \int_{-1}^{1}(1-x^2)\mathrm{P}'_m(x)\mathrm{P}'_n(x)\mathrm{d}x$$

$$-(1-x^2)\mathrm{P}_m(x)\mathrm{P}'_n(x)\Big|_{-1}^{1} + \int_{-1}^{1}(1-x^2)\mathrm{P}'_n(x)\mathrm{P}'_m(x)\mathrm{d}x = 0$$

从而有

$$[n(n+1)-m(m+1)]\int_{-1}^{1} \mathrm{P}_m(x)\mathrm{P}_n(x)\mathrm{d}x = 0$$

因此，在 $m \neq n$ 时，有

$$\int_{-1}^{1} \mathrm{P}_m(x)\mathrm{P}_n(x)\mathrm{d}x = 0$$

当 $m = n$ 时，利用分部积分法

$$\begin{aligned}\int_{-1}^{1} \mathrm{P}_n^2(x)\mathrm{d}x &= \frac{1}{2^{2n}(n!)^2}\int_{-1}^{1}\frac{\mathrm{d}^n}{\mathrm{d}x^n}(x^2-1)^n\frac{\mathrm{d}^n}{\mathrm{d}x^n}(x^2-1)^n\mathrm{d}x \\ &= \frac{1}{2^{2n}(n!)^2}\left\{\left[\frac{\mathrm{d}^{n-1}}{\mathrm{d}x^{n-1}}(x^2-1)^n\frac{\mathrm{d}^n}{\mathrm{d}x^n}(x^2-1)^n\right]_{-1}^{1}\right. \\ &\quad \left. -\int_{-1}^{1}\frac{\mathrm{d}^{n+1}}{\mathrm{d}x^{n+1}}(x^2-1)^n\frac{\mathrm{d}^{n-1}}{\mathrm{d}x^{n-1}}(x^2-1)^n\mathrm{d}x\right\} \\ &= -\frac{1}{2^{2n}(n!)^2}\int_{-1}^{1}\frac{\mathrm{d}^{n+1}}{\mathrm{d}x^{n+1}}(x^2-1)^n\frac{\mathrm{d}^{n-1}}{\mathrm{d}x^{n-1}}(x^2-1)^n\mathrm{d}x\end{aligned}$$

按同样的方法，再作 $n-1$ 次分部积分后，得

$$\begin{aligned}\int_{-1}^{1} \mathrm{P}_n^2(x)\mathrm{d}x &= (-1)^n\frac{1}{2^{2n}(n!)^2}\int_{-1}^{1}\left[\frac{\mathrm{d}^{2n}}{\mathrm{d}x^{2n}}(x^2-1)^n\right](x^2-1)^n\mathrm{d}x \\ &= (-1)^n\frac{(2n)!}{2^{2n}(n!)^2}\int_{-1}^{1}(x^2-1)^n\mathrm{d}x\end{aligned}$$

作代换 $x=\cos\varphi$，则有

$$\int_{-1}^{1}\mathrm{P}_n^2(x)\mathrm{d}x=\frac{(2n)!}{2^{2n}(n!)^2}\int_0^{\pi}\sin^{2n+1}\varphi\mathrm{d}\varphi=\frac{2(2n)!}{2^{2n}(n!)^2}\int_0^{\frac{\pi}{2}}\sin^{2n+1}\varphi\mathrm{d}\varphi$$
$$=\frac{2(2n)!}{2^{2n}(n!)^2}\cdot\frac{(2n)!!}{(2n+1)!!}=\frac{2}{2n+1}$$

从而，勒让德多项式的正交性即式(29.26)得到了证明.

例 29.4 求积分 $\int_{-1}^{1}x\mathrm{P}_l(x)\mathrm{P}_k(x)\mathrm{d}x$ 之值.

解 由递推公式(29.20)，有

$$x\mathrm{P}_l=\frac{1}{2l+1}[(l+1)\mathrm{P}_{l+1}(x)+l\mathrm{P}_{l-1}(x)]$$

所以

$$\int_{-1}^{1}x\mathrm{P}_l(x)\mathrm{P}_k(x)\mathrm{d}x=\frac{l+1}{2l+1}\int_{-1}^{1}\mathrm{P}_{l+1}(x)\mathrm{P}_k(x)\mathrm{d}x+\frac{l}{2l+1}\int_{-1}^{1}\mathrm{P}_{l-1}(x)\mathrm{P}_k(x)\mathrm{d}x$$

由勒让德多项式的正交性式(29.26)，知

$$\int_{-1}^{1}x\mathrm{P}_l(x)\mathrm{P}_k(x)\mathrm{d}x=\begin{cases}\dfrac{2k}{4k^2-1}, & l=k-1\\ \dfrac{2(k+1)}{(2k+3)(2k+1)}, & l=k+1\\ 0, & l-k\neq\pm 1\end{cases}$$

2. 函数展开成勒让德多项式的级数

前面研究了勒让德多项式的正交性，得到了式(29.26)，利用该式，我们可以将函数 $f(x)$（在区间[-1, 1]具有一阶连续导数及分段连续的二阶导数）展开成勒让德多项式的级数，即

$$f(x)=\sum_{n=0}^{\infty}C_n\mathrm{P}_n(x)\quad(-1<x<1)\tag{29.27}$$

将该级数称为函数的**傅里叶-勒让德级数**.

为了求出系数 C_n，在式(29.27)的两端同乘 $\mathrm{P}_n(x)$，并在区间[-1, 1]上积分，得

$$\int_{-1}^{1}f(x)\mathrm{P}_n(x)\mathrm{d}x=\sum_{k=0}^{\infty}C_k\int_{-1}^{1}\mathrm{P}_k(x)\mathrm{P}_n(x)\mathrm{d}x=C_n\frac{2}{2n+1}$$

所以

$$C_n=\frac{2n+1}{2}\int_{-1}^{1}f(x)\mathrm{P}_n(x)\mathrm{d}x\quad(n=0,1,2,\cdots)\tag{29.28}$$

把 C_n 代入式(29.27)，便得到函数 $f(x)$的傅里叶-勒让德级数.

如果在式(29.27)与式(29.28)中，令 $x=\cos\theta$，则这两个式子可以写为

$$f(\cos\theta)=\sum_{n=0}^{\infty}C_n\mathrm{P}_n(\theta)\quad(0<\theta<\pi)$$

其中

$$C_n=\frac{2n+1}{2}\int_0^{\pi}f(\cos\theta)\mathrm{P}_n(\cos\theta)\sin\theta\mathrm{d}\theta\quad(n=0,1,2,\cdots)$$

例 29.5 球形域内的电位分布.在半径为 1 的球内求调和函数 u，使它在球面上满足 $u|_{r=1}=\cos^2\theta$.

解 由于方程的自由项及定解条件中的已知函数均与变量 φ 无关，故可推知所求的调和函数只与 r，θ 两变量有关，而与变量 φ 无关，因此，所提问题可归结为下列定解问题

$$\begin{cases}\dfrac{1}{r^2}\dfrac{\partial}{\partial r}\left(r^2\dfrac{\partial u}{\partial r}\right)+\dfrac{1}{r^2\sin\theta}\dfrac{\partial}{\partial\theta}\left(\sin\theta\dfrac{\partial u}{\partial\theta}\right)=0\quad(0<r<1)\\u|_{r=1}=\cos^2\theta\end{cases}\tag{29.29}$$

用分离变量法求解，令 $u(r,\theta)=R(r)Q(\theta)$代入原方程

$$(r^2R''+2rR')Q+(Q''+\cot\theta Q')R=0$$

将上式改写为

$$\frac{r^2R''+2rR'}{R}=-\frac{Q''+\cot\theta Q'}{Q}=\lambda$$

从而得到

$$r^2R''+2rR'-\lambda R=0\tag{29.30}$$

$$Q''(\theta)+\cot\theta Q'(\theta)+\lambda Q(\theta)=0\tag{29.31}$$

将 λ 写成 $\lambda=n(n+1)$，则方程式(29.31)就是式(29.8)，由问题物理意义，函数 $u(r,\theta)$ 应是有界的，从而 $Q(\theta)$也应有界.

由勒让德多项式的特点，只有 n 为整数时，方程式(29.31)在区间 $0\leqslant\theta\leqslant\pi$ 内才有有界解，这时

$$Q_n(\theta)=\mathrm{P}_n(\cos\theta)\quad(n=0,1,2,\cdots)$$

即 $\mathrm{P}_n(\cos\theta)$ $(n=0,1,2,\cdots)$ 就是方程式(29.31)在自然边界条件

$$|Q(0)|<+\infty\quad|Q(\pi)|<+\infty$$

下的固有函数系.

而方程式(29.30)的通解为

$$R_n=C_nr^n+C_n'r^{-(n+1)}$$

要使 u 有界，必须 R_n 也有界，故 $C'_n=0$，即 $R_n=C_n r^n$.

用叠加原理得原问题的解为

$$u(r,\theta)=\sum_{n=0}^{\infty}C_n r^n \mathrm{P}_n(\cos\theta) \tag{29.32}$$

由边界条件,得

$$\cos^2\theta=\sum_{n=0}^{\infty}C_n \mathrm{P}_n(\cos\theta) \tag{29.33}$$

在式(29.33)中令 $x=\cos\theta$,则得

$$x^2=\sum_{n=0}^{\infty}C_n \mathrm{P}_n(x)$$

由于

$$x^2\equiv\frac{1}{3}\mathrm{P}_0(x)+\frac{2}{3}\mathrm{P}_2(x)$$

比较两式右端可得

$$c_0=\frac{1}{3},\quad c_2=\frac{2}{3},\quad c_n=0\quad(n\neq 0,2)$$

因此，所求定解问题的解为

$$u(r,\theta)=\frac{1}{3}+\frac{2}{3}\mathrm{P}_2(\cos\theta)r^2=\frac{1}{3}+\left(\cos^2\theta-\frac{1}{3}\right)r^2$$

式(29.33)中系数也可由式(29.28)直接算出.

* * * * *

本章通过讨论拉普拉斯方程的球坐标变换，利用分离变量法两次分离变量，导出了勒让德方程，利用幂级数解法，得到勒让德方程通解为两幂级数的线性组合.此幂级数在(−1, 1)内收敛，在 $x=\pm1$ 处发散.特别地,当 n 为整数时，幂级数变为多项式，此多项式即为勒让德多项式，同时给出了勒让德多项式的表达式.最后利用勒让德多项式的正交性，将函数展成傅里叶-勒让德级数，并通过例子说明了勒让德多项式在求定解问题中的应用.

本章常用词汇中英文对照

球坐标	spherical coordinates	闭区间	cloesed interval
直角坐标	rectangular coordinates	收敛条件	conditions for convergence
勒让德多项式	Legendre polynomial	傅里叶-勒让德展开	Fourier-Legendre expansion
勒让德方程	Legendre's equation	傅里叶-勒让德级数	Fourier-Legendre series
连续导数	continuous derivatives		

习 题 29

1. 证明：

(1) $x^2 = \frac{2}{3}P_2(x) + \frac{1}{3}P_0(x)$　　　(2) $x^3 = \frac{2}{5}P_3(x) + \frac{3}{5}P_1(x)$

2. 验证 $P_n(x) = \frac{1}{2^n n!}\frac{d^n}{dx^n}(x^2-1)^n$ 满足勒让德方程.

3. 在半径为 1 的球内求调和函数，使 $u|_{r=1} = 3\cos 2\theta + 1$.

4. 在半径为 1 的球内求解调和函数 u,使 $u|_{r=1} = \begin{cases} A, & 0<\theta<a, \\ 0, & a<\theta\leqslant\pi. \end{cases}$

第30章 数学物理方程的差分解法

数学物理方程的各种定解问题，只有当方程是标准的，而且变量的变化区域是规则时，才可能利用前面的方法求解它的准确解. 但这只是极少数的情形，工程技术中所遇到的各种定解问题，往往不是由于方程比较复杂就是由于区域不很规则，无法求出其准确解. 对这种定解问题，有效的做法是求它的近似解，求定解问题的近似解方法很多，本章重点介绍差分解法，让读者有一初步的了解，至于详细的讨论及其他方法可参阅其他有关偏微分方程数值解的书籍.

30.1 拉普拉斯方程的离散化

本节讨论最简单的椭圆型偏微分方程边值问题，为求函数 $u(x, y)$，它在闭区域 $\overline{D}=\{0\leqslant x\leqslant 1, 0\leqslant y\leqslant 1\}$ 上连续，在区域 $D=\{0<x<1, 0<y<1\}$ 内满足拉普拉斯方程

$$\frac{\partial^2 u}{\partial x^2}+\frac{\partial^2 u}{\partial y^2}=0 \tag{30.1}$$

并满足第一边值条件

$$u|_{\Gamma}=\varphi \tag{30.2}$$

其中，Γ 为 D 的边界，φ 为 Γ 上的已知函数.

用差分方法解偏微分方程边值问题，即构造一个含有若干个未知数的方程组，它的唯一解作为所求函数 $u(x, y)$ 在某些点 (x_i, y_i) 处的值 $u(x_i, y_i)$ 的近似值，在构造时利用差商代替导数，将连续的边值问题化成离散的差分边值问题，它由差分方程及差分边值条件所构成，下面以上述的边值问题为例具体说明.

设 N 为自然数，$h=\dfrac{1}{N}$，在 xOy 平面上画直线

$$x=ih,\quad y=jh$$
$$(i, j=0, 1, 2, \cdots, N)$$

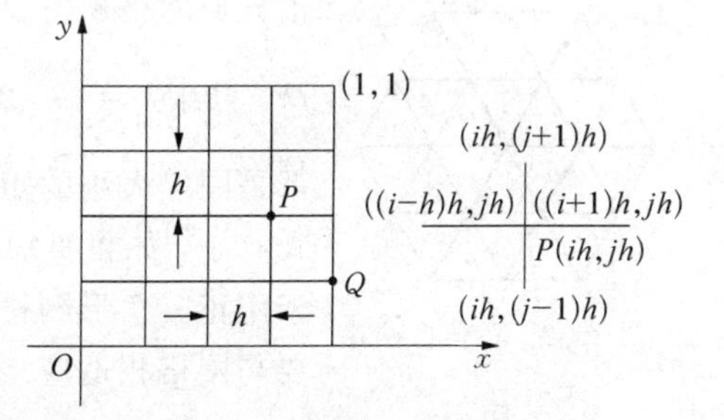

图 30.1 区域的网络剖分

这就是在闭区域 $\overline{D}$ 上建立了网格，如图 30.1 所示直线的交点称为**格点**，共有 $(N+1)^2$ 个，其中 $(N-1)^2$ 个在区域 D 内，其他的在边界 Γ 上. 有时，将 D 内的格点称为**内格点**，Γ 上的称为**边界格点**. 对于边界格点 Q，$u(Q)=\varphi(Q)$

是已知的.

对于内格点 $P(ih,jh)$，根据微分公式，应有

$$\left.\frac{\partial^2 u}{\partial x^2}\right|_P = \frac{1}{h^2}[u((i+1)h,jh)-2u(ih,jh)+u((i-1)h,jh)]-\frac{1}{12}h^2\left.\frac{\partial^4 u}{\partial x^4}\right|_{P_1}$$

其中，P_1 为点 $(\xi_1 h,jh)$，$i-1<\xi_1<i+1$，以及

$$\begin{aligned}\left.\frac{\partial^2 u}{\partial y^2}\right|_P &= \frac{1}{h^2}[u(ih,(j+1)h)-2u(ih,jh)\\ &\quad +u(ih,(j-1)h)]-\frac{1}{12}h^2\left.\frac{\partial^4 u}{\partial y^4}\right|_{P_2}\end{aligned}$$

其中，P_2 为点 $(ih,\xi_2 h)$，$j-1<\xi_2<j+1$. 从而在内格点 $P(ih,jh)$，拉普拉斯方程可写为

$$\begin{aligned}&\frac{1}{h^2}[u((i+1)h,jh)+u((i-1)h,jh)+u(ih,(j+1)h)\\ &+u(ih,(j-1)h)-4u(ih,jh)]=\frac{1}{12}h^2\left(\left.\frac{\partial^4 u}{\partial x^4}\right|_{P_1}+\left.\frac{\partial^4 u}{\partial y^4}\right|_{P_2}\right)\end{aligned}\tag{30.3}$$

这是所求函数 $u(x,y)$ 在格点 (ih,jh) 处的值 $u(ih,jh)$ 应满足的关系式. 在这个关系中，当 h 充分小时，一般说来右端项可略去. 不过，一略去后 $u(ih,jh)$ 便不能准确地满足关系式了. 倘使有另一些数 $u_{i,j}$ 能准确地满足略去这一项后的关系式(30.3)，即它们满足

$$\frac{1}{h^2}(u_{i+1,j}+u_{i-1,j}+u_{i,j+1}+u_{i,j-1}-4u_{i,j})=0\tag{30.4}$$

便得到 $(N-1)^2$ 个未知数的 $(N-1)^2$ 个方程的方程组. 希望方程组(30.4)的解唯一，并且 $u_{i,j}$ 与 $u(ih,jh)$ 差别不大，从而可取 $u_{i,j}$ 作为 $u(ih,jh)$ 的近似值，式(30.4)可看成式(30.1)的差分方程. 用差分方程的准确解作为式(30.1)的近似解，这就是差分法求解偏微分方程的定解问题的基本思路.

下面补充说明几点：

(1) 上面所用的网格称为正方形网格，因每个小格子都是正方形. 网格不一定非要正方形网格不可；可用矩形网格，这只是要将直线 $y=jh$ 改写 $y=jk$，其中 $k=\dfrac{1}{M}$，M 为自然数，$j=0,1,\cdots,M$. 这时，每个小格子都是同样大小的矩形；小格子也不一定非要同样大小不可，可以有大有小，如将直线 $x=ih$，$y=jh$ 改成不等距的就如此，有时甚至于用正三角形网格或正六角形网格(图 30.2)，当然数值微分公式要与网格相适应.

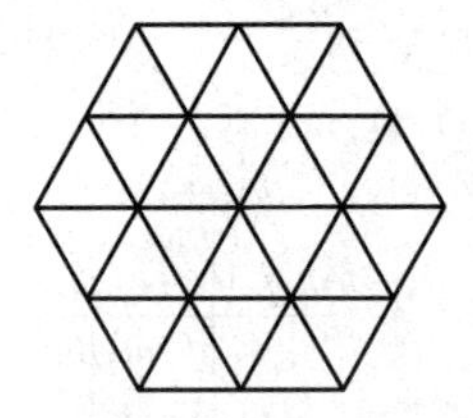
图 30.2　三角形网格

(2) 关于边值条件.

区域 D 往往是复杂的，其边界 Γ 可能是一条简单闭曲线(图 30.3). 有时区域 D 还不是单连通的，如其边界 Γ 为两条简单闭曲线(图 30.4). 这时无论用矩形网格或者三角形网格

等正规形状的网格，很有可能边界 Γ 上一个格点也没有. 在这种情形下，就要人为地来确定哪些格点作为内格点，而边界格点，则可以取 D 内的，也可取 D 外的，不过边界格点必须在边界 Γ 的附近，不能离得太远，并且在取 D 外的格点作为边界格点时，要注意到解函数 $u(x, y)$ 可光滑地延伸或延拓到 D 外这个前提.

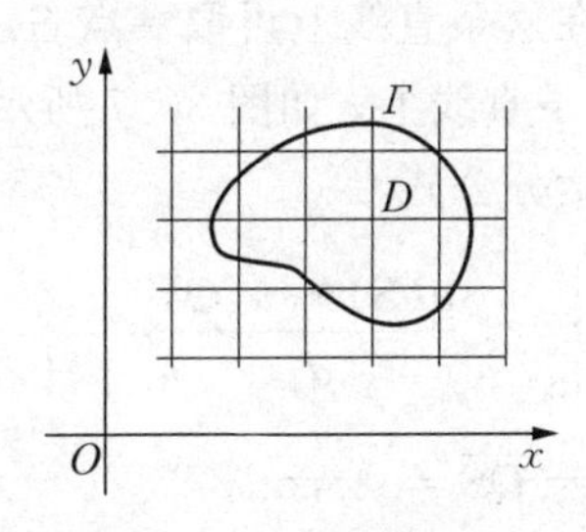

图 30.3 边界曲线 Γ

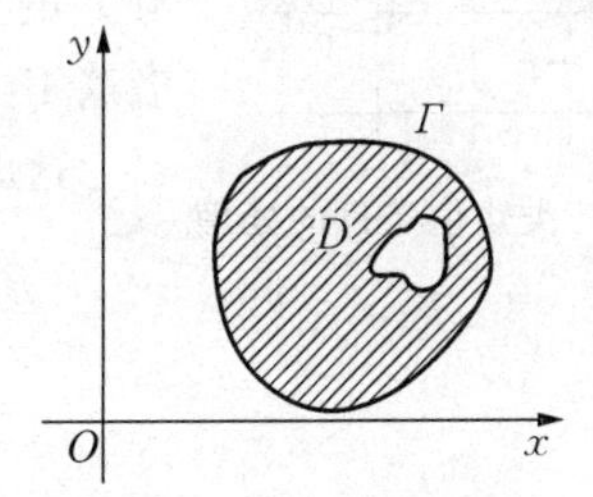

图 30.4 多连通区域

当边界格点 Q 不在 Γ 上时，即使边值条件为第一边值条件，即 $u|_{\Gamma} = \varphi$，也存在着如何在 Q 点对 u 赋值的问题，处理这个问题的方式多种多样.

例如，最简单的方式是直接转移，设 R 为 Γ 上与 Q 最近的点，如图 30.5 所示. 令 $u(Q) = u(R) = \varphi(R)$. 这样处理比较简单，但准确度较差，因 $u(Q) = u(R)$ 的关系应当是

$$u(Q) = u(R) + O(d)$$

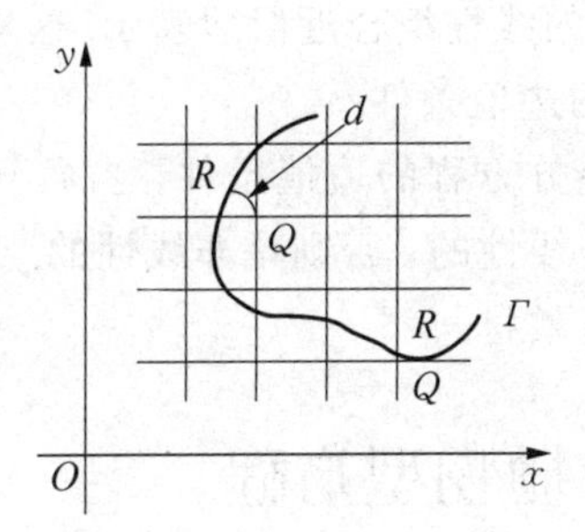

图 30.5 边界点的直接转移

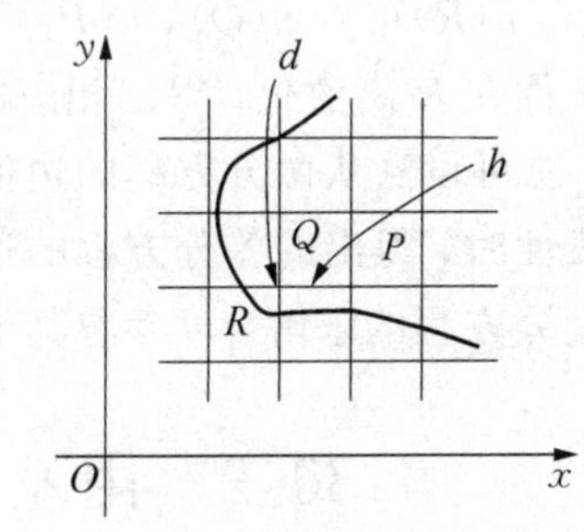

图 30.6 边界点的线性插值

又如，用线性插值的办法，当 P，Q 和 R 三点在同一直线上，其中 Q 为边界格点，P 为内格点，R 为这条直线与 Γ 的交点，P 和 Q 的距离为 h，R 和 Q 的距离为 d，如图 30.6 所示. 令

$$u(Q) = \frac{hu(R) + du(P)}{h + d} = \frac{h\varphi(R) + du(P)}{h + d}$$

这样处理，准确度要好些，因为略去的项为 $O(h^2)$. 其实，直接转移可看成零次插值，而线性插值是一次的. 要注意，在用线性插值法时，得到的 $u(Q)$ 不是完全用已知的东西来表达的，而是 $u(Q)$ 与未知的 $u(P)$ 之间的关系，从而它是一个方程.

总之，不论怎样处理，有多少个边界点 Q，就要有多少条件，这些条件，或者是直接对 $u(Q)$ 赋值，或者是 $u(Q)$ 与 $u(P)$ 之间的关系，其中 P 是内格点.

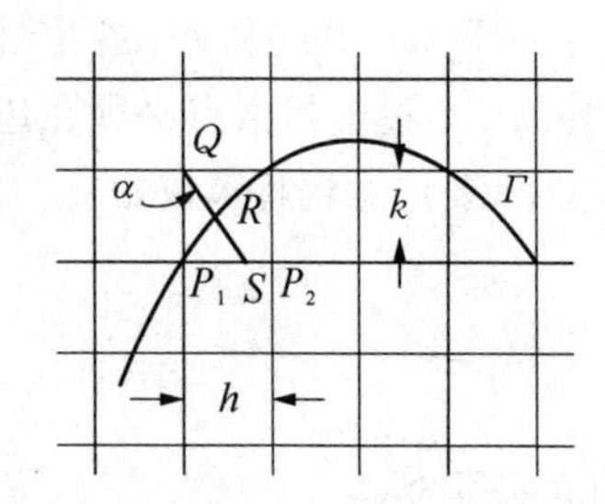

图 30.7　第三类边值条件的处理

当边值条件为第三边值条件时，即 $\left(\dfrac{\partial u}{\partial \boldsymbol{n}}+gu\right)\Bigg|_{\Gamma}=\varphi$. 其中 $\boldsymbol{n}$ 为 Γ 的内法线方向，g 为 Γ 上的已知函数，通常如下处理，过边界格点 Q 画直线垂直于边界 Γ，这条直线与 Γ 的交点为 R，并在这条直线上再取一点 S，S 与另两个格点 P_1 和 P_2 位于一条直线上，如图 30.7 所示.

这时，根据数值微分公式

$$\frac{\partial u}{\partial \boldsymbol{n}}\Bigg|_S \approx \frac{u(S)-u(Q)}{d_1}$$

$$d_1=\overline{QS}=k/\cos\alpha$$

此外，由线性插值公式

$$u(S)\approx\frac{\delta_1 u(P_1)+\delta_2 u(P_2)}{h}$$

$$\delta_1=\overline{SP}_2=h-\overline{SP}_1=h-k\tan\alpha,\quad \delta_2=\overline{SP}_1=k\tan\alpha$$

于是

$$\frac{\partial u}{\partial \boldsymbol{n}}\Bigg|_R \approx \frac{1}{k}\left[\left(\cos\alpha-\frac{k}{h}\sin\alpha\right)u(P_1)+\frac{k}{h}\sin\alpha u(P_2)-\cos\alpha u(Q)\right]$$

类似地，$u(R)$可有 $u(Q)$，$u(P_1)$，$u(P_2)$适当的线性组合近似地表示. 这样，就可将第三边值条件在 R 离散化，得出相应的差分方程的边值条件.

总之，总可设法从微分方程的边值条件得出差分方程的边值条件，当微分方程的边值条件为线性时，得出的差分方程的边值条件也是线性的，否则是非线性的.

关于差分方程的求解，可参看其他的数值分析教材.

30.2　用差分方法解抛物型方程

考虑初边值问题：求函数 $u(x,t)$在域 $D(0<x<1;0<t<T)$ 中满足

$$\frac{\partial u}{\partial t}=\frac{\partial^2 u}{\partial x^2} \tag{30.5}$$

并满足下述定解条件

$$\begin{cases} u(x,0)=f(x), & 0\leqslant x\leqslant 1 \\ u(0,t)=\psi_1(t), & 0\leqslant t\leqslant T \\ u(1,t)=\psi_2(t) \end{cases} \tag{30.6}$$

一般要求函数 $f(x)$和 $\psi_i(t)$ $(i=1,2)$满足连结条件，即

$$f(0)=\psi_1(0)\quad f(1)=\psi_2(0) \tag{30.7}$$

并且我们总是假设这些函数足够光滑保证解函数存在唯一而且足够光滑.

由式(30.5)～式(30.7)所确定的抛物型方程的定解问题就称为混合问题，定解条件式(30.6)称为第一类边界条件.

用差分方法求解抛物型方程式(30.5)～式(30.7)的第一步是要建立相应的差分方程.为此，我们将 x 的变化区间[0，1]用节点 $0=x_0<x_1<\cdots<x_{n-1}<x_n=1$ 分成 n 等分，于是 $x_{i+1}-x_i=h=\dfrac{1}{n}$ 称为步长，且 $x_i=ih$，同样将区间[0，T]用一系列节点 $0=t_0<t_1<\cdots<t_r=T$ 分成 r 等分，步长 $l=T/r$，并有 $t_k=kl$ $(k=0, 1, \cdots, r)$. 于是在 xOt 平面上的区域 D 内，我们得到由直线 $x=x_i=ih$ $(i=1, 2, \cdots, n-1)$ 和直线 $t=t_k=kl$ $(k=1, 2, \cdots, r)$ 交点组成的格子点，这些格子点总和记为 $D^{(h)}$.

为了记法上简单，记 $u(ih, kl)=u(x_i, t_k)=u_{ik}$，对于任一点$(x_i, t_k)\subset D^{(h)}$，直接用展开泰勒公式的办法不难得到

$$\begin{cases}\left.\dfrac{\partial u}{\partial t}\right|_{(x_i, t_k)}=\dfrac{u_{i, k+1}-u_{i, k}}{l}-\dfrac{l}{2}\dfrac{\partial^2}{\partial t^2}u(x_i, \bar{t})\\ \left.\dfrac{\partial^2 u}{\partial x^2}\right|_{(x_i, t_k)}=\dfrac{u_{i-l, k}-2u_{i, k}+u_{i+1, k}}{h}-\dfrac{h^2}{12}\dfrac{\partial^4}{\partial x^4}u(\bar{x}, t_k)\\ t_k\leqslant\bar{t}\leqslant t_{k+1}, \ |\bar{x}-x_i|\leqslant h\end{cases}\tag{30.8}$$

对于 $D^{(h)}$ 中每一点，用式(30.8)代入方程中，得

$$\frac{u_{i, k+1}-u_{i, k}}{l}=\frac{u_{i-1, k}-2u_{i, k}+u_{i+1, k}}{h^2}+R_{ik}\tag{30.9}$$

其中

$$R_{ik}=\frac{l}{2}u_t^2(x_i, t)-\frac{h^2}{2}u_x^4(\bar{x}, t_k)=O(l+h^2)$$

$O(l+h^2)$ 项称为逼近误差. 当 l, h 充分小时，我们忽略逼近误差项，并把定解条件式(30.6)相应地离散化，就得到如下的差分格式

$$\begin{cases}U_{i, k+1}=\dfrac{l}{h^2}(U_{i-1, k}+U_{i+1, k})+\left(1-2\dfrac{l}{h^2}\right)U_{ik}\\ \quad(i=1, 2, \cdots, n-1;\ k=1, 2, \cdots, r-1)\\ U_{i, 0}=f(ih)\quad(i=1, 2, \cdots, n-1)\\ U_{0, k}=\psi_1(kl), U_{n, k}=\psi_2(kl)\quad(k=1, 2, \cdots, r)\end{cases}\tag{30.10}$$

差分格式(30.10)是对应问题式(30.5)～式(30.7)最简单的差分格式.

从式(30.10)可看出，如果已经知道了 t_k 时刻 $U_{i, k}$ $(i=1, 2, \cdots, n-1)$ 的值，而且 $U_{0, k}$ 和 $U_{n, k}$ 由式(30.10)中最后两式给出，不难从式(30.10)中第一式直接算出 $U_{i, k+1}$ $(i=1, 2, \cdots, n-1)$ 也就是说直接算出时刻 t_{k+1} 的各节点上的函数值，这种差分格式称为**显示差分格式**.

原来问题的解 $U_{i, k}$ 满足式(30.9)，但我们求解的方程为式(30.10). 假设从式

(30.10)得到的准确解为 $u_{i,k}$，尽管 $U_{i,k}$ 和 $u_{i,k}$ 在 D 的边界 $x=0$，$x=1$ 及 $t=0$ 的各节点上取值一样，但在 $D^{(h)}$ 的节点上 $U_{i,k}$，$u_{i,k}$ 满足的方程则有区别，两方程的差别为 $O(l+h^2)$，当 h 和 l 取得足够小，$U_{i,k}$ 与 $u_{i,k}$ 所满足的方程彼此"差不多".

同样的方法可用于研究双曲型方程，具体的讨论可参看一些偏微分方程数值解的教材.

* * * * *

本章主要介绍了求解椭圆型方程及抛物型方程定解问题的差分方法，通过对偏微分方程以及定解条件离散化得到了相应的差分方程.差分方程的解可作为微分方程的近似解.

本章常用词汇中英文对照

中文	英文	中文	英文
差分方程	difference equation	逼近	approximation
网格	mesh	五点逼近	five-point approximation
网格点	mesh points	显式有限差分法	explicit finite difference method
内部点	interior points	隐式有限差分法	implicit finite difference method
边界点	boundary points		

习 题 30

1. 用数值解法求解下面的边值问题.

$$\begin{cases}\dfrac{\partial^2 u}{\partial x^2}+\dfrac{\partial^2 u}{\partial y^2}=0,\ 0<x<2,\ 0<y<2\\ u(0,y)=0,\ u(2,y)=y(2-y)\\ u(x,0)=0,\ u(x,2)=\begin{cases}x, & 0<x<1\\ 2-x, & 1\leqslant x<2\end{cases}\end{cases}$$

2. 用数值解法求解定解问题.

$$\begin{cases}\dfrac{\partial u}{\partial t}=\dfrac{\partial^2 u}{\partial x^2}=0,\ 0<x<1,\ 0<t<0.5\\ u(0,t)=0,\ u(1,t)=0\\ u(x,0)=\sin\pi x\end{cases}$$

习题参考答案

习 题 15

1. (1) $\mathrm{Re}(z)=\frac{3}{13}$；$\mathrm{Im}(z)=-\frac{2}{13}$；$|z|=\frac{1}{\sqrt{13}}$；$\arg z=-\arctan\left(\frac{2}{3}\right)$

(2) $\mathrm{Re}(z)=\frac{3}{2}$；$\mathrm{Im}(z)=-\frac{5}{2}$；$|z|=\frac{\sqrt{34}}{2}$；$\arg z=-\arctan\left(\frac{5}{3}\right)$

(3) $\mathrm{Re}(z)=-\frac{7}{2}$；$\mathrm{Im}(z)=-13$；$|z|=\frac{5}{2}\sqrt{29}$；$\arg z=\arctan\left(\frac{26}{7}\right)-\pi$

(4) $\mathrm{Re}(z)=1$；$\mathrm{Im}(z)=-3$；$|z|=\sqrt{10}$；$\arg z=-\arctan 3$

2. $x=1$，$y=11$ **5.** $1+|a|$

6. (1) $\mathrm{i}=\cos\frac{\pi}{2}+\mathrm{i}\sin\frac{\pi}{2}=\mathrm{e}^{\frac{\pi}{2}\mathrm{i}}$ (2) $1=\cos 0+\mathrm{i}\sin 0=\mathrm{e}^{0\mathrm{i}}$

(3) $1+\sqrt{3}\mathrm{i}=2\left(\cos\frac{\pi}{3}+\mathrm{i}\sin\frac{\pi}{3}\right)=2\mathrm{e}^{\frac{\pi}{3}\mathrm{i}}$ (4) $\frac{2\mathrm{i}}{-1+\mathrm{i}}=\sqrt{2}\left(\cos\frac{\pi}{4}-\mathrm{i}\sin\frac{\pi}{4}\right)=\sqrt{2}\mathrm{e}^{-\frac{\pi}{4}\mathrm{i}}$

(5) $\frac{(\cos 5\varphi+\mathrm{i}\sin 5\varphi)^2}{(\cos 3\varphi+\mathrm{i}\sin 3\varphi)^3}=\cos\varphi+\mathrm{i}\sin\varphi=\mathrm{e}^{\mathrm{i}\varphi}$

9. (1) $-16\sqrt{3}-16\mathrm{i}$ (2) $-8\mathrm{i}$ (3) $\frac{\sqrt{3}}{2}+\frac{1}{2}\mathrm{i}$，$\mathrm{i}$，$-\frac{\sqrt{3}}{2}+\frac{1}{2}\mathrm{i}$，$-\frac{\sqrt{3}}{2}-\frac{1}{2}\mathrm{i}$，$-\mathrm{i}$，$\frac{\sqrt{3}}{2}-\frac{1}{2}\mathrm{i}$

(4) $\sqrt[6]{2}\left(\cos\frac{\pi}{12}-\mathrm{i}\sin\frac{\pi}{12}\right)$，$\sqrt[6]{2}\left(\cos\frac{7\pi}{12}+\mathrm{i}\sin\frac{7\pi}{12}\right)$，$\sqrt[6]{2}\left(\cos\frac{5\pi}{4}+\mathrm{i}\sin\frac{5\pi}{4}\right)$

11. (1) $1+\sqrt{3}\mathrm{i}$，-2，$1-\sqrt{3}\mathrm{i}$

13. (1) 以 5 为中心，半径为 6 的圆周 (2) 中心在 $-2\mathrm{i}$，半径为 1 的圆周及其外部区域

(3) 直线 $x=-3$ (4) 直线 $y=3$ (5) 直线 $y=2$ 及其下半平面

(6) 不包含 x 轴的上半平面 (7) 以 i 为起点的射线 $y=x+1\ (x>0)$

14. (1) 不包含实轴的上半平面，是无界的、开的单连通域

(2) 圆 $(x-1)^2+y^2=16$ 的外部区域(不包括圆周)是无界的、开的多连通域

(3) 由直线 $x=0$ 与 $x=1$ 所构成的带形区域，不包括两直线在内，是无界的、开的单连通域

(4) 由圆周 $x^2+y^2=4$ 与 $x^2+y^2=9$ 所围成的圆环域，包括圆周在内，是有界的、闭的多连通域

(5) 直线 $x=-1$ 右边的平面区域，不包括直线在内，是无界的、开的单连通域

(6) 由射线 $\theta=-1$ 及 $\theta=-1+\pi$ 构成的角形域，不包括两射线在内，是无界的、开的单连通域

(7) 椭圆 $\frac{x^2}{9}+\frac{y^2}{5}\leqslant 1$ 的内部区域，是有界的闭区域

习 题 16

5. (1) 在直线 $x=-\frac{1}{2}$ 上可导，但在复平面上处处不解析

(2) 在直线 $\sqrt{2}x\pm\sqrt{3}y=0$ 上可导，但在复平面上处处不解析

(3) 在原点 $z=0$ 处可导,但在复平面上处处不解析　(4) 在复平面上处处可导,处处解析

6. (1) 在复平面上处处解析,$f'(z)=5(z-1)^4$

(2) 在复平面上处处解析,$f'(z)=3z^2+2\mathrm{i}$

(3) 除 $z=\pm 1$ 外在复平面上处处解析,$f'(z)=-\dfrac{2z}{(z^2-1)^2}$

(4) 除 $z=-\dfrac{d}{c}(c\neq 0)$ 外在复平面上处处解析,$f'(z)=\dfrac{ad-bc}{(cz+d)^2}$

7. $m=1,\ n=-3,\ l=-3$

9. (1) $-\mathrm{i}$　(2) $-\mathrm{ei}$　(3) $\mathrm{e}^3(\cos 1+\mathrm{i}\sin 1)$　(4) $\mathrm{ie}^{-\frac{\pi}{2}-2k\pi}(k=0,\pm 1,\pm 2,\cdots)$

(5) $\mathrm{e}^{-\frac{\pi}{4}-2k\pi}(\cos\ln\sqrt{2}+\mathrm{i}\sin\ln\sqrt{2})(k=0,\pm 1,\pm 2,\cdots)$　(6) $\mathrm{e}^{-2k\pi}(\cos\ln 3+\mathrm{i}\sin\ln 3)$　(7) $\mathrm{i}\,\mathrm{sh}\,1$;

(8) $\cos 1\,\mathrm{ch}\,1-\mathrm{i}\sin 1\,\mathrm{sh}\,1$　(9) $\cos 1$　(10) $\mathrm{sh}(-2)\cos 1+\mathrm{i}\,\mathrm{ch}(-2)\sin 1$

17. 是　**18.** 不是　**19.** 不对

21. (1) $(1-\mathrm{i})z^3+\mathrm{i}c$　(2) $\dfrac{1}{2}-\dfrac{1}{z}$　(3) $-\mathrm{i}(z-1)^2$　(4) $\ln z+c$

习　题　17

1. (1) $\dfrac{1}{3}(3+\mathrm{i})^3$　(2) $\dfrac{1}{3}(3+\mathrm{i})^3$　(3) $\dfrac{1}{3}(3+\mathrm{i})^3$　**2.** $-\dfrac{1}{6}+\dfrac{5}{6}\mathrm{i},-\dfrac{1}{6}+\dfrac{5}{6}\mathrm{i}$

3. (1) $4\pi\mathrm{i}$　(2) $8\pi\mathrm{i}$　**5.** (1) $2\pi\mathrm{e}^2\mathrm{i}$　(2) $\dfrac{\pi\mathrm{i}}{a}$　(3) $\dfrac{\pi}{\mathrm{e}}$　(4) 0　(5) 0　(6) 0　(7) 0　(8) $\dfrac{\pi}{12}\mathrm{i}$

6. (1) $14\pi\mathrm{i}$　(2) 0　(3) 0　(4) $2\pi\mathrm{i}$　(5) 0　当 $|a|>1$;$\pi\mathrm{i}e^a$,当 $|a|<1$

7. 当 a 与 $-a$ 都不在 C 的内部时,积分值为 0;当 a 与 $-a$ 中有一个在 C 的内部时,积分值为 $\pi\mathrm{i}$;当 a 与 $-a$ 都在 C 的内部时,积分值为 $2\pi\mathrm{i}$

10. 是,因为$\dfrac{f'(z)}{f(z)}$在 D 内处处解析

习　题　18

1. (1) 原级数收敛,但非绝对收敛　(2) 原级数收敛,但非绝对收敛　**2.** 不能

5. (1) $1-z^3+z^6-\cdots,R=1$　(2) $1-2z^2+3z^4-4z^6+\cdots,R=1$

(3) $1-\dfrac{z^4}{2!}+\dfrac{z^8}{4!}-\dfrac{z^{12}}{6!}+\cdots,R=\infty$　(4) $z^2+z^4+\dfrac{z^6}{3}+\cdots,R=\infty$

(5) $z+\dfrac{z^3}{3!}+\dfrac{z^6}{5!}+\cdots,R=\infty$

6. (1) $\displaystyle\sum_{n=1}^{\infty}(-1)^{n-1}\frac{(z-1)^n}{2^n},R=2$　(2) $\displaystyle\sum_{n=0}^{\infty}(-1)^n\left(\frac{1}{2^{2n+1}}-\frac{1}{3^{n+1}}\right)(z-2)^n,R=3$

(3) $\displaystyle\sum_{n=0}^{\infty}(n+1)(z+1)^n,R=1$　(4) $\displaystyle\sum_{n=0}^{\infty}\frac{3^n}{(1-3\mathrm{i})^{(n+1)}}[z-(1+\mathrm{i})]^n,R=\sqrt{10}/3$

(5) $1+2\left(z-\dfrac{\pi}{4}\right)+2\left(z-\dfrac{\pi}{4}\right)^2+\dfrac{8}{3}\left(z-\dfrac{\pi}{4}\right)^3+\cdots,R=\dfrac{\pi}{4}$　(6) $z-\dfrac{z^3}{3}+\dfrac{z^5}{5}-\cdots,R=1$

7. 不正确

8. (1) $\dfrac{1}{5}\left(\cdots+\dfrac{2}{z^4}+\dfrac{1}{z^3}-\dfrac{2}{z^2}-\dfrac{1}{z}-\dfrac{1}{2}-\dfrac{z}{4}-\dfrac{z^2}{8}-\dfrac{z^3}{16}-\cdots\right)$

(2) $\sum_{n=-1}^{\infty}(n+2)z^n$，$\sum_{n=-2}^{\infty}(-1)^n(z-1)^n$

(3) $-\sum_{n=-1}^{\infty}(z-1)^n$，$\sum_{n=0}^{\infty}(-1)^n\frac{1}{(z-2)^{n+2}}$

(4) $1-\frac{1}{z}-\frac{1}{2!z^2}-\frac{1}{3!z^3}+\frac{1}{4!z^4}+\cdots$

(5) $\sum_{n=1}^{\infty}(-1)^{n-1}\frac{n(z-\mathrm{i})^{n-2}}{\mathrm{i}^{n+1}}$，$0<|z-\mathrm{i}|<1$；$\sum_{n=0}^{\infty}(-1)^n\frac{(n+1)\mathrm{i}^n}{(z-\mathrm{i})^{n+3}}$，$1<|z-\mathrm{i}|<+\infty$

9. (1) 0　(2) $2\pi\mathrm{i}$　(3) 0　(4) $2\pi\mathrm{i}$

习　题　19

3. (1) $\mathrm{Res}[f(z), 0]=-\frac{1}{2}$，$\mathrm{Res}[f(z), 2]=\frac{3}{2}$

(2) $\mathrm{Res}[f(z), 0]=-\frac{4}{3}$

(3) $\mathrm{Res}[f(z), \mathrm{i}]=-\frac{3}{8}\mathrm{i}$，$\mathrm{Res}[f(z), -\mathrm{i}]=\frac{3}{8}\mathrm{i}$

(4) $\mathrm{Res}\left[f(z), k\pi+\frac{\pi}{2}\right]=(-1)^{k+1}\left(k\pi+\frac{\pi}{2}\right)$　$(k=0, \pm 1, \pm 2, \cdots)$

(5) $\mathrm{Res}[f(z), 1]=0$　(6) $\mathrm{Res}[f(z), 0]=-\frac{1}{6}$

(7) $\mathrm{Res}[f(z), 0]=0$，$\mathrm{Res}[f(z), k\pi]=(-1)^k\frac{1}{k\pi}$　(k 为不等于零的整数)

(8) $\mathrm{Res}\left[f(z), \left(k+\frac{1}{2}\right)\pi\mathrm{i}\right]=1$　(k 为整数)

4. (1) $z=a$，$m+n$ 级极点

(2) $z=a$，当 $m>n$ 时，$m-n$ 级极点；当 $m\leqslant n$ 时，可去奇点

(3) $z=a$ 为极点，级(数)为 m，n 中的大者；当 $m=n$ 时，$z=a$ 为极点，级(数) $\leqslant m$，也可能是可去奇点

5. (1) 0　(2) $4\pi e^2\mathrm{i}$　(3) $-12\mathrm{i}$

(4) 当 m 为大于或等于3的奇数时，积分等于 $(-1)^{\frac{m-3}{2}}\frac{2\pi\mathrm{i}}{(m-1)!}$；$m$ 为其他整数或0时，积分等于0

(5) $2\pi\mathrm{i}$

(6) 当 $|a|<|b|<1$ 时，积分等于0；当 $|a|<1<|b|$ 时，积分等于

$$(-1)^{n-1}\frac{2\pi(2n-2)!\mathrm{i}}{[(n-1)!]^2(a-b)^{2n-1}}$$

当 $1<|a|<|b|$ 时，积分等于0

6. (1) $\frac{\pi}{2}$　(2) $\frac{2\pi}{b^2}(a-\sqrt{a^2-b^2})$　(3) $\frac{\pi}{2}$　(4) $\frac{\pi}{2\sqrt{2}}$　(5) $\pi e^{-1}\cos 2$　(6) πe^{-1}

8. C 内不含 $z=0$，$z=1$ 时 $I=0$；C 内只含 $z=0$ 时，$I=-\pi\mathrm{i}$；C 内只含 $z=1$ 时，$I=2\pi\mathrm{i}\cos 1$；C 内含 $z=0$，$z=1$ 时，$I=2\pi\mathrm{i}\left(\cos 1-\frac{1}{2}\right)$

习 题 20

1. 伸缩率:$|w'(\mathrm{i})|=2$;旋转角:$\arg w'(2)=\dfrac{\pi}{2}$;$w$平面上虚轴的正向

2. 在导数不等于0的条件下具有伸缩率和旋转角的不变性;映射$w=z^2$在$z=0$处不具有伸缩率和旋转角的不变性.

4. (1) 以$w_1=-1$, $w_2=-\mathrm{i}$, $w_3=\mathrm{i}$为顶点的三角形 (2) 圆域:$|w-\mathrm{i}|\leqslant 1$

5. 圆心在原点,半径为R^2,且沿由0到R^2的半径有割痕的圆域

6. (1) $\mathrm{Im}(w)>1$ (2) $\mathrm{Im}(w)>\mathrm{Re}(w)$ (3) $|w+\mathrm{i}|>1$, $\mathrm{Im}(w)<0$

(4) $\left|w-\dfrac{1}{2}\right|<\dfrac{1}{2}$, $\mathrm{Im}(w)<0$ (5) $\mathrm{Re}(w)>0$, $\left|w-\dfrac{1}{2}\right|>\dfrac{1}{2}$, $\mathrm{Im}(w)>0$

7. (1) $w=-\mathrm{i}\dfrac{z-\mathrm{i}}{z+\mathrm{i}}$ (2) $w=\mathrm{i}\dfrac{z-\mathrm{i}}{z+\mathrm{i}}$ (3) $w=\dfrac{3z+(\sqrt{5}-2\mathrm{i})}{(\sqrt{5}-2\mathrm{i})z+3}$

8. (1) $w=\dfrac{2z-1}{z-2}$ (2) $w=\dfrac{\mathrm{i}(2z-1)}{2-z}$

9. $w=\mathrm{e}^{\mathrm{i}\theta}\left(\dfrac{z-\bar{\alpha}}{z+\alpha}\right)$,其中$\mathrm{Re}(\alpha)>0$,$\theta$为任意实数

10. (1) $w=-\left(\dfrac{z+\sqrt{3}-\mathrm{i}}{z-\sqrt{3}-\mathrm{i}}\right)^3$ (2) $w=-\left[\dfrac{z-\sqrt{2}(1-\mathrm{i})}{z-\sqrt{2}(1+\mathrm{i})}\right]^4$ (3) $w=\left(\dfrac{z^4+16}{z^4-16}\right)^2$ (4) $w=\left(\dfrac{\mathrm{e}^{-\frac{\pi}{a}z}-1}{\mathrm{e}^{-\frac{\pi}{a}z}+1}\right)^2$

11. $w=\left(\dfrac{\sqrt{z}+1}{\sqrt{z}-1}\right)^2$

习 题 21

3. $a(\omega)=\dfrac{2}{\pi\omega}\sin\omega$

习 题 22

1. $F(\omega)=\dfrac{A(1-\mathrm{e}^{-\mathrm{j}\omega\tau})}{\mathrm{j}\omega}$

2. (1) $f(t)=\dfrac{4}{\pi}\displaystyle\int_0^{+\infty}\dfrac{\sin\omega-\omega\cos\omega}{\omega^3}\cos\omega t\,\mathrm{d}\omega$ (2) $f(t)=\dfrac{2}{\pi}\displaystyle\int_0^{+\infty}\dfrac{(5-\omega^2)\cos\omega t+2\omega\sin\omega t}{\omega^4-6\omega^2+25}\mathrm{d}\omega$

(3) $f(t)=\dfrac{2}{\pi}\displaystyle\int_0^{+\infty}\dfrac{1-\cos\omega}{\omega}\sin\omega t\,\mathrm{d}\omega$ ($|t|\neq 0, 1$)

3. (1) $F(\omega)=\dfrac{2\beta}{\beta^2+\omega^2}$ (2) $F(\omega)=\dfrac{2\omega^2+4}{\omega^4+4}$ (3) $F(\omega)=\dfrac{-2\mathrm{j}\sin\omega\pi}{1-\omega^2}$

6. (1) $\dfrac{\mathrm{d}}{\mathrm{d}\omega}\left[\dfrac{\mathrm{j}}{2}F\left(\dfrac{\omega}{2}\right)\right]$ (2) $\mathrm{j}F'(\omega)-2F(\omega)$ (3) $\dfrac{\mathrm{d}}{\mathrm{d}\omega}\left[\dfrac{\mathrm{j}}{2}F\left(-\dfrac{\omega}{2}\right)\right]-F\left(-\dfrac{\omega}{2}\right)$

(4) $-F(\omega)-\omega F'(\omega)$ (5) $\mathrm{e}^{-\mathrm{j}\omega}F(-\omega)$ (6) $-\mathrm{j}\mathrm{e}^{-\mathrm{j}\omega}\dfrac{\mathrm{d}}{\mathrm{d}\omega}F(-\omega)$ (7) $\dfrac{1}{2}\mathrm{e}^{-\frac{5}{2}\mathrm{j}\omega}F\left(\dfrac{\omega}{2}\right)$

8. $f_1(t)*f_2(t)=\begin{cases}0, & t\leqslant 0\\ \dfrac{1}{2}(\sin t-\cos t+\mathrm{e}^{-t}), & 0<t\leqslant\dfrac{\pi}{2}\\ \dfrac{1}{2}\mathrm{e}^{-t}\left(1+\mathrm{e}^{-\frac{\pi}{2}}\right), & t>\dfrac{\pi}{2}\end{cases}$ **9.** $f(t)=\cos\omega_0 t$

11. (1) $F(\omega)=\cos\omega a+\cos\dfrac{\omega a}{2}$ (2) $F(\omega)=\dfrac{\pi}{2}\mathrm{j}[\delta(\omega+2)-\delta(\omega-2)]$

12. $F(\omega)=\pi[\delta'(\omega-1)-\delta'(\omega+1)]$

13. (1) $F(\omega)=\dfrac{1}{\mathrm{j}(\omega-\omega_0)}+\pi\delta(\omega-\omega_0)$ (2) $F(\omega)=\dfrac{\omega_0}{\omega_0^2-\omega^2}+\dfrac{\pi}{2\mathrm{j}}[\delta(\omega-\omega_0)-\delta(\omega+\omega_0)]$

(3) $F(\omega)=\dfrac{\omega_0}{(\beta+j\omega)^2+\omega_0^2}$

14. (1) π (2) $\dfrac{\pi}{2}$ (3) $\dfrac{\pi}{2}$ (4) $\dfrac{\pi}{2}$

15. $g(\omega)=\dfrac{\sin\pi\omega}{1-\omega^2}\ (\omega>0)$

习　题　23

1. (1) $F(s)=\dfrac{2}{4s^2+1}$, $\mathrm{Re}(s)>0$ (2) $F(s)=\dfrac{1}{s+2}$, $\mathrm{Re}(s)>-2$

(3) $F(s)=\dfrac{2}{s^3}$, $\mathrm{Re}(s)>0$ (4) $F(s)=\dfrac{1}{s^2+4}$, $\mathrm{Re}(s)>0$

(5) $F(s)=\dfrac{k}{s^2-k^2}$, $\mathrm{Re}(s)>|k|$ (6) $F(s)=\dfrac{s}{s^2-k^2}$, $\mathrm{Re}(s)>|k|$

(7) $F(s)=\dfrac{s^2+2}{s(s^2+4)}$, $\mathrm{Re}(s)>0$ (8) $F(s)=\dfrac{2}{s(s^2+4)}$, $(\mathrm{Re}(s)>0)$

2. (1) $F(s)=\dfrac{1}{s}(3-4\mathrm{e}^{-2s}+\mathrm{e}^{-4s})$ (2) $F(s)=\dfrac{3}{s}(1-\mathrm{e}^{-\frac{\pi}{2}s})-\dfrac{1}{s^2+1}\mathrm{e}^{-\frac{\pi}{2}s}$

(3) $F(s)=\dfrac{2s-5}{s-3}$ (4) $F(s)=\dfrac{s^2}{s^2+1}$

3. $\mathscr{L}[f(t)]=\dfrac{1}{(1-\mathrm{e}^{-\pi s})(s^2+1)}$

4. (1) $F(s)=\dfrac{1}{s^3}(2s^2+3s+2)$ (2) $F(s)=\dfrac{1}{s}-\dfrac{1}{(s-1)^2}$ (3) $F(s)=\dfrac{s^2-4s+5}{(s-1)^3}$

(4) $F(s)=\dfrac{s^2-a^2}{(s^2+a^2)^2}$ (5) $F(s)=\dfrac{10-3s}{s^2+4}$ (6) $F(s)=\dfrac{s+4}{(s+4)^2+16}$

5. (1) $F(s)=\dfrac{4(s+3)}{[(s+3)^2+4]^2}$ (2) $F(s)=\dfrac{2(3s^2+12s+13)}{s^2[(s+3)^2+4]^2}$ (3) $F(s)=\dfrac{4(s+3)}{s[(s+3)^2+4]^2}$

(4) $f(t)=\dfrac{2}{t}\mathrm{sh}\,t$

6. (1) $F(s)=\mathrm{arccot}\,\dfrac{s}{k}$ (2) $F(s)=\mathrm{arccot}\,\dfrac{s+3}{2}$ (3) $F(s)=\dfrac{1}{s}\mathrm{arccot}\,\dfrac{s+3}{2}$

(4) $f(t)=\dfrac{t}{2}\mathrm{sh}\,t$

7. (1) $\ln 2$ (2) $\dfrac{1}{2}\ln 2$ (3) $\dfrac{1}{4}$ (4) $\dfrac{3}{13}$ (5) $\dfrac{12}{169}$ (6) $\dfrac{1}{4}\ln 5$

8. (1) $f(t)=\mathrm{e}^{-3t}$ (2) $f(t)=\dfrac{1}{6}t^3\mathrm{e}^{-t}$ (3) $f(t)=2\cos 3t+\sin 3t$

(4) $f(t)=\dfrac{3}{2}\mathrm{e}^{3t}-\dfrac{1}{2}\mathrm{e}^{-t}$ (5) $f(t)=\dfrac{1}{5}(3\mathrm{e}^{2t}+2\mathrm{e}^{-3t})$

（6）$f(t)=2e^{-2t}\cos 3t+\frac{1}{3}e^{-2t}\sin 3t$

9.（1）$f(t)=\frac{\sin 2t}{16}-\frac{t\cos 2t}{8}$ （2）$f(t)=\delta(t)-2e^{-2t}$ （3）$f(t)=\frac{1}{2}(1+2e^{-t}-3e^{-2t})$

（4）$f(t)=\frac{1}{3}\sin t-\frac{1}{6}\sin 2t$ （5）$f(t)=\frac{1}{9}\left(\sin\frac{2t}{3}+\cos\frac{2t}{3}\right)e^{-\frac{t}{3}}$

（6）$f(t)=\frac{2(1-\operatorname{ch} t)}{t}$ （7）$f(t)=\frac{1}{2}te^{-2t}\sin t$ （8）$f(t)=\frac{1}{2}e^{-t}(\sin t-t\cos t)$

（9）$f(t)=\left(\frac{1}{2}t\cos 3t+\frac{1}{6}\sin 3t\right)e^{-2t}$ （10）$f(t)=3e^{-t}-11e^{-2t}+10e^{-3t}$

（11）$f(t)=\frac{1}{3}e^{-t}(2-2\cos\sqrt{3}t+\sqrt{3}\sin\sqrt{3}t)$ （12）$f(t)=\frac{1}{4}e^{-t}-\frac{1}{4}e^{-3t}+\frac{3}{2}te^{-3t}-3t^2e^{-3t}$

10.（1）t （2）$\frac{1}{6}t^3$ （3）$\frac{m!n!}{(m+n+1)!}t^{m+n+1}$ （4）e^t-t-1

（5）$\frac{1}{2}t\sin t$ （6）$\frac{1}{2k}\sin kt-\frac{t}{2}\cos kt$

12.（1）$y(t)=-\frac{3}{4}e^{-3t}+\left(\frac{1}{2}t+\frac{7}{4}\right)e^{-t}$ （2）$y(t)=1-\left(\frac{1}{2}t^2+t+1\right)e^{-t}$

（3）$y(t)=-2\sin t-\cos 2t$ （4）$y(t)=te^t\sin t$

（5）$y(t)=-\frac{1}{2}+\frac{1}{10}e^{2t}+\frac{2}{5}\cos t-\frac{1}{5}\sin t$ （6）$\begin{cases}x(t)=e^t\\y(t)=e^t\end{cases}$

（7）$\begin{cases}x(t)=\frac{2}{3}\cos 2t+\frac{1}{3}\sin 2t+\frac{1}{3}e^t\\y(t)=-\frac{2}{3}\cos 2t-\frac{1}{3}\sin 2t+\frac{2}{3}e^t\end{cases}$ （8）$\begin{cases}x(t)=3+\frac{1}{4}e^{-t}-\frac{13}{4}e^t+\frac{5}{2}te^t\\y(t)=-\frac{1}{4}e^{-t}-\frac{31}{4}e^t-\frac{15}{2}te^t\end{cases}$

13. $f(t)=-t^2+5t-3$

习 题 24

1. $\frac{\partial^2 u}{\partial t^2}=a^2\frac{\partial^2 u}{\partial x^2}$ **2.** $\frac{\partial^2 u}{\partial t^2}=a^2u_{xx}-\frac{R}{\rho}u_t$

3. $\begin{cases}\frac{\partial u}{\partial t}=a^2\frac{\partial^2 u}{\partial x^2}\quad(0<x<l,\ t>0)\\u|_{x=0}=0,\ u_x|_{x=l}=\frac{-q}{k}\\u|_{t=0}=\frac{x(l-x)}{2}\end{cases}$ **4.** $\begin{cases}\frac{\partial^2 u}{\partial t^2}=a^2\frac{\partial^2 u}{\partial x^2}\\u|_{t=0}=\frac{e}{l}x,\ \left.\frac{\partial u}{\partial t}\right|_{t=0}=0\\u|_{x=0}=0,\ \left.\frac{\partial u}{\partial x}\right|_{x=l}=0\end{cases}$

6. $u_{\eta\eta}+u=0$ $(\xi=xy,\ \eta=x+y)$

7. $u_{\alpha\alpha}+u_{\beta\beta}=0$，这里 $\alpha=y-x,\ \beta=x$

习 题 25

1. $u(x,t)=\sum_{n=1}^{\infty}\frac{4l^3}{n^4\pi^4 a}[1-(-1)^n]\sin\frac{n\pi a}{l}t\sin\frac{n\pi}{l}x$

2. $u(x,t)=\sum_{n=1}^{\infty}\left\{\frac{3}{n^2\pi^2}\sin\frac{n\pi}{2}\cos n\pi at+\frac{4}{n^4\pi^4 a}[(-1)^n-1]\sin n\pi at\right\}\sin n\pi x$

3. $u(x,t)=\frac{4l^2}{\pi^3}\sum_{n=1}^{\infty}\frac{1-(-1)^n}{n^3}e^{-\frac{a^2n^2\pi^2}{l^2}t}\sin\frac{n\pi}{l}x$

4. $u(x,t)=\frac{l}{2}+\sum_{n=1}^{\infty}\frac{2l}{n^2\pi^2}[(-1)^n-1]e^{-\frac{a^2n^2\pi^2}{l^2}t}\cos\frac{n\pi}{l}x$

5. $u(x,t)=-\frac{A}{2a^2}(x^2-lx)+\frac{2Al^2}{a^2\pi^3}\sum_{n=1}^{\infty}\frac{(-1)^n-1}{n^3}e^{-\frac{a^2n^2\pi^2}{l^2}t}\sin\frac{n\pi}{l}x$

6. $u(x,t)=10-\frac{5x}{l}+\frac{2}{\pi}\sum_{n=1}^{\infty}\frac{(-1)^n(5-kl)-10}{n}e^{-\frac{a^2n^2\pi^2}{l^2}t}\sin\frac{n\pi}{l}x$

7. $u(x,t)=A+(B-A)\frac{x}{l}+F(x)+\frac{F(0)-F(l)}{l}x-F(0)$

$$+\sum_{n=1}^{\infty}\left[\frac{2}{l}\int_0^l G(\tau)\sin\frac{n\pi}{l}\tau d\tau\right]e^{-\frac{a^2n^2\pi^2}{l^2}t}\sin\frac{n\pi}{l}x$$

其中,$G(\tau)=g(\tau)-(B-A)\frac{\tau}{l}+F(\tau)+\frac{F(l)-F(0)}{l}\tau-A+F(0)$,$F(\tau)$ 是 $-\frac{1}{a^2}f(\tau)$ 的二次积分

8. $u(\rho,\theta)=\sum_{n=1}^{\infty}\left[\frac{2}{a}\int_0^a f(\theta)\sin\frac{n\pi}{a}\theta d\theta\right]\left(\frac{\rho}{a}\right)^{\frac{n\pi}{a}}\sin\frac{n\pi}{a}\theta$

9. 初始位移 $F_0(l-x_0)x/lT\ (0<x<x_0)$, $u(x,t)=\frac{2F_0 l}{T\pi^2}\sum_{n=1}^{\infty}\frac{1}{n^2}\sin\frac{n\pi x_0}{l}\sin\frac{n\pi x}{l}\cos\frac{n\pi at}{l}$

10.
$$u(x,t)=\sum_{n=1}^{\infty}\left[C_n\cos\frac{n\pi a}{l}t+D_n\sin\frac{n\pi a}{l}t\right]\sin\frac{n\pi}{l}x+W(x)$$

其中,$W(x)$ 由 $\begin{cases}a^2W''(x)+f(x)=0,\\ W|_{x=0}=M_1,\ W|_{x=l}=M_2\end{cases}$ 确定,且

$$C_n=\frac{2}{l}\int_0^l[\varphi(x)-W(x)]\sin\frac{n\pi}{l}x dx,\quad D_n=\frac{2}{n\pi a}\int_0^l\psi(x)\sin\frac{n\pi}{l}x dx$$

11.
$$u(x,y)=\sum_{n=1}^{\infty}f_n(y)\sin\frac{n\pi}{a}x+\varphi_1(y)+\frac{\varphi_2(y)-\varphi_1(y)}{a}x$$

其中,$f_n(y)$由

$$f_n'(y)-\frac{n^2\pi^2}{a^2}f_n(y)=\frac{2}{a}\int_0^a\left\{f(x,y)-\left[\varphi_1(y)+\frac{\varphi_2(y-\varphi_1(y))}{a}x\right]\right\}\sin\frac{n\pi x}{a}dx$$

$$f_n(0)=\frac{2}{a}\int_0^a\left\{\psi_1(x)-\left[\varphi_1(0)+\frac{\varphi_2(0)-\varphi_1(0)}{a}x\right]\right\}\sin\frac{n\pi}{a}x dx$$

$$f_n(b)=\frac{2}{a}\int_0^a\left\{\psi_2(x)-\left[\varphi_1(b)+\frac{\varphi_2(b)-\varphi_1(b)}{a}x\right]\right\}\sin\frac{n\pi}{a}x dx$$

确定

习 题 26

1. $u(x,y)=\frac{1}{6}x^3y^2+\cos y-\frac{1}{6}y^2+x^2-1$ 2. $\frac{1}{4}\sin(x+y)+\frac{3}{4}\sin\left(x-\frac{y}{3}\right)+\frac{y^2}{3}+xy$

3. (1) $f_1(y-3x)+f_2(y-\frac{1}{3}x)$ (2) $f_1(x-2\sqrt{-y})+f_2(x+2\sqrt{-y})$

4. $u(x,y,z,t)=x^3+y^2z+3xat^2+za^2t^2$ 5. $2xyt$ 6. $u(x,y)=N_0\left(1-\frac{2}{\sqrt{\pi}}\int e^{x/-2a^2\sqrt{t}}\mathrm{d}t\right)$

7. $u(x,y)=\frac{\varphi(x+t)+\varphi(x-t)}{2}+\frac{1}{2}\int_{x-t}^{x+t}\psi(\xi)\mathrm{d}\xi$ 8. $\frac{1}{4}\sin(x+y)+\frac{3}{4}\sin\left(x-\frac{y}{3}\right)+\frac{y^2}{3}+xy$

习 题 27

6. $-\frac{1}{12}xy(x^2+y^2-a^2)$

习 题 28

1. $(-\infty,+\infty)$ 4. $-a\mathrm{J}_1(ax)$ 5. $ax\mathrm{J}_0(ax)$

习 题 29

3. $u=2r^2(3\cos^2\theta-1)$

4. $u(r,\theta)=\sum_{n=0}^{\infty}C_nr^nP_n(\cos\theta)$, $C_0=\frac{A}{2}(1-\cos a)$, $C_1=\frac{3A}{4}(1-\cos a^2)$,

$C_2=\frac{5A}{2}(1-\cos^3 a)-\frac{5A}{4}(1-\cos a)$, …

习 题 30

1. 对 x, y 的变化区间分别 4 等分，可以计算相应的网格节点处的数值解为：

y \ x	0.5	1	1.5
0.5	0.1094	0.2277	0.3951
1	0.2098	0.4063	0.6027
1.5	0.3237	0.5848	0.6094

2. 对 x, t 的变化区间分别 5 等分，可以计算相应的网格节点处的数值解为：

y \ x	0.2	0.4	0.6	0.8
0.1	0.2154	0.3486	0.3486	0.2154
0.2	0.0790	0.1278	0.1278	0.0790
0.3	0.0289	0.0468	0.0468	0.0289
0.4	0.0106	0.0172	0.0172	0.0106
0.5	0.0039	0.0063	0.0063	0.0039

参考文献

[1] 钟玉泉.复变函数论.北京:人民教育出版社,1980.

[2] 西安交通大学.复变函数.北京:高等教育出版社,1995.

[3] 沈燮昌.复变函数论基础.上海:上海科学技术出版社,1982.

[4] 刘子瑞.复变函数与数理方程.武汉:湖北科学技术出版社,2003.

[5] 刘子瑞 等.复变函数与积分变换.北京:科学出版社,2007.

[6] 东南大学数学系.积分变换(第四版).北京:高等教育出版社,2003.

[7] 华中理工大学数学系.复变函数与积分变换.北京:高等教育出版社;海德堡:施普林格出版社,1999.

[8] James Ward Brown, Ruel V. Churchill.复变函数及其应用.北京:机械工业出版社,2004.

[9] 南京工学院.数学物理方程与特殊函数.北京:人民教育出版社,1985.

[10] 梁昆淼.数学物理方法.北京:高等教育出版社,1998.

[11] 谷超豪 等.数学物理方程.北京:人民教育出版社,1989.

[12] 姚端正 等.数学物理方法.武汉:武汉大学出版社,1997.

[13] 何淑芷 等.数学物理方法.广州:华南理工大学出版社,2003.

[14] 余德浩 等.微分方程数值解法.北京:科学出版社,2003.

[15] 苏变萍 等.复变函数与积分变换.北京:高等教育出版社,2010.

[16] 盖云英 等.复变函数与积分变换.北京:科学出版社,2007.

附录 8　傅氏变换简表

	$f(t)$		$F(\omega)$	
	函　数	图　像	频　谱	图　像
1	矩形单脉冲 $f(t)=\begin{cases}E, & \lvert t\rvert\leqslant\frac{\tau}{2}\\0, & 其他\end{cases}$	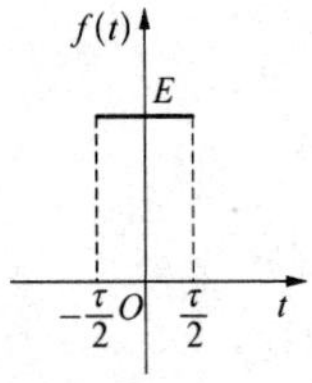	$2E\dfrac{\sin\frac{\omega\tau}{2}}{\omega}$	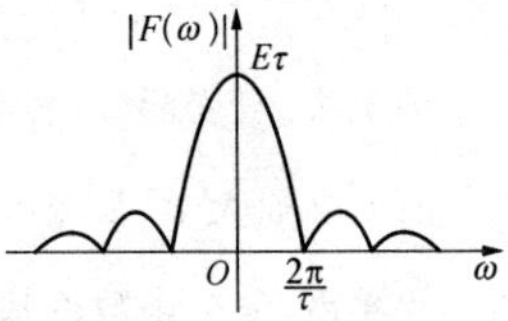
2	指数衰减函数 $f(t)=\begin{cases}0, & t<0\\e^{-\beta t}, & t\geqslant 0\ (\beta>0)\end{cases}$	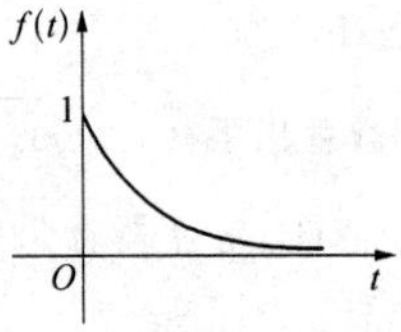	$\dfrac{1}{\beta+j\omega}$	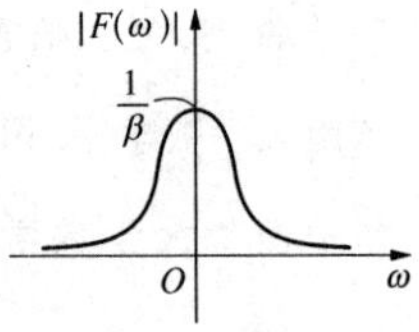
3	三角形脉冲 $f(t)=\begin{cases}\frac{2A}{\tau}\left(\frac{\tau}{2}+t\right), & -\frac{\tau}{2}\leqslant t<0\\\frac{2A}{\tau}\left(\frac{\tau}{2}-t\right), & 0\leqslant t<\frac{\tau}{2}\end{cases}$	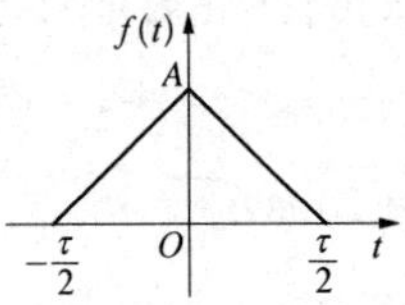	$\dfrac{4A}{\tau\omega^2}\left(1-\cos\dfrac{\omega\tau}{2}\right)$	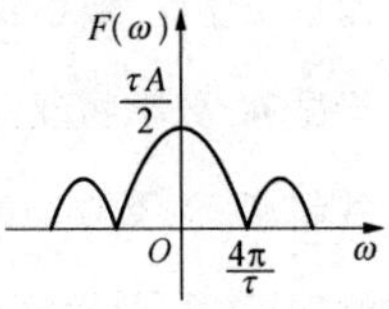
4	钟形脉冲 $f(t)=Ae^{-\beta t^2}\ (\beta>0)$	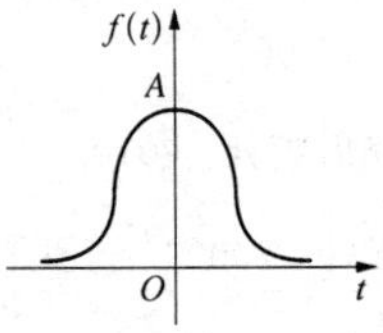	$\sqrt{\dfrac{\pi}{\beta}}Ae^{-\frac{\omega^2}{4\beta}}$	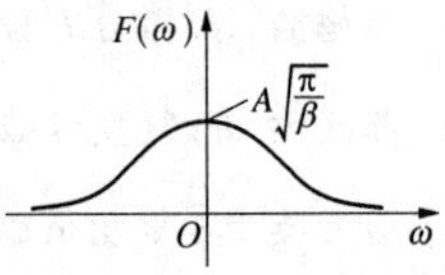
5	傅里叶核 $f(t)=\dfrac{\sin\omega_0 t}{\pi t}$	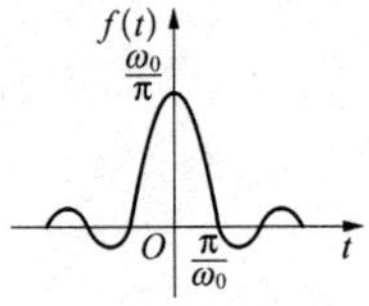	$F(\omega)=\begin{cases}1, & \lvert\omega\rvert\leqslant\omega_0\\0, & 其他\end{cases}$	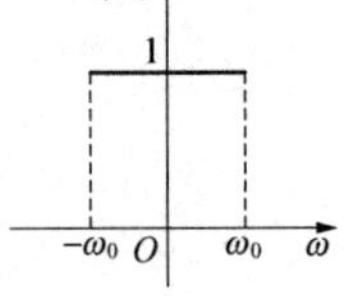
6	高斯分布函数 $f(t)=\dfrac{1}{\sqrt{2\pi}\sigma}e^{-\frac{t^2}{2\sigma^2}}$	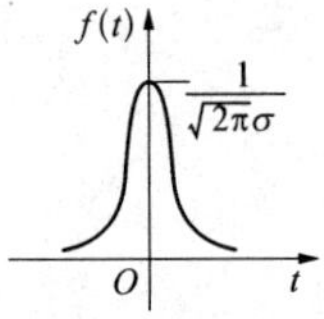	$e^{-\frac{\sigma^2\omega^2}{2}}$	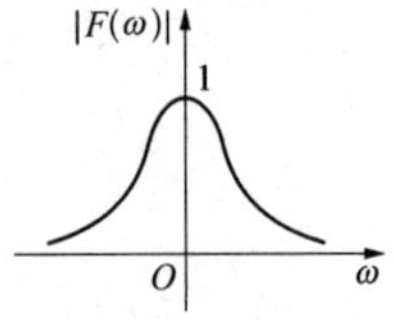

续表

	$f(t)$		$F(\omega)$	
	函　数	图　像	频　谱	图　像
7	矩形射频脉冲 $f(t)=\begin{cases}E\cos\omega_0 t, & \lvert t\rvert\leqslant\frac{\tau}{2}\\ 0, & 其他\end{cases}$	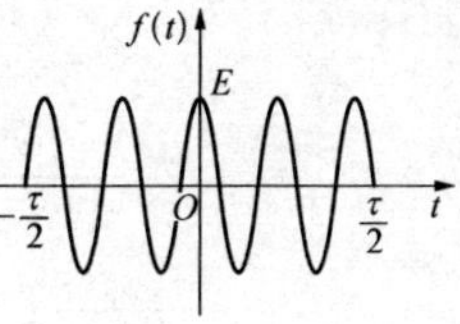	$\frac{E\tau}{2}\left[\frac{\sin(\omega-\omega_0)\frac{\tau}{2}}{(\omega-\omega_0)\frac{\tau}{2}}+\frac{\sin(\omega+\omega_0)\frac{\tau}{2}}{(\omega+\omega_0)\frac{\tau}{2}}\right]$	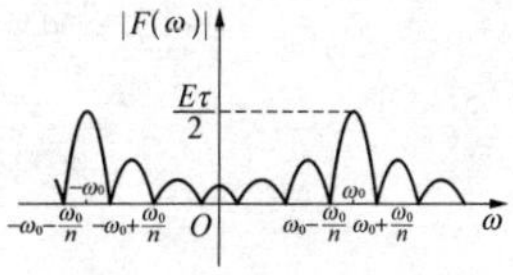
8	单位脉冲函数 $f(t)=\delta(t)$	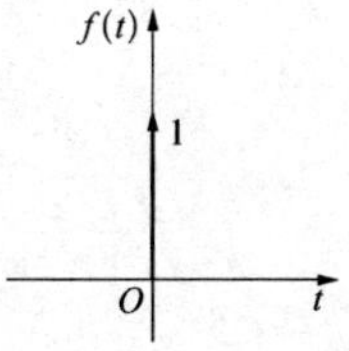	1	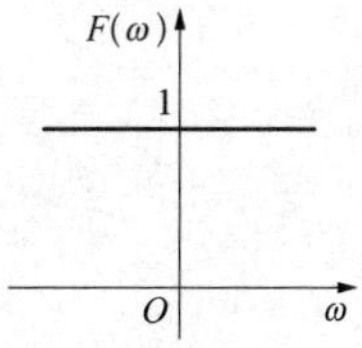
9	周期性脉冲函数 $f(t)=\sum_{n=-\infty}^{+\infty}\delta(t-nT)$ （T 为脉冲函数的周期）	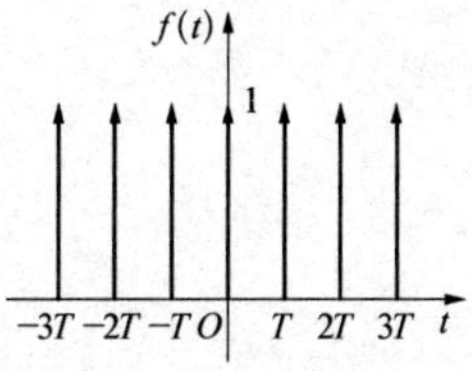	$\frac{2\pi}{T}\sum_{n=-\infty}^{+\infty}\delta\left(\omega-\frac{2n\pi}{T}\right)$	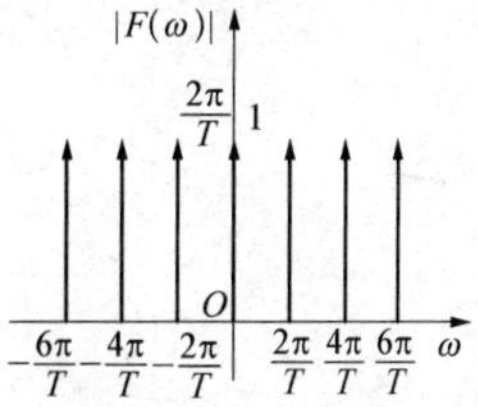
10	$f(t)=\cos\omega_0 t$	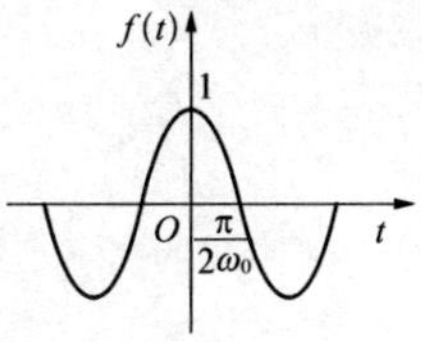	$\pi[\delta(\omega+\omega_0)+\delta(\omega-\omega_0)]$	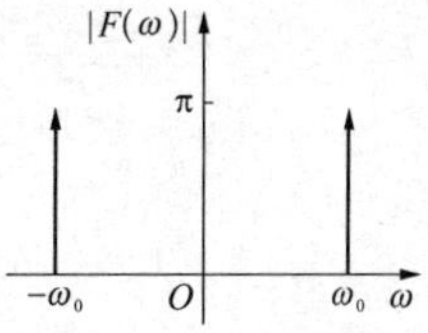
11	$f(t)=\sin\omega_0 t$	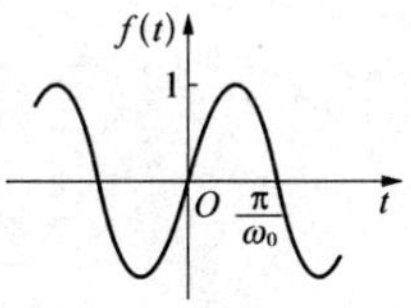	$\mathrm{j}\pi[\delta(\omega+\omega_0)-\delta(\omega-\omega_0)]$	同上图
12	单位阶跃函数 $f(t)=u(t)$	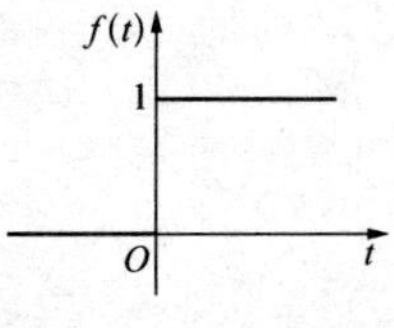	$\frac{1}{\mathrm{j}\omega}+\pi\delta(\omega)$	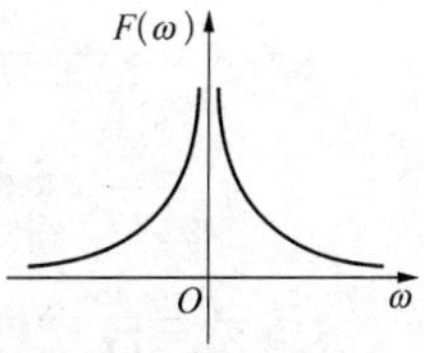

续表

	$f(t)$	$F(\omega)$
13	$u(t-c)$	$\frac{1}{j\omega}e^{-j\omega c}+\pi\delta(\omega)$
14	$u(t)\cdot t$	$-\frac{1}{\omega^2}+\pi j\delta'(\omega)$
15	$u(t)\cdot t^n$	$\frac{n!}{(j\omega)^{n+1}}+\pi j^n\delta^{(n)}(\omega)$
16	$u(t)\sin at$	$\frac{a}{a^2-\omega^2}+\frac{\pi}{2j}[\delta(\omega-\omega_0)-\delta(\omega+\omega_0)]$
17	$u(t)\cos at$	$\frac{j\omega}{a^2-\omega^2}+\frac{\pi}{2}[\delta(\omega-\omega_0)-\delta(\omega+\omega_0)]$
18	$u(t)e^{jat}$	$\frac{1}{j(\omega-a)}+\pi\delta(\omega-a)$
19	$u(t-c)e^{jat}$	$\frac{1}{j(\omega-a)}e^{-j(\omega-a)c}+\pi\delta(\omega-a)$
20	$u(t)e^{jat}t^n$	$\frac{n!}{[j(\omega-a)]^{n+1}}+\pi j^n\delta^{(n)}(\omega-a)$
21	$e^{a\|t\|}$，$\mathrm{Re}(a)<0$	$\frac{-2a}{\omega^2+a^2}$
22	$\delta(t-c)$	$e^{-j\omega c}$
23	$\delta'(t)$	$j\omega$
24	$\delta^{(n)}(t)$	$(j\omega)^n$
25	$\delta^{(n)}(t-c)$	$(j\omega)^n e^{-j\omega c}$
26	1	$2\pi\delta(\omega)$
27	t	$2\pi j\delta'(\omega)$
28	t^n	$2\pi j^n\delta^{(n)}(\omega)$
29	e^{jat}	$2\pi\delta(\omega-a)$
30	$t^n e^{jat}$	$2\pi j^n\delta^{(n)}(\omega-a)$
31	$\frac{1}{a^2+t^2}$，$\mathrm{Re}(a)<0$	$-\frac{\pi}{a}e^{a\|\omega\|}$
32	$\frac{1}{(a^2+t^2)^2}$，$\mathrm{Re}(a)<0$	$\frac{j\omega\pi}{2a}e^{a\|\omega\|}$
33	$\frac{e^{jbt}}{a^2+t^2}$，$\mathrm{Re}(a)<0$，b 为实数	$-\frac{\pi}{a}e^{a\|\omega-b\|}$
34	$\frac{\cos bt}{a^2+t^2}$，$\mathrm{Re}(a)<0$，b 为实数	$-\frac{\pi}{2a}[e^{a\|\omega-b\|}+e^{a\|\omega+b\|}]$

续表

	$f(t)$	$F(\omega)$
35	$\dfrac{\sin bt}{a^2+t^2}$，$\mathrm{Re}(a)<0$，b 为实数	$-\dfrac{\pi}{2a\mathrm{j}}[\mathrm{e}^{a\lvert\omega-b\rvert}-\mathrm{e}^{a\lvert\omega+b\rvert}]$
36	$\dfrac{\mathrm{sh}\,at}{\mathrm{sh}\,\pi t}$，$-\pi<a<\pi$	$\dfrac{\sin a}{\mathrm{ch}\,\omega+\cos a}$
37	$\dfrac{\mathrm{sh}\,at}{\mathrm{ch}\,\pi t}$，$-\pi<a<\pi$	$-2\mathrm{j}\dfrac{\sin\dfrac{a}{2}\,\mathrm{sh}\dfrac{\omega}{2}}{\mathrm{ch}\,\omega+\cos a}$
38	$\dfrac{\mathrm{ch}\,at}{\mathrm{ch}\,\pi t}$，$-\pi<a<\pi$	$2\dfrac{\cos\dfrac{a}{2}\,\mathrm{ch}\dfrac{\omega}{2}}{\mathrm{ch}\,\omega+\cos a}$
39	$\dfrac{1}{\mathrm{ch}\,at}$	$\dfrac{\pi}{a}\dfrac{1}{\mathrm{ch}\dfrac{\pi\omega}{2a}}$
40	$\sin at^2$	$\sqrt{\dfrac{\pi}{a}}\cos\left(\dfrac{\omega^2}{4a}+\dfrac{\pi}{4}\right)$
41	$\cos at^2$	$\sqrt{\dfrac{\pi}{a}}\cos\left(\dfrac{\omega^2}{4a}-\dfrac{\pi}{4}\right)$
42	$\dfrac{1}{t}\sin at$	$\begin{cases}\pi, & \lvert\omega\rvert\leqslant a\\ 0, & \lvert\omega\rvert>a\end{cases}$
43	$\dfrac{1}{t^2}\sin^2 at$	$\begin{cases}\pi\left(a-\dfrac{\lvert\omega\rvert}{2}\right), & \lvert\omega\rvert\leqslant 2a\\ 0, & \lvert\omega\rvert>2a\end{cases}$
44	$\dfrac{\sin at}{\sqrt{\lvert t\rvert}}$	$\mathrm{j}\sqrt{\dfrac{\pi}{2}}\left(\dfrac{1}{\sqrt{\lvert\omega+a\rvert}}-\dfrac{1}{\sqrt{\lvert\omega-a\rvert}}\right)$
45	$\dfrac{\cos at}{\sqrt{\lvert t\rvert}}$	$\sqrt{\dfrac{\pi}{2}}\left(\dfrac{1}{\sqrt{\lvert\omega+a\rvert}}+\dfrac{1}{\sqrt{\lvert\omega-a\rvert}}\right)$
46	$\dfrac{1}{\sqrt{\lvert t\rvert}}$	$\sqrt{\dfrac{2\pi}{\lvert\omega\rvert}}$
47	$\mathrm{sgn}\,t$	$\dfrac{2}{\mathrm{j}\omega}$
48	e^{-at^2}，$\mathrm{Re}(a)>0$	$\sqrt{\dfrac{\pi}{2}}\mathrm{e}^{-\frac{\omega^2}{4a}}$
49	$\lvert t\rvert$	$-\dfrac{2}{\omega^2}$
50	$\dfrac{1}{\lvert t\rvert}$	$\dfrac{\sqrt{2\pi}}{\lvert\omega\rvert}$

附录9 拉氏变换简表

	$f(t)$	$F(s)$
1	1	$\frac{1}{s}$
2	e^{at}	$\frac{1}{s-a}$
3	$t^m \quad (m>-1)$	$\frac{\Gamma(m+1)}{s^{m+1}}$
4	$t^m e^{at} (m>-1)$	$\frac{\Gamma(m+1)}{(s-a)^{m+1}}$
5	$\sin at$	$\frac{a}{s^2+a^2}$
6	$\cos at$	$\frac{s}{s^2+a^2}$
7	$\mathrm{sh}\ at$	$\frac{a}{s^2-a^2}$
8	$\mathrm{ch}\ at$	$\frac{s}{s^2-a^2}$
9	$t\sin at$	$\frac{2as}{(s^2+a^2)^2}$
10	$t\cos at$	$\frac{s^2-a^2}{(s^2+a^2)^2}$
11	$t\,\mathrm{sh}\ at$	$\frac{2as}{(s^2-a^2)^2}$
12	$t\,\mathrm{ch}\ at$	$\frac{s^2+a^2}{(s^2-a^2)^2}$
13	$t^m \sin at \ (m>-1)$	$\frac{\Gamma(m+1)}{2\mathrm{j}(s^2+a^2)^{m+1}}[(s+\mathrm{j}a)^{m+1}-(s-\mathrm{j}a)^{m+1}]$
14	$t^m \cos at \ (m>-1)$	$\frac{\Gamma(m+1)}{2(s^2+a^2)^{m+1}}[(s+\mathrm{j}a)^{m+1}+(s-\mathrm{j}a)^{m+1}]$
15	$e^{-bt}\sin at$	$\frac{a}{(s+b)^2+a^2}$
16	$e^{-bt}\cos at$	$\frac{s+b}{(s+b)^2+a^2}$
17	$e^{-bt}\sin(at+c)$	$\frac{(s+b)\sin c+a\cos c}{(s+b)^2+a^2}$

续表

	$f(t)$	$F(s)$
18	$\sin^2 t$	$\frac{1}{2}\left(\frac{1}{s}-\frac{s}{s^2+4}\right)$
19	$\cos^2 t$	$\frac{1}{2}\left(\frac{1}{s}+\frac{s}{s^2+4}\right)$
20	$\sin at\ \sin bt$	$\frac{2abs}{[s^2+(a+b)^2][s^2+(a-b)^2]}$
21	$e^{at}-e^{bt}$	$\frac{a-b}{(s-a)(s-b)}$
22	$ae^{at}-be^{bt}$	$\frac{(a-b)s}{(s-a)(s-b)}$
23	$\frac{1}{a}\sin at-\frac{1}{b}\sin bt$	$\frac{b^2-a^2}{(s^2+a^2)(s^2+b^2)}$
24	$\cos at-\cos bt$	$\frac{(b^2-a^2)s}{(s^2+a^2)(s^2+b^2)}$
25	$\frac{1}{a^2}(1-\cos at)$	$\frac{1}{s(s^2+a^2)}$
26	$\frac{1}{a^3}(at-\sin at)$	$\frac{1}{s^2(s^2+a^2)}$
27	$\frac{1}{a^4}(\cos at-1)+\frac{1}{2a^2}t^2$	$\frac{1}{s^3(s^2+a^2)}$
28	$\frac{1}{a^4}(\operatorname{ch} at-1)-\frac{1}{2a^2}t^2$	$\frac{1}{s^3(s^2-a^2)}$
29	$\frac{1}{2a^3}(\sin at-at\cos at)$	$\frac{1}{(s^2+a^2)^2}$
30	$\frac{1}{2a}(\sin at+at\cos at)$	$\frac{s^2}{(s^2+a^2)^2}$
31	$\frac{1}{a^4}(1-\cos at)-\frac{1}{2a^3}t\sin at$	$\frac{1}{s(s^2+a^2)^2}$
32	$(1-at)e^{-at}$	$\frac{s}{(s+a)^2}$
33	$t\left(1-\frac{a}{2}t\right)e^{-at}$	$\frac{s}{(s+a)^3}$
34	$\frac{1}{a}(1-e^{-at})$	$\frac{1}{s(s+a)}$

续表

	$f(t)$	$F(s)$
35①	$\frac{1}{ab}+\frac{1}{b-a}\left(\frac{e^{-bt}}{b}-\frac{e^{-at}}{a}\right)$	$\frac{1}{s(s+a)(s+b)}$
36①	$\frac{e^{-at}}{(b-a)(c-a)}+\frac{e^{-bt}}{(a-b)(c-b)}+\frac{e^{-ct}}{(a-c)(b-c)}$	$\frac{1}{(s+a)(s+b)(s+c)}$
37①	$\frac{ae^{-at}}{(c-a)(a-b)}+\frac{be^{-bt}}{(a-b)(b-c)}+\frac{ce^{-ct}}{(b-c)(c-a)}$	$\frac{s}{(s+a)(s+b)(s+c)}$
38①	$\frac{a^2e^{-at}}{(c-a)(b-a)}+\frac{b^2e^{-bt}}{(a-b)(c-b)}+\frac{c^2e^{-ct}}{(b-c)(a-c)}$	$\frac{s^2}{(s+a)(s+b)(s+c)}$
39①	$\frac{e^{-at}-e^{-bt}[1-(a-b)t]}{(a-b)^2}$	$\frac{1}{(s+a)(s+b)^2}$
40①	$\frac{[a-b(a-b)t]e^{-bt}-ae^{-at}}{(a-b)^2}$	$\frac{s}{(s+a)(s+b)^2}$
41	$e^{-at}-e^{\frac{at}{2}}\left(\cos\frac{\sqrt{3}at}{2}-\sqrt{3}\sin\frac{\sqrt{3}at}{2}\right)$	$\frac{3a^2}{s^3+a^3}$
42	$\sin at\,\mathrm{ch}\,at-\cos at\,\mathrm{sh}\,at$	$\frac{4a^3}{s^4+4a^4}$
43	$\frac{1}{2a^2}\sin at\,\mathrm{sh}\,at$	$\frac{s}{s^4+4a^4}$
44	$\frac{1}{2a^3}(\mathrm{sh}\,at-\sin at)$	$\frac{1}{s^4-a^4}$
45	$\frac{1}{2a^2}(\mathrm{ch}\,at-\cos at)$	$\frac{s}{s^4-a^4}$
46	$\frac{1}{\sqrt{\pi t}}$	$\frac{1}{\sqrt{s}}$
47	$2\sqrt{\frac{t}{\pi}}$	$\frac{1}{s\sqrt{s}}$
48	$\frac{1}{\sqrt{\pi t}}e^{at}(1+2at)$	$\frac{s}{(s-a)\sqrt{s-a}}$
49	$\frac{1}{2\sqrt{\pi t^3}}(e^{bt}-e^{at})$	$\sqrt{s-a}-\sqrt{s-b}$

续表

	$f(t)$	$F(s)$
50	$\frac{1}{\sqrt{\pi t}}\cos 2\sqrt{at}$	$\frac{1}{\sqrt{s}}e^{-\frac{a}{s}}$
51	$\frac{1}{\sqrt{\pi t}}\text{ch}\,2\sqrt{at}$	$\frac{1}{\sqrt{s}}e^{\frac{a}{s}}$
52	$\frac{1}{\sqrt{\pi t}}\sin 2\sqrt{at}$	$\frac{1}{s\sqrt{s}}e^{-\frac{a}{s}}$
53	$\frac{1}{\sqrt{\pi t}}\text{sh}\,2\sqrt{at}$	$\frac{1}{s\sqrt{s}}e^{\frac{a}{s}}$
54	$\frac{1}{t}(e^{bt}-e^{at})$	$\ln\frac{s-a}{s-b}$
55	$\frac{2}{t}\text{sh}\,at$	$\ln\frac{s+a}{s-a}$
56	$\frac{2}{t}(1-\cos at)$	$\ln\frac{s^2+a^2}{s^2}$
57	$\frac{2}{t}(1-\text{ch}\,at)$	$\ln\frac{s^2-a^2}{s^2}$
58	$\frac{1}{t}\sin at$	$\arctan\frac{a}{s}$
59	$\frac{1}{t}(\text{ch}\,at-\cos bt)$	$\ln\sqrt{\frac{s^2+b^2}{s^2-a^2}}$
60②	$\text{erfc}\left(\frac{a}{2\sqrt{t}}\right)$	$\frac{1}{s}e^{-a\sqrt{s}}$
61②	$\text{erf}\left(\frac{t}{2a}\right)$	$\frac{1}{s}e^{a^2s^2}\text{erfc}(as)$
62②	$\frac{1}{\sqrt{\pi t}}e^{-2\sqrt{at}}$	$\frac{1}{\sqrt{s}}e^{\frac{a}{s}}\text{erfc}\left(\sqrt{\frac{a}{s}}\right)$
63②	$\frac{1}{\sqrt{\pi(t+a)}}$	$\frac{1}{\sqrt{s}}e^{as}\text{erfc}(\sqrt{as})$
64②	$\frac{1}{\sqrt{a}}\text{erf}(\sqrt{at})$	$\frac{1}{s\sqrt{s+a}}$
65	$u(t)$	$\frac{1}{s}$
66	$tu(t)$	$\frac{1}{s^2}$

续表

	$f(t)$	$F(s)$
67[③]	$t^m u(t)\ (m > -1)$	$\frac{1}{s^{m+1}}\Gamma(m+1)$
68	$\delta(t)$	1
69	$\delta^{(n)}(t)$	s^n

注：① 式中 a，b，c 为不相等的常数；② $\mathrm{erf}(x) = \frac{2}{\sqrt{\pi}}\int_0^x \mathrm{e}^{-t^2}\mathrm{d}t$ 称为误差函数；$\mathrm{erfc}(x) = 1 - \mathrm{erf}(x)$ 称为余误差函数；③ $\Gamma(m) = \int_0^{+\infty} \mathrm{e}^{-t} t^{m-1} \mathrm{d}t\ (m > 0)$ 称为伽玛(Gamma) 函数，且有：$m\Gamma(m) = \Gamma(m+1)$，由此可知当 m 为正整数时，$\Gamma(m+1) = m!$.

附录 10　拉普拉斯变换法则公式

	像原函数	像函数
1	$af_1(t)+bf_2(t)$	$aF_1(s)+bF_2(s)$
2	$f'(t)$	$sF(s)-f(0)$
3	$f''(t)$	$s^2F(s)-sf(0)-f'(0)$
4	$f^{(n)}(t)$	$s^nF(s)-s^{n-1}f(0)-\cdots-f^{(n-1)}(0)$
5	$\int_0^t f(\tau)\mathrm{d}\tau$	$\frac{F(s)}{s}$
6	$\int_0^t\int_0^\tau f(\lambda)\mathrm{d}\lambda\mathrm{d}\tau=\int_0^t(t-\lambda)f(\lambda)\mathrm{d}\lambda$	$\frac{F(s)}{s^2}$
7	$f(t\pm b)u(t\pm b)$	$\mathrm{e}^{\pm bs}F(s)\ (b\geqslant 0)$
8	$\mathrm{e}^{tb}f(t)$	$F(s-b)$
9	$\int_0^t f_1(u)f_2(t-u)\mathrm{d}u=f_1(t)*f_2(t)$	$F_1(s)F_2(s)$
10	$tf(t)$	$-F'(s)$
11	$t^nf(t)$	$(-1)^nF^{(n)}(s)$
12	$\frac{f(t)}{t}$	$\int_s^\infty F(s)\mathrm{d}s$
13	$f(t+T)=f(t)\ (t>0)$	$\frac{1}{1-\mathrm{e}^{-sT}}\int_0^T f(t)\mathrm{e}^{-st}\mathrm{d}t,\ (\mathrm{Re}(s)>0)$

注:$L[f(t)]=F(s),L[f_1(t)]=F_1(s),L[f_2(t)]=F_2(s)$.